危险废物鉴别理论与实务

张后虎　王莉莉　许元顺　张　成　编著

中国环境出版集团・北京

图书在版编目（CIP）数据

危险废物鉴别理论与实务 / 张后虎等编著. -- 北京 : 中国环境出版集团, 2024. 12. - - ISBN 978-7-5111-6093-5

Ⅰ. X705

中国国家版本馆 CIP 数据核字第 2024DS6664 号

责任编辑 韩　睿
封面设计 彭　杉

出版发行 中国环境出版集团
（100062　北京市东城区广渠门内大街 16 号）
网　　址：http://www.cesp.com.cn
电子邮箱：bjgl@cesp.com.cn
联系电话：010-67112765（编辑管理部）
发行热线：010-67125803，010-67113405（传真）
印　　刷 北京中科印刷有限公司
经　　销 各地新华书店
版　　次 2024 年 12 月第 1 版
印　　次 2024 年 12 月第 1 次印刷
开　　本 787×1092　1/16
印　　张 23.25
字　　数 391 千字
定　　价 128.00 元

编委会

前 言

固体废物污染防治是生态环境保护工作的重要领域，是改善生态环境质量的重要环节。随着经济的高速增长和城镇化进程的加快，我国固体废物污染防治工作更显艰巨性、复杂性和长期性，具体表现为固体废物产生量大，历史遗留问题多，处置能力不足，减量化资源化利用相对滞后，不当堆存、非法倾倒处置问题突出，污染者依法负责制度落实不到位，监管工作机制不畅，执法能力薄弱，法规制度体系不健全等。

危险废物鉴别是识别固体废物危险特性的重要技术手段，也是危险废物环境管理和污染防治的技术基础和关键依据。我国于1995年首次颁布了《中华人民共和国固体废物污染环境防治法》，初步建立了我国固体废物污染防治的管理体系，提出了减量化、资源化、无害化的管理原则，并于2004年和2020年进行了两次修订。1998年，我国颁布了《国家危险废物名录》（第一版），提出了危险废物鉴别体系，并于2008年、2016年、2020年和2024进行了4次修订，《国家危险废物名录（2025年版）》已于2025年1月1日正式施行。2004—2019年，我国的危险废物鉴别体系在不断地发展与完善，我国先后制定与实施了多项鉴别标准，如《危险废物鉴别标准 腐蚀性鉴别》（GB 5085.1）、《危险废物鉴别标准 急性毒性初筛》（GB 5085.2）、《危险废物鉴别标准 浸出毒性鉴别》（GB 5085.3）等，以及《危险废物鉴别技术规范》（HJ 298）、《固体废物鉴别标准 通则》（GB 34330），这些标准与制度共同构成了我国目前的危废鉴别体系。

为贯彻落实新修订的《中华人民共和国固体废物污染环境防治法》关于规定统一的鉴别单位管理要求的有关规定，进一步规范危险废物鉴别环境管理工作，生态环境部于2021年9月印发了《关于加强危险废物鉴别工作的通知》（环办固体函〔2021〕419号）（以下简称《通知》），旨在解决危险废物鉴别费用高及周期长、鉴别程序和报告内容不规范、鉴别结论应用不充分等问题，有效支撑危险废物精细化环境管理。实践证明，《通知》的发布有效规范了危险废物鉴别单位管理，科学指导了鉴别工作发展。2023 年 1—12 月，有 336 家鉴别单位完成的 1380 份鉴别报告在信息平台公开。截至 2023 年 12 月底，信息平台共收到 115 份鉴别报告异议评估申请，约占鉴别报告总数的 4.4%。截至 2025 年 3 月，国家危险废物鉴别专家委员会公开了 3 期《全国危险废物鉴别报告复核工作情况》，鉴别报告存在的主要问题为鉴别结论错误、鉴别对象分类不准确、样品采集不规范、鉴别结论依据不足、样品保存和检测不规范，这反映了我国鉴别单位鉴别技术能力仍参差不齐，部分鉴别报告质量不高，鉴别报告水平有待进一步提升。

危险废物在产生、收集、运输、贮存、利用和处置等过程中都可能对生态环境和人体造成危害，危险废物鉴别结论作为建设项目竣工环境保护验收、排污许可管理以及日常环境监管、执法检查和环境统计等固体废物环境管理工作的依据，同时作为《国家危险废物名录》动态调整的参考，对提升我国危险废物环境管理的支撑能力，乃至整个污染防治工作都有重要作用。因此，编者认为，有必要对我国危险废物鉴别标准体系的发展及内容、危险废物鉴别管理要求、危险废物鉴别技术路线、国家危险废物名录鉴别发展历程及说明、样品采集与检测质量控制进行全面和系统的总结。

本书是编者结合多年来从事的固体废物和危险废物鉴别标准的研究工作，以及开展的企业危险废物鉴别和涉嫌固体废物污染环境违法案件危险特性鉴定工作的基础上编制而成的，参考了大量国内外文献及鉴别案例，总结了危险废物鉴别标准体系工作要点及不同行业危险废物鉴别工作重点。这对提高环境管理者及危险废物产生者的环境管理水平，以及提升危险废物鉴别从业人员的技术水平具有重要指导作用，有助于推动我国危险废物鉴别行业良性有序发展。

本书由张后虎、王莉莉、许元顺、张成负责全书的总体设计、组织、审校和定稿工作。各章节主要编写人员如下：第 1 章由张成、黄柳青、张后虎撰写，第 2 章由苏珊珊、王莉莉撰写，第 3 章由苏珊珊、华晶撰写，第 4 章由吕阳撰写，第 5 章由吴超越、赵泽华撰写，第 6 章由王莉莉、张后虎、赵雅芳、封岳、张月峰撰写，第 7 章由王莉莉、赵雅芳、华晶撰写，第 8 章由蒋浩、许元顺、郑皓晨、梁丽琛撰写。

由于时间仓促，编者水平及其他条件的限制，书中难免存在疏漏和不足，希望广大读者和同仁不吝赐教，以利于本书的进一步完善和改进。

编　者

2024 年 12 月

目录

第 1 章　危险废物概述

人类的生产、生活及其他各类活动会产生形形色色的废弃物。尤其是在现代社会中，随着世界范围内工业活动的快速发展，伴随各类资源与能源的投入，各式各样的产品被陆续开发出来，在历经分配、流通、消费后，最终被废弃或排放到环境中。危险废物作为一个全球性的问题，与环境污染、公共卫生、资源可持续性和社会治理密切相关，它的快速增长和明显的危害性已威胁到环境质量、人体健康甚至生命安全。

我国的工业危险废物产生量由 2002 年的 1 000 万 t 增长到 2023 年的 1.1 亿 t，其来源广、种类多、成分复杂，涉及生产加工流通环节多。由其引发的各种废物运输贮存、再生利用、填埋处置等管理与污染控制问题也逐步引起社会广泛关注，对当前的危险废物监管部门、相关企业和技术服务机构人员开展管理及鉴别活动的专业能力和素质提出了更高的综合性要求。

危险废物鉴别是危险废物监管的技术基础和关键环节，是区分危险废物监管活动中规范行为和违法犯罪行为的根本依据。其鉴别技术体系的建立综合了化学化工、毒理学、环境科学、环境工程、风险管理、仪器分析等多个学科知识，只有建立对危险废物从产生到收集、贮存、运输、利用、处置全生命周期的风险认识，才能有效开展危险废物的识别及鉴别活动，为我国固体废物及危险废物的监管提供有效支撑。

1.1　危险废物监管的发展背景

1.1.1　危险废物的历史渊源

在我国悠久的历史长河中，固体废物的处理与环境监管一直是社会治理的重要组成部分。在现存最古老的我国封建刑事法典《唐律疏议》中，有关固体废物处理的明确规定可见一斑："其有穿穴垣墙，以出秽污之物于街巷，杖六十。"该规定明确禁止个人将生活产生的污物、废水及其他垃圾排放至公共街道和小巷，以维护公共环境的清洁，并对违规者施以体罚。继唐之后，宋、元、明、清各朝的法律体系均沿袭并发展了唐律中的相关规定，但对违规者的处罚力度有所减轻。例如，在《大明律》及《大清律例·工律·河防》中，对排放污物的行为规定了较为宽松的处罚："穿墙而出秽污之物于街巷者，笞四十。出水者，勿论。"这表明随着时间的推移，对于环境监管的法律逐渐趋向人性化。

除法律层面的规范外，我国古代文献《太平广记》中亦有对固体废物处理的记载："河东人裴明礼，善于理业，收人间所弃物，积而鬻之，以此家产巨万。"这反映了当时社会对资源循环利用的认识。自西周时期起，早期的工业活动如石油勘探、矿产开采、兵器冶炼以及炼丹、油墨和火药的制作等，均伴随固体废物的产生。对照我国现行的《国家危险废物名录》可以发现，这些古代工业活动产生的废物中，许多属于危险废物的范畴。这不仅展示了我国古代社会在固体废物处理方面的丰富经验，也为现代环境监管提供了宝贵的历史借鉴（图 1-1）。

在国际视角下，危险废物管理的法律、法规和条例的制定，是对历史上一系列环境危机的响应。这些环境问题最早可追溯至 18 世纪，随着工业革命的兴起，人类社会经历了深刻的变革，在这一过程中，工业发达地区，尤其是城市和工矿区的工业企业排放了大量废弃物，导致了严重的环境污染，各类污染事件频发。20 世纪 50 年代，环境问题越发严重，全球范围内的公害事件接连不断，如伦敦的烟雾事件、日本水俣湾的水俣病事件、四日市的哮喘病事件及富士县神通川流域的骨痛病事件等。这些事件不仅对人类健康构成了直接威胁，也激发了公众的不满情绪，将环境问题推上了社会议题的前台。1972 年，在斯德哥尔摩召开的联合国人类环境会议，标志着全球环境保护运动的开始，环境问题由此被正式纳入国际议程。

20 世纪 60 年代，随着科学知识的积累，人们开始更加清晰地认识到有毒物质与疾病之间的联系。污染事件的增多和疾病发生率的上升为这一认识提供了实证。通过广泛的检测和科学实验，有毒物质对人体健康造成的危害引起了美国社会的广泛关注。1970 年和 1972 年，美国分别通过了《清洁空气法》（Clean Air Act，CAA）和《清洁水法》（Clean Water Act，CWA），旨在对常规污染物进行有效的控制与管理。1971 年，联邦环境质量委员会提交的报告指出，在美国确认的化学物质已超过 200 万种，且每年新增约 25 万种。同期，瑞秋·卡森的著作《寂静的春天》进一步引发了公众对化学合成物质环境危害的担忧，生态学的发展也加深了人们对食物链和生态安全的关注。基于此背景，美国于 1976 年通过了《有毒物质控制法》（Toxic Substances Control Act，TSCA），作为一项基础性法律，其对所有不受其他联邦法律规定的有毒物质的生产、销售和使用进行管理。

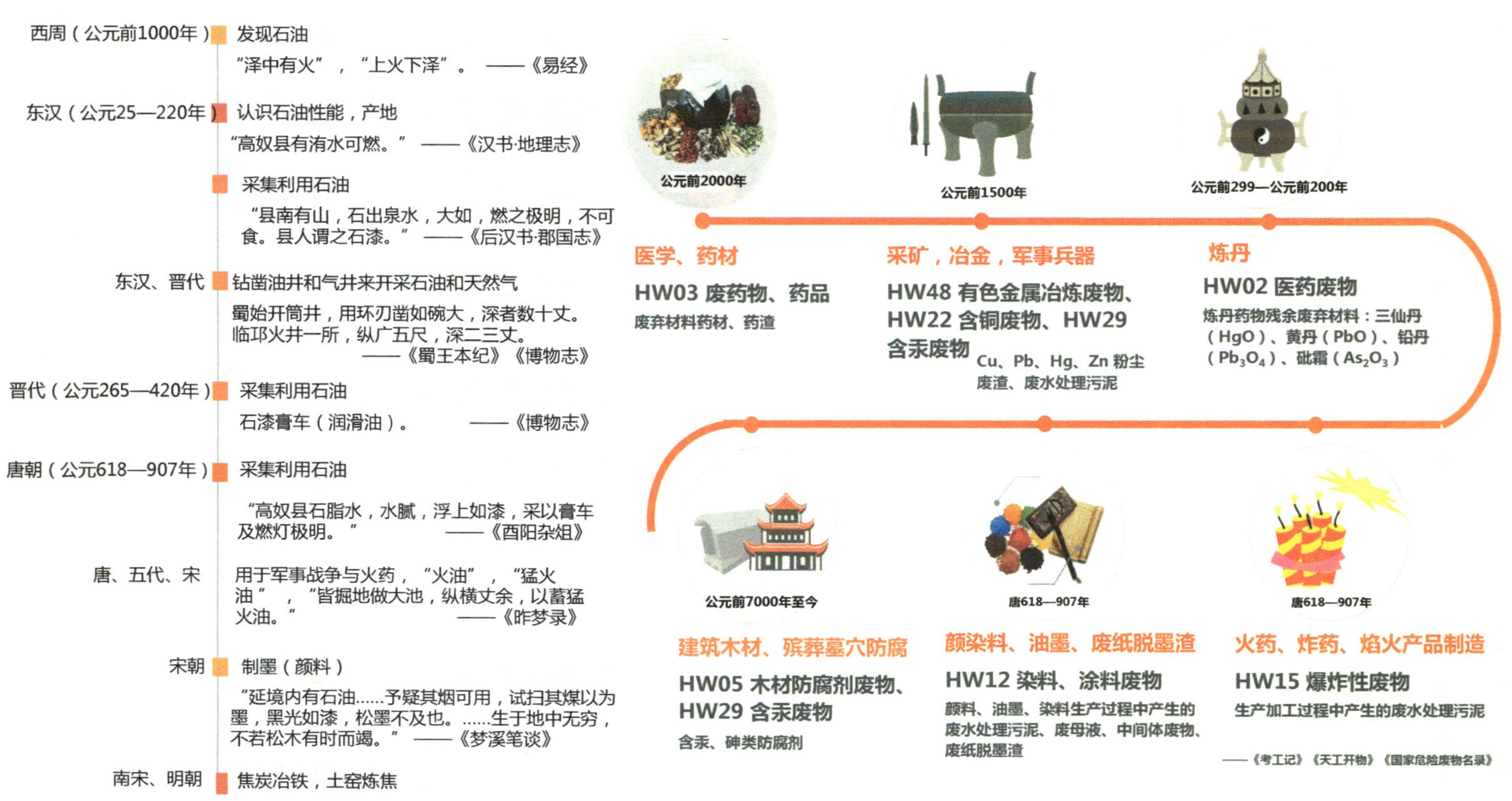

图 1-1　历史上产生废物的工业活动概览

对于固体废物和危险废物监管而言，美国于1976年颁布的《资源保护和恢复法》（Resource Conservation and Recovery Act，RCRA）明确了固体废物及危险废物的定义及分类，同时规定了废物的产生、处理、运输以及处置等要求。然而，RCRA并未对因不当处置危险废物而引起的历史污染问题提供有效的问责和救助方法，导致受损环境的责任主体难以明确，环境恢复工作面临挑战。在此期间，纽约州拉夫运河事件①的发生，催生了具有里程碑意义的《超级基金法》（Comprehensive Environmental Response，Compensation，and Liability Act，CERCLA）（又称《综合环境反应、补偿和责任法》），该法案建立了一套完善的危险废物污染应急处理机制和环境损害赔偿责任机制，为环境治理和生态恢复提供了更为坚实的法律支撑。

1.1.2 国外危险废物监管要求

1.1.2.1 《控制危险废物越境转移及其处置巴塞尔公约》

为加强全球危险废物的监管力度，防止其非法跨国转移，联合国环境规划署于1989 年 3 月通过了《控制危险废物越境转移及其处置巴塞尔公约》（以下简称公约），并于 1992 年正式生效。该公约由序言、9 项条款和 9 个附件构成，涵盖了公约的管理对象与范围、定义、缔约方的一般义务、危险废物越境转移的管理、非法运输的管制、缔约方之间的合作以及争端解决机制等内容，旨在加强对危险废物的管理和防止其非法越境转移。

公约首次提出了危险废物的定义与类别，结束了“危险废物”一词之前缺乏具体含义的泛用状态。公约详细列出了 45 类受控危险废物，包括具有特定行业特征并以来源命名的 Y1～Y18 类，如医院临床废物、医药废物、木材防腐剂废物等；以及仅有成分特征和以危害成分命名的 Y19～Y45 类，如含金属羰基化合物废物、含铬废物、废酸、废碱等。此外，公约规定，危险废物应包括出口、进口或缔约国国内立法规定或认为具有危险性的任何废物。

公约特别强调了对家庭废物及其焚烧残渣的处理注意，指出虽然家庭废物在正常情况下不具有毒害性质，但可能含有有毒有害物质，焚烧后的残灰中可能含有微量的有机

① 纽约州拉夫运河事件：1942 年，美国胡克化学公司购买了废弃的“拉夫运河”，并在随后的 11 年中，将超过 2 万 t 含有多种有害化学品的废弃物非法倾倒于该运河。1953—1978 年，该运河被填埋覆盖好转赠给当地的教育机构，其上陆续建造了住宅和学校等设施。自 1977 年起，居住在拉夫运河附近的居民开始遭受一系列健康问题，包括孕妇流产、儿童死亡、婴儿出生缺陷、癫痫发作以及直肠出血等病症。1987 年，该地区地面出现了含有多种有毒物质的黑色液体渗漏现象，进一步证实了环境受到的严重污染。直至 20 世纪 80 年代，《综合环境反应、赔偿和责任法》在美国国会获得通过。该法律的实施标志着拉夫运河事件的法律解决，前胡克化学公司和纽约州政府被认定为责任方，向受影响的居民支付了高达 30 亿美元的经济损失和健康损害赔偿。

含碳物质残留，这些残留物在溶于浸出液后，可能对地下水和地面水造成污染，或导致污染物在环境中聚集，带来较大的环境风险，因此需要谨慎处理。

公约详细规定了14类不同性质危险废物的危险特性，并提供了检验方法的说明。公约要求各缔约国应尽量减少本国产生的危险废物，并尽可能在本国境内进行处置。在必须进行越境转移的情况下，应将该类危险废物的总量与危险特性降至最低限度。

公约的实施是一个多领域、多利益相关者参与的过程。公约强调无害环境管理工作应采取一切可行步骤，确保危险废物或其他废物的管理方式能够保护人类健康和环境免受该类废物可能产生的不利影响。各国政府需要加强立法和监管，确保危险废物的合法处理和转移。企业应承担起环保责任，采取有效措施减少废物的产生，并寻求最佳的处理方式。环保组织可以提供技术支持和监督，以确保公约的有效执行。国际机构则可以通过提供技术和经济支持，促进废物管理的可持续发展。

1.1.2.2 美国危险废物法规

美国的危险废物的监管体系始于20世纪60年代末至70年代初，当时每年约有3 000万t危险废物被随意非法倾倒。在社会压力和环境健康风险的推动下，1976年美国国会通过了《资源保护与恢复法》（RCRA），这标志着监管策略由末端治理转向前期预防。RCRA的多次修正，特别是1984年的《危险和固体废物修正案》（HSWA），扩大了危险废物的管控范围并提高了管理标准。1980年，美国国会颁布了《综合环境反应、赔偿与责任法》（CERCLA），随后的《超级基金增补与再授权法案》（SARA）提高了政府的参与度，完善了技术体系。随后近50年的发展，美国建立了以RCRA和CERCLA为基础的法律法规体系，辅以《防治船舶污染法》（APPS）和《危险物质运输法》（HMTA）等，加强了危险废物的管理和控制。

危险废物鉴别是危险废物管理和处理处置的关键环节和技术基础，是一切危险废物污染防治工作的前提和保障。世界各国与相关组织分别就危险废物的管理和鉴别制定了详细的鉴别方法、规则和相关政策。美国和欧盟是其中的领头力量，美国危险废物鉴别体系更是世界各国制定危险废物鉴别政策时借鉴的主要对象。

根据美国RCRA第3001条规定，美国国家环境保护局（EPA）承办危险废物鉴别标准制定与颁布的任务，综合考虑危险废物的毒性、持久性和自然降解、生物体内的富集及如易燃性、腐蚀性和其他危险性因素，将危险废物定义为其数量、浓度或物理、化学特性或传染性，能够产生或明显导致死亡率上升、严重不可逆转疾病的增长，或因处理、贮存、运输、处置不当而造成大量即时性或潜在性人体健康或环境危害的某一固体废物或者固体废物的混合物。EPA联邦法规在40 CFR part 260～part 261中明确了固体废物产生者对确定所产生的废物是不是危险废物负主要责任，并主要规定了危险废物管理系统的通则、特性鉴别和危险废物名录，由此构建起一整套完整的危险废物的鉴别框架：

1．危险废物的鉴别程序

美国的危险废物鉴别程序是一个系统化和规范化的过程，其步骤如图 1-2 所示。该过程主要包括固体废物的界定、危险废物定义的排除、名录废物或具有危险特性废物的识别及特殊规则下废物的判定 4 个关键环节。

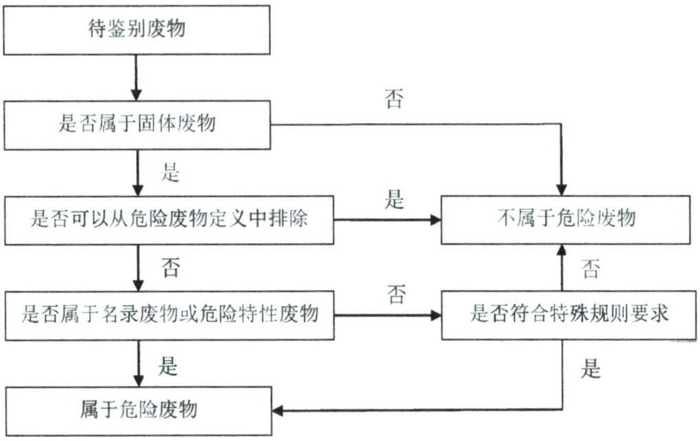

图 1-2 美国危险废物鉴别过程

1）固体废物的界定

根据美国 RCRA，任何废物若要被认定为危险废物，首先必须满足固体废物的条件。若确定废物不属于固体废物范畴，则可排除其为危险废物的可能性。

2）危险废物定义的排除

并非所有具有危险特性的物质都自动归类为危险废物。在 EPA 的危险废物管理条例中，对某些特定来源的物质，即便含有有害物质，也对其进行了排除处理。这是因为若将所有这类物质均视为危险废物进行管理，将面临实际操作中的诸多困难和不切实际的挑战。

3）名录废物或具有危险特性废物的识别

依据 RCRA 的 40 CFR part 261 Subpart D，危险废物名录已纳入 800 多个废物编号，涵盖上千种废物。名录根据生态毒性和环境赋存研究的进展而不断更新。对于未列入名录但表现出危险特性的废物，EPA 规定必须通过危害特性的测定判定其危险废物的属性。

4）特殊规则下废物的判定

对于来源不明或试图逃避法律管制的废物，EPA 制定了混合规则、衍生规则和包含政策等特殊规则。混合规则规定，即使少量名录中的危险废物与大量非危险废物混合，混合后的废物仍被认定为危险废物。衍生规则指出，危险废物处理处置过程中产生的固体废物，若表现出危险特性，则同样被认定为危险废物。包含政策则规定，当危险废物污染了土壤或其他物质时，这些受污染的物质也应被视为危险废物。

此外，美国还制定了豁免规则，以减轻废物产生者的责任。40 CFR part 261.4（b）规定了 18 种豁免情况，涵盖了家庭废物、采矿表土、钻井泥浆等。这一鉴别程序确保了危险废物得到有效管理和控制，同时为废物产生者提供了明确的指导和合理的责任界定。

2. 危险废物名录

美国 EPA 在将废物纳入危险废物名录时遵循一系列严格的准则，以确保人体健康和环境安全。以下是 EPA 考虑的主要标准：

（1）废物中包含有毒的化学物质，在缺乏法规管理的情况下，将导致对人体健康和环境的危害。

（2）废物中包含急性毒性化学品物质，即使含量很低，这类物质对人体和环境的危害也是致命的。

（3）废物通常表现出以下任何一种危害特性：易燃性、腐蚀性、反应性和毒性。

（4）在国会制定的相关法律中，被定义为危险废物的。

符合上述任一标准的废物将被纳入危险废物名录，并赋予一个 EPA 危险废物编号。名录中的废物分为 4 种类型，每种类型都有一个特定的前缀字母以便于识别：

（1）F 类：来自非特定源的危险废物，涵盖 39 个编号；

（2）K 类：来自特定工业源的危险废物，涵盖 178 个编号；

（3）P 类和 U 类：被遗弃的商业化学品等，其中剧毒的用 P 表示，一般毒性的用 U 表示，共涵盖 600 多个编号。

EPA 使用不同的字母代码来表示废物的不同特性，如 T 代表有毒危险废物，H 代表急性毒性危险废物，I 代表易燃性危险废物，C 代表腐蚀性危险废物，R 代表反应性危险废物。这些代码决定废物的法规管理方式，如 H 类废物的管理比其他类型更严格。

3. 危险废物特性鉴别

在危险废物特性鉴别方面，EPA 依据易燃性、反应性、腐蚀性和毒性 4 种主要类型来制定鉴别标准，以便废物产生者进行判断并确保操作可行性。鉴别标准的原则基于以下几点：

（1）废物的危害特性可能导致死亡率增加或严重不可恢复疾病的增加；

（2）废物在不恰当管理时可能对人体健康或生态环境造成有害影响；

（3）存在适用和规范的测试分析方法，或由产生者通过专业判断确定。

1980 年，EPA 参照美国交通部（DOT）和职业安全与健康管理（OSHA）的标准，制定了易燃性和腐蚀性的鉴别标准。易燃性特性鉴别标准的制定是为了鉴别一些在日常运输、贮存和处置过程中易燃的废物，这种废物一旦着火极易剧烈燃烧。易燃性鉴别标准制定时考虑了废物管理和运输中工作人员的防火安全问题，如废物燃烧和烟尘吸入等，以及可能由此产生的向空气中释放有毒颗粒物、烟雾。反应性鉴别标准则针对那些极不稳定且可能发生剧烈反应或爆炸的废物，以防止在废物管理过程中对工作人员造成伤害。EPA 确定的第一种腐蚀性危险特性是 pH 低于 2 或高于 12.5 的液态废物，该类废物会损害人体器官，其与其他废物接触会产生有害反应并且可能危害水生生物。腐蚀性特性规定的重点保护对象是在运输过程中可能直接接触该类物品的工作人员，要防止腐蚀性废物伤害到皮肤和眼睛。同时，要防止腐蚀性液体溶解重金属导致地下水污染。EPA 确定的第二种腐蚀性危险特性废物是对钢制容器（设备）有腐蚀性的废物。EPA 定义这种腐蚀特性是因为该类废物可能在运输或贮存过程中从隔离的容器或设备中溢出，直接与外部环境接触，进而产生人体危害，或与外界发生剧烈反应、释放有害组分到环境中。

EPA 制定的毒性特性（TC）标准旨在减轻有毒废物中的有害成分通过慢性暴露途径对地下水造成的污染，进而保护公共健康。EPA 的长期研究揭示了填埋场和地表构筑物的渗滤液是环境中有害组分的主要来源，其中 90%以上的填埋场渗滤液和 98%以上的地表构筑物渗滤液均对地下水构成潜在威胁。鉴于地下水在美国饮用水和工业用水中的重要地位——约 50%的人口依赖地下水作为饮用水水源，95%以上的农村居民以及 34%的美国主要城市的水源也源自地下水，EPA 将地下水的保护作为环境监管的重点。

在毒性鉴别标准方面，EPA 最初规定了 14 种污染物的浸出毒性限值，并随后将这一名单扩展至包括金属、挥发性和半挥发性有机物以及杀虫剂在内的 40 种物质。在毒性浸出方法（Toxicity Characteristic Leaching Procedure，TCLP）确立之前，EPA 采用提取方法（Extraction Procedure，EP）模拟废物不当处置导致的长期污染迁移来评估危险废物的毒性特征。这些浸出毒性物质的限值基于《初级饮用水质量标准》，并考虑了稀释衰减系数（Dilution Attenuation Factor，DAF）。1986 年，EPA 对渗滤程序进行了改进，引入 TCLP 取代 EP，并于 1990 年起正式采用 TCLP。TCLP 将 EP 难以测定的挥发性、半挥发性和杀虫剂等 26 种物质纳入了考量。TCLP 综合考量了固体废物的来源、处理处置方式及污染途径，通过案例研究揭示了废物在处理处置过程中释放的有害组分、频率、污染对象和污染水平，TCLP 的选择基于广泛的案例调查，更贴近美国的污染现状，提高了方法的科学性和实用性。为确立 TC 浸出项目提供了依据。

无论是 EP 还是 TCLP，在确定限值时均采用了 DAF 参数，但两者的参考标准不同：EP 参考的是初级饮用水质量标准（National Interim Primary Drinking Water Standards），而 TCLP 参考的是慢性毒性可接受剂量（Chronic Toxicity Reference Level，CTRL）。

在废物管理的国际协调方面，美国与巴塞尔公约和欧盟的做法存在差异。巴塞尔公约和欧盟将医疗废物纳入危险废物管理，并定义了感染性危险特性，而美国选择对医疗废物进行单独管理。此外，虽然巴塞尔公约和欧盟对生态毒性进行了定义，但是美国尚未制定相应的生态毒性标准，这反映出不同地区在环境法规和实践上的差异。

1.1.2.3 欧盟危险废物法规

欧盟的危险废物法规是欧洲环境政策的重要组成部分，其产生和发展根植于全球化的环境问题、加速的欧洲一体化进程、统一市场的形成、信息全球化的加速以及可持续发展观念的逐步确立等时代特点。尽管欧盟的废物管理政策和法律尚在不断完善之中，但其具备明显的特点，主要体现在两个方面：一是废物管理目标具体明确；二是废物管理思想发展快速，确保了政策和法律的先进性。

欧盟对危险废物鉴别的主要依据是《危险废物指令》（91/689/EEC）和《废物/危险废物名录》（2001/118/EC）。《危险废物指令》（91/689/EEC）明确了危险废物的定义，并要求成员国在《危险废物指令》（91/689/EEC）的指导下进行适当管理，同时明确家庭废物不包括在内。该指令附录3详细描述了危险废物的危险特性，包括14种类型，与巴塞尔公约相一致，编号为 H1～H14。针对这些危险特性，欧盟的《关于危险物质分类、包装、标识的规定》（84/449/EEC）（修订版）附件中规定了相应的检测方法，涵盖了物理化学性质的确定方法，如闪点、易燃性、爆炸性质等。《废物/危险废物名录》（2001/118/EC）则提供了一个包含危险废物和一般固体废物的清单，按照20个不同行业列举了849种废物，其中404种被标记为危险废物。该名录规定，危险废物必须满足《危险废物指令》（91/689/EEC）附件3中的14类危险特性，并且对于具有特定危险特性的废物，还需满足特定的数值或含量限值。此外，2001/118/EC 相较于2000/532/EC 增加了对第3类致癌性物质浓度的规定。该名录明确指出，列入其中的废物并非在所有情况下均被视为废物，只有符合《危险废物指令》（91/689/EEC）中废物定义的物质才适用。废物采用六位代码编号，前两位或前四位为章节编号，如01代表“由于爆炸、采矿、采石等产生的废物”，进一步细分为更具体的废物类型。名录共分20章，其中第1～12章及第17～20章按废物来源分类。一个生产单位可能在多个章节中产生废物，如汽车生产商可能在金属表面处理、金属处理和镀层废物、表面处理废物等多个章节中找到其产生的废物。

1.1.3 国内危险废物鉴别发展

我国在 20 世纪 80 年代面临国际废物大循环的挑战，为了防范进口固体废物所带来的环境风险，于 1990 年 3 月加入了《控制危险废物越境转移及其处置巴塞尔公约》。随后，我国相继发布了《危险废物鉴别标准　腐蚀性鉴别》（GB 5085.1—1996）、《危险废物鉴别标准　急性毒性初筛》（GB 5085.2—1996）、《危险废物鉴别标准　浸出毒性鉴别》

（GB 5085.3—1996）以及 1998 年版的《国家危险废物名录》，这些技术文件为我国危险废物鉴别制度的建立奠定了基础。

鉴于当时国内环境污染事故频发的严峻形势，2006 年 7 月 21 日，我国最高人民法院发布了《关于审理环境污染刑事案件具体应用法律若干问题的解释》，对环境污染犯罪的法律适用问题提供了明确的指导。2006 年 4 月，国家环境保护总局联合海关总署、国家质量监督检验检疫总局等 5 部门联合发布了《固体废物鉴别导则》（试行），为我国固体废物属性鉴别提供了规范性判断依据，对打击非法进口固体废物犯罪行为起到了关键作用。

此后，我国继续完善危险废物鉴别技术体系，发布了《危险废物鉴别技术规范》、更新版的《危险废物鉴别标准》及新版《国家危险废物名录》等系列文件。这些文件在制定过程中，借鉴了美国和欧盟等国家和地区在危险废物鉴别、国家危险废物名录制定以及豁免管理方面的经验和做法，不仅形成了一套适合我国国情的危险废物鉴别技术规范，也成为近 20 年来我国在涉危险废物类物质鉴别方面的重要技术依据。

1.2 危险废物的定义及来源

1.2.1 固体废物的法律定义

固体废物的法律定义是固体废物鉴别及危险废物鉴别的基础。我国的《中华人民共和国固体废物污染环境防治法》（以下简称《固废法》）于 1995 年制定，于 2004 年进行了第一次修订，2013 年、2015 年、2016 年又分别对特定条款进行了修正，2020 年的第二次修订则立足当前实际突出问题，进一步完善了管理制度体系。

2020 年修订的《固废法》对固体废物的定义进行了细化，明确规定："固体废物，是指在生产、生活和其他活动中产生的丧失原有利用价值或者虽未丧失利用价值但被抛弃或者放弃的固态、半固态和置于容器中的气态的物品、物质以及法律、行政法规规定纳入固体废物管理的物品、物质。经无害化加工处理，并且符合强制性国家产品质量标准，不会危害公众健康和生态安全，或者根据固体废物鉴别标准和鉴别程序认定为不属于固体废物的除外。"同时，第一百二十五条对液态废物的污染防治也作出了特别规定。

由此可见，满足《固废法》的固体废物法律定义需要把握以下 5 个特点：

（1）来源的广泛性。固体废物来源于人类的生产、生活和其他活动，体现了其种类繁多、性质复杂、污染环节多的特点。

（2）价值与权属状态。固体废物的本质特征在于其已丧失原有利用价值或被抛弃，这不仅是判定物质成为废物的基本条件，也反映了物质的归属状态和去向。

（3）形态的多样性。纳入法律管理的固体废物既包括固态废物，也包括半固态废物、置于容器中的气态废物以及液态废物。其中，液态废物主要指无法达到《固体废物鉴别标准　通则》（GB 34330—2017）7.1～7.3 节要求的物质，即不能直接排入环境水体或者市政污水管网和处理设施的废液。

（4）资源性。固体废物具有作为原料或再生资源利用的潜力，通常被认为是“放错位置的资源”或“城市矿山”，因此其“废”与“不废”是相对的，在再生资源利用活动中，需依法进行属性界定，避免非法处置或非法经营。

（5）危害性。固体废物作为污染源，可通过多种途径危害环境和人体健康。其环境污染的多样性和处置方式的多样性要求在处理处置过程中严格遵守法律法规，以减少对大气、水体、土壤等环境介质的损害。

1.2.2　危险废物的法律定义

依据《固废法》第一百二十四条“危险废物，是指列入国家危险废物名录或者根据国家规定的危险废物鉴别标准和鉴别方法认定的具有危险特性的固体废物”。这一定义体现了法律和科学的双重特性，即在法律层面强调该对象是“具有危险特性的固体废物”，至于具体的危险特性如何识别，则可以通过危险废物名录、鉴别标准和鉴别方法来实现。

1.3　危险废物的特性与危害

危险废物是固体废物中危害较大的一类废物，具有腐蚀性、毒性、易燃性、反应性或者感染性一种或多种特性，可能对人造成致病性或致命性的危害，或对环境造成生态危害。因此，要对危险废物建立长期有效的风险防控体系，首先必须了解危险废物的主要特性和对生物、环境的影响，以便对不同性质的危险废物采取针对性处理处置方法与管理策略。

1.3.1　危险废物的理化特性

1.3.1.1　溶解度

溶解度是指在特定温度下，固态物质在 100 g 溶剂中达到饱和状态时所溶解的质量。危险废物组分复杂，通常含有无机重金属及其盐类、氟化物、氰化物、砷等无机化合物，以及有机农药和其他有机化合物等可溶性成分。若处理不当，这些成分可能通过地表径流、雨水淋溶和土壤渗透作用，进入地表水和地下水系统。土壤颗粒对这些有害成分的截留作用可能导致土壤成分和结构变化，影响植物生长，降低农作物产量，污染植株，进而对人类饮用水和食品安全构成威胁。

1.3.1.2 挥发性

挥发性描述的是化合物从固态或液态变为气态或蒸气的过程。危险废物中的气态物质主要通过挥发过程释放，包括化学废物的直接挥发、水和淋溶液中液态化学废物的挥发，以及吸附在土壤或固体上的化学废物的挥发。这些挥发性有机化合物（VOCs）可进入大气，造成空气污染。挥发性物质的蒸气压、溶解度、吸附—解吸特性，以及土壤特性和空气条件等环境因素，共同影响危险废物中气态物质的挥发行为。大多数危险废物的亨利常数为 10^{-7}～10^{-3} $atm{\cdot}m^3/mol$。

1.3.1.3 化学组成

危险废物的化学组成涉及废物中所含元素和这些元素的含量。除碳、氢、氧等常见元素外，还应关注如砷、汞、铬等有毒类金属或重金属元素（表 1-1）。

表 1-1 危险废物中常见的有毒类金属或重金属元素

元素	元素符号	来源
砷	As	主要来源于硫铁矿制酸过程中烟气净化产生的酸泥
硒	Se	主要来源于铁、铜、铅及其合金生产种排出的废物
汞	Hg	主要来源于氯碱、电气、染料等工业排出的废物
铬	Cr	主要来源于染料生产、钢铁生产、皮革鞣制、电镀等过程排出的废物
铜	Cu	主要来源于玻璃制造、电子元件及电子材料制造过程中排出的废物
锌	Zn	主要来源于热镀锌、电池制造、金属冶炼等过程中排出的废物
镉	Cd	主要来源于钢铁生产、电镀、汽车及颜料等工业排放的废物
铅	Pt	主要来源于染料生产、铅冶炼及其他金属加工过程中排出的废物
锰	Mn	主要来源于钢铁冶炼、合金制造、化学工业所排放的废物
镍	Ni	主要来源于制金属板的废物
铊	Tl	主要来源于铊及其化合物生产过程中产生的熔渣、粉尘和污泥
锑	Sb	主要来源于锑金属、粗氧化锑及氧化锑生产过程中产生的废物

1.3.1.4 易燃性

易燃性是危险废物的一个重要特征。具有易燃性的废物在特定条件下，如遇到足够的氧气和点火源，可能迅速燃烧。易燃性废物的鉴别依据包括闪点和易燃范围。闪点是液体表面上方易燃蒸气与空气混合物可被点燃的最低温度；易燃范围是可燃气体或蒸气与空气（或氧气）混合物能维持火焰传播的浓度区间。这两个参数决定了危险废物的燃烧特性，按《危险废物鉴别标准　易燃性鉴别》（GB 5085.4—2007）中鉴别标准划分，以下3种均属于易燃性危险废物（表1-2）。

表 1-2 易燃性危险废物

类别	定义	判别标准［《危险废物鉴别标准 易燃性鉴别》（GB 5085.4—2007）］
液态易燃性危险废物	易燃液体闪点低于37.8℃，可燃液体闪点在37.8～93.3℃	闪点温度低于60℃（闭杯试验）的液体、液体混合物或含有固体物质的液体
固态易燃性危险废物	经摩擦或生产加工时所产生的热量能引着的物质（不包括爆炸品），一经点燃难以熄灭	在标准温度和压力（25℃，101.3 kPa）下因摩擦或自发性燃烧而起火，经点燃后能剧烈而持续地燃烧并产生危害的固态废物
气态易燃性危险废物	具有较低燃烧极限和易燃范围的气体	在20℃，101.3 kPa状态下，在与空气的混合物中体积分数≤13%时可点燃的气体，或者在该状态下，不论易燃下限如何，与空气混合，易燃范围的易燃上限与易燃下限之差≥12个百分点的气体

1.3.1.5 反应性

反应性是指废物易于发生爆炸或剧烈反应，或在反应过程中可能释放有毒气体或烟雾。在某些工业领域，如炸药、烟火制造和冶金等，产生的废物可能含有爆炸性物质，一旦发生爆炸，可能引发火灾和对周围环境及设备造成破坏。此外，某些废物在室温下可能通过水解、分解等化学反应，产生有毒气体或热量，对人体健康和环境构成威胁。

1.3.1.6 腐蚀性

狭义上，腐蚀性是指金属与环境间的物理和化学相互作用，使金属性能发生变化，导致金属、环境及其构成系统受到损伤的现象。从广义上来说，凡是能使与之接触的物体（包括生物组织在内）受到破坏、变质的所有物质都能称为腐蚀性物质。这类具有腐蚀性的危险废物接触生物组织时，能导致生物组织严重损伤；或一旦泄漏，致使其他物品或运输、盛放工具损坏或毁坏。根据《危险废物鉴别标准 腐蚀性鉴别》（GB 5085.1—2007）的规定，固体废物浸出液pH≥12.5或pH≤2.0时即可判定其具有腐蚀性；此外，如果该物质在55℃条件下对GB/T 699中规定的20号钢材腐蚀速率≥6.35 mm/a时，也可判定其具有腐蚀性。常见地，如酸渣、碱渣均有腐蚀性。

1.3.2 危险废物的生物特性

危险废物的生物特性包括生物毒性、生物蓄积性及遗传毒性，这些特性对生态环境和人类健康构成潜在风险。

1.3.2.1 生物毒性

生物毒性是指污染物直接或间接进入生物体内，引起机体损伤或病变的能力。在危险废物领域，特别关注的是浸出毒性，即危险废物与水接触后，有害物质溶出并可能对生态环境产生毒性效应。

1. 一般毒性

一般毒性是指外源化学物质在一定剂量、时间和方式下对生物机体造成的功能或器质性改变。根据剂量和起效时间，可分为急性毒性、蓄积毒性、亚慢性毒性、亚急性毒性和慢性毒性。急性毒性因其严重后果和高急救要求，成为环境风险管控的重点。

急性毒性描述的是人或其他受试动物一次性或24小时内多次接触化合物后短期内引起的中毒效应，包括死亡。例如，含氰废物中的某些成分是迅速致命的血液性毒剂，可能引起心搏徐缓、抽搐、呼吸衰竭甚至死亡。

评估急性毒性的参数包括绝对致死量（LD_{100}）、半数致死量（LD_{50}）、最大耐受量（MTD）、最小致死量（MLD）等；以及一类以非死亡结局为指标的毒性下限参数，包括阈剂量（LOAEL）、最小作用剂量（MEL）、无损害作用剂量（NOAEL）和无作用剂量（NOEL）。按照《危险废物鉴别标准　急性毒性初筛》的规定，采用国际通用的半数致死量 LD_{50} 进行分级。

2. 浸出毒性

浸出毒性是指固态危险废物遇水浸沥或由其他液体浸取时，有害物质溶出，随雨水、地表径流或土壤孔隙水等，在各环境介质中迁移转化、危害生态环境的毒性。它是危险废物的重要特征之一，是对危险废物鉴别、处置和管理过程的一项重要法定指标。了解各危险废物的浸出毒性，制定合理的各类危险废物管理处置方案，对保护地下水资源具有重要意义。

1.3.2.2 生物蓄积性

有些污染物被生物体摄入后难以排出体内，当摄入量超过消除量时，该物质会持续在体内堆积，影响生物体正常生长发育，致使环境浓度低于生物体内浓度。危险废物中许多种类，如含氯杀虫剂、多氯联苯、重金属废料等沾染的污染物都具有该特性。化学物质在生物体内的蓄积作用包括生物富集、生物积累和生物放大。

1. 生物富集

生物富集又称生物浓缩，是指生物通过非吞食方式，从周围环境中摄取部分污染物，这类污染物难以被生物利用代谢，或代谢速率缓慢，易在生物体内富集，导致生物体内浓度远超过环境浓度的现象。

2. 生物积累

生物积累是指生物在其整个代谢活跃期内都在通过吸收、吸附、吞食等各种过程，从周围环境中蓄积某些元素或难分解的化合物，以致随生物的生长发育，浓缩系数不断增大，这种现象称为生物积累（又称生物学积累）。生物积累的程度用浓缩系数表示。

3. 生物放大

生物放大是指同一食物链上的高营养级生物吞食低营养级生物，元素或物质实现营养级的传递，并呈现低级向高级逐级递增的趋势。因此，一旦这类化学物质进入环境，就会在动物的脂肪中储存累积，最终积累在食物链顶端，对包括人类在内的顶级消费者影响尤为严重。

物质的 3 种生物蓄积现象都可以用生物浓缩系数（Biological Concentration Factor，BCF）表示：

$$\mathrm{BCF}=\frac{\text{生物体内污染物的浓度}}{\text{环境中该污染物的浓度}}$$

BCF 值的大小反映了污染物的生物蓄积性的高低。BCF 值越高，表示污染物越容易在生物体内积累，与潜在毒性效应有着密切关系。污染物物质属性（如稳定性、脂溶性和水溶性）、生物特征（如生物种类、发育阶段、体型、性别）和环境条件（如温度、盐度、硬度、溶解氧含量和光照条件）都影响生物浓缩系数。在物质属性方面，降解性小、脂溶性高（以辛醇/水分配系数表示）的物质，生物浓缩系数高；反之则低。一般情况下，重金属无机元素和许多含氯化合物、稠环、杂环等有机化合物具有很高的生物浓缩系数。

1.3.2.3 遗传毒性

环境中的部分有毒物质可引起生物体基因突变或染色体畸变，而造成致突变、致癌和致畸“三致”效应。致癌是指化学物质引起正常细胞发生恶性转化并发展成肿瘤；致突变是指有毒物质引起生物细胞内的染色体、脱氧核糖核酸及核糖核酸等遗传信息构成和排列顺序发生变化，进而使某些器官在形态、功能上发生病变，并传递给子细胞；致畸是指环境污染等因素干扰胚胎正常发育，导致先天性畸形的现象。

具有“三致”作用的有害物质种类较多，《危险废物鉴别标准　毒性物质含量鉴别》（GB 5085.6—2007）附录 C、附录 D、附录 E 分别收录致癌性物质 63 种、致突变性物质 7 种、生殖毒性物质 11 种。

1.4 危险废物的鉴别与理论基础

1.4.1 危险废物的环境行为

危险废物的环境行为及其对生态系统的影响是一个多维度的复杂过程。这些废物在不当处理或贮存的情况下，能够通过多种途径对环境介质造成污染。首先，危险废物中的有害物质可通过地表径流或直接渗透污染地表水体和土壤。随着时间的推移，这些污染物可能通过土壤孔隙下渗至地下，进而影响地下水资源和深层土壤结构。地下水的污染不仅影响水质，还可能通过生态循环进入食物链，对人类健康和动植物的生存构成长期风险。其次，危险废物中的细小颗粒物和挥发性有机化合物（VOCs）可能通过空气流动扩散至大气中。这些物质在大气中可能发生二次反应，生成新的污染物，如臭氧和细颗粒物（$PM_{2.5}$）。这些污染物可通过呼吸作用进入人体和动物体内，对呼吸系统和整体健康造成危害。

此外，危险废物的环境行为还包括其在环境中的迁移、转化和累积过程。这些过程受多种因素影响，包括废物的物理化学特性、环境条件、地形地貌等。例如，重金属等无机污染物可能在土壤中发生吸附、沉淀等作用，而有机污染物则可能通过生物降解或挥发作用减少。图 1-3 展示了危险废物通过不同环境介质传播的途径和机制，包括地表水、土壤、地下水和大气。这一过程强调了对危险废物进行有效管理和控制的重要性。

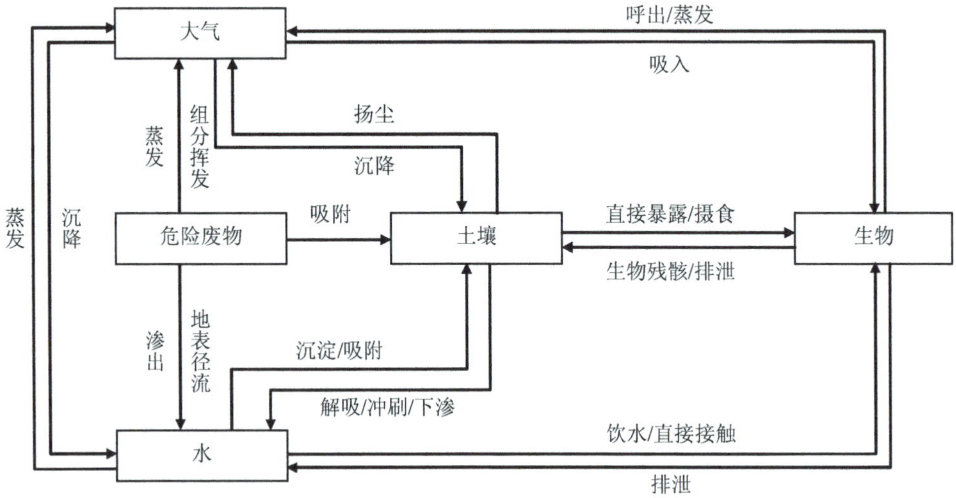

图 1-3 历史上产生废物的工业活动概览

1.4.2 危险废物的毒理学基础

危险废物的本质是包含多种有害化学物质的复合物，其对环境和生物体的危害可通过毒理学特性分析来体现。因此，在鉴别活动中，尤其是不明来源废物的鉴别活动中，相关毒性特性分析尤为重要，这也是确定环境安全指标限值的基础数据来源。毒理学与危险废物管理紧密相关，它为评估和控制危险废物的潜在风险提供了科学依据。

毒理学是研究毒物性质与机体或生态系统相互作用的一门学科，包括毒性、入侵途径、中毒机理和病理过程等内容。而现代毒理学（Modern Toxicology）则是在该基础上进一步精进，是研究所有外源因素（如化学、生物因素）对生物系统和生态系统的损害/毒性效应与机制，以及中毒的预防、诊断和救治的科学。在毒理学的概念体系中，外源化合物是指在人类生活的外界环境中存在并可能进入机体的化学物质；毒性是指由于本身的化学结构，化学物质所具有的引起生物体有害作用的固有能力；毒物是指在较低剂量下就可导致机体损伤的物质；毒效应是指毒物在作用部位达到一定数量并停留一段时间，对生物体有不良或有害生物学改变的现象。

1.4.2.1 生物毒性

1. 毒性参数

（1）剂量：是决定外源性物质对机体造成损害作用的最主要因素，数值上体现为生物体单位体重吸收或摄入物质的量。世界上没有绝对无毒或有毒的物质，有毒与无毒之间的区别在于适当的剂量。摄入剂量超过 1 g/kg（体重）食盐能导致中毒，而即便在历史上被称为万毒之王的砒霜却也有“饮鸩止渴”的说法，此外，同一种毒物对不同种类生物的反应差异也是巨大的。为了对外源性物质的毒性作出全面正确的评价，通常使用以下几种剂量下的机体死亡率作为统一的定量观察指标：

①绝对致死剂量（LD_{100}）：指引起一组受试动物全部死亡所需的剂量。

②半数致死剂量（LD_{50}）：指引起半数受试动物死亡所需的剂量。

③最小致死剂量（MLD/LD_{01}）：指仅引起一组受试动物个别死亡的最小剂量。

④最大非致死剂量（LD_0）：指不引起受试动物死亡的最大剂量。

⑤半耐受限量（TLm）：在一定时间内半数个体能够耐受的某种污染物剂量。一般为实验时间为 96 min，即 TLm96。

⑥观察到有害作用的最低水平（LOAEL）：指在一定时间内，某种外源化学物按一定方式或途径与机体接触，用检测方法检测出某项灵敏指标发生轻微损害作用所需的最低剂量。

⑦未观察到有害作用的水平（NOAEL）：在规定的暴露条件下，一种外源化学物不

引起机体（人或试验动物）可监测到的有害作用的最高剂量或浓度。

（2）阈值：也称为最小作用剂量（MEL），是指一种物质使机体（人或试验动物）开始发生毒效应的剂量或浓度，即低于阈值时效应不发生，而达到阈值时效应将发生。急性阈值量（LiMac）和慢性阈值量（LiMch）是最常用的两个指标，分别表示一次或长期、多次染毒所得的阈值量。

（3）毒作用带：是以外源性物质对实验动物的毒效应为中心综合反应毒作用特点的指标。

①急性毒作用带（Zac）：半数致死剂量（LD_{50}）与急性阈值量（LiMac）的比值。

$$\mathrm{Zac} = \frac{\mathrm{LD}_{50}}{\mathrm{LiMac}}$$

Zac 值越小，说明外源性物质从轻微损害到导致急性死亡的剂量范围窄，表明该物质致死风险越大；反之，则说明致死风险小。

②慢性毒作用带（Zch）：是急性阈值量（LiMac）与慢性阈值量（LiMch）的比值。

$$\mathrm{Zch} = \frac{\mathrm{LiMac}}{\mathrm{LiMch}}$$

Zch 值越大，说明外源性物质从极轻微毒效应到表现出明显中毒反应的剂量范围大，该类毒物产生慢性中毒的可能性较大，且中毒过程较隐秘容易被忽视；反之，则说明慢性中毒可能性较小。

（4）蓄积：指外源化学物连续地反复多次地进入机体，并且吸收速度或总量超过代谢转化排除的速度和总量时，化学物在体内逐渐增加并贮存的现象。包括物质蓄积和功能蓄积，前者可通过体内检出该物质的原形或其代谢产物发现，而功能蓄积在体内不能测出，但机体却能反映出相应的慢性毒性作用。功能蓄积作用的大小可以用蓄积系数 k 来衡量，k 为多次染毒引起某种毒效应（或死亡）的总剂量与一次染毒引起相同效应（或死亡）的剂量之比。

$$k = \frac{\mathrm{LD}_{50}(n)}{\mathrm{LD}_{50}(1)}$$

蓄积系数 k 值越小，说明蓄积作用越强。常见地，可将蓄积毒性分为四级，见表 1-3。

表 1-3 蓄积毒性分级

数值范围	蓄积级数
$k<1$	高度蓄积
$1\leq k<3$	明显蓄积
$3\leq k<5$	中等蓄积
$k>5$	轻度蓄积

2. 毒性类别

毒性分类标准不一，通常可以按照作用部位、产生效应时间或致死风险进行划分：

（1）按作用部位：以毒物对人体器官组织的影响为例，毒性可以分为器官组织病变、免疫系统（联合作用）和“三致”遗传毒性等。

①器官组织病变是指毒物对特定器官或组织产生直接的损伤和病变。毒物在体内各组织器官的分布是不均匀的：肝、肾是众多毒物的储存库，如苯、塑料制品中的增塑剂、重金属（如铅、汞）等；由于有毒物质大多为脂溶性，所以脂肪组织往往是吸收和贮存有毒物质的重要场所。同一种毒物在体内各组织器官的毒效应也各有差异，在某些特定的靶向器官上能较早地观察到中毒表现，如某些有机溶剂（如苯、甲醛等），可能最早表现在眼部出现干涩、疼痛、结膜炎等症状。

②免疫系统毒性是指毒物对人体免疫系统的功能产生抑制或破坏作用，可分为免疫功能抑制和免疫增强。免疫系统是人体的一种防御机制，负责识别和抵御外来病原体（如细菌、病毒等）的入侵以及异常细胞（如癌细胞）的生长扩散。当毒物导致免疫功能的抑制和缺陷时，人体对各类病原体和异常细胞的抵抗力下降，可能无法有效地识别和清除病原体或异常细胞，这可能导致身体容易感染各种细菌、病毒等病原体，并且很难有效地清除感染源。免疫增强则是指免疫系统反应性过度增强，包括过敏反应（超敏反应或变态反应）、自身免疫反应及不良免疫刺激等。

③“三致”遗传毒性，是指毒物可能直接或间接地引起细胞内的遗传物质突变或遗传变异，最终引发致突变、致癌和致畸作用。

致突变作用是指脱氧核糖核苷酸（DNA）或染色体发生异变。外源污染物毒性组分可直接与 DNA 结合，导致氧化损伤和化学修饰，致使遗传物质发生根本性改变，毒物还可能通过干扰 DNA 复制和修复过程，引起遗传信息发生错误。另外，危险废物中的某些毒性物质也可能引起染色体畸变，包括染色体结构异常和数量异常。例如，交联剂可以诱发染色体断裂、互换和缺失等，使 DNA 修复机制紊乱或改变遗传信息增加后代对某些特定疾病的易感性。

致癌作用是体细胞发生突变的后果之一，是失控细胞快速复制的结果。根据世界卫生组织国际癌症研究机构于 2017 年 10 月 27 日公布的致癌物清单，致癌物可分为Ⅰ类、Ⅱ类（A/B）、Ⅲ类、Ⅳ类，其中Ⅰ类致癌物已被证实对人体有致癌作用，固体废物中常见的石棉和苯并芘赫然在列。

致畸作用发生于胚胎发生期的器官分化和发育时期，造成胎儿永久性结构性异常。胎儿畸形不仅指发育生物体严重的解剖学上形态结构的缺陷，还可能对发育、生长、生长功能、生育力或者寿命上产生非直观不利影响，严重时甚至威胁产妇生命。致畸形污染物的研究是一个漫长发展的过程。20 世纪 60 年代，由于反应停（thalidomide）在前期药物实验中展现出优越的镇静作用，且几乎无副作用，被大量生产用作抗妊娠反应药物使用，最终造成近万名“海豹肢畸形”畸形儿诞生。随着对化学物质环境和健康危害认识的不断深入，更为灵敏的环境监测技术不断涌现，可预见到对致畸形污染物数量研究仍会持续增加。

（2）根据接触时间、剂量和毒效应的快慢：根据机体与毒物接触的时间、剂量以及毒效应的快慢，毒性可以分为急性毒性和慢性毒性。急性毒性是指在短时间内接触到高剂量毒物后引起的严重毒效应，如2-氯甲苯、2-氯丙酸等。慢性毒性是指长期或重复接触低剂量毒物后，逐渐累积引起的慢性健康问题，如长期暴露于有毒化学物质引起的慢性中毒，中毒时间一般超过6个月。

（3）按半数致死量：根据毒物在动物实验中对半数实验动物产生致死效应的剂量，急性毒性还可进一步细分。常见的分级包括剧毒、高毒、中毒和低毒，半数致死量逐级升高。不同国家或地区的毒性分类各异，具体可根据区域特点，结合具体的毒物类别和相关标准来确定划分（表 1-4）。

表 1-4 我国农业部及世界卫生组织农药毒性或危害性分级

我国农业部农药毒性或危害性分级				世界卫生组织农药毒性或危害性分级		
毒性分级	经口半数致死量/（mg/kg）	经皮半数致死量/（mg/kg）	吸入半数致死浓度/（mg/m³）	危害性分级	经口半数致死量/（mg/kg）	经皮半数致死量/（mg/kg）
剧毒	≤5	≤20	≤20	Ⅰa 极度危害	<5	<50
高毒	5～50	20～200	20～200	Ⅰb 高度危害	5～50	50～200
中等毒	50～500	200～2 000	200～2 000	Ⅱ中度危害	50～200	200～2 000
低毒	500～5 000	2 000～5 000	2 000～5 000	Ⅲ轻度危害	2 000～5 000	2 000～5 000
微毒	>5 000	>5 000	>5 000	U 正常使用无急性危害	≥5 000	

注：①中华人民共和国农业部数据来自：2017 年中华人民共和国农业部公告（第 2569 号）文件；

②世界卫生组织数据来自：The WHO recommended classification of pesticides by hazard and guidelines to classification 2019。

3．剂量-反应和剂量-效应关系

“剂量”一词在上文已提及，是指生物体接触外源性物质的程度。而“反应”和“效应”表达的概念有本质性区别：效应是量反应，表示暴露在一定剂量外源化学物后造成个体发生器官或组织的生物学改变，如一定量的铅暴露会造成造血系统障碍，以及卤代烃能损害肝脏及神经系统；而反应是数值，是指暴露于某种或某些化学物的群体中出现某种效应的个体在群体中所占的比率，如死亡率、发病率、肿瘤发生率等。不同剂量的外源性物质与不同效应之间的关系称为剂量-效应关系，与引起的效应发生率之间的关系称为剂量-反应关系。

剂量-效应关系与剂量-反应关系具有 4 种线性表示方式：直线形、抛物线形、S 形及 U 形。

（1）直线形：随着剂量增加，效应（反应）的强度随之增加，二者呈正比关系。此种曲线仅在某些体外试验中的特定剂量范围内可以见到。

（2）抛物线形：常见于剂量-效应关系，反映了生物体内某些器官或组织对特定化学物质的敏感性，在曲线前段，随着剂量的增加，效应或反应率急速增高，之后相对缓慢，最终呈现抛物线形。如果将剂量以对数表示，二者关系可以转变为一条直线。

（3）S 形：常见于剂量-反应关系，反映了受试动物或者人体对化学物质的易感性。其特点为在低剂量范围内，反应率增加较慢；当剂量继续增加时，反应率开始迅速增加；当剂量达到某一较高水平时，反应率的增加又趋缓慢。

（4）U 形：对维持正常生理功能所需要的物质，如某些维生素和必需微量元素等，剂量-效应关系曲线的形状才可呈 U 形。该类物质剂量极低时表现营养缺乏的有害效应；随着剂量的增加，有害效应逐渐减弱以至消失，机体达到自稳状态。当剂量达到某一阈值后又会引起有害效应，并且随剂量继续增大而加剧。

4. 联合毒性作用

生活中人们能接触到形形色色的外源性物质，这些物质中的有毒有害成分也能通过多个途径进入人体，多种化学物质同时作用人体时，有的彼此独立，作用于不同的靶器官，各毒物生理学效应彼此无关，互不影响；有的受彼此交互作用，有别于其中任一单个污染物质对机体引起的毒性，影响彼此在生物体内的吸收、分布、代谢转化和毒性效应。

（1）非交互作用。

相加作用：指外源化学物对机体产生的毒性效应等于各个外源化学物单独对机体所产生效应的算术总和。这类化学物通常在化学结构上相似或为同系衍生物，毒作用的靶器官、靶分子、作用方式也大致相同；具有麻醉作用的化合物，其效应一般呈相加作用。当两种化学物质以独立作用模式作用于生物机体时,其联合毒性效应可表述为各单独毒性反应值的算数叠加，即遵循线性加和原则形成复合毒性作用。

独立作用：指各外源化学物彼此之间不互相影响的毒性效应，各自的作用方式、途径、靶器官不同，彼此之间无影响。例如，早期认为乙醇和氯乙烯联合暴露对大鼠肝细胞的脂质过氧化表现为相加作用，然而后续研究表明，二者分别作用于肝细胞线粒体和微粒体，应为独立作用。当两种化学物质以独立模式作用于生物体时，则联合毒性效应可通过概率叠加原理表征为非线性复合响应，即初始效应值与经协同修正因子调整的二次效应项的代数整合。

（2）交互作用：指两种或两种以上外源化学物造成比预期的相加作用更强或更弱的联合效应。

协同作用：外源化学物对机体所产生的总毒性效应大于各个外源化学物单独作用于机体的毒性效应总和。例如，亚硝酸盐和某些胺类化合物在胃内反应生成亚硝胺，毒性增大，且可能为致癌剂；马拉硫磷和苯硫磷联合给予大鼠，毒性可增加 10 倍。当这两种外源性化学物质通过协同作用机制作用于生物体时，联合毒性效应可表征为具有显著超相加性特征的非线性响应模式。

加强作用：加强作用和协同作用有相似点，作用结果均是增强，不同的是，加强作用特指某种外源化学物单独作用机体基本无毒，而加入另一种外源化学物后所产生的总毒性效应大于后者单独作用于机体的毒性效应。例如，异丙醇本身不具有肝脏毒性，但如果同时施加四氯化碳，就会大幅增加四氯化碳对肝脏的损害。当两种外源性化合物通过加强作用机制作用于生物体时，一种毒性物质经过另一种本身不具备毒性的化合物激活后，其联合作用强度超过单物质作用的毒性。

拮抗作用：外源化学物对机体所产生的联合毒性效应低于各个外源化学物单独作用的毒性效应的总和。毒物之间的拮抗作用，是许多解毒药物的药理基础。当两种化学物质通过拮抗机制作用于生物体时，联合毒性效应可表征为具有亚相加性特征的非线性拮抗响应模式，具体表现为复合毒性低于预期线性叠加值。

1.4.2.2 作用机制

毒物对生物体产生效应的过程是复杂的，并通常经历以下 4 个连续的阶段（图 1-4）：首先，外源性毒物通过不同的暴露途径穿过生理屏障，被吸收进入生物体内，由血液循环转运至一个或多个靶器官；其次，这些终毒物在靶器官处与内源性靶分子发生相互作用；再次，这种相互作用引起生物体在分子、细胞和组织水平上的功能和结构变化；最后，生物体启动多层次的修复机制以应对这些变化，但如果修复能力不足或损伤超出了修复范围，就会导致如组织坏死或癌变等不可逆的损害。

产生毒效应的必要条件包括终毒物、靶器官和充分的接触时间。

终毒物是指直接与内源性靶分子反应并引起损害的化学形态。终毒物主要分为 3 种类型：第一种是外源性化学物本身就是终毒物，如腐蚀性酸碱、重金属离子、氰化物、一氧化碳和蛇毒等；第二种是外源性化学物在体内经过代谢活化后转化为具有增强毒性的终毒物；第三种是外源性化学物激发生物体产生内源性毒物，如引发氧自由基的产生、炎症反应、内质网应激或细胞自噬等。

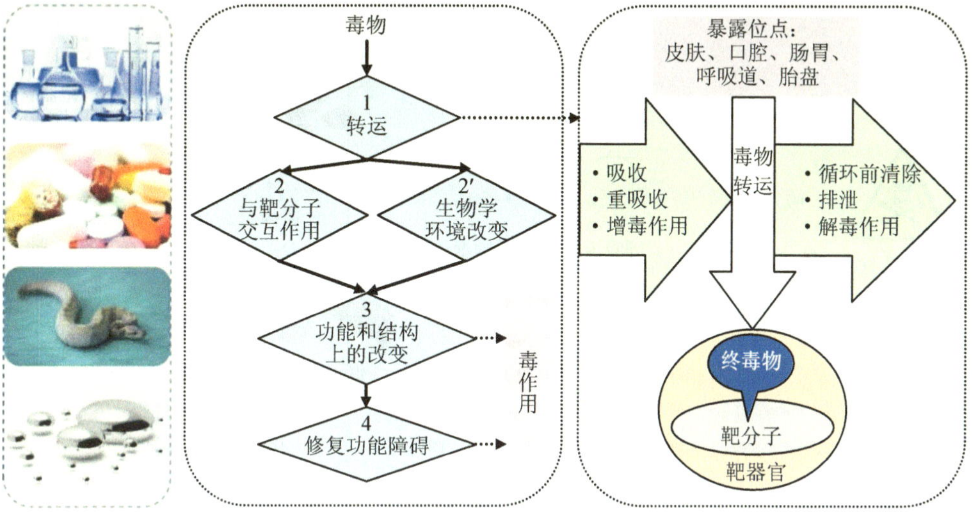

图 1-4 毒物作用机制

靶器官是指外源性物质进入生物体后，由于对不同器官的毒性作用存在选择性，首先在某些特定器官达到临界毒性水平并发挥直接的毒作用的部位。靶器官可能是毒物接触或吸收的初始部位，也可能是远离吸收部位的其他器官。例如，二氧化硫可能直接刺激上呼吸道，而铅则在通过肺吸收后主要影响神经系统和造血器官。值得注意的是，靶器官周围的毒物浓度不一定是最高的，且靶器官不一定就是毒物的蓄积器官。例如，DDT等氯化烃类农药的靶器官是中枢神经系统和肝脏，但它们主要蓄积在脂肪组织中。毒物的毒性强度并不仅取决于生物体内的总浓度，更重要的是毒物在靶器官的浓度及其持续时间。

1.4.2.3 毒物在生物体内的动态过程

接触、呼吸、饮食等方式是主要的人体暴露途径。毒物一旦进入生物体内，可随血液传输至全身，经历一系列生物转化，既可蓄积于靶器官产生毒性效应，也可通过排泄的方式排出。在此过程中，毒物与其代谢产物的毒性有所差异，二者在生物体内具体位置的量或浓度也在动态变化（图 1-5）。

1. 生物吸收

生物体可通过多种途径从环境中吸收污染物。植物主要通过叶片气孔吸入、根部吸收及表皮渗透等方式纳入水、大气、土壤中的污染物；动物则主要通过呼吸吸入气态毒物及悬浮颗粒物，以及通过饮水和进食摄入水体与食物中的毒物。这些污染物随食物链传递、富集，最终可能对生物健康造成影响。

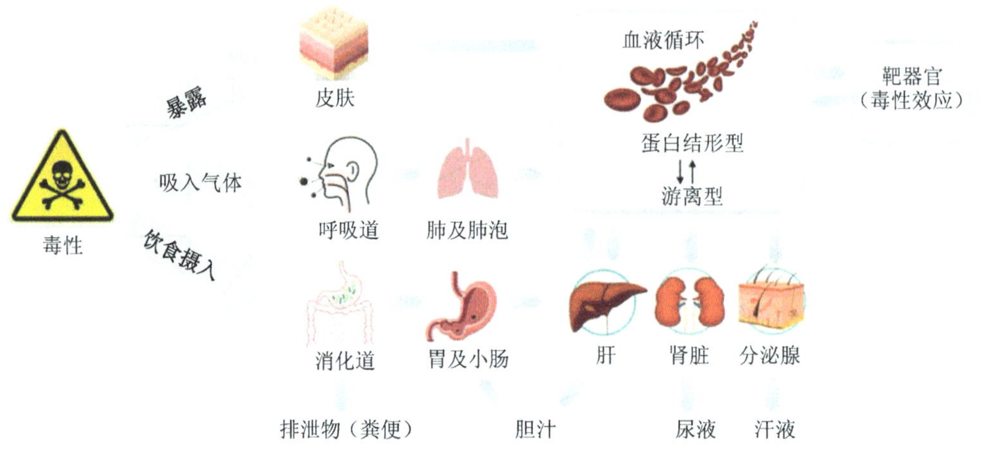

图 1-5 毒物在生物体内的动态过程

（1）植物吸收的主要途径

植物的吸收途径可分为主动吸收和被动吸收两种。主动吸收即代谢吸收，是指植物利用自身代谢作用生成的能量，实现逆浓度差的吸收过程。植物需要从土壤或水体中吸收生长所需的营养物质和水分，不可避免摄取其中的毒物，其吸收量的大小与毒物的性质及浓度、土壤性质和植物种类等因素有关。主动吸收的毒物容易在植物体内浓缩。被动吸收即物理吸收，是指依靠高环境浓度与低原生质浓度的浓度差，通过溶质扩散作用，实现顺浓度差的吸收过程。该方式的吸收量的大小与毒物的性质及浓度、植物种类以及植物与毒物接触的时间长短有关。

（2）动物吸收的主要途径

动物通过呼吸道、消化管和皮肤等途径吸收环境中的毒物。呼吸道是气态污染物和悬浮颗粒物进入体内的主要途径，肺泡为主要吸收部位。消化管，包括口腔至大肠，是食物和饮用水中污染物进入的途径，小肠为主要吸收部位。皮肤也能吸收某些毒物，尤其是低分子量、脂溶性或溶解态的化合物。

2. 分布与蓄积

毒物一旦进入血液中，就会随着血液循环输送至全身，与作用位点结合后，又重新返回血液，并重复该过程。影响毒物在体内分布的因素有很多：一是该物质的脂溶性，一般来说，脂溶性越强的物质，其被机体吸收的速率越大；二是血液流速，血液流速对脂溶性强的毒物影响较大，血液流速越大，生物膜两侧的浓度梯度越大，机体对毒物的吸收速度越快，加快了毒物在体内的进一步扩散；三是离解度，非解离型药物可以自由透过生物膜，而解离型药物则被屏蔽在膜的一侧。

生物体对已进入体内的外源性物质并非任由其在体内扩散，存在一种能将解离型药物屏蔽在生物膜一侧的现象，称为离子障现象，血脑屏障和胎盘屏障就是典型的生物离子障，中枢神经系统的毛细血管内皮细胞紧密相连、几乎无孔隙，是阻止已进入人体的有毒污染物深入中枢系统的最后屏障，血脑屏障能有效限制低脂溶性高解离度的污染物质，是保护中枢系统不受外源毒物侵害的最后屏障；胎盘屏障也能分隔母体和胎盘，阻止毒物随着血液循环系统侵入胚胎。

同一种毒物在各个组织器官的分布是不同的。一种毒物可能对某一种器官有特殊亲和作用，同一种元素也可能因其价态或存在形态不同而在体内蓄积的部位有所不同。例如，铅、钙、钡等与骨骼亲和性较强的物质，在骨骼中的含量就高于体内平均水平；而能溶解于体液中的物质，如钾、钠、锂、氟等离子，能均匀分布于体内。反观植物，主要通过土壤和水体吸收外源性毒物，其组织的蓄积规律一般为根＞茎＞叶＞穗＞壳＞果实（种子）。

3. 生物转化

生物转化又称代谢转化，是指化学毒物在酶促反应或非酶促反应下化学结构发生改变形成代谢产物的过程。生物转化主要在肝脏中进行，除此之外，肾脏、小肠、皮肤等肝外组织也有一定的代谢能力。

毒物在体内的代谢转化可概括为氧化、还原、水解和结合（或合成）4 类反应。生物转化的最终结果可能是解毒，也可能是增毒（表 1-5）：毒物经生物转化将亲脂物质最终变为更具极性和水溶性的物质，转化产物毒性降低或转为无毒，也更易经尿或胆汁排出体外，这一过程称为代谢解毒；同时，有不少毒物的功能基团在代谢过程中被激活，毒性不降反增，这一过程称为代谢活化。

表 1-5 生物转化比较

分类	Ⅰ相反应	Ⅱ相反应
反应类型	氧化反应、还原反应、水解反应	结合反应
毒物亲水性变化	亲水性少量增加	亲水性显著增加
一般机制	暴露或获得一些功能基团（如—COOH、—OH、—SH、—NH_2）	硫酸化、乙酰化、与谷胱甘肽及氨基酸结合
后果	代谢活化	代谢解毒
典型毒物	芳香胺、苯并[*a*]芘	有机氯、有机磷、氨基甲酸酯

4. 排泄

排泄是外源性物质及其代谢物质向机体外的转运过程。排泄器官有肾、肝胆、肠、肺、外分泌腺等，以肾脏和肝胆为主。多数毒物可通过肾随尿排出；而进入消化管的毒物，一般以原形或以其代谢产物的形式一起转运至十二指肠，经小肠至大肠，再排出体外；部分挥发性物质还可以通过呼吸排出。

1.4.3 危险废物的生态环境健康风险评估

危险废物的潜在危害主要源自其内部化学物质的特性。由于大多数危险废物是复杂的混合物，因此，完全解析其化学成分是不现实的。就危险废物环境管理而论，了解危险废物的危害性比知道其精确的化学成分更重要。虽然急性毒性效应可能在短期内被观察到，但更常见的是由于长期暴露于低剂量危险物质而引起的慢性、轻微且不易观察的毒性效应。因此，科学评估危险废物对生物健康和生态环境的影响，需要从定性走向定量的方法，以提供保护公共安全和环境风险管理的重要科学依据。

我国现行的危险废物生态环境健康风险评估过程，是基于 1983 年美国科学院国家研究委员会（NRC）提出的生态风险评价方法，并根据国情与环境风险现状进行了适当的修订和完善。根据《生态环境健康风险评估技术指南　总纲》（HJ 1111—2020），生态环境健康风险评估流程包括方案制定、危害评估、暴露评估和风险表征 4 个步骤（图 1-6）。危害识别和危害表征共同构成危害评估。危害评估确定的毒性效应和作用模式或机制，为暴露评估中暴露途径、暴露时间等暴露情景的构建提供依据。暴露评估确定的暴露途径、暴露时间、暴露频率和暴露水平等信息，为危害评估确定重点关注的效应终点提供线索和依据。

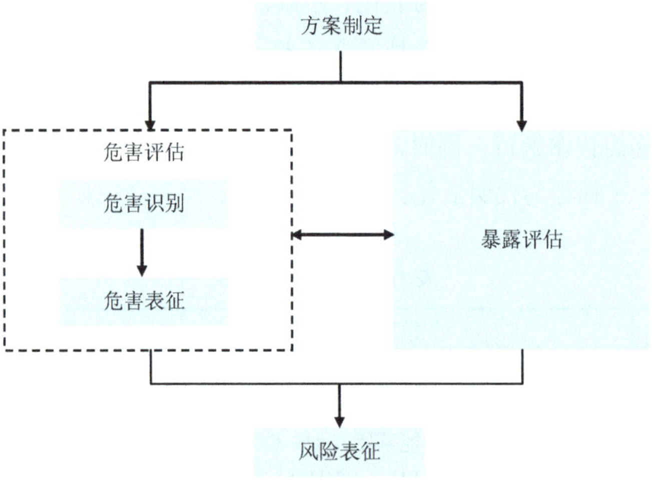

图 1-6　生态环境健康风险评估流程

方案制定环节需要明晰评估目的、范围、类型、内容要求，以及数据来源，在充分征求风险管理者和利益相关方的意见后，最终经专家论证后确定评估方案。

危害评估环节主要分为危害识别与危害表征。危害识别需要根据流行病学调查、体内试验、体外试验以及（定量）构效关系等科学数据和文献信息，识别目标环境因素的毒性效应及其作用模式或机制。该部分是有关该物质对生态环境影响的最底层机制研究，对现有毒性数据的收集是其中的关键部分。若已有评估结论，且适用于当前暴露场景，可以直接引用，这样可大幅节省人力、物力。即使仍需继续开展危害识别，来自文献或自行开展的科学研究的高质量数据也可以作为评估并解释毒性作用机制的科学依据。危害表征是利用剂量-反应关系，对已鉴定的危险废物分级，作出定量化的描述，进一步推导毒性参数，以便进行风险表征。

暴露评估环节首先需要根据评估目的确定暴露场景，包括暴露时间、暴露人群、暴露频率等。其次，基于暴露情景，还需建立不同暴露途径的概念或数学模型，在模型中要有限选用的暴露参数，以及依据文献筛选及各组织部门大规模调查给出的暴露参数推荐值。暴露评价指标也分为定性、半定量及定量 3 种。

风险表征环节是综合分析危害识别、危害表征和暴露评估信息后，对人群经不同暴露途径的健康风险估计与敏感性不确定性分析的总和，是对该物质生态环境健康风险的最终评估结论。

1.4.4 危险废物鉴别体系及流程

1.4.4.1 危险废物鉴别体系

我国的危险废物鉴别标准在制定过程中主要参考了美国危险废物鉴别标准体系，同时参考了欧盟、巴塞尔公约及我国台湾的危险废物鉴别标准的内容。设计的危险废物鉴别体系结构如图 1-7 所示。

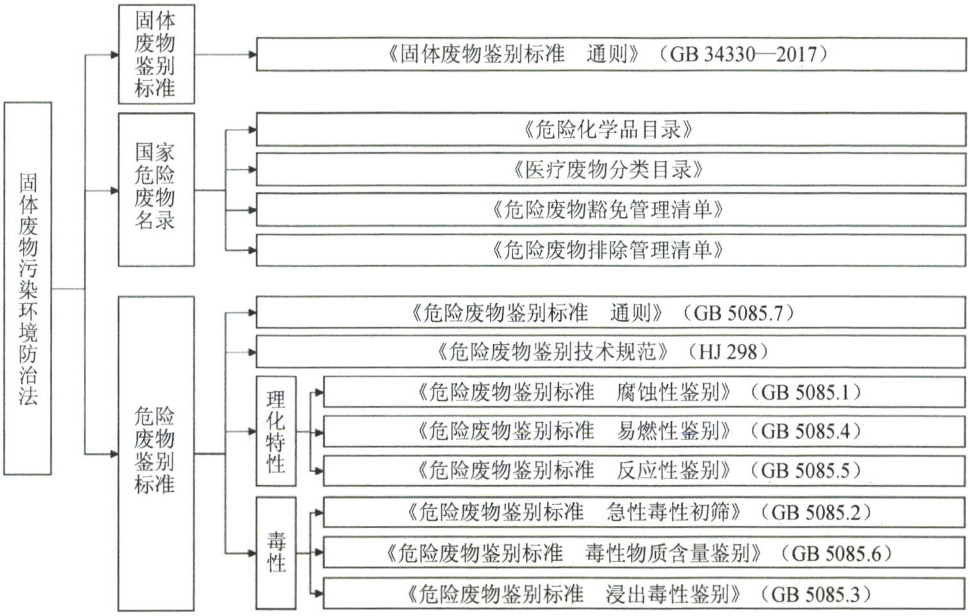

图 1-7 我国危险废物鉴别体系结构

我国危险废物鉴别体系由国家危险废物名录和危险废物鉴别标准组成。根据国土防卫的环境危害性质将应予以严格控制和重点管理的固体废物按种类、名称汇集，制定国家危险废物名录。凡列入国家危险废物名录的废物，均应按国家危险废物有关规定进行管理。国家危险废物名录划定危险废物的种类和范围，不仅涉及科学技术问题，也涉及国家经济发展和危险废物污染防治监督管理的实际要求和能力。

1.4.4.2 危险废物名录

1. 《国家危险废物名录》修订主要内容

《国家危险废物名录》自 1998 年第一版发布施行以来，分别于 2008 年、2016 年、2021 年、2025 年进行了四次修订。《国家危险废物名录》实行动态调整，2016 年由 2008 年版的 49 大类 400 种，调整为 46 大类 479 种危险废物，为提高危险废物环境管理效率，减少管理总体环境风险，新增《危险废物豁免管理清单》；2021 年修订细化减少了 12 种，调整为 467 种，《危险废物豁免管理清单》新增 16 种/类；2025 年修订版相较 2021 年版增加了 3 种，调整为 470 种危险废物，附录的《危险废物豁免管理清单》删除了 2 条豁免规定，新增了 1 条豁免规定。国家危险废物名录修订历史见表 1-6。

表 1-6 国家危险废物名录修订历史

版本	废物类别	制定或修订的主要内容
《国家危险废物名录》（1998 年版）	47 大类	参照巴塞尔公约，采用列举法列出
《国家危险废物名录》（2008 年版）	49 大类 400 种	附录 A 列明了优先管理类废弃危险化学品共 498 种，仅包括具有毒性的化学品
《国家危险废物名录》（2016 年版）	46 大类 479 种	根据鉴别案例与管理实践进行调整，增加豁免清单，废弃危险化学品目录直接采用《危险化学品目录》
《国家危险废物名录（2021 年版）》	46 大类 467 种	针对《固废法》《关于提升危险废物环境监管能力、利用处置能力和环境风险防范能力的指导意见》新要求，调整细化，进一步明确了废弃危险化学品纳入危险废物环境管理的要求
《国家危险废物名录（2025 年版）》	46 大类 470 种	针对名录使用过程中发现的新问题和社会反映集中的煤焦油、农药废盐、有色冶炼废物等进行了修订

考虑到名录在制定时虽力求合理齐全，但仍不可能将危险废物全面罗列出来，名录制定后，也可能会产生、出现或发现某些未列入名录而又必须实行严格管制的新的危险废物种类，或者发现某些废物虽在名录之列，但因其有害组分的数量或浓度明显较低，对环境或人体健康的危害较为轻微，不必按危险废物管理。将危险废物的管制范围划得过宽过大，可能造成不必要的过度管理，浪费人力、物力；范围划得过于狭窄，则会导

致管理上的遗漏，无法有效控制危险废物对环境和人体健康的危害。《固废法》（2020 修订）第七十五条规定国家危险废物名录实施动态调整。

2. 危险废物行业来源

《国家危险废物名录》中的行业来源依据《国民经济行业分类》（GB/T 4754—2011）。在确定废物行业来源时应遵循该标准中第 3.1 条原则，即按照单位的主要经济活动确定其行业性质。当单位从事一种经济活动时，则按照该经济活动确定单位的行业；当单位从事两种以上的经济活动时，则按照与废物产生有关的活动确定废物产生的行业。

3. 危险废物代码

废物代码，是指危险废物的唯一代码，为 8 位数字。其中，第 1～3 位为危险废物产生行业代码［依据《国民经济行业分类》（GB/T 4754—2017）确定］，第 4～6 位为危险废物顺序代码，第 7～8 位为危险废物类别代码（图 1-8）。

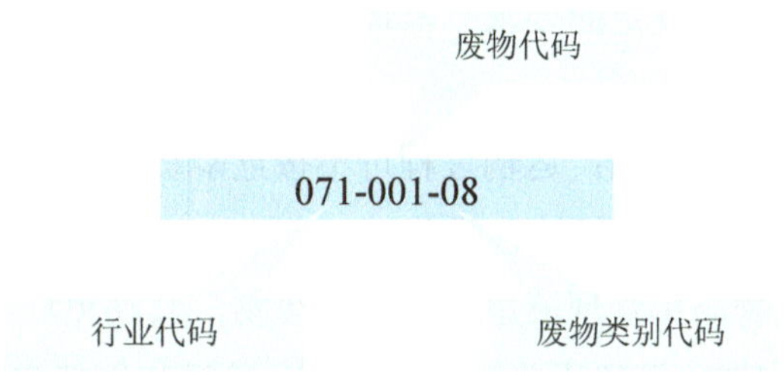

图 1-8　危险废物代码示意图

1.4.4.3　危险废物豁免管理清单

危险废物的豁免管理是我国现有环境法律框架下的一项特殊规定，旨在对特定条件下的危险废物实行更为灵活的管理措施。列入《危险废物豁免管理清单》中的危险废物，在所列的豁免环节，且满足相应的豁免条件时，可以按照豁免内容的规定实行豁免管理。《危险废物豁免管理清单》仅豁免了危险废物特定环节的部分管理要求，并没有豁免其危险废物的属性。

《危险废物豁免管理清单》的“豁免内容”是指可不按危险废物管理的内容。其具体含义如下：

（1）全过程不按危险废物管理：全过程均豁免，各管理环节无须执行危险废物环境管理规定。需要强调，除“全过程不按危险废物管理”的情景下的危险废物转移过程，以及收集过程豁免条件下危险废物收集并转移到集中贮存点的转移过程可不运行转移联单外，其他豁免情景下转移危险废物的，均需运行危险废物转移联单。

（2）收集过程不按危险废物管理：满足《国家危险废物名录》豁免清单规定的收集

豁免条件，收集单位可不持有危险废物收集许可证，收集并转移至集中贮存点的转移过程可不运行转移联单；集中收集后的贮存以及其他环节仍按照危险废物进行管理。

（3）利用过程不按危险废物管理：满足《国家危险废物名录》豁免清单规定的利用豁免条件，利用企业可不持有危险废物综合许可证；需运行转移联单，且在利用企业内的贮存等其他环节仍按照危险废物进行管理。

（4）填埋（或焚烧）处置过程不按危险废物管理：满足《国家危险废物名录》豁免清单规定的填埋（或焚烧）处置豁免条件，填埋（或焚烧）处置企业可不持有危险废物综合许可证，填埋（或焚烧）的污染控制执行豁免条件规定的要求；需运行转移联单，且在处置企业内的贮存等其他环节仍按照危险废物进行管理。

（5）水泥窑协同处置过程不按危险废物管理：满足《国家危险废物名录》豁免清单规定的水泥窑协同处置豁免条件，水泥企业可不持有危险废物综合许可证，协同处置过程的污染控制执行豁免条件规定的要求；需运行转移联单，且在处置企业内的贮存等其他环节仍按照危险废物进行管理。

（6）不按危险废物进行运输：运输过程可不按危险货物运输，运输过程的污染控制执行豁免条件规定的要求；需运行转移联单。

对于列入《危险废物豁免管理清单》的危险废物，其豁免环节的前后环节衔接，需要明确的是，《危险废物豁免管理清单》仅豁免了危险废物在特定环节的部分管理要求，在豁免环节的前后环节，仍应按照危险废物进行管理；且在豁免环节内，可以豁免的内容也仅限于满足所列条件下的列明的内容，其他危险废物或者不满足豁免条件的该类危险废物的管理仍需执行危险废物管理的要求。例如，生活垃圾焚烧飞灰满足《生活垃圾填埋场污染控制标准》（GB 16889—2024）中第 6.3 条要求且进入生活垃圾填埋场填埋，填埋过程可不按危险废物管理；如果不能满足《生活垃圾填埋场污染控制标准》（GB 16889—2024）中第 6.3 条要求或不进入生活垃圾填埋场，则处置过程仍然需要按照危险废物管理。

1.4.4.4 危险废物排除管理清单

《危险废物排除管理清单》是危险废物鉴别制度的组成部分，在危险废物环境管理中发挥重要作用。根据我国危险废物环境管理现状和工作基础，《危险废物排除管理清单》将动态修订发布。

《国家危险废物名录》《危险废物豁免管理清单》《危险废物排除管理清单》之间的关系：《国家危险废物名录》中的固体废物属于危险废物，需要按照危险废物相关法律制度要求管理。《危险废物豁免管理清单》中的固体废物仍属于危险废物，在某些特定条件下免于危险废物管理要求，但并不改变危险废物本身属性。《危险废物排除管理清单》中的固体废物不属于危险废物，按照固体废物相关法律制度要求管理。

第 2 章　危险废物鉴别管理要求

为贯彻落实《固废法》，加强危险废物鉴别环境管理工作，规范危险废物鉴别单位管理，应遵循以下管理要求。

1．产生固体废物单位基本要求

产生固体废物的单位应落实危险废物鉴别的主体责任，应主动开展危险废物鉴别。对需要开展危险废物鉴别的固体废物，产生固体废物的单位以及其他相关单位（以下简称鉴别委托方）可委托第三方开展危险废物鉴别，也可自行开展危险废物鉴别。危险废物鉴别单位（包括接受委托开展鉴别的第三方和自行开展鉴别的单位，下同）对鉴别报告内容和鉴别结论负责并承担相应责任。

2．危险废物鉴别单位基本要求

危险废物鉴别单位应满足《危险废物鉴别单位管理要求》，并在全国危险废物鉴别信息公开服务平台（以下简称信息平台，https：//gfmh.meescc.cn）注册；注册时应提交单位基本情况、技术力量、开展业务信息、非涉密的鉴别成果及信用信息等。危险废物鉴别单位注册完成后应主动公开基本情况等信息，并声明和承诺对公布内容的真实性、准确性负责，主动接受社会监督。相关注册信息发生变动的，应于 10 个工作日内在信息平台进行动态更新。

3．应开展危险废物鉴别的情形

应开展危险废物鉴别的固体废物包括：

（1）生产及其他活动中产生的可能具有对生态环境和人体健康造成有害影响的毒性、腐蚀性、易燃性、反应性或感染性等危险特性的固体废物。

（2）依据《建设项目危险废物环境影响评价指南》等文件有关规定，开展环境影响评价需要鉴别的可能具有危险特性的固体废物，以及建设项目建成投运后产生的需要鉴别的固体废物。

（3）生态环境主管部门在日常环境监管工作中认为有必要，且有检测数据或工艺描述等相关材料表明可能具有危险特性的固体废物。

（4）突发环境事件涉及的或历史遗留的等无法追溯责任主体的可能具有危险特性的

固体废物。

（5）其他根据国家有关规定应进行鉴别的固体废物。

司法案件涉及的危险废物鉴别按照司法鉴定管理规定执行。

2.1 危险废物鉴别单位管理要求

为规范危险废物鉴别单位管理工作，提升对危险废物环境管理的支撑能力，根据《固废法》的有关规定，针对中华人民共和国境内开展危险废物鉴别的单位，应遵循以下管理要求。

（1）基本要求。危险废物鉴别单位应当能够依法独立承担法律责任，坚持客观、公正、科学、诚信的原则，遵守国家有关法律法规和标准规范，对危险废物鉴别报告的真实性、规范性和准确性负责。

（2）专业技术能力。危险废物鉴别单位应当具备危险废物鉴别技术能力，配备一定数量具有环境科学与工程、化学及其他相关专业背景中级及以上专业技术职称或同等能力的全职专业技术人员，且其中应具有从事危险废物管理或研究 3 年以上的技术人员；应设置专业技术负责人，对鉴别工作技术和质量管理总体负责，技术负责人应具有相关专业高级以上技术职称和 5 年以上危险废物管理或研究工作经验。

（3）检验检测能力。危险废物鉴别单位一般应具有固体废物危险特性相关指标检验检测能力，并取得检验检测机构资质认定等资质。不具备上述检验检测能力和资质的，应委托具备上述检验检测能力和资质的检验检测单位开展鉴别工作中的检验检测工作。同一危险废物鉴别，委托的第三方检验检测单位数量不宜超过两家。

（4）组织与管理。危险废物鉴别单位应具有完善的组织结构和健全的管理制度，包括工作程序、质量管理、档案管理和技术管理等，按照有关规定编制危险废物鉴别方案和鉴别报告，确保编制质量。

（5）工作场所。危险废物鉴别单位应具备固定的工作场所，包括必要的办公条件、危险废物鉴别报告等档案资料管理设施及场所。

（6）档案管理。危险废物鉴别单位应健全档案管理制度，建立鉴别报告完整档案，档案中应包括但不限于以下内容：工作委托合同、现场踏勘记录和影像资料、鉴别方案、检测报告、鉴别报告，以及专家评审意见等质量审查原始文件。上述档案应及时存档。

2.2 危险废物鉴别规范流程

危险废物鉴别规范化，应当在但不限于遵循信息平台管理要求、严格执行危险废物鉴别标准规范要求的框架下进行，具体表现为以下两方面内容。

（1）开展危险废物鉴别前，鉴别委托方应在信息平台注册并公开拟开展危险废物鉴别情况。鉴别委托方拟委托第三方开展危险废物鉴别的，应在信息平台上选择危险废物鉴别单位，并签订书面委托合同，约定双方权利和义务。

（2）危险废物鉴别单位应严格依据《国家危险废物名录》和《危险废物鉴别标准》（GB 5085.1～GB 5085.7）、《危险废物鉴别技术规范》（HJ 298）等国家规定的鉴别标准和鉴别方法开展危险废物鉴别。

2.3 危险废物鉴别结果应用

危险废物鉴别结论可信度直接影响鉴别对象的环境管理要求，按照《关于加强危险废物鉴别工作的通知》（环办固体函〔2021〕419 号）的要求，应通过鉴别报告上传信息平台进行公示、对存在异议的鉴别报告进行评估与修改等方式确定鉴别结论可信度。

1. 鉴别报告上传至信息平台进行公示

鉴别完成后，鉴别委托方应将危险废物鉴别报告和现场踏勘记录等其他相关资料上传至信息平台并向社会公开，同时报告鉴别委托方所在地设区的市级生态环境主管部门。鉴别报告和其他相关资料中涉及商业秘密的内容，可依法不公开，但应上传情况说明。

2. 对存在异议的鉴别报告进行评估与修改

对信息平台公开的危险废物鉴别报告存在异议的，可向鉴别委托方所在地省级危险废物鉴别专家委员会提出评估申请，并提供相关异议的理由和有关证明材料。省级危险废物鉴别专家委员会完成评估后，鉴别委托方应将评估意见及按照评估意见修改后的危险废物鉴别报告和其他相关资料上传至信息平台，再次向社会公开。

对省级危险废物鉴别专家委员会评估意见存在异议的，可向国家危险废物鉴别专家委员会提出评估申请，并提供相关异议的理由和有关证明材料。国家危险废物鉴别专家委员会完成评估后的意见作为危险废物鉴别的最终评估意见。鉴别委托方应将最终评估意见及修改后的相关资料上传至信息平台并再次向社会公开。

3. 无异议的鉴别报告作为固体废物环境管理工作的依据

危险废物鉴别报告在信息平台公开后 10 个工作日无异议的，或者按照省级危险废物鉴别专家委员会评估意见修改并在信息平台公开后 10 个工作日无异议的，或者按照最终评估意见修改并在信息平台再次公开的，鉴别结论作为鉴别委托方建设项目竣工环境保护验收、排污许可管理以及日常环境监管、执法检查和环境统计等固体废物环境管理工作的依据，同时作为国家危险废物名录动态调整的参考。

危险废物鉴别报告公开满 10 个工作日后，且未经国家危险废物鉴别专家委员会出具最终评估意见的，任何单位和个人仍可按照《关于加强危险废物鉴别工作的通知》（环办固体函〔2021〕419号）的规定对有异议的危险废物鉴别报告提出评估申请。

经鉴别属于危险废物的，产生固体废物的单位应严格按照危险废物相关法律制度要求管理。固体废物申报、危险废物管理计划等相关内容与鉴别结论不一致的，产生固体废物的单位应及时根据鉴别结论进行变更；根据鉴别结论，涉及污染物排放种类、排放量增加的，应依法重新申请排污许可证。

鉴别委托方应及时将鉴别结论及根据评估意见修改情况报告鉴别委托方所在地设区的市级生态环境主管部门。

2.4 危险废物鉴别组织管理

（1）生态环境部负责全国危险废物鉴别环境管理工作，组织成立国家危险废物鉴别专家委员会。省级生态环境主管部门负责行政区域内的危险废物鉴别环境管理工作，组织成立省级危险废物鉴别专家委员会。

（2）生态环境部组织建设并运行信息平台。信息平台主要为企事业单位、公众和政府有关部门等提供免费的信息公开服务，不对危险废物鉴别单位、鉴别报告等信息进行人工审核、修改等。鉴别委托方和危险废物鉴别单位应按要求通过信息平台及时向社会公开有关信息，并对所公开信息的真实性、准确性、及时性和完整性负责。

（3）生态环境部和省级生态环境主管部门可以组织不定期抽取一定比例的危险废物鉴别单位及鉴别报告开展复核，发现有申报信息不实、鉴别程序不规范、鉴别报告失实或者弄虚作假等行为的，依法依规进行处理，并将相关处理结果在信息平台公开。

（4）生态环境部适时组织对危险废物鉴别单位进行综合评价，评价结果在信息平台公开。

（5）国家和省级危险废物鉴别专家委员会应独立、客观、公正开展工作，并接受社会监督。

2.5 危险废物鉴别报告复核

危险废物鉴别单位管理的总体工作思路是落实国务院“放管服”改革要求，参照其他领域的管理经验，在规定统一的危险废物鉴别单位管理要求基础上，更加注重强化事中、事后监管。2021年9月，生态环境部印发《关于加强危险废物鉴别工作的通知》（环办固体函〔2021〕419号），进一步规范危险废物鉴别环境管理工作。《关于加强危险废物鉴别工作的通知》（环办固体函〔2021〕419号）明确指出，“生态环境部负责全国危险废物鉴别环境管理工作，组织成立国家危险废物鉴别专家委员会。省级生态环境主管部门负责行政区域内的危险废物鉴别环境管理工作，组织成立省级危险废物鉴别专家委员会。”“生态环境部和省级生态环境主管部门可以组织不定期抽取一定比例的危险废物鉴别单位及鉴别报告开展复核，发现有申报信息不实、鉴别程序不规范、鉴别报告失实或者弄虚作假等行为的，依法依规进行处理，并将相关处理结果在信息平台公开。”

1. 国家危险废物鉴别专家委员会成立情况

2021 年 11 月 25 日，生态环境部在京召开第一届国家危险废物鉴别专家委员会成立大会。第一届国家危险废物鉴别专家委员会由危险废物鉴别、环境损害评估、环境监测等领域共 15 名专家组成。国家危险废物鉴别专家委员会的成立，正是对《关于加强危险废物鉴别工作的通知》（环办固体函〔2021〕419 号）相关要求的进一步落实，通过采用社会监督的方式，强化对危险废物鉴别单位的监管。

2. 国家危险废物鉴别专家库建立情况

根据《国家危险废物鉴别专家委员会章程（试行）》的要求，应建立国家危险废物鉴别专家库，为国家危险废物鉴别专家委员会提供相关领域专业技术支持。

国家危险废物鉴别专家委员会秘书处征集、核实和遴选了环境监测、化学制药、生物制药、有色金属冶炼、污水处理、污染地块治理、农药、化工、表面处理、石油天然气开采和危险废物利用处置 10 个重点领域共 48 位专家，经国家危险废物鉴别专家委员会评议并报生态环境部固体废物与化学品司同意，作为第一批专家纳入国家危险废物鉴别专家库。

3. 省级危险废物鉴别专家委员会成立情况

截至 2023 年 12 月底，北京、天津、河北、内蒙古、吉林、黑龙江、上海、江苏、浙江、福建、江西、山东、河南、湖北、广东、广西、海南、重庆、四川、贵州、甘肃、宁夏、新疆 23 个省（区、市）已组建完成省级专家委员会。

为进一步强化危险废物鉴别管理，充分发挥专家对危险废物鉴别工作的服务支撑作用，多省、市在成立第一届危险废物鉴别专家委员会的基础上，还发布了相关管理文件。例如，江苏省发布了《江苏省危险废物鉴别专家委员会章程（试行）》《江苏省危险废物鉴别异议评估规程（试行）》《江苏省危险废物鉴别报告复核程序（试行）》等相关管理文件；江西省制定了《江西省危险废物鉴别专家委员会工作章程（试行）》和《江西省危险废物鉴别专家委员会异议评估工作规程（试行）》，按照有关规定组织遴选并确定了第一届江西省危险废物鉴别专家委员会成员名单；重庆市研究制定了《重庆市危险废物鉴别专家委员会章程（试行）》《重庆市危险废物鉴别异议评估规程（试行）》；河北省发布了《河北省危险废物鉴别专家委员会工作规则》《河北省危险废物鉴别异议评估规程（试行）》。各省份危险废物鉴别管理文件详见本书附录。

4. 危险废物鉴别报告复核情况

根据《关于加强危险废物鉴别工作的通知》（环办固体函〔2021〕419 号）和《国家危险废物鉴别专家委员会章程（试行）》的要求，截至 2023 年 12 月底，国家危险废物鉴别专家委员会已组织开展了 2022 年度、2023 年度全国危险废物鉴别报告复核工作，《全国危险废物鉴别报告复核工作简报（2022 年第一期）》《全国危险废物鉴别报告复核工作简报（2023 年第二期）》在信息平台上向社会公开。

1）2022 年度全国危险废物鉴别报告复核工作情况

专家委员会秘书处对截至 2022 年 3 月 31 日在信息平台上公开的 348 份鉴别报告进行了初步审查。根据初步审查结果，筛选出 43 份存在可能影响鉴别结论的鉴别报告，并形成初审意见。专家委员会召开审查会，对初审意见及 43 份鉴别报告进行审查，最终形成复核意见。

2022 年第一次危险废物鉴别报告复核工作共复核了 43 份鉴别报告，复核率为 12.5%。43 份鉴别报告的鉴别委托方所在地涉及全国 14 个省、自治区、直辖市，其中浙江、宁夏、江苏复核的鉴别报告数最多。鉴别固体废物种类最多的为废水处理污泥，占总复核报告数的 53.5%。

2022年度全国危险废物鉴别报告复核发现鉴别报告存在的主要问题包括以下几方面：

（1）鉴别结论错误

①将根据《国家危险废物名录（2021 年版）》、《危险废物鉴别标准　通则》（GB 5085.7）可判定为危险废物的固体废物鉴别为不具有危险特性的固体废物。例如，将固体废物焚烧炉废气经“喷射活性炭+除尘器”处理产生的混有废活性炭的飞灰鉴别为不具有危险特性的固体废物；将具有毒性危险特性的危险废物处置产生的固体废物，或不满足 GB 5085.7 规定的“利用”情形产生的固体废物鉴别为不具有危险特性的固体废物。

②将根据《危险废物鉴别技术规范》（HJ 298—2019）可判定为危险废物的固体废物鉴别为不具有危险特性的固体废物。例如，鉴别对象采样数小于根据固体废物产生量确定的采样数，鉴别对象按照缩减采样数检测结果判断方案应属于危险废物，却按照未缩减采样数检测结果判断方案鉴别为不具有危险特性的固体废物。

（2）鉴别对象错误

①未按照 GB 5085.7 的“混合判定规则”和“利用处置后判定规则”准确识别鉴别对象。例如，将污水处理产生的物化污泥和生化污泥的混合污泥直接作为检测、鉴别对象。

②堆存状态的固体废物，其产生过程尚未终止，按照 HJ 298 的规定，鉴别采样对象应为原产生工艺产生的样品，但报告是直接检测、鉴别堆存状态的固体废物。

（3）采样不规范

①未按照 HJ 298 规定的采样时间和采样频次要求进行采样。例如，连续产生时段大于 1 个月的固体废物，需要采集的 5 个样品连续五天采集完成，不符合 HJ 298 规定的采样要求。

②缩减采样数的依据明显不充分。例如，原料来源广、种类多，原料中污染物含量差异大的危险废物利用过程产生的固体废物，鉴别时采用缩减采样数的方式，不符合 HJ 298 中减少份样数的情形。

③采样和样品处理方法不正确。例如，采样期间，在设备稳定运行的 8 个小时内，等时间间隔采集 n 个样品，混合为 1 个样品，不符合 HJ 298 中“份样”的定义。

（4）资料不完整

鉴别报告附件不全，未上传鉴别方案，少数未上传鉴别报告或上传报告错误。

（5）其他问题

①特征污染物溯源工作缺失。未根据鉴别对象产生工艺、原辅材料、主副反应等分析特征污染物，仅对照危险废物鉴别标准中的有害物质进行排除，用大量检测“代替”溯源过程。

②危险特性排除依据不足。例如，利用原辅材料是否具有危险特性排除鉴别对象具有危险特性；重金属在浸出毒性中已检测作为排除重金属毒性物质含量危险特性的依据。

③检测报告不规范。例如，检测报告未给出所用仪器设备、检测方法等必要信息，部分报告未加盖 CMA 章、无人员签字。

2）2023 年度全国危险废物鉴别报告复核工作情况

专家委员会秘书处对 2022 年 4 月 1 日—2023 年 3 月 31 日在信息平台公开的 1 239 份鉴别报告进行了初审，发现存在问题的鉴别报告占比约为 20%。根据初审结果，秘书处抽取了 43 份（约占问题报告数的 17%）鉴别结论错误及可能影响鉴别结论的鉴别报告组织开展复核工作，并形成初审意见。初审意见经专家委员会会议审议，最终形成 43 份鉴别报告的复核意见。

2023 年度全国危险废物鉴别报告复核工作共复核 43 份鉴别报告。43 份鉴别报告的鉴别委托方所在地涉及全国 18 个省（区、市）。43 份鉴别报告涉及鉴别单位 39 家，鉴别单位类型涵盖检测机构、环保咨询机构、科研机构、高校、司法鉴定机构等，其中检测机构占 60%以上。鉴别对象为污泥及灰渣的鉴别报告数占 84%以上。

复核工作发现鉴别报告存在鉴别结论错误、鉴别对象分类不准确、样品采集不规范、鉴别结论依据不足、样品保存和检测不规范等问题，其中，采样不规范和鉴别结论依据不足的问题报告占比分别高达 48%和 44%，鉴别结论明显错误的问题报告占比为 30%，鉴别对象分类不准确的问题报告占比为 28%，部分报告存在多种问题，反映出当前鉴别单位总体鉴别水平仍不高。

（1）鉴别结论错误

①将列入《国家危险废物名录》中的危险废物鉴别为不属于危险废物。例如，将具有毒性危险特性的危险废物焚烧烟气处理废水产生的污泥（《国家危险废物名录》中代码为 HW 772-003-18）鉴别为不属于危险废物。

②将应判断为危险废物的，鉴别为不属于危险废物。例如，将具有毒性危险特性的危险废物，在不满足 GB 5085.7 规定的“利用”情形下产生的固体废物鉴别为不属于危险废物；将固体废物焚烧炉废气经“喷射活性炭+除尘器”处理产生的混有废活性炭的飞灰鉴别为不属于危险废物。

③将应属于危险废物的，鉴别为不属于危险废物。例如，鉴别对象缩减采样数，判断过程按照未缩减采样数的检测结果判断方案，将其鉴别为不属于危险废物。

（2）鉴别对象分类不准确

①废水处理物化污泥和生化污泥混合后鉴别，未分类鉴别。例如，将污水处理产生的物化污泥和生化污泥的混合污泥直接作为检测、鉴别对象。

②需要鉴别的污染土壤，开展鉴别时未按不同污染程度进行分类鉴别。例如，原位污染土壤未按照 HJ 298 第 4.1.8 条要求，对不同污染程度的环境介质进行分类采样鉴别。

③不同种类的固体废物混合后鉴别。

（3）样品采集不规范

①采样时间和频次不符合 HJ 298 的要求。例如，间歇产生的固体废物，1 个月内固体废物产生次数小于所需份样数，未将所需份样数均匀分配到各产生时段采样；鉴别对象连续产生，未按照技术规范的要求分次在 1 个月内等时间间隔采样。

②减少采样份样数的依据不符合 HJ 298 的要求。例如，原料来源广、种类多，原料中污染物含量差异大的危险废物利用过程产生的固体废物，鉴别时缩减采样数，不符合 HJ 298 中减少份样数的情形。

③堆存状态的固体废物，其产生过程尚未终止，应在固体废物产生的工艺节点采样，却采集堆存状态固体废物样品，并以该样品检测结果作出判断。

（4）鉴别结论依据不足

①固体废物处置后的固体废物鉴别，未按照 GB 5085.7 利用处置后判定规则的要求，先明确作为原料的固体废物的毒性危险特性。

②主要的危险特性识别不全或排除依据不足。例如，生产过程原辅料的筛选识别不完整，导致特征污染物识别不完整；危险特性排除依据不足问题，如以浸出毒性检测结果排除毒性物质含量危险特性。

③无鉴别过程，用历史检测报告的结论作为鉴别结论。

④鉴别期间工况不稳定或采样期间的工况不具有代表性。

（5）样品保存和检测不规范

①样品保存超期，如超过采样规范或检测方法规范对样品保存期的要求。

②检测方法错误。

（6）其他

①未上传鉴别方案和/或鉴别报告。

②附件材料不全。

③鉴别方案中文字性描述的初筛样品采集时间与采样照片显示时间不一致。

3）2024 年度全国危险废物鉴别报告复核工作情况

专家委员会秘书处对 2023 年 4 月 1 日—2024 年 3 月 31 日在信息平台公开的 870 份（约占鉴别报告总数的 60%）鉴别报告进行初审。根据初审结果，筛选出存在较大质量问题的鉴别报告（共 39 份），专家委员会专家委员进行审核形成初审意见。2024 年 7 月 29 日，专家委员会秘书处组织召开专家委员会全体会议，初审意见经专家委员会会议审议，形成复核意见。

本次工作共复核 39 份鉴别报告，鉴别委托方所在地涉及全国 18 个省（区、市），涉及鉴别单位数共 35 家，鉴别对象主要为污泥、灰渣和废盐，约占 80%。

复核 39 份鉴别报告中鉴别结论错误的 12 份，鉴别结论依据不足的 25 份，其他报告主要存在样品采集不符合技术规范要求、采样时间和份样数信息不对应、检测方法错误等问题。

（1）鉴别结论错误

①将属于《国家危险废物名录》中危险废物鉴别为不属于危险废物。例如，四川微谱检测技术有限公司出具的《内江瑞丰环保科技有限公司资源化利用过程产生的尾渣危险特性鉴别》，将油基岩屑（属于 HW 072-001-08，危险特性 T）和其他危险废物掺和后，通过回转窑焚烧处置后产生的尾渣（属于名录中 HW 772-003-18），鉴别为不属于危险废物。

②根据《危险废物鉴别标准　通则》（GB 5085.7）的利用处置后判定规则和混合判定规则，应判断属于危险废物的鉴别为不属于危险废物。例如，宁夏卓彧化工技术有限公司出具的《宁夏苏融达化工有限公司年产 76000 吨农药中间体项目含对氯苯甲酸固体废物属性鉴别报告》，将《国家危险废物名录》中具有毒性危险特性的“HW 261-084-45 含有机卤化物废物”，经中和、降温、离心分离处置后产生的固体废物，鉴别为不属于危险废物。

（2）鉴别结论依据不足

①在未明确混合前固体废物的毒性危险特性的情况下，对混合固体废物作出判别，

或者在未确定处置前的固体废物的毒性危险特性的情况下，对处置后的固体废物作出判别。例如，安徽天晟环保科技有限公司出具的《怀远经济开发区污水处理厂废水处理污泥危险特性鉴别报告》，鉴别对象为废水处理初沉池物化污泥、二沉池生化污泥混合污泥，经压滤、稳定干化后的干化混合污泥，没有先明确干化之前初沉池物化污泥和二沉池生化污泥是否具有毒性危险特性，直接采集干化混合污泥开展危险特性鉴别，鉴别为不属于危险废物。

②主要的危险特性识别不全或排除依据不足。例如，宁夏卓彧化工技术有限公司出具的《宁夏中科生物新材料有限公司菌渣固体废物属性鉴别报告》，以浸出毒性的检测结果低排除毒性物质含量危险特性。

（3）样品采集不符合技术规范要求

①采样对象不符合技术规范要求。例如，甘肃涵泰工程咨询有限公司出具的《晶科能源（金昌）有限公司污水处理站生化系统污泥危险特性鉴别报告》采集堆存样品对正在产生的固体废物开展鉴别。

②采样时间和采样频次不符合技术规范要求。例如，甘肃涵泰工程咨询有限公司出具的《晶科能源（金昌）有限公司污水处理站生化系统污泥危险特性鉴别报告》未遵循等时间间隔原则采样。

③减少采样份样数的依据不符合技术规范要求。例如，安徽天晟环保科技有限公司出具的《怀远经济开发区污水处理厂废水处理污泥危险特性鉴别报告》在不符合减少份样数的情形下，减少了采样份样数。

④采样信息前后矛盾问题。例如，宁夏卓彧化工技术有限公司出具的《宁夏中科生物新材料有限公司菌体蛋白固体废物属性鉴别报告》中文字性描述的样品采集时间与采样照片显示时间不一致；鉴别报告中文字描述的采样数、采样记录中样品采样数和检测报告中样品数均不一致。

（4）其他问题

①检测方法错误。

②未上传鉴别方案或鉴别报告。

③鉴别方案专家评审意见无评审专家签字。

4）全国危险废物鉴别报告复核工作成效

《全国危险废物鉴别报告复核工作简报（2022 年第一期）》《国家危险废物鉴别专家委员会工作简报（总第 2 期）》《国家危险废物鉴别专家委员会工作简报（总第 3 期）》在信息平台公开后，信息平台公开鉴别报告中出现混合污泥鉴别、样品采集不规范等明显问题的鉴别报告数已明显减少。该项举措提高了鉴别单位的质量意识，促进了鉴别单位在鉴别工作开展过程中严格遵守相关标准及规范的技术要求，同时，为省级专家委员会开展鉴别报告复核工作提供了借鉴。

5. 鉴别单位在开展危险废物鉴别过程中的注意事项

鉴别单位鉴别技术能力参差不齐，部分鉴别报告质量不高。为规范危险废物鉴别单位管理，保障鉴别行业良性发展，促进鉴别单位优胜劣汰，提升鉴别技术能力，保障危险废物鉴别结论的科学性和严肃性，笔者归纳了开展危险废物鉴别过程中应注意的几点事项：

①出具的鉴别报告中不能存在信息造假情形，主要包括采样信息造假、检测报告造假等。

②出具的鉴别报告应避免出现严重质量问题，主要包括鉴别结论错误、鉴别对象分类不准确，或鉴别结论依据不足、采集样品不具有代表性、样品保存和检测不规范、危险特性排除依据不足，或计算错误、特征污染物识别不全等。

第 3 章　危险废物鉴别技术路线

依据《危险废物鉴别标准　通则》（GB 5085.7—2019），危险废物的鉴别应按照以下程序进行。

（1）依据《固废法》、《固体废物鉴别标准　通则》（GB 34330—2017）判断待鉴别的物品、物质是否属于固体废物，不属于固体废物的，则不属于危险废物。

（2）经判断属于固体废物的，则首先依据《国家危险废物名录》鉴别。凡列入《国家危险废物名录》的固体废物，属于危险废物，不需要进行危险特性鉴别。

（3）未列入《国家危险废物名录》，但不排除具有腐蚀性、毒性、易燃性、反应性的固体废物，依据 GB 5085.1、GB 5085.2、GB 5085.3、GB 5085.4、GB 5085.5 和 GB 5085.6，以及 HJ 298 进行鉴别。凡具有腐蚀性、毒性、易燃性、反应性中一种或一种以上危险特性的固体废物，属于危险废物。

（4）对未列入《国家危险废物名录》且根据危险废物鉴别标准无法鉴别，但可能对人体健康或生态环境造成有害影响的固体废物，由国务院生态环境主管部门组织专家认定。

3.1　危险废物鉴别报告编制要求

在危险废物鉴别工作全生命周期过程中，应秉持为鉴别报告编制规范严谨服务、对鉴别结论可信度负责的原则，严格遵循但不限于以下要求。

（1）基本要求。危险废物鉴别报告应信息齐全、内容真实、编制规范、结论明确。危险废物鉴别单位和相关人员应当在相应位置签字并加盖公章，对其真实性、规范性和准确性负责。

（2）鉴别方案。危险废物鉴别过程需要进行样品采集和危险特性检测工作的，危险废物鉴别单位应在开展鉴别工作前编制鉴别方案，并组织专家对鉴别方案进行技术论证。鉴别方案应包括但不限于以下内容：

①前言。包括鉴别委托方概况、鉴别目的和技术路线。

②鉴别对象概况。包括鉴别对象产生过程的详细描述、与鉴别对象危险特性相关的生产工艺、原辅材料及特征污染物分析。

③固体废物属性判断。包括鉴别对象是否属于固体废物的判断及依据、鉴别对象是否属于《国家危险废物名录》中废物的判断和依据等。

④危险特性识别和筛选。包括鉴别对象危险特性的识别和危险特性鉴别检测项目筛选的判断和依据。

⑤采样工作方案。包括采样技术方案、组织方案和质量控制措施。

⑥检测工作方案。包括检测技术方案、组织方案和质量控制措施。

⑦检测结果的判断标准和判断方法。

（3）报告内容。危险废物鉴别报告包括正文和附件。其中，正文应包括但不限于以下内容：

①基本情况。包括鉴别委托方概况、鉴别目的和技术路线、鉴别对象概况等。

②工作过程。包括鉴别方案简述、鉴别方案论证及修改情况、采样检测过程。

③综合分析。包括检测数据分析、检测结果判断和依据。

④结论与建议。根据检测结果，依据危险废物鉴别相关标准和规范，对鉴别对象是否属于危险废物作出结论，提出后续环境管理建议。

附件应包括鉴别方案、采样记录和检测报告、技术论证意见、检验检测机构相关资质等材料，具体内容根据危险废物鉴别工作情况确定。

（4）质量控制。鉴别过程中的样品采集、包装、运输、保存、检测等应遵从检验检测相关的质量管理要求，检验检测应当符合资质认定相关要求，鉴别报告应满足《危险废物鉴别单位管理要求》中所述危险废物鉴别质量管理要求。

3.2 初筛阶段内容及要求

危险废物鉴别初筛阶段工作主要包括调研鉴别对象产生情况、固体废物属性判断、危险特性识别和筛选、编制鉴别方案、组织专家对鉴别方案进行技术论证。

1. 调研鉴别对象产生情况

了解鉴别对象产生工艺与产量情况、原辅材料使用情况及特征污染物分析。以下列举4种情形下鉴别对象的重点调研内容：

（1）对于生产过程中产生的固体废物，分析生产中使用原辅材料的化学组分、生产工艺原理、鉴别对象的产生过程及产量情况、可能产生的副产物成分以及特征污染物等；

（2）集中式污水处理过程中产生的污泥，调研废水接管前预处理情况、主要特征污染物、敏感废水或废液接管情况、污水处理药剂化学组分、污水处理工艺原理、鉴别对象的产生节点及产量等；

（3）对于堆场或填埋的固体废物，探勘堆填现场固体废物种类及性状、平面分布与深度或高度，有效分析溯源与产生工艺原理、特征污染物及危险因子等；

（4）对于河道清淤过程中产生的底泥，调研河道水文及水动力条件、沿线入河排水的来源及主要特征污染物等。

2. 固体废物属性判断

判断鉴别对象是否属于固体废物，写明判断结果及依据；判断鉴别对象是否属于《国家危险废物名录》中的废物，写明判断结果和依据等。与名录描述相符的，可直接判定为对应类别的危险废物；与名录描述不相符的，需要通过样品采集与危险特性检测判定其危险属性。

3. 危险特性识别与筛选

分析鉴别对象产生工艺原理、工艺参数对鉴别对象危险特性的潜在影响、工艺控制目标与运行参数控制要求、原辅材料化学组成及危险因子、生产过程中可能产生的特征污染物及其稳定性，识别鉴别对象的危害成分及可能存在的环境风险，有效筛选初筛检测因子。

进行固体废物危害特性初筛分析时，应通过各种合适、安全的技术手段，对鉴别固体废物进行全面分析，逐一排除不可能存在的危险特性，排除时应尽可能采用相关实验数据作为排除依据。通常初筛时可按照反应性、易燃性、腐蚀性、浸出毒性、毒性物质含量、急性毒性等依次分析。

（1）反应性初筛。主要分析待鉴别固体废物是否具有爆炸性、与酸或水接触是否产生易燃气体或有毒气体、是否含有废弃氧化剂或有机过氧化物。

①爆炸性分析时，首先要分析待鉴别物质是否具有爆炸性原子团，如果物质不含有爆炸性原子团，则不需要进行爆炸性试验测试，判定物质不具有爆炸性；如果物质含有爆炸性原子团，但分解热低于500 J/g，放热分解温度低于500℃，则不需要进行爆炸性试验，判定物质不具有爆炸性。

②分析与酸或水接触是否产生易燃气体或有毒气体，首先需要结合 X 射线荧光光谱（XRF）分析结果，分析待鉴别固体废物是否具有反应元素或基团，然后利用遇水放出易燃气体测试仪进一步测试放出易燃气体的反应速率。有毒气体的检测可以利用实验室相关仪器自制相关设备进行测试验证，通常碱金属、金属粉末、金属有机化合物、氰化物、盐型碳化物等遇水或酸可放出可燃气体，盐型磷化物、金属有机化合物、酸性腐蚀品、含有特征基团的盐类等遇水或酸混合后可放出有毒气体。

③废弃氧化剂和有机过氧化物本身不燃烧，但是由于具有氧化性，其在外力作用下，

如受热等则容易释放出氧气及大量的热，会增加与其接触的可燃物发生火灾的危险性和剧烈程度。大多数氧化剂和液体酸类接触会发生剧烈反应，散发有毒气体。常见的氧化剂有过氧化钠、过氧化钾、过氧化镁、高锰酸钾、高氯酸盐、硝酸盐等。

（2）易燃性初筛。结合待鉴别固体废物的物理状态，确定需要进一步测试的相关特征指标，利用闪点测试仪或固体燃烧速率测试仪进一步验证是否具有易燃性。液态闪点温度低于 60℃时，则属于液态易燃性危险废物；在标准温度下因摩擦或自发性燃烧而起火，经点燃能剧烈而持续地燃烧并产生危害的固态废物，属于固态易燃性危险废物。剧烈而持续地燃烧是指将待测物质堆成长 250 mm、宽 20 mm、高 10 mm 的样品带，在样品带的一端点燃待测物质，当样品燃烧到 80 mm 处开始计时，记录样品带燃烧到 180 mm 处时的燃烧时间，由此确定燃烧速率，当燃烧速率超过 2.2 mm/s 或 100 mm 样品带的燃烧时间小于 45 s 时，则认为待测固体物质具有易燃性；气态易燃性危险废物是指贮存在密闭容器呈压缩状态或液态的气体，通常在 20℃、101.3 kPa 状态下，在与空气的混合物中体积分数≤13%时可点燃的气体，或者在该状态下，不论易燃下限如何，与空气混合，易燃上限与易燃下限之差≥12 个百分点的气体，均属于气态易燃性危险废物。常见的气态易燃性危险废物有甲烷、乙烷、丙烷、一氧化碳、氢气、乙炔等。

（3）腐蚀性初筛。分析腐蚀性时需采用 pH 和腐蚀速率相结合的方式，对于固态、半固态的固体废物浸出液和水溶性液态废物，通常采用 pH 计测 pH 的方法进行判断，对于非水溶性的液态废物则需要采用金属挂片腐蚀测试仪进一步测试腐蚀速率。

（4）浸出毒性初筛。目前我国鉴别标准中浸出毒性检测项目共 50 种。检测时，首先，分别采用《固体废物　挥发性有机物的测定　顶空/气相色谱-质谱法》（HJ 643—2013）和《固体废物　半挥发性有机物的测定　气相色谱-质谱法》（HJ 951—2018）对待测样品挥发性有机物和半挥发性有机物进行初筛，对比《危险废物鉴别标准　浸出毒性鉴别》（GB 5085.3—2007）中挥发性有机物检测项目和非挥发性有机物检测项目，确定是否有需要进一步检测的项目。然后分析反应原辅料的危险化学品分类结果及其急性毒性数据表、工艺可能引入的危害物质溯源表及原辅料的危害物质溯源结果，对比《危险废物鉴别标准　浸出毒性鉴别》（GB 5085.3—2007）中有机农药类的检测项目，确定是否具有需要检测的有机农药项目。采用《固体废物　22 种金属元素的测定　电感耦合等离子体发射光谱法》（HJ 781—2016）测定样品及浸出液中无机元素含量，采用《水质　烷基汞的测定　气相色谱法》（GB/T 14204—1993）测定浸出液中烷基汞的含量，对比《危险废物鉴别标准　浸出毒性鉴别》（GB 5085.3—2007）中无机元素及化合物检测项目确定是否具有需要检测的相关项目。

（5）毒性物质含量初筛。按照规定，毒性物质含量鉴别主要是分析待鉴别物质中是否具有 GB 5085.6—2007标准附录 A～附录 F 中所规定的剧毒物质、有毒物质、致癌性物质、致突变性物质、生殖毒性物质和持久性有机污染物。分析时主要根据企业生产工艺检测待鉴别样品中无机元素、挥发性及半挥发性有机物，同时要注重分析反应原辅料的危险化学品分类结果及其急性毒性数据表、工艺可能引入的危害物质溯源表及原辅料的危害物质溯源结果等相关支撑资料，然后对比 GB 5085.6—2007中剧毒物质名录、有毒物质名录、致癌性物质名录、致突变性物质名录、生殖毒性物质名录及持续性有机污染物名录，进一步确定待鉴别物质中是否含有需要鉴别分析的项目指标。发现确定有需要鉴别分析的项目指标时，严格按照毒性物质含量判断标准进行严格判断。同时，《危险废物鉴别技术规范》（HJ 298—2019）中规定：在进行毒性物质含量危险特性判断时，当同一种毒性成分在一种以上毒性物质中存在时，以分子量最高的物质进行计算和结果判断。此处的“分子量最高”原则上是指摩尔当量的目标元素对应的分子量最高。以待鉴别物质中出现镍元素为例，镍元素一般以羰基镍、次硫化镍、二氧化镍、硫化镍、三氧化二镍、一氧化镍等形式出现在附录 A 和附录 C 中，假如测定1 g 固体物质中含有的镍元素为0.647 1 mg，若含有1 mg 硫化镍，硫化镍的总含量为0.1%；如果换算为三氧化二镍的含量为0.91 mg，则三氧化二镍的总含量为0.091%。按照《危险废物鉴别标准 毒性物质含量鉴别》中“4.3 含有本标准附录 C 中的一种或一种以上致癌性物质的总含量≥0.1%的固体废物是危险废物”的规定，此时，如果按照三氧化二镍计算则不是危险废物，以硫化镍计算则为危险废物。因此，虽然三氧化二镍的分子量大于硫化镍，但是硫化镍的摩尔当量分子量（90.77）要大于三氧化二镍的摩尔当量分子量（82.7），该固体废物应判定为危险废物。所以“分子量最高”应当是指摩尔当量的目标元素对应的化合物的分子量最高。

（6）急性毒性初筛。急性毒性初筛参数一般包括口服毒性半数致死量 LD_{50}、皮肤接触毒性半数致死量 LD_{50}、吸入毒性半数致死浓度 LC_{50}。鉴别时，首先要根据待鉴别物质的具体性质判断选择何种初筛参数，如果待鉴别物质可能分布、迁移到饮水和食物中，通过动物消化系统进入体内，则应选择口服毒性半数致死量 LD_{50} 作为初筛参数；如果待鉴别物质容易通过蒸汽、烟雾或粉尘等形式吸入人体，则选择吸入毒性半数致死浓度 LC_{50} 作为初筛参数；一般情况下，皮肤是肌体与外界环境隔离的良好屏障，对环境污染物通透性较弱，因此皮肤不是主要的暴露途径，通常不选择皮肤接触毒性半数致死量 LD_{50} 作为初筛参数。

4. 初筛样品采集检测

结合鉴别对象危险特性识别与筛选结果、危险废物鉴别标准要求，规范采集初筛样品并进行检测。

初筛样品采集时，需严格按照《危险废物鉴别技术规范》（HJ 298—2019）要求的采样方法，确定待鉴别固体废物采样份数、每份样品采样量、采样时间、安全措施及人员防护、样品运输及保存方法等内容，进行固体废物危险属性的采样工作。采样时要特别注意采样工具的选择，采集检测无机项目和有机项目的样品时，要采用不同材质的采样工具和存放容器。采集检测无机项目的样品时可选择聚四氟乙烯或者PE材质的器具，采集检测有机项目的样品时可选择不锈钢材质的器具。

5. 编制鉴别方案

对鉴别委托方概况、鉴别目的、技术路线、鉴别对象概况、固体废物属性判断过程、危险特性识别和筛选结果进行详细描述，分析初筛样品检测结果。根据前期初筛试验结果，结合企业生产工艺及原辅材料危险情况，确定需进一步检测分析的危险特性，明确列出相应危险特性的鉴别指标，制定采样检测工作方案（包括技术方案、组织方案和质量控制措施），阐明检测结果的判断标准和判断方法。

6. 组织专家对鉴别方案进行技术论证

专家根据鉴别对象情况描述，对鉴别对象调研充分性、鉴别可行性、危险特性识别和筛选依据、初筛样品检测数据合理性、采样检测工作方案可行性等进行论证，并给出优化建议。

7. 完善鉴别方案

根据专家论证意见，对鉴别方案进行优化调整，如补充调研并详细描述鉴别对象相关情况、补充危险特性鉴别的可行性论证依据、完善工艺参数对检测结果的潜在影响分析及控制要求、补充鉴别对象特征危险因子、调整优化采样与检测方案等，为后续正式阶段鉴别奠定良好的工作基础。

3.3 正式阶段内容及要求

危险废物鉴别正式阶段工作的开展以修改完善后的鉴别方案为依据，主要内容包括正式样品采集检测、编制鉴别报告、组织专家对鉴别报告进行技术论证、鉴别结果完善及应用。

1. 正式样品采集检测

组织实施采样检测工作方案，鉴别委托方与鉴别单位相关人员应到场确认采样时工况条件稳定、样品具有典型性和代表性、对采集的样品认可等采样条件。检测机构及人员应具备相应的资质能力，并应对采集的样品同步做好质量控制分析。鉴别过程中的样品采集、包装、运输、保存、检测等应遵从检验检测相关的质量管理要求，检验检测应当符合资质认定相关要求。

2. 编制鉴别报告

危险废物鉴别报告包括正文和附件。正文部分应详细描述鉴别委托方概况、鉴别目的和技术路线、鉴别对象概况等基本情况；阐述鉴别方案论证及修改情况、采样检测等工作过程；综合分析检测数据、阐明检测结果判断依据；根据检测结果和危险废物鉴别相关标准规范，对鉴别对象是否属于危险废物作出结论，提出后续环境管理建议。附件部分应包括鉴别方案、采样记录和检测报告、技术论证意见、检验检测机构相关资质等材料，具体内容根据危险废物鉴别工作情况确定。

3．组织专家对鉴别报告进行技术论证

专家根据鉴别方案和危险废物鉴别相关标准规范要求，对样品采集与检测有效性、鉴别结论可信性、后续环境管理建议合理性等进行论证，并给出优化建议。

4．鉴别结果完善及应用

根据专家论证意见，对鉴别报告进行优化调整，如鉴别对象后续环境管理建议等。鉴别完成后，鉴别委托方应按照危险废物鉴别结果应用要求，及时将危险废物鉴别报告和现场踏勘记录等其他相关资料上传至信息平台公示，同时报告鉴别委托方所在地设区的市级生态环境主管部门，对存在异议的鉴别报告执行异议评估流程要求。

第 4 章 《国家危险废物名录》鉴别

4.1 我国危险废物名录管理发展历程

我国危险废物鉴别采取《国家危险废物名录》（以下简称《名录》）（列表定义法）、危险特性鉴别标准（危险特性鉴别法）以及专家判定相结合的原则。随着《固废法》的制定和修订，《名录》和《危险废物鉴别标准》一直在不断地修订和完善中（图 4-1）。1995 年我国颁布了《固废法》，随后制定发布了《危险废物鉴别标准》和《名录》（1998 年版）。2004 年我国修订了《固废法》，随后颁布了《固体废物鉴别导则（试行）》（2006 年 4 月 1 日实施），并对《危险废物鉴别标准》和《名录》进行了修订。2013 年、2015 年、2016 年《固废法》历经三次修正，我国在 2012 年和 2015 年启动了《固体废物鉴别标准》的制定和《名录》的修订工作，于 2016 年发布实施了《名录》（2016 年版）。随着固体废物管理工作的不断深入，2020 年 4 月 29 日，《固废法》三审修订通过，明确规定要统一危险废物鉴别标准、鉴别方法、识别标志和鉴别单位管理要求，且对国家危险废物名录实行动态调整。为了落实《固废法》关于“国家危险废物名录应当动态调整”等规定，我国持续完善《名录》的修订工作，于 2020 年发布《名录》（2021 年版）。时隔 4 年，在针对《名录》使用过程中发现的新问题、社会反映较为集中的问题进行小幅度修订后，于 2024 年 11 月 29 日发布了《名录》（2025 年版），成为我国发布的第五版危险废物名录。

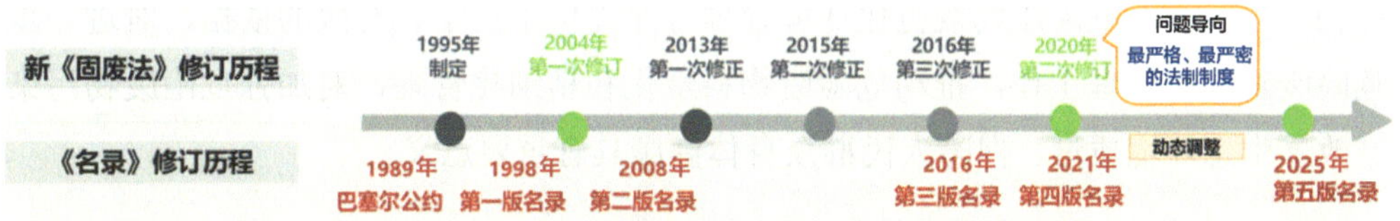

图 4-1 《国家危险废物名录》发展历程

4.2 2025 年版《名录》修订背景

危险废物鉴别是摸清我国危险废物底数的重要手段，目前危险废物的申报登记与统计主要都是基于《名录》开展，因此《名录》会直接影响我国危险废物产生、收集、贮存、运输、利用、处置等统计数据。2019 年 9 月，生态环境部公开《国家危险废物名录（修订稿）》（征求意见稿），提出 2016 年版《名录》实施中主要存在 3 个问题：一是危险废物类别定义不准确、范围过大；二是不能完全满足当前危险废物经营许可证管理需求；三是部分环境风险小的危险废物需要纳入豁免管理。

新修订的《固废法》自 2020 年 9 月 1 日起正式实施，从结构、理念、内容等方面进行了重大系统性修订，对固体废物污染防治制度、体系建设提出了新要求。新《固废法》第七十五条对我国危险废物鉴别管理制度进行了修订，除了保持原《固废法》中规定的“国务院生态环境主管部门应当会同国务院有关主管部门制定国家危险废物名录，规定统一的危险废物鉴别标准、鉴别方法和识别标志”，还增加了“国务院生态环境主管部门应当规定鉴别单位管理要求”和“国家危险废物名录应当动态调整”的规定，反映出危险废物名录与鉴别管理制度的重要性以及新的要求，且动态调整名录有利于实现危险废物更加精准和科学的管控。

《名录》是危险废物环境管理的重要基础和关键依据。《名录》自 1998 年首次发布实施以来，历经 2008 年、2016 年和 2021 年三次修订，已经得到逐步完善，对构建我国危险废物鉴别标准体系、防范危险废物环境风险、支撑危险废物环境管理起到积极作用。通过 2008 年和 2016 年两次较大幅度修订，《名录》的整体结构和主要内容已基本确定。随着我国危险废物环境管理要求的不断增强，以往 8～10 年的修订间隔已难以适应当前的管理需求。2021 年修订和 2025 年修订主要是针对《名录》使用过程中发现的新问题、社会反映较为集中的问题进行修订，幅度较小，更具有时效性。

《名录》（2025 年版）从原则性、附表、附录三大内容中的危险废物代码更新、删除新增代码、调整归类、名称表述更新、危险废物特性以及豁免管理等 6 个方面进行更新，使危险废物名录更具有可操作性及可辨识性，为生态环境部门、危险废物经营单位和危险废物产生单位在危险废物规范化环境管理方面提供了科学、有效的依据，对进一步指导危险废物环境管理工作，推动危险废物科学化和精细化管理，对加强危险废物污染防治、改善生态环境质量、保障人民群众身体健康具有重要意义。

4.3 2025 年版《名录》修订原则

近两次《名录》修订的原则总体无变化：

（1）坚持问题导向。重点针对版《名录》实施过程环境管理工作中反映问题较为集中的废物进行修订。

（2）坚持精准治污。通过细化类别的方式，确保列入《名录》的危险废物的准确性，推动危险废物精细化管理。

（3）坚持风险管控。按照《固废法》关于“实施分级分类管理”的规定，在环境风险可控前提下，及时更新一批危险废物在特定环节满足相关条件时实施豁免管理。

另外，2025 年版《名录》修订还特别注重以下 3 个方面考虑：

（1）精准及时。通过细化类别等方式，切实保证列入《名录》中危险废物的准确性；同时，及时研究社会反映较为集中的废物，有效响应社会关注热点。

（2）科学有序。制定了关于《名录》修订研究工作机制和动态修订工作规程，保证修订依据科学、修订过程有序。

（3）防控风险。根据危险废物的环境风险实行分级分类管理，在风险可控的前提下，实行有条件的豁免管理。

4.4 2025 年版《名录》修订的主要内容

4.4.1 总体情况

《名录》由正文、附表和附录 3 部分构成。其中，正文规定原则性要求，附表规定具体危险废物种类、名称和危险特性等，附录规定危险废物豁免管理要求。2025 年修订对 3 部分有关内容进行了修改和完善：

正文部分：修改了第六条第二款，完善了鉴别后危险废物的归类管理。

附表部分：2025 年版《名录》共计列入 470 种危险废物，相较 2021 年版《名录》总共增加了 3 种。其中，根据危险废物产生工艺和管理实践，整合 2 种废物代码、拆分 1 种废物代码；新增 4 种普遍具有危险特性的锡冶炼废物。此外，修改了个别危险废物的文字表述或危险特性表述，新增了 6 条注释。

附录部分：根据危险废物环境风险研究结果和各地环境管理实践，删除了 2 条豁免规定，新增了 1 条豁免规定，修改部分危险废物豁免条件表述。

4.4.2 修订情况

1. 正文

2021 年版《名录》规定，不在《名录》中，但经鉴别具有危险特性的，也属于危险废物，且应当根据其主要有害成分和危险特性确定所属废物类别，并按代码“900-000-××”（××为危险废物类别代码）进行归类管理。随着近年来危险废物鉴别工作全面推开，实际工作中发现，很多经鉴别具有危险特性的危险废物，存在与《名录》中已有危险废物的危险特性一致或相似的情形。因此，《名录》（2025 年版）修订明确，上述废物首先应当根据其主要有害成分和危险特性对照本名录中已有的废物代码进行归类；确实无法按已有废物代码归类的，才应当确定其所属废物类别，按代码“900-000-××”（××为危险废物类别代码）进行归类管理。这种鉴别归类方式更加科学，便于危险废物后续的高效利用处置和精细化管理。

2. 附表

（1）新增 4 种锡冶炼危险废物、1 种含汞危险废物

2025 年版《名录》在 2021 年版《名录》的 HW48（有色金属采选和冶炼废物）大类的“常用有色金属冶炼”中，新增了 4 项锡冶炼废物，HW48 从原有共 30 项（铅、锌、铝、铜等冶炼的废物）成为现在共 34 项。新增的 4 种，是普遍具有危险特性的锡冶炼废物，具体是锡火法冶炼过程中烟气处理集（除）尘装置收集的粉尘、锡火法冶炼烟气净化产生的酸泥、污酸处理过程产生的砷渣，以及锡再生过程中集（除）尘装置收集的粉尘和湿法除尘产生的废水处理污泥。

2025 年版《名录》对 HW29（含汞废物）大类的“非特定行业”里面的废物代码为“900-024-29”的含汞危险废物，拆分出了新增废物代码为“900-054-29”的含汞危险废物。具体规定为“已禁止使用的，所有者申报废弃的，以及有关部门依法收缴或者接收且需要销毁的《关于汞的水俣公约》管控的汞和汞化合物”。废物代码为“900-024-29”的含汞危险废物，在 2021 年版《名录》规定的“生产、销售及使用过程中产生的废含汞温度计、废含汞血压计、废含汞真空表、废含汞压力计、废氧化汞电池和废汞开关”基础上，新增加了“《关于汞的水俣公约》管控的其他废含汞非电子测量仪器”。

表 4-1 2025 年版《名录》中新增的危险废物

编号	废物类别	行业来源	废物代码	危险废物
1	HW48 有色金属采选和冶炼废物	常用有色金属冶炼	321-035-48	锡火法冶炼过程中烟气处理集（除）尘装置收集的粉尘
2			321-036-48	锡火法冶炼烟气净化产生的酸泥

编号	废物类别	行业来源	废物代码	危险废物
3	HW48 有色金属采选和冶炼废物	常用有色金属冶炼	321-037-48	锡火法冶炼烟气净化产生的污酸处理过程产生的砷渣
4			321-038-48	锡再生过程中集（除）尘装置收集的粉尘和湿法除尘产生的废水处理污泥
5	HW29 含汞废物	非特定行业	900-054-29	已禁止使用的，所有者申报废弃的，以及有关部门依法收缴或者接收且需要销毁的《关于汞的水俣公约》管控的汞和汞化合物

（2）整合 HW11、HW21 中废物代码

2025 年版《名录》删除了 2021 年《名录》中 HW21（含铬废物）中废物代码为“336-100-21”的“使用铬酸进行阳极氧化产生的废槽液、槽渣和废水处理污泥”，把这一类别的危险废物整合并入了 HW17（表面处理废物）中废物代码为“336-100-17”的“使用铬酸进行阳极氧化产生的废槽液、槽渣和废水处理污泥”中；删除了 2021 年《名录》中 HW11 精（蒸）馏残渣中废物代码为“261-100-11”的“苯和丙烯生产苯酚和丙酮过程中产生的重馏分”，把这一类别的危险废物整合并入了 HW11 精（蒸）馏残渣中废物代码为“261-012-11”的“异丙苯生产过程中精馏塔产生的重馏分”中。

表 4-2　2025 年版《名录》删除的危险废物

编号	废物类别	行业来源	废物代码	危险废物
1	HW11 精（蒸）馏残渣	基础化学原料制造	261-100-11	苯和丙烯生产苯酚和丙酮过程中产生的重馏分
2	HW21（含铬废物）	金属表面处理及热处理加工	336-100-21	使用铬酸进行阳极氧化产生的废槽液、槽渣和废水处理污泥

（3）表述变动及危险特性变动情况

危险废物表述变动的有 26 个，危险废物特性变动的有 1 个，新《名录》中对危险废物的表述更加具体，易于危险废物的精细化管理。

表 4-3　2025 年版《名录》表述变动及危险特性变动的相关危险废物

2021 年版《名录》			2025 年版《名录》		
废物代码	危险废物	危险特性	废物代码	危险废物	危险特性
276-002-02	利用生物技术生产生物化学药品、基因工程药物（不包括利用生物技术合成氨基酸、维生素、他汀类降脂药物、降糖类药物）过程中产生的废母液、反应基和培养基废物	T	276-002-02	利用生物技术生产生物化学药品、基因工程药物（不包括利用生物技术合成他汀类降脂药物、降糖类药物）过程中产生的废母液、反应基和培养基废物	T
276-003-02	利用生物技术生产生物化学药品、基因工程药物（不包括利用生物技术合成氨基酸、维生素、他汀类降脂药物、降糖类药物）过程中产生的废脱色过滤介质	T	276-003-02	利用生物技术生产生物化学药品、基因工程药物（不包括利用生物技术合成他汀类降脂药物、降糖类药物）过程中产生的废脱色过滤介质	T
271-005-02	化学合成原料药生产过程中的废弃产品及中间体	T	271-005-02	化学合成原料药及中间体生产过程中的废弃产品及中间体	T
276-005-02	利用生物技术生产生物化学药品、基因工程药物过程中产生的废弃产品、原料药和中间体	T	276-005-02	利用生物技术生产生物化学药品、基因工程药物及中间体过程中产生的废弃的产品、原料药和中间体	T
900-002-03	销售及使用过程中产生的失效、变质、不合格、淘汰、伪劣的化学药品和生物制品（不包括列入《国家基本药物目录》中的维生素、矿物质类药，调节水、电解质及酸碱平衡药），以及《医疗用毒性药品管理办法》中所列的毒性中药	T	900-002-03	销售及使用过程中产生的失效、变质、不合格、淘汰、伪劣的化学药品和生物制品以及《医疗用毒性药品管理办法》中所列的毒性中药	T
263-011-04	农药生产过程中产生的废水处理污泥	T	263-011-04	农药生产过程中产生的废水处理污泥（不包括赤霉酸生产废水生化处理污泥）和蒸发处理残渣（液）	T
900-007-09	其他工艺过程中产生的油/水、烃/水混合物或乳化液	T	900-007-09	其他工艺过程中产生的废弃的油/水、烃/水混合物或者乳化液	T
252-002-11	煤气净化过程氨水分离设施底部的焦油和焦油渣	T	252-002-11	煤气净化过程氨水分离设施底部的废焦油和焦油渣	T

2021年版《名录》			2025年版《名录》		
废物代码	危险废物	危险特性	废物代码	危险废物	危险特性
252-017-11	固定床气化技术生产化工合成原料气、燃料油合成原料气过程中粗煤气冷凝产生的焦油和焦油渣	T	252-017-11	固定床气化技术生产化工合成原料气、燃料油合成原料气过程中粗煤气冷凝产生的废焦油和焦油渣	T
451-003-11	煤气生产过程中煤气冷凝产生的煤焦油	T	451-003-11	煤气生产过程中煤气冷凝产生的废煤焦油	T
261-104-11	对硝基氯苯胺氨解生产对硝基苯胺过程中产生的重馏分	T，R	261-104-11	对硝基氯苯氨解生产对硝基苯胺过程中产生的重馏分	T，R
451-002-11	煤气生产过程中产生的废水处理污泥（不包括废水生化处理污泥）	T	451-002-11	固定床气化技术制煤气过程产生的废水处理污泥（不包括废水生化处理污泥）	T
264-011-12	染料、颜料生产过程中产生的废母液、残渣、废吸附剂和中间体废物	T	264-011-12	染料、颜料及中间体生产过程中产生的废母液、残渣、废吸附剂和中间体	T
264-012-12	其他油墨、染料、颜料、油漆（不包括水性漆）生产过程中产生的废水处理污泥	T	264-012-12	其他油墨、染料、颜料、油漆（不包括水性漆）生产过程中产生的废水处理污泥和蒸发处理残渣（液）	T
900-252-12	使用油漆（不包括水性漆）、有机溶剂进行喷漆、上漆过程中产生的废物	T，I	900-252-12	使用油漆（不包括水性漆）、有机溶剂进行喷漆、上漆过程中过喷漆雾湿法捕集产生的漆渣，以及喷涂工位和管道清理过程产生的落地漆渣	T，I
900-253-12	使用油墨和有机溶剂进行丝网印刷过程中产生的废物	T，I	900-253-12	使用油墨和有机溶剂进行印刷、涂布过程中产生的废物	T，I
336-064-17	金属或塑料表面酸（碱）洗、除油、除锈、洗涤、磷化、出光、化抛工艺产生的废腐蚀液、废洗涤液、废槽液、槽渣和废水处理污泥［不包括铝、镁材（板）表面酸（碱）洗、粗化、硫酸阳极处理、磷酸化学抛光废水处理污泥，铝电解电容器用铝电极箔化学腐蚀、非硼酸系化成液化成废水处理污泥，铝材挤压加工模具碱洗（煲模）废水处理污泥，碳钢酸洗除锈废水处理污泥］	T/C	336-064-17	金属或者塑料表面酸（碱）洗、除油、除锈（不包括喷砂除锈）、洗涤、磷化、出光、化抛工艺产生的废腐蚀液、废洗涤液、废槽液、槽渣和废水处理污泥［不包括铝、镁材（板）表面酸（碱）洗、粗化、硫酸阳极处理、磷酸化学抛光废水处理污泥，铝电解电容器用铝电极箔化学腐蚀、非硼酸系化成液化成废水处理污泥，铝材挤压加工模具碱洗（煲模）废水处理污泥，碳钢酸洗除锈废水处理污泥］	T/C

2021 年版《名录》			2025 年版《名录》		
废物代码	危险废物	危险特性	废物代码	危险废物	危险特性
772-003-18	危险废物焚烧、热解等处置过程产生的底渣、飞灰和废水处理污泥	T	772-003-18	具有毒性、感染性中一种或两种危险特性的危险废物焚烧、热解等处置过程产生的飞灰、废水处理污泥和底渣（不包括生活垃圾焚烧炉协同处置感染性医疗废物产生的底渣）	T/In
314-003-21	铁铬合金生产过程中金属铬冶炼产生的铬浸出渣	T	314-003-21	铁铬合金生产过程中金属铬铝热法冶炼产生的冶炼渣	T
900-024-29	生产、销售及使用过程中产生的废含汞温度计、废含汞血压计、废含汞真空表、废含汞压力计、废氧化汞电池和废汞开关	T	900-024-29	生产、销售及使用过程中产生的废含汞温度计、废含汞血压计、废含汞真空表、废含汞压力计、废氧化汞电池和废汞开关，以及《关于汞的水俣公约》管控的其他废含汞非电子测量仪器	T
092-003-33	采用氰化物进行黄金选矿过程中产生的氰化尾渣和含氰废水处理污泥	T	092-003-33	采用氰化物进行黄金选矿过程中产生的含氰废水处理污泥和金精矿氰化尾渣	T
900-031-36	含有石棉的废绝缘材料、建筑废物	T	900-031-36	废石棉建材、废石棉绝缘材料	T
261-072-40	醚及醚类化合物生产过程中产生的醚类残液、反应残余物、废水处理污泥（不包括废水生化处理污泥）	T	261-072-40	醚及醚类化合物生产过程（不包括成醚反应之前的合成过程）中产生的醚类残液、反应残余物、废水处理污泥（不包括废水生化处理污泥）	T
261-084-45	其他有机卤化物的生产过程（不包括卤化前的生产工段）中产生的残液、废过滤吸附介质、反应残余物、废水处理污泥、废催化剂（不包括本《名录》HW04、HW06、HW11、HW12、HW13、HW39 类别的危险废物）	T	261-084-45	其他有机卤化物的生产过程（不包括卤化前的生产工段）中产生的残液、废过滤吸附介质、反应残余物、废水处理污泥（不包括环氧氯丙烷皂化液处理产生的石灰渣）、废催化剂（不包括本《名录》HW04、HW06、HW11、HW12、HW13、HW39 类别的危险废物）	T
261-085-45	其他有机卤化物的生产过程中产生的不合格、淘汰、废弃的产品（不包括本《名录》HW06、HW39 类别的危险废物）	T	261-085-45	其他有机卤化物的生产过程中产生的不合格、淘汰、废弃的产品（不包括本《名录》HW06、HW39 类别的危险废物）	T
323-001-48	仲钨酸铵生产过程中碱分解产生的碱煮渣（钨渣）、除钼过程中产生的除钼渣和废水处理污泥	T	323-001-48	以钨精矿为原料生产仲钨酸铵过程中碱分解产生的碱煮渣（钨渣）、除钼过程中产生的除钼渣和废水处理污泥	T

2021 年版《名录》			2025 年版《名录》		
废物代码	危险废物	危险特性	废物代码	危险废物	危险特性
900-053-49	已禁止使用的《关于持久性有机污染物的斯德哥尔摩公约》受控化学物质；已禁止使用的《关于汞的水俣公约》中氯碱设施退役过程中产生的汞；所有者申报废弃的，以及有关部门依法收缴或接收且需要销毁的《关于持久性有机污染物的斯德哥尔摩公约》《关于汞的水俣公约》受控化学物质	T	900-053-49	已禁止使用的，所有者申报废弃的，以及有关部门依法收缴或者接收且需要销毁的《关于持久性有机污染物的斯德哥尔摩公约》管控的化学物质（不包括本《名录》HW04、HW05、HW10 类别的危险废物）	T
772-006-49	采用物理、化学、物理化学或生物方法处理或处置毒性或感染性危险废物过程中产生的废水处理污泥、残渣（液）	T/In	772-006-49	采用物理、化学、物理化学或者生物方法处理或者处置毒性或者感染性危险废物过程中产生的废水处理污泥和废水处理残渣（液）	T/In
900-046-49	离子交换装置（不包括饮用水、工业纯水和锅炉软化水制备装置）再生过程中产生的废水处理污泥	T	900-046-49	离子交换装置（不包括饮用水、工业纯水和锅炉软化水制备装置以及废水处理成套工艺中的离子交换装置）再生过程中产生的废水处理污泥	T

（4）新增 6 条注释

为了能依据《名录》精准识别危险废物，2025 年版《名录》在原有基础上新增了 6 条注释。例如，新增的第 1 条注释规定“本附表‘危险废物’列中表述的‘废××’或者‘废弃的××’，其中‘××’是指依据我国固体废物鉴别相关标准确定的固体废物”，进一步强调了《名录》与《危险废物鉴别标准　通则》（GB 5085.7）中鉴别程序的衔接，明确《名录》所列物质均应首先属于固体废物。也就是说，不属于固体废物的，就不能依据《名录》来识别其是否属于危险废物，这一点非常重要。此外，还新增了 5 条注释，对医药废物，废药物、药品，废矿物油与含矿物油废物，涂料、染料废物，含醚废物，含有机卤化物废物等废物范围作出限定。例如，新增的第 4 条注释规定，明确新《名录》中的矿物油，是指石油炼制产生的矿物油、煤直接液化油，不包括动植物油脂、酯基生物柴油、烃基生物柴油以及采用烯烃聚合、合成气制烃工艺生产的合成油，废弃的动植物油脂也不属于废矿物油与含矿物油废物；新增的第 5 条注释规定，明确了 HW02 和 HW03 类危险废物表述中的化学药品、生物制品、药物、原料药，不包括调节水、电解质、酸碱平衡药以及氨基酸、维生素、矿物质类药，废弃的维生素也不属于医药废物或废药物、药品类危险废物；新增的第 6 条注释规定，明确了 HW12 类危险废物表述中的颜料不包括钛白颜料；新增的第 7 条注释规定，HW40 类危险废物表述中的醚和醚类化合物不包括醚类物质聚合形成的聚合物；新增的第 8 条注释规定，HW45 类危险废物表述中的有机卤化物不包括含卤素有机高分子化合物。

3．附录

（1）新增“豁免条件”说明

为了解决实际工作中个别地方和单位对豁免管理理解不准确的问题，2025 年版《名录》新增加了对“豁免条件”的说明。首先要强调的是，《名录》附录《危险废物豁免管理清单》中的危险废物，仍属于危险废物。这里实行的豁免，是仅对危险废物在特定环节、特定条件下对其特定内容进行豁免，但并未豁免其危险废物的属性。

《名录》正文第三条对豁免管理作出了具体规定，“列入本《名录》附录《危险废物豁免管理清单》中的危险废物，在所列的豁免环节，且满足相应的豁免条件时，可以按照豁免内容的规定实行豁免管理”。例如，对于含油金属屑，其中属于危险废物的，在满足通过除油达到静置无滴漏后打包或者压块用于金属冶炼的条件下，利用过程可豁免管理；其他情形则不属于豁免范畴。

这次修订是为了进一步明确，列入《危险废物豁免管理清单》的危险废物及其相关豁免环节、豁免条件和豁免内容，不能简单地理解为不需要遵守其他任何管理规定，而要符合固体废物等生态环境相关法律法规和标准要求。

（2）删除2条豁免规定，新增1条农村医疗机构医疗废物豁免规定

2025年版《名录》删除了2021年版《名录》的附录《危险废物豁免管理清单》中第22项的豁免，即删除了废物代码为321-024-48、321-026-48的利用铝灰渣和二次铝灰回收金属铝的豁免管理。新增1条农村医疗机构医疗废物豁免规定，即不具备集中处置医疗废物条件的农村的医疗机构产生的医疗废物，按照地方卫生健康部门、生态环境部门确定的方案进行医疗废物的处理处置时，全过程不按危险废物管理。

2025年版《名录》附录部分豁免的危险废物共计达到31个种类，其中全部环节豁免的危险废物有4类，仅运输环节豁免的危险废物有6类，仅处置环节豁免的危险废物有3类，仅利用环节豁免的危险废物有8类，运输、处置2个环节同时豁免的危险废物有5类，运输、利用、处置3个环节同时豁免的危险废物有3类，收集、运输、处置3个环节同时豁免的危险废物有1类，收集、运输、利用、处置4个环节均存在豁免条件的危险废物有1类。

4.5 2025年版《名录》特点

1. 涉及监管部门多

危险废物监管是专业性、复杂性、技术性最强的领域，也是涉及部门职责最多的领域。《名录》于1998年1月首次发布时，是由国家环境保护局、国家经贸委、外经贸部、公安部联合发布，以规范性文件的形式（环发〔1998〕89号）发布，于1998年7月1日起施行。

2008年版《名录》是由环境保护部和国家发展和改革委员会两个部委联合发布，并且是首次以部门规章的形式发布，《名录》的法律地位得到提升。

因2013年《最高人民法院、最高人民检察院关于办理环境污染刑事案件适用法律若干问题的解释》（法释〔2013〕15号）中增加了关于危险废物污染环境行为刑事责任的认定，公安机关负责对刑事案件的侦查，非法排放的污染物是不是危险废物，是决定是否作为刑事案件立案的最重要条件。故2016年版《名录》是由环境保护部和国家发展和改革委员会、公安部3个部委联合发布，增加了公安部。

2021年版《名录》发布机关又增加了交通运输部和国家卫生健康委员会两个部委，首次由生态环境部、国家发展和改革委员会、公安部、交通运输部和国家卫生健康委员会5个部委联合发布。

2025年版《名录》发布机关与2021年版《名录》一致，仍为生态环境部、国家发展改革委、公安部、交通运输部和国家卫生健康委5部门，凸显了《名录》涉及监管部门的广泛性、交融性和重要性。

2. 动态调整原则

我国危险废物产生量大、种类多、来源广泛，污染特性差异极大，采用单一的管理手段难以达到有效控制污染的目的。随着社会不断发展，未来可能会产生一些《名录》中没有的新的危险废物种类，也可能原《名录》中的危险废物不再具有危险特性了，因此《名录》有必要依照行业发展水平动态的进行调整。本次修订明确《名录》的动态调整原则，意味着《名录》调整的频次将会提高。

2025 年版《名录》是基于现有研究成果和相关工作基础，重点针对 2021 年版《名录》实施后，实践中反映较为集中、问题较多的问题进行修订，并对部分产生特性和危险特性已经清楚的危险废物进行修订。未来，随着基础研究工作能力不断加强、鉴别工作经验不断积累，相关企业在危险废物管理中发现的新问题，可以及时向生态环境相关部门提出，生态环境主管部门组织研究，将在保持《名录》基本体系框架不变的基础上，通过常态化修订工作机制，对出现的问题及时开展调研，作出明确判断，按需要解决问题的轻重缓急，及时修订、补充和完善名录，使其更符合实际情况。

依据《名录》完善危险废物的风险分级，明确特定类型固体废物属性，统一管理尺度，排除低风险固体废物，有利于避免出现低风险性废物保护过度、高风险性废物防范不足，提高危险废物环境风险防范能力，深化“放管服”改革，减轻企业负担。

3. 完善危险废物豁免管理清单

豁免管理，是指某些危险废物在特定环节及一定条件下，无须执行危险废物环境管理的有关规定。根据《固废法》《危险废物经营许可证管理办法》等有关法律法规的规定，从事收集、贮存、利用、处置危险废物经营活动的单位，都应当按照国家有关规定申请并取得许可证，即危险废物只能交给有许可证的单位进行收集、贮存、利用或者处置。对实践证明风险较小的危险废物，在环境风险可控的前提下，通过列入豁免管理清单，不仅能降低企业危险废物管理和处置成本，还能促进危险废物的综合利用。

4. 继续鼓励“点对点”定向利用

我国危险废物产生量大、来源广、成分复杂，在处置利用方面仍存在低价值、难处置，危险废物利用处置能力不足，高价值危险废物利用能力过剩，危险废物处置能力结构不平衡等突出问题，难以在豁免清单中逐一作出规定，需要各地结合实际实行更灵活的利用豁免管理，进一步推动危险废物利用。

2021 年版《名录》提出鼓励“点对点”定向利用，对于尚未列入《危险废物豁免管理清单》中的危险废物，或者再利用过程不满足《危险废物豁免管理清单》所列豁免条件的危险废物，在环境风险可控的前提下，根据省级生态环境部门确定的方案，可以实行危险废物“点对点”定向利用，即一家单位产生的一种危险废物，可作为另外一家单位环境治理或工业原料生产的替代原料进行使用。2025 年版《名录》继续鼓励“点对点”

定向利用，这不仅可以降低企业危险废物管理和处置成本，还能鼓励企业对危险废物利用和处置新技术的研发，提高废物资源化利用水平。

近年来，山东、江苏等地已经探索开展了“点对点”定向利用豁免管理改革试点工作，取得了良好的效果。“点对点”定向利用是精细、科学的环境风险管控思路，也是综合统筹环境效益、社会效益和经济效益的理想路径，同时是贯彻落实新《固废法》中危险废物“分级分类管理”原则的具体措施。

4.6 2025年版《名录》的具体说明

4.6.1 《名录》的组成

2025年版《名录》包括前言（八条）、名录附表、附录《危险废物豁免管理清单》。其中名录列表共包含46个大类别的470种危险废物，列入附录的《危险废物豁免管理清单》的共有31类/种危险废物。2025年版《名录》具体内容详见本书附录。

《名录》《危险废物豁免管理清单》《危险废物排除管理清单》之间的关系：《名录》中的固体废物，属于危险废物，需要按照危险废物相关法律制度要求管理。《危险废物豁免管理清单》中的固体废物仍属于危险废物，在某些特定条件下可免于危险废物管理要求，但并不改变危险废物自身属性。《危险废物排除管理清单》中的固体废物不属于危险废物，按照固体废物相关法律制度要求管理。

4.6.2 前言条文说明

（1）明确了修订《名录》的法定依据。

（2）确定五大危险特性，明确了固体废物列入《名录》的依据。

《固废法》定义的危险废物为列入《名录》或者根据国家规定的危险废物鉴别标准和鉴别方法认定的具有危险特性的固体废物。由于放射性废物在其他法规中有定义和管理，因此2025年版《名录》不考虑放射性废物。

依据我国《常用危险化学品的分类与标志》（GB 13690—1992）定义的危险化学品主要危险特性，参照《巴塞尔公约》，结合世界卫生组织、美国、欧盟和日本的经验确定危险特性为易燃性、腐蚀性、反应性、毒性和感染性，相应的鉴别标准已于2007年10月1日起实施。

（3）明确了列入附录《危险废物豁免管理清单》中的危险废物在所列的豁免环节且满足相应的豁免条件的，可以按照豁免内容的规定执行。

（4）明确了混合废物的管理办法。危险废物与其他物质混合后的固体废物，以及危险废物利用处置后的固体废物的属性判定，按照国家规定的危险废物鉴别标准执行。

（5）明确了《名录》中有关术语定义。

（6）明确了经鉴别后属于危险废物的，应根据其主要有害成分和危险特性进行归类管理。

（7）明确《名录》根据实际情况实行动态调整。

（8）明确了《名录》联合发布的问题。

4.6.3 《名录》列表形式及涵盖的废物类型说明

2025 年版《名录》的列表形式仍然保持与 2021 年版《名录》一致，由废物类别、行业来源、废物代码、危险废物和危险特性组成。包含 46 个大类别的 470 种危险废物，较 2021 年版《名录》总共增加了 3 种。其中，根据危险废物产生工艺和管理实践，整合 2 种废物代码、拆分 1 种废物代码；新增 4 种普遍具有危险特性的锡冶炼废物。此外，修改了个别危险废物的文字表述或危险特性表述，还新增了 6 条注释。

4.6.4 《危险废物豁免管理清单》说明

我国已建立起较为完善的危险废物管理制度体系，如申报登记、转移联单、许可经营等。在实际工作中，因危险废物的危险特性存在巨大差异，完全按照统一要求进行管理，可能导致管理过严，造成的经济压力迫使部分企业非法转移、利用、处置危险废物，反而导致部分危险废物无法纳入正常的管理渠道。同时，一部分危险废物在特定管理环节的环境风险较小，根据国外经验可以采取豁免管理措施。2025 年版《危险废物豁免管理清单》列表形式仍然与 2021 年版《名录》保持一致，由序号、废物类别/代码、危险废物、豁免环节、豁免条件和豁免内容组成，列入《危险废物豁免管理清单》中的危险废物，在所列的豁免环节，且满足相应的条件时，可以按照豁免内容的规定执行。

4.7 2021 年版《名录》实施过程存在的问题探讨

针对 2021 年版《名录》实施过程中常见的一些问题进行了探讨，供《名录》使用中参考。

（1）列入《名录》豁免清单中的废物是否不属于危险废物？

《危险废物豁免管理清单》仅豁免了危险废物特定环节的部分管理要求，并没有豁免其危险废物的属性。

（2）附录《危险废物豁免管理清单》中豁免内容的具体含义是什么？

《危险废物豁免管理清单》的“豁免内容”是指可不按危险废物管理的内容。其具体含义如下：

①全过程不按危险废物管理：全过程均豁免，各管理环节无须执行危险废物环境管理规定。

需要强调的是，除“全过程不按危险废物管理”的情景下的危险废物转移过程，以及收集过程豁免条件下危险废物收集并转移到集中贮存点的转移过程可不运行转移联单外，其他豁免情景下转移危险废物的，均需运行危险废物转移联单。

②收集过程不按危险废物管理：满足《名录》豁免清单规定的收集豁免条件，收集单位可不持有危险废物收集许可证，收集并转移至集中贮存点的转移过程可不运行转移联单；集中收集后的贮存以及其他环节仍按照危险废物进行管理。

③利用过程不按危险废物管理：满足《名录》豁免清单规定的利用豁免条件，利用企业可不持有危险废物综合许可证；需运行转移联单，且在利用企业内的贮存等其他环节仍按照危险废物进行管理。

④填埋（或焚烧）处置过程不按危险废物管理：满足《名录》豁免清单规定的填埋（或焚烧）处置豁免条件，填埋（或焚烧）处置企业可不持有危险废物综合许可证，填埋（或焚烧）的污染控制执行豁免条件规定的要求；需运行转移联单，且在处置企业内的贮存等其他环节仍按照危险废物进行管理。

⑤水泥窑协同处置过程不按危险废物管理：满足《名录》豁免清单规定的水泥窑协同处置豁免条件，水泥企业可不持有危险废物综合许可证，协同处置过程的污染控制执行豁免条件规定的要求；需运行转移联单，且在处置企业内的贮存等其他环节仍按照危险废物进行管理。

⑥不按危险废物进行运输：运输过程可不按危险货物运输，运输过程的污染控制执行豁免条件规定的要求；需运行转移联单。

（3）本次修订删除的废物，以及《名录》中用括号注明的“不包括……”的废物，是否意味着其不属于危险废物了？

根据危险废物的法律定义，列入《名录》的废物属于危险废物，未列入《名录》废物根据国家规定的危险鉴别标准和鉴别方法认定具有危险特性的也属于危险废物。

本次修订删除的废物，以及《名录》中用括号注明的“不包括……”的废物，均属于未列入《名录》的废物。对于这些废物，若不能通过工艺分析等排除其存在危险特性，则需进一步根据《危险废物鉴别标准》（GB 5085.1～GB 5085.7）和《危险废物鉴别技术规范》（HJ 298—2019）等判定是否属于危险废物。

（4）对于满足利用或处置豁免的危险废物，如在利用或处置前，交由另外一家企业进行预处理，预处理环节是否豁免？另外，豁免的处置环节产生的废物是否适用衍生原则？

《名录》第三条规定“列入本名录附录《危险废物豁免管理清单》中的危险废物，在所列的豁免环节，且满足相应的豁免条件时，可以按照豁免内容的规定实行豁免管理”，预处理环节不在所列的豁免环节，因此，该环节不能豁免。

另外，《危险废物豁免管理清单》仅豁免了危险废物特定环节的部分管理要求，并不是豁免其危险废物属性。因此，豁免的处置环节产生的废物仍应按照《名录》、《危险废物鉴别标准》（GB 5085.1～GB 5085.7）、《危险废物鉴别技术规范》（HJ 298）等确定其危险废物属性。

（5）在判定废物是否属于列入《名录》的危险废物及其类别时，是优先根据行业来源判断，还是废物描述优先？

危险废物来源广泛，存在同一种废物来源于多个行业的现象。《名录》中的行业代码是指该种废物的主要产生行业来源，不是唯一来源。因此，在判定废物是否属于列入《名录》的危险废物及其类别时，应该采取以废物描述为主、以行业来源为辅的原则，当两者发生矛盾或不一致时，应以废物描述作为主要判断依据。

（6）大修渣无害化处理后的废渣如果作为原料做砖或铺路，铝灰作为其他企业的原料生产铝酸钙，是否可以向省级生态环境部门申请进行点对点定向利用，该情形下，利用企业是否不需要持有危险废物综合许可证？

危险废物“点对点”定向利用豁免满足《名录》规定的相应豁免条件，并确保风险可控情况下，根据省级生态环境部门确定的方案进行定向利用时，企业可以不持有危险废物综合许可证。

（7）根据 900-252-12“使用油漆（不包括水性漆）、有机溶剂进行喷漆、上漆过程中产生的废物”，水性漆渣是否不属于危险废物？

“不包括水性漆”是指水性漆渣不属于列入《名录》的危险废物，其是否属于危险废物需要根据《危险废物鉴别标准》（GB 5085.1～GB 5085.7）、《危险废物鉴别技术规范》（HJ 298）等予以判定。

（8）外墙涂料是否属于 900-255-12 类废物，即“使用各种颜料进行着色过程中产生的废颜料”？

900-255-12 是指使用各种颜料进行着色过程中产生的废颜料，外墙涂料不属于颜料，因此废弃的外墙涂料不属于 900-255-12 类废物。

此外，废弃的外墙涂料的属性应根据其外墙涂料的组成成分，明确是否属于水性涂料，属于水性涂料的不属于 900-299-12 类废物。

（9）水性油墨印刷产生的清洗墨辊废水和废水处理污泥是否属于 900-299-12“生产、销售及使用过程中产生的失效、变质、不合格、淘汰、伪劣的油墨、染料、颜料、油漆（不包括水性漆）”类废物？

水性油墨印刷产生的清洗墨辊废水和废水处理污泥不属于《名录》中的 900-299-12 类废物。

（10）大修渣湿法处理设施使用的循环水和循环水池的污泥是否属于 772-006-49 类废物？

应首先依据《固体废物鉴别标准　通则》（GB 34330—2017）判断循环水是否属于固体废物，若不属于固体废物，则不属于危险废物。

大修渣湿法处理设施使用的循环水池的污泥属于 772-006-49 类废物。

（11）900-047-49 是否包括企业的化验室产生的实验室废物？

包括。900-047-49 包括企业的化验室产生的实验室废物。

（12）336-100-21 和 336-100-17 均包含“使用铬酸进行阳极氧化产生的废槽液、槽渣和废水处理污泥”，是出于什么样的考虑？

《名录》中的危险废物是按照产生源和物质组成混合分类，分类体系不统一。今后，拟逐渐推行并统一为按产生源分类。2016 年版《名录》中，该废物归在 HW21 项下，属于按物质组成归类；新《名录》中，将其归在 HW17 项下，实行产生源归类。但考虑到此类废物产生源较多，为避免短期内出现大量因废物代码变化导致的废物转移处置不畅的问题，故作特殊过渡处理，2021 年版《名录》的 HW21 中仍保留了该类废物。

因此，2021 年版《名录》实施后，该类废物在管理过程归为两类皆可，具有 336-100-21 类和 336-100-17 类利用处置资质的设施均可处理该类废物。

（13）不锈钢电炉炼钢除尘灰应纳入 HW21 还是 HW23？

不锈钢炼钢除尘灰中以含锌为主，因此应归为 HW23。

（14）900-041-49“含有或沾染毒性、感染性危险废物的废弃包装物、容器、过滤吸附介质”属于危险废物，含有或沾染腐蚀性、易燃性危险废物的废弃包装物是否属于《国家危险废物名录》中的废物？

含有或沾染具有腐蚀性、易燃性危险废物的废弃包装物不属于《名录》中的废物，其是否属于危险废物需要根据《危险废物鉴别标准》（GB 5085.1～GB 5085.7）、《危险废物鉴别技术规范》（HJ 298）予以认定。

（15）221-002-35“碱法制浆过程中蒸煮制浆产生的废碱液”是指造纸黑液还是白液？

碱法（烧碱法和硫酸盐法）蒸煮制浆产生的黑液和白液均属于废碱液，属于《名录》中的 221-002-35 类废物。

（16）关于《名录》豁免清单中 900-249-08“废铁质油桶，封口处于打开状态、静置无滴漏且经打包压块后用于金属冶炼”，是否可以理解为废油桶倒置没有油流出即可？另外，铁质废油漆桶是否可以参照执行？

废油桶倒置没有油流出可视为满足“打开状态、静置无滴漏”的条件，但是对其“金属冶炼”利用过程实施豁免还应满足“经打包压块后”这一条件。

铁质废油漆桶不在《名录》豁免清单范围内。

（17）根据《名录》豁免清单，321-024-48类、321-026-48类废物中的铝灰渣和二次铝灰回收金属铝利用过程不按危险废物管理，是否可以理解为铝灰渣和铝灰可以外售其他企业提炼铝？

从铝灰渣和二次铝灰回收金属铝的企业无须持有危险废物综合许可证，但除此以外该类废物的其他环境管理和污染控制，仍需执行危险废物的相关规定。

（18）根据《名录》豁免清单，900-041-49“废弃的含油抹布、劳保用品”在未分类收集的条件下，全过程可不按危险废物管理。是否可以理解为含油抹布可以直接随其他垃圾一起处理？

废弃的含油抹布、劳保用品等应按照国家有关法律法规要求进行分类收集。同时，为解决不具备分类收集条件且混入少量危险废物的生活垃圾处理问题，《名录》规定已经混入生活垃圾的含油抹布、劳保用品等实施全过程豁免。

（19）《名录》豁免清单中900-249-08“废铁质油桶（不包括900-041-49类）”是否包含盛装废矿物油的废铁质油桶？

盛装废矿物油的废铁质油桶属于900-041-49类废物，盛装矿物油的废铁质油桶属于900-249-08类废物。两类废物的区别在于前者是盛装废矿物油，后者是盛装矿物油。本条款豁免的是900-249-08类废物，而900-041-49类废物由于其所盛装的废矿物油组分复杂，利用过程环境风险较大，因此未被纳入豁免管理，故不在该条豁免范围内。

（20）900-015-13类废物中的“工业废水处理过程产生的废弃离子交换树脂”如何理解？工业企业锅炉软化水在处理过程中产生的废弃离子交换树脂是否属于该类废物？

该条款中所称的工业废水特指工业企业工艺生产过程产生的废水，不包含工业企业锅炉软化水。因此，工业企业锅炉软化水处理过程产生的废弃离子交换树脂不属于该类废物。

（21）《名录》豁免清单规定，HW34类废物中仅具有腐蚀性危险特性的废酸，作为工业污水处理厂污水处理中和剂利用，且满足一定条件时，利用过程不按危险废物管理。如何理解该条款中所称“工业污水处理厂”？另外，豁免清单中HW35类废物对应条款中的“工业污水处理厂”如何理解？

该条款中所称“工业污水处理厂”不仅指专门从事工业污水处理的处理厂，还包含工业废水产生企业车间污水处理设施，以及工业废水产生企业自有的工业污水处理设施。

与此类似，《危险废物豁免管理清单》中HW35类废物对应条款中的工业污水处理厂也包含工业废水产生企业车间污水处理设施，以及工业废水产生企业自有的工业污水处理设施。

（22）如何理解 900-013-11“其他化工生产过程（不包括以生物质为主要原料的加工过程）中精馏、蒸馏和热解工艺产生的高沸点釜底残余物”中的“高沸点”？

精馏、蒸馏和热解工艺过程中被提纯的物质及其所含杂质的沸点各不相同，有高有低，比要得到的物质沸点高的称为“高沸点杂质”。因此，精馏、蒸馏和热解工艺过程，被提纯后残留于釜底的均属于“高沸点残余物”。

（23）如何理解《名录》中废水处理污泥？例如 HW04 263-011-04“农药生产过程中产生的废水处理污泥”，是指农药生产企业废水处理过程产生的所有废水处理污泥？如果园区综合污水处理厂接纳农药生产企业排放的废水，综合污水处理产生的污泥是否属于这一类？

《名录》中所有废水处理污泥的认定遵循“以废水定污泥”的基本判断原则。废水来源符合《名录》中所描述的工艺来源，该废水处理污泥即属于该类危险废物。以下几种情况，虽然废水中包含《名录》中所描述工艺的废水，但是不应认定为属于名录所述污泥：

①具有明确特征污染物和污染排放标准的废水，经处理后特征污染物满足行业污水排放标准或接管标准的废水，进一步进入污水处理系统处理产生的废水处理污泥。例如，电镀废水经处理后满足《电镀污染物排放标准》（GB 21900—2008）中特征污染物排放限值后，废水进一步单独处理或与其他污水混合处理产生的污泥不属于 HW17 所定义的危险废物。

②特征污染物不明确或缺乏专门的污染排放标准的废水，经处理后污染物满足接管标准后，进一步进入污水处理系统处理产生的废水处理污泥。例如，农药生产废水经处理后满足接管标准的废水，进一步单独处理或与其他污水混合处理产生的污泥不属于 HW04 所定义的危险废物。

（24）如何理解《名录》中 772-006-49“采用物理、化学、物理化学或生物方法处理或处置毒性或感染性危险废物过程中产生的废水处理污泥、残渣（液）”？

《名录》中 772-006-49 类危险废物主要包括危险废物处理过程产生的、无法归类的废水处理污泥、残渣（液）。列入该类的废水处理污泥、残渣（液）需要满足以下两个条件：

①来源于危险废物处理过程。满足《固体废物鉴别标准　通则》（GB 34330—2017）第 7 条规定的物质采用物理、化学、物理化学或生物方法处理或处置所产生的污泥不属于 772-006-49 类危险废物。

②所产生的废水处理污泥、残渣（液）在现有《名录》其他类别中没有相应的归类代码。《名录》明确类别的危险废物单独处理过程产生的废水处理污泥、残渣（液），遵循衍生原则按原危险废物类别归类。例如，含油废物处理过程产生废水处理污泥应归类

为 251-003-08，不应列入 772-006-49。

（25）铝合金制品生产中，使用铝合金锭经熔化炉熔化，加入打渣剂后精炼成铝合金熔化液过程中，熔化炉渣及除尘器收集的灰尘应属于《名录》中的哪类废物？

熔化炉渣属于 321-026-48“再生铝和铝材加工过程中，废铝及铝锭重熔、精炼、合金化、铸造熔体表面产生的铝灰渣，及其回收铝过程产生的盐渣和二次铝灰”，除尘器收集的灰尘属于 321-034-48“铝灰热回收铝过程烟气处理集（除）尘装置收集的粉尘，铝冶炼和再生过程烟气（包括再生铝熔炼烟气、铝液熔体净化、除杂、合金化、铸造烟气）处理集（除）尘装置收集的粉尘”。

（26）沾染毒性原料、产品的废弃包装物是否应直接定性为 900-041-49？如果定性为危险废物，应如何归类？

沾染毒性原料、产品的废弃包装物不应直接定性为 900-041-49，是否属于危险废物取决于盛装的内容物（原料、产品），是否具有危险特性。例如，内容物具有危险特性，则其包装物属于危险废物。属于危险废物的废弃包装物的归类应遵循便于污染特性消除和利用处置的原则。《名录》中有明确代码的，应分别归入《名录》中相应的代码，如农药废弃包装物归为 900-003-04，废矿物油包装物归为 900-249-08；《名录》中没有明确代码但有确定类别的，应分别归入《名录》中的各类相近代码或 900-000-××，如废有机溶剂的废弃包装物归为 900-000-06，染料涂料的废弃包装物可按照废染料涂料进行归类或归为 900-000-012。没有确定类别的，可归为 900-041-49 或 900-000-××。

（27）热镀锌过程中产生的锌灰、废助镀剂、浮渣、底渣等固体废物哪些属于《名录》中的危险废物？

热镀锌过程中产生的锌灰和废助镀剂属于《名录》336-103-23“热镀锌过程中产生的废助镀熔（溶）剂和集（除）尘装置收集的粉尘”。热镀锌锅产生的浮渣和底渣不属于《名录》中的废物。

（28）锌合金生产过程中产生的除尘灰是否属于《名录》336-103-23 类废物？

锌合金生产过程产生的收尘灰，来源于锌锭和合金成分（铝、铜、铅）等经电炉熔化、搅拌、浇铸成锌合金锭的过程。该过程不属于热镀锌工艺，因此，锌合金生产过程产生的收尘灰不属于《名录》336-103-23“热镀锌过程中产生的废助镀熔（溶）剂和集（除）尘装置收集的粉尘”。其是否属于危险废物需要根据国家规定的危险废物鉴别标准和鉴别方法予以认定。若经鉴别属于危险废物，应当根据其主要有害成分和危险特性确定所属废物类别，并按代码“900-000-××”（××为危险废物类别代码）进行归类管理。

（29）使用后的涂料桶交由涂料生产厂家回收，是否属于危险废物豁免管理的情形？使用后的涂料桶清洗过程产生的废水处理污泥属性应如何定性？

使用后的涂料桶由涂料生产厂家回收并直接或经清洗后用于盛装涂料，属于《固体

废物鉴别标准 通则》(GB 34330—2017)第 6.1 条 a)规定的不作为固体废物管理的情形，即使用后的涂料桶不属于固体废物，也不属于危险废物，不属于豁免管理内容。该清洗过程产生的废水处理污泥不属于《名录》中 772-006-49 类废物，是否属于危险废物需要根据国家规定的危险废物鉴别标准和鉴别方法予以认定。使用后的涂料桶由涂料生产厂家回收，直接或经清洗后用于回收材料或处置，该涂料桶属于固体废物，是否属于危险废物需要根据国家规定的危险废物鉴别标准和鉴别方法予以认定。《危险废物豁免管理清单》中废铁质油桶不包括废的铁质涂料桶。属于危险废物的废涂料桶清洗过程产生的废水处理污泥属于《名录》中 772-006-49 类废物，不属于危险废物的废涂料桶清洗过程产生的废水处理污泥不属于《名录》中 772-006-49 类废物，是否属于危险废物需要根据国家规定的危险废物鉴别标准和鉴别方法予以认定。

(30)废弃的新矿物油及沾染新矿物油的废弃包装物是否属于危险废物?

根据《固废法》中固体废物的定义，废弃的“新矿物油”属于虽未丧失利用价值但被抛弃或者放弃的固体废物。根据《名录》，废弃的“新矿物油”和沾染新矿物油的废弃包装物属于 900-249-08“其他生产、销售、使用过程中产生的废矿物油及沾染矿物油的废弃包装物”。因此，废弃的“新矿物油”和废弃的沾染“新矿物油”的包装物属于危险废物。

(31)《固体废物鉴别标准 通则》(GB 34330—2017)规定了“供实验室化验分析或科学研究用固体废物样品”不作为固体废物管理，与《名录》900-047-49 中的实验室废物是否存在矛盾?

不矛盾。《固体废物鉴别标准 通则》(GB 34330—2017)是判断物质是否属于固体废物的标准和依据，《名录》是判断固体废物是否属于危险废物的标准和依据之一。判断一种物质是否属于《名录》的前提是该物质是否属于固体废物，不属于固体废物的，则无须对照《名录》判断。《固体废物鉴别标准 通则》(GB 34330—2017)第 6.1 条规定，供实验室化验分析或科学研究用固体废物样品不作为固体废物管理，该管理环节固体废物样品不属于《名录》中 900-047-49 的实验室废物。但是，实验分析或科学研究用后或采集的剩余样品属于固体废物，其中属于《名录》中的固体废物以及依据危险废物鉴别标准判断具有危险特性的固体废物属于危险废物。属于危险废物的实验室废物应按照危险废物管理。不属于危险废物的，应按照本单位或实验室制定的实验室废物管理规章处理。

(32)电子行业的废弃覆铜板是否属于《名录》900-045-49 类废物?

900-045-49 包括“废电路板(包括已拆除或未拆除元器件的废弃电路板)，及废电路板拆解过程产生的废弃 CPU、显卡、声卡、内存、含电解液的电容器、含金等贵金属的连接件”。废弃覆铜板(未焊接电路、插槽以及不带元器件等)不属于废电路板，因此不属于 900-045-49 类废物。

（33）工业园区废水处理产生的废盐是否一定属于危险废物？

工业园区废水处理产生的废盐不一定属于危险废物。工业园区废水处理产生的废盐的属性判定，应根据工业园区涉及的主要产品及生产工艺，分析废水中的危害物质，结合对废盐的成分分析，判断废盐中的特征污染物，按照《危险废物鉴别标准　通则》（GB 5085.7）中规定的鉴别程序进行危险废物属性鉴别。

（34）豁免管理清单中 900-003-04 废弃的农药包装物在收集、运输、利用和处置环节均有豁免规定，为何不直接将其从危险废物中排除？

列入豁免管理清单的废物仍是危险废物，具有危险特性或存在环境风险。废弃的农药包装物只有在满足相应的豁免条件时可在收集、运输、利用和处置环节豁免，不符合豁免条件的（如随意倾倒），仍作为危险废物管理。

（35）《名录》删除了 HW01 大类中的“为防治动物传染病而需要收集和处置的废物”是出于何种考虑？

为防治动物传染病而需要收集和处置的废物主要是指染疫动物及其排泄物、染疫动物产品，病死或者死因不明的动物尸体。2007 年修订的《中华人民共和国动物防疫法》明确规定，“染疫动物及其排泄物、染疫动物产品，病死或者死因不明的动物尸体等应当按照国务院兽医主管部门的规定处理，不得随意处置”。2021 年修订的《中华人民共和国动物防疫法》也明确规定，“染疫动物及其排泄物、染疫动物产品，病死或者死因不明的动物尸体等应当按照国家有关规定处理，不得随意处置”。农业部发布的《病死及病害动物无害化处理技术规范》（农医发〔2017〕25 号）也明确了病死及病害动物和相关动物产品无害化处理操作技术。因此，为防治动物传染病而需要收集和处置的废物由农业农村部门按照有关法律法规和技术规范进行监管，可以实现废物的无害化处理和污染防治目的，《名录》不再将其列入。

（36）使用热解工艺回收油泥中的矿物油，该过程产生的热解渣是否属于《名录》772-003-18 类危险废物？

《名录》772-003-18 类危险废物中所述“热解”为采用热解焚烧工艺处置危险废物。油泥回收矿物油的工艺虽然包括热解反应，但是其产生过程不属于 772-003-18 所规定的范围，不属于 772-003-18 类废物。油泥回收矿物油过程产生的热解渣符合《危险废物鉴别标准　通则》（GB 5085.7）第 6.2 条规定，可通过危险特性鉴别确定其是否属于危险废物。

（37）废弃的疫苗是否属于《名录》中的废物？若属于，应如何归类？

废弃的疫苗是《名录》中的废物，废弃疫苗的归类取决于其产生节点。医疗机构产生的废弃疫苗属于《医疗废物分类目录》中的废物，归为 841-005-01；疫苗生产企业产生的废弃疫苗归为 276-005-02；其他销售及使用过程中产生的废弃疫苗归为 900-002-03。

（38）聚氯乙烯氯化生产氯化聚氯乙烯（CPVC）过程的废水处理污泥是否属于《名录》中 261-084-45 类废物？

《名录》HW45 类所述有机卤化物不包括有机树脂，有机树脂生产过程产生的危险废物在《名录》HW13 类中列出。氯化聚氯乙烯（CPVC）生产过程的废水处理污泥不属于《名录》中 261-084-45 类废物，但其物化处理污泥属于《名录》265-104-13 类废物，生化污泥不属于《名录》中所列废物。

第 5 章　危险废物鉴别标准体系

自 20 世纪 80 年代以来，我国开始建设危险废物管理技术体系，经过几十年的尝试、探索和研究，危险废物鉴别技术体系已基本完善。《固体废物鉴别标准　通则》、《国家危险废物名录》、《危险废物鉴别标准》（GB 5085.1～GB 5085.7）、《危险废物鉴别技术规范》、《工业固体废物采样制样技术规范》和各种固体废物检测方法标准等初步构成了我国危险废物鉴别体系。

5.1　《固体废物鉴别标准　通则》

5.1.1　概述

固体废物鉴别是危险废物鉴别的前提，在危险废物鉴别之前，首先必须进行固体废物鉴别，如果一个物质不属于固体废物，那么就不属于危险废物。固体废物种类繁多、性质复杂，固体废物鉴别是确定固体废物和非固体废物管理界限的方法和手段，是各级生态环境主管部门实施环境管理的重要依据。

自 2006 年 4 月 1 日起，我国制定并施行《固体废物鉴别导则（试行）》（以下简称《导则》）作为固体废物鉴别依据，其主要内容包括固体废物定义、范围以及固体废物与非固体废物的鉴定。《导则》对我国固体废物鉴别和管理工作发挥了重要作用，尤其是在打击非法进口废物以及违法处理处置固体废物方面发挥着重要的技术支持作用。

随着固体废物管理工作的深入开展，鉴别机构数量扩增，同时需要鉴别机构鉴别的固体废物种类也越来越多。然而《导则》中的部分规定不够清晰，各鉴别机构对鉴别要求的理解存在差异，导致不同鉴别机构对同一物质得出不同鉴别结论的情况屡见不鲜，《导则》在实际应用中逐渐显现出诸多弊端，难以满足当前环境管理工作的需要。因此，为了统一各鉴别机构鉴别固体废物的尺度，保证鉴别质量和鉴别结果的公正性和可靠性，我国首次制定了关于固体废物的鉴别标准——《固体废物鉴别标准　通则》（GB 34330—2017），该标准具有强制执行的效力，自 2017 年 10 月 1 日起实施。该标准在总结固体废物鉴别实例，同时借鉴国外固体废物鉴别方法的基础上制定。一方面，固体废物鉴别主要通过物质的产生来源以及物质的管理过程进行鉴别，其中管理过程包括收集、贮存、运输、处理、处置和综合利用（再生），固体废物鉴别结论是综合判断的结果。另一方面，参考国外固体废物范围和名录，依据固体废物加工后是否属于固体废物的条件、判断固体废物需要考虑的因素以及固体废物排除和豁免条款进行鉴别。

该标准在《导则》的基础上进一步明确了固体废物的判定原则、程序和方法。我国固体废物产生量为 90%以上的固体种类都能在该标准中找到，且操作性强。实施该标准带来了良好的环境效益，主要表现在：

（1）有利于危险废物的鉴别。实施该标准有利于强化固体废物的管理，将有效阻止固体废物特别是危险废物的不合法利用，减少环境风险。

（2）有利于进口废物管理。2020 年之前，我国对固体废物实行限制进口的管理政策，在口岸固体废物进口管理中，很多时候需要对是否属于国家禁止进口的固体废物进行专门的鉴别，标准作为控制境外固体废物进入我国的重要手段，对加强进口固体废物管理、构建及维护固体废物进口的正常贸易秩序以及保障我国生态环境安全发挥重要作用。2020 年开始，我国全面禁止进口固体废物。

（3）有利于进一步明确固体废物管理对象。该标准明确了工业生产过程中产生的副产物、副产品以及利用固体废物生产的产物是否属于固体废物的定义、鉴别原则和方法。

（4）可促进固体废物资源化再生和生态循环技术的发展，提高固体废物综合利用和处置效率，使其向综合利用产品转换更通畅。例如，金属矿、非金属矿和煤炭采选过程中直接留在或返回到采空区的符合 GB 18599 中第Ⅰ类一般工业固体废物要求的采矿废石、尾矿和煤矸石不按固体废物进行管理；促使高炉渣、钢渣、粉煤灰、锅炉渣、煤矸石、尾矿等固体废物作为建材原料使用，减少堆存量。

5.1.2 标准内容

《固体废物鉴别标准 通则》（GB 34330—2017）

1 适用范围

本标准规定了依据产生来源的固体废物鉴别准则、在利用和处置过程中的固体废物鉴别准则、不作为固体废物管理的物质、不作为液态废物管理的物质以及监督管理要求。

本标准适用于物质（或材料）和物品（包括产品、商品）（以下简称物质）的固体废物鉴别。

液态废物的鉴别，适用于本标准。

本标准不适用于放射性废物的鉴别。

本标准不适用于固体废物的分类。

对于有专用固体废物鉴别标准的物质的固体废物鉴别，不适用于本标准。

2 规范性引用文件

本标准内容引用了下列文件中的条款。凡是不注明日期的引用文件，其最新版本适用于本标准。

GB 18599 一般工业固体废物贮存、处置场污染控制标准

3 术语和定义

下列术语和定义适用于本标准。

3.1 固体废物 solid wastes

是指在生产、生活和其他活动中产生的丧失原有利用价值或者虽未丧失利用价值但被抛弃或者放弃的固态、半固态和置于容器中的气态的物品、物质以及法律、行政法规规定纳入固体废物管理的物品、物质。

3.2 固体废物鉴别 solid waste identification

是指判断物质是否属于固体废物的活动。

3.3 利用 recycle

是指从固体废物中提取物质作为原材料或者燃料的活动。

3.4 处理 treatment

是指通过物理、化学、生物等方法，使固体废物转化为适合于运输、贮存、利用和处置的活动。

3.5 处置 disposal

是指将固体废物焚烧和用其他改变固体废物的物理、化学、生物特性的方法，达到减少已产生的固体废物数量、缩小固体废物体积、减少或者消除其危险成份的活动，或者将固体废物最终置于符合环境保护规定要求的填埋场的活动。

3.6 目标产物 target products

是指在工艺设计、建设和运行过程中，希望获得的一种或多种产品，包括副产品。

3.7 副产物 by-products

是指在生产过程中伴随目标产物产生的物质。

4 依据产生来源的固体废物鉴别

下列物质属于固体废物（章节 6 包括的物质除外）。

4.1 丧失原有使用价值的物质，包括以下种类：

a）在生产过程中产生的因为不符合国家、地方制定或行业通行的产品标准（规范），或者因为质量原因，而不能在市场出售、流通或者不能按照原用途使用的物质，如不合格品、残次品、废品等。但符合国家、地方制定或行业通行的产品标准中等外品级的物质以及在生产企业内进行返工（返修）的物质除外；

b）因为超过质量保证期，而不能在市场出售、流通或者不能按照原用途使用的物质；

c）因为沾染、掺入、混杂无用或有害物质使其质量无法满足使用要求，而不能在市场出售、流通或者不能按照原用途使用的物质；

d）在消费或使用过程中产生的，因为使用寿命到期而不能继续按照原用途使用的物质；

e）执法机关查处没收的需报废、销毁等无害化处理的物质，包括（但不限于）假冒伪劣产品、侵犯知识产权产品、毒品等禁用品；

f）以处置废物为目的生产的，不存在市场需求或不能在市场上出售、流通的物质；

g）因为自然灾害、不可抗力因素和人为灾难因素造成损坏而无法继续按照原用途使用的物质；

h）因丧失原有功能而无法继续使用的物质；

i）由于其他原因而不能在市场出售、流通或者不能按照原用途使用的物质。

4.2 生产过程中产生的副产物，包括以下种类：

a）产品加工和制造过程中产生的下脚料、边角料、残余物质等；

b）在物质提取、提纯、电解、电积、净化、改性、表面处理以及其他处理过程中产生的残余物质，包括（但不限于）以下物质：

1）在黑色金属冶炼或加工过程中产生的高炉渣、钢渣、轧钢氧化皮、铁合金渣、锰渣；

2）在有色金属冶炼或加工过程中产生的铜渣、铅渣、锡渣、锌渣、铝灰（渣）等火法冶炼渣，以及赤泥、电解阳极泥、电解铝阳极炭块残极、电积槽渣、酸（碱）浸出渣、净化渣等湿法冶炼渣；

3）在金属表面处理过程中产生的电镀槽渣、打磨粉尘。

c）在物质合成、裂解、分馏、蒸馏、溶解、沉淀以及其他过程中产生的残余物质，包括（但不限于）以下物质：

1）在石油炼制过程中产生的废酸液、废碱液、白土渣、油页岩渣；

2）在有机化工生产过程中产生的酸渣、废母液、蒸馏釜底残渣、电石渣；

3）在无机化工生产过程中产生的磷石膏、氨碱白泥、铬渣、硫铁矿渣、盐泥。

d）金属矿、非金属矿和煤炭开采、选矿过程中产生的废石、尾矿、煤矸石等；

e）石油、天然气、地热开采过程中产生的钻井泥浆、废压裂液、油泥或油泥砂、油脚和油田溅溢物等；

f）火力发电厂锅炉、其他工业和民用锅炉、工业窑炉等热能或燃烧设施中，燃料燃烧产生的燃煤炉渣等残余物质；

g）在设施设备维护和检修过程中，从炉窑、反应釜、反应槽、管道、容器以及其他设施设备中清理出的残余物质和损毁物质；

h）在物质破碎、粉碎、筛分、碾磨、切割、包装等加工处理过程中产生的不能直接作为产品或原材料或作为现场返料的回收粉尘、粉末；

i）在建筑、工程等施工和作业过程中产生的报废料、残余物质等建筑废物；

j）畜禽和水产养殖过程中产生的动物粪便、病害动物尸体等；

k）农业生产过程中产生的作物秸秆、植物枝叶等农业废物；

l）教学、科研、生产、医疗等实验过程中，产生的动物尸体等实验室废弃物质；

m）其他生产过程中产生的副产物。

4.3 环境治理和污染控制过程中产生的物质，包括以下种类：

a）烟气和废气净化、除尘处理过程中收集的烟尘、粉尘，包括粉煤灰；

b）烟气脱硫产生的脱硫石膏和烟气脱硝产生的废脱硝催化剂；

c）煤气净化产生的煤焦油；

d）烟气净化过程中产生的副产硫酸或盐酸；

e）水净化和废水处理产生的污泥及其他废弃物质；

f）废水或废液（包括固体废物填埋场产生的渗滤液）处理产生的浓缩液；

g）化粪池污泥、厕所粪便；

h）固体废物焚烧炉产生的飞灰、底渣等灰渣；

i）堆肥生产过程中产生的残余物质；

j）绿化和园林管理中清理产生的植物枝叶；

k）河道、沟渠、湖泊、航道、浴场等水体环境中清理出的漂浮物和疏浚污泥；

l）烟气、臭气和废水净化过程中产生的废活性炭、过滤器滤膜等过滤介质；

m）在污染地块修复、处理过程中，采用下列任何一种方式处置或利用的污染土壤：

1）填埋；

2）焚烧；

3）水泥窑协同处置；

4）生产砖、瓦、筑路材料等其他建筑材料。

n）在其他环境治理和污染修复过程中产生的各类物质。

4.4 其他:

a）法律禁止使用的物质;

b）国务院环境保护行政主管部门认定为固体废物的物质。

5 利用和处置过程中的固体废物鉴别

5.1 在任何条件下，固体废物按照以下任何一种方式利用或处置时，仍然作为固体废物管理（包含在6.2条中的除外）:

a）以土壤改良、地块改造、地块修复和其他土地利用方式直接施用于土地或生产施用于土地的物质（包括堆肥），以及生产筑路材料;

b）焚烧处置（包括获取热能的焚烧和垃圾衍生燃料的焚烧），或用于生产燃料，或包含于燃料中;

c）填埋处置;

d）倾倒、堆置;

e）国务院环境保护行政主管部门认定的其他处置方式。

5.2 利用固体废物生产的产物同时满足下述条件的，不作为固体废物管理，按照相应的产品管理（按照5.1条进行利用或处置的除外）:

a）符合国家、地方制定或行业通行的被替代原料生产的产品质量标准;

b）符合相关国家污染物排放（控制）标准或技术规范要求，包括该产物生产过程中排放到环境中的有害物质限值和该产物中有害物质的含量限值;

当没有国家污染控制标准或技术规范时，该产物中所含有害成分含量不高于利用被替代原料生产的产品中的有害成分含量，并且在该产物生产过程中，排放到环境中的有害物质浓度不高于利用所替代原料生产产品过程中排放到环境中的有害物质浓度，当没有被替代原料时，不考虑该条件;

c）有稳定、合理的市场需求。

6 不作为固体废物管理的物质

6.1 以下物质不作为固体废物管理:

a）任何不需要修复和加工即可用于其原始用途的物质，或者在产生点经过修复和加工后满足国家、地方制定或行业通行的产品质量标准并且用于其原始用途的物质;

b）不经过贮存或堆积过程，而在现场直接返回到原生产过程或返回其产生过程的物质;

c）修复后作为土壤用途使用的污染土壤;

d）供实验室化验分析用或科学研究用固体废物样品。

6.2 按照以下方式进行处置后的物质，不作为固体废物管理：

a）金属矿、非金属矿和煤炭采选过程中直接留在或返回到采空区的符合 GB 18599 中第Ⅰ类一般工业固体废物要求的采矿废石、尾矿和煤矸石。但是带入除采矿废石、尾矿和煤矸石以外的其他污染物质的除外；

b）工程施工中产生的按照法规要求或国家标准要求就地处置的物质。

6.3 国务院环境保护行政主管部门认定不作为固体废物管理的物质。

7 不作为液态废物管理的物质

7.1 满足相关法规和排放标准要求可排入环境水体或者市政污水管网和处理设施的废水、污水。

7.2 经过物理处理、化学处理、物理化学处理和生物处理等废水处理工艺处理后，可以满足向环境水体或市政污水管网和处理设施排放的相关法规和排放标准要求的废水、污水。

7.3 废酸、废碱中和处理后产生的满足 7.1 条或 7.2 条要求的废水。

8 实施与监督

本标准由县级以上环境保护行政主管部门负责监督实施。

5.2 《危险废物鉴别标准　通则》

5.2.1 危险废物鉴别体系概述

我国危险废物鉴别体系建立在一套较为完善的法律、法规和技术标准之上，这些法律、法规和技术标准共同确保了危险废物的有效监管。法律层面，《中华人民共和国环境保护法》作为我国环境保护的基本法，为危险废物的管理提供了法律依据；《固废法》作为固体废物污染防治的专门法，针对危险废物的产生、收集、贮存、运输、利用和处置全过程制定了详细规定。法规及部门规章层面，《危险废物经营许可证管理办法》《危险废物转移管理办法》等针对具体环节实施角度对危险废物监管提出要求。在技术标准层面，我国危险废物鉴别标准规定了固体废物危险特性技术指标，危险特性符合标准规定的技术指标的固体废物属于危险废物，须依法按危险废物进行管理，鉴别标准主要由以下 8 个标准组成：

（1）《危险废物鉴别标准　通则》（GB 5085.7—2019）。

（2）《危险废物鉴别标准　腐蚀性鉴别》（GB 5085.1—2007）。

（3）《危险废物鉴别标准　急性毒性初筛》（GB 5085.2—2007）。

（4）《危险废物鉴别标准　浸出毒性鉴别》（GB 5085.3—2007）。

（5）《危险废物鉴别标准　易燃性鉴别》（GB 5085.4—2007）。

（6）《危险废物鉴别标准　反应性鉴别》（GB 5085.5—2007）。

（7）《危险废物鉴别标准　毒性物质含量鉴别》（GB 5085.6—2007）。

（8）《危险废物鉴别技术规范》（HJ 298—2019）。

5.2.2 修订主要内容

鉴别标准体系中，《危险废物鉴别标准　通则》（以简简称《通则》）和《危险废物鉴别技术规范》（以简简称《技术规范》）是危险废物鉴别体系中的两项重要标准。《通则》规定了危险废物鉴别的程序和判别规则，是危险废物鉴别标准体系的基础；《技术规范》规定了危险废物鉴别过程样品采集、检测和判断等技术要求，是规范鉴别工作的基本准则。这两项标准于 2007 年制定并首次发布，对规范危险废物鉴别和环境管理工作发挥了重要作用。

随着危险废物规范化管理的进一步加强，各地有序开展危险废物鉴别工作。但是，《通则》和《技术规范》存在的鉴别对象不明确、采样方法不具体、判定规则不够合理以及鉴别周期长、成本高等问题逐渐暴露出来，已难以适应危险废物环境管理要求。

为贯彻《中华人民共和国环境保护法》和《固废法》，保护生态环境，保障公众健康，加强危险废物环境管理，规范危险废物鉴别工作，适应我国危险废物环境管理和鉴别的新需求，2019 年，上述危险废物鉴别标准经第一次修订完善后发布，自 2020 年 1 月 1 日起实施。

《通则》修订的主要内容包括以下 3 个方面：

第一，完善优化了鉴别程序，第 4.3 条修改为“未列入《名录》，但不排除具有腐蚀性、毒性、易燃性、反应性的固体废物，依据 GB 5085.1、GB 5085.2、GB 5085.3、GB 5085.4、GB 5085.5 和 GB 5085.6，以及 HJ 298 进行鉴别。凡具有腐蚀性、毒性、易燃性、反应性中一种或一种以上危险特性的固体废物，属于危险废物”，使危险废物鉴别体系更具可操作性。例如，针对未列入《名录》的需要鉴别的固体废物，只有不能排除具有危险特性才开展后续特性检测；如果根据其生产的原辅材料和工艺就可以排除其具有危险特性，则可以不开展危险特性检测工作或辅助性检测工作，直接作出该固体废物不具有危险特性的属性认定，从而避免了危险废物鉴别过程的过度检测。

第二，修改了危险废物混合后的判定规则，将混合后的结果，即“导致危险特性扩散到其他物质中”，作为判断混合后的固体废物属于危险废物的前提条件。原《通则》规定的混合判定规则对防止稀释混合危险废物的行为发挥了重要作用，多年实践发现，这一规则也同时造成混合后废物的处置量和处置成本增大。为避免出现这种情况，新修订的《通则》第5.1条在原《通则》中关于混合行为判断的基础上增加了后果判断，即“导致危险特性扩散到其他物质中”。在鉴别工作中使用混合后判定规则时需要注意两点：一是《通则》中所述的“混合”是指将产生于不同的产生源或产生节点的两种或两种以上固体废物或物质混合在一起的行为；二是需要根据危险废物中污染物的存在形态，以及在混合过程中的物质迁移，对混合是否导致危险特性扩散到其他物质中作出判断，以确定是否适用于混合后判断规则。

第三，增加了危险废物利用处置后判定规则。2019版《通则》将原《通则》中“处理后判定规则”修改为“利用处置后判定规则”，即分为利用过程中和处置后两种情形进行规定。在鉴别工作中，危险废物实施利用处置后判定规则时需要注意以下两点：一是适用于2019版《通则》的“利用”情形是指“从固体废物中提取物质作为原材料或者燃料的活动”。例如，从电镀污泥等含重金属固体废物中提取有价金属元素，从废矿物油和含油污泥中提取矿物油等。利用过程中产生的固体废物的属性可按照《通则》第4章规定的鉴别程序认定，如果利用过程中产生的固体废物已经列入《名录》，则不需要开展危险特性鉴别，其仍属于危险废物。二是具有毒性危险特性的危险废物处置后以及具有感染性危险特性的危险废物利用处置后产生的固体废物，若国家有关法规、标准有特殊规定的可不按照危险废物管理，否则仍属于危险废物。仅具有腐蚀性、易燃性、反应性中一种或一种以上危险特性的危险废物处置后产生的固体废物，可以通过鉴别程序确认其废物属性。

5.2.3 标准内容

《危险废物鉴别标准　通则》（GB 5085.7—2019）

1 适用范围

本标准规定了危险废物的鉴别程序和鉴别规则。

本标准适用于生产、生活和其他活动中产生的固体废物的危险特性鉴别。

本标准适用于液态废物的鉴别。

本标准不适用于放射性废物鉴别。

2 规范性引用文件

本标准内容引用了下列文件中的条款。凡是不注明日期的引用文件，其有效版本适用于本标准。

GB 5085.1　危险废物鉴别标准　腐蚀性鉴别

GB 5085.2　危险废物鉴别标准　急性毒性初筛

GB 5085.3　危险废物鉴别标准　浸出毒性鉴别

GB 5085.4　危险废物鉴别标准　易燃性鉴别

GB 5085.5　危险废物鉴别标准　反应性鉴别

GB 5085.6　危险废物鉴别标准　毒性物质含量鉴别

GB 34330　固体废物鉴别标准　通则

HJ 298　危险废物鉴别技术规范

《国家危险废物名录》(环境保护部令　第 39 号)

3　术语和定义

下列术语和定义适用于本标准。

3.1　固体废物　solid waste

指在生产、生活和其他活动中产生的丧失原有利用价值或者虽未丧失利用价值但被抛弃或者放弃的固态、半固态和置于容器中的气态的物品、物质以及法律、行政法规规定纳入固体废物管理的物品、物质。

3.2　危险废物　hazardous waste

指列入国家危险废物名录或者根据国家规定的危险废物鉴别标准和鉴别方法认定的具有危险特性的固体废物。

3.3　利用　recycle

指从固体废物中提取物质作为原材料或者燃料的活动。

3.4　处置　dispose

指将固体废物焚烧和用其他改变固体废物的物理、化学、生物特性的方法，达到减少已产生的固体废物数量、缩小固体废物体积、减少或者消除其危险成份的活动，或者将固体废物最终置于符合环境保护规定要求的填埋场的活动。

4　鉴别程序

危险废物的鉴别应按照以下程序进行:

4.1　依据法律规定和 GB 34330，判断待鉴别的物品、物质是否属于固体废物，不属于固体废物的，则不属于危险废物。

4.2　经判断属于固体废物的，则首先依据《国家危险废物名录》鉴别。凡列入《国家危险废物名录》的固体废物，属于危险废物，不需要进行危险特性鉴别。

4.3　未列入《国家危险废物名录》，但不排除具有腐蚀性、毒性、易燃性、反应性的固体废物，依据 GB 5085.1、GB 5085.2、GB 5085.3、GB 5085.4、GB 5085.5 和 GB 5085.6，

以及 HJ 298 进行鉴别。凡具有腐蚀性、毒性、易燃性、反应性中一种或一种以上危险特性的固体废物，属于危险废物。

4.4 对未列入《国家危险废物名录》且根据危险废物鉴别标准无法鉴别，但可能对人体健康或生态环境造成有害影响的固体废物，由国务院生态环境主管部门组织专家认定。

5 危险废物混合后判定规则

5.1 具有毒性、感染性中一种或两种危险特性的危险废物与其他物质混合，导致危险特性扩散到其他物质中，混合后的固体废物属于危险废物。

5.2 仅具有腐蚀性、易燃性、反应性中一种或一种以上危险特性的危险废物与其他物质混合，混合后的固体废物经鉴别不再具有危险特性的，不属于危险废物。

5.3 危险废物与放射性废物混合，混合后的废物应按照放射性废物管理。

6 危险废物利用处置后判定规则

6.1 仅具有腐蚀性、易燃性、反应性中一种或一种以上危险特性的危险废物利用过程和处置后产生的固体废物，经鉴别不再具有危险特性的，不属于危险废物。

6.2 具有毒性危险特性的危险废物利用过程产生的固体废物，经鉴别不再具有危险特性的，不属于危险废物。除国家有关法规、标准另有规定的外，具有毒性危险特性的危险废物处置后产生的固体废物，仍属于危险废物。

6.3 除国家有关法规、标准另有规定的外，具有感染性危险特性的危险废物利用处置后，仍属于危险废物。

7 实施与监督

本标准由县级以上生态环境主管部门负责监督实施。

5.3 危险废物危险特性鉴别标准

5.3.1 概述

1996 年 7 月 29 日，国家环境保护总局和国家技术监督局联合发布了《危险废物鉴别标准　腐蚀性鉴别》（GB 5085.1—1996）、《危险废物鉴别标准　急性毒性初筛》（GB 5085.2—1996）、《危险废物鉴别标准　浸出毒性鉴别》（GB 5085.3—1996）3 项鉴别标准。其中，GB 5085.1—1996 主要规定了水溶性危险废物的腐蚀性鉴别标准，规定当固体废物水溶液 pH≥12.5 或 pH≤2.0 时，则为腐蚀性危险废物；GB 5085.2—1996 规定，按照标准的实验方法，对小白鼠（大白鼠）进行经口灌胃实验，服用 48 h 后超过半数死亡，则判定该固体废物属于急性毒性危险废物；GB 5085.3—1996 规定了汞、铅、铬、铜等 14 类以重金属为重点的危险废物浸出毒性鉴别限值。

上述标准无论从危险特性种类还是鉴别标准本身都存在一些不足，需要进一步完善。一是危险特性种类覆盖不全面。鉴别标准体系除包含腐蚀性和毒性鉴别外，还应包括易燃性和反应性鉴别标准。二是在已制定的危险特性鉴别标准所规定的内容尚不全面。腐蚀性鉴别标准仅限于水溶性危险废物的酸碱腐蚀性鉴别，缺乏非水溶性液态废物的腐蚀性鉴别内容；急性毒性初筛无法测定非水溶性固体废物的急性毒性；浸出毒性鉴别标准以无机重金属为主，缺乏有机物的浸出毒性鉴别。2007 年，我国修订了腐蚀性鉴别、急性毒性初筛和浸出毒性鉴别 3 项鉴别标准，并新增制定易燃性、反应性和毒性物质含量鉴别标准。

5.3.2 腐蚀性鉴别

将 pH 作为腐蚀性鉴别指标之一，主要考虑到在定义的 pH 范围内会损害人体器官（如当 pH≥11.5 或 pH≤2.5 时，人类眼角膜就难以忍受）、使其他废物上的毒性污染物发生迁移、与其他废物接触产生剧烈反应和危害水生生命等，此特性制定所重点保护的对象是在运输过程中直接接触这类废物的工作人员，防止其伤害到工作人员的皮肤和眼睛。同时，pH 的限定也是为了防止因重金属的溶解导致污染地下水，以及与其他废物混合发生反应导致起火、爆炸，产生易燃或有毒气体，产生高压损害设备以及散发有毒成分、烟雾和颗粒物。

此外，2007 年修订的腐蚀性标准中，增加了以腐蚀钢材的能力来确定非水溶性液态废物的腐蚀性危险特性的内容，解决了原标准中无法测定 pH 的液态废物腐蚀性鉴别的问题。《危险废物鉴别标准　腐蚀性鉴别》（GB 5085.1—2007）原文如下：

《危险废物鉴别标准　腐蚀性鉴别》（GB 5085.1—2007）

1　范围

本标准规定了腐蚀性危险废物的鉴别标准。

本标准适用于任何生产、生活和其他活动中产生的固体废物的腐蚀性鉴别。

2 规范性引用文件

下列文件中的条款通过 GB 5085 的本部分的引用而成为本标准的条款。凡是不注日期的引用文件，其最新版本适用于本标准。

GB/T 699 优质碳素结构钢

GB/T 15555.12—1995 固体废物 腐蚀性测定 玻璃电极法

HJ/T 298 危险废物鉴别技术规范

JB/T 7901 金属材料实验室均匀腐蚀全浸试验方法

3 鉴别标准

符合下列条件之一的固体废物，属于危险废物。

3.1 按照 GB/T 15555.12—1995 的规定制备的浸出液，pH≥12.5，或者 pH≤2.0。

3.2 在 55℃条件下，对 GB/T 699 中规定的 20 号钢材的腐蚀速率≥6.35 mm/a。

4 实验方法

4.1 采样点和采样方法按照 HJ/T 298 的规定进行。

4.2 第 3.1 条所列的 pH 值测定按照 GB/T 15555.12—1995 的规定进行。

4.3 第 3.2 条所列的腐蚀速率测定按照 JB/T 7901 的规定进行。

5 标准实施

本标准由县级以上人民政府环境保护行政主管部门负责监督实施。

5.3.3 急性毒性初筛

原急性毒性初筛鉴别标准（GB 5085.2—1996）规定：对小白鼠（大白鼠）经口灌胃，48 h 后超过半数死亡，则判定该固体废物属于急性毒性危险废物。该版标准无法检测非水溶性固体废物的急性毒性。2007 年修订后的急性毒性初筛鉴别标准鉴别范围不再限于水溶性固体废物，同时进一步明确鉴别指标，分别以动物试验经口、经皮和吸入作为急性毒性鉴别指标。

《危险废物鉴别标准　急性毒性初筛》(GB 5085.2—2007）原文如下：

《危险废物鉴别标准　急性毒性初筛》（GB 5085.2—2007）

1　范围

本标准规定了急性毒性危险废物的初筛标准。

本标准适用于任何生产、生活和其他活动中产生的固体废物的急性毒性鉴别。

2　规范性引用文件

下列文件中的条款通过 GB 5085 的本部分的引用而成为本标准的条款。凡是不注日期的引用文件，其最新版本适用于本标准。

HJ/T 153　化学品测试导则

HJ/T 298　危险废物鉴别技术规范

3　术语和定义

下列术语和定义适用于本标准。

3.1　口服毒性半数致死量 LD_{50} LD_{50}（median lethal dose）for acute oral toxicity

是经过统计学方法得出的一种物质的单一计量，可使青年白鼠口服后，在 14 d 内死亡一半的物质剂量。

3.2　皮肤接触毒性半数致死量 LD_{50} LD_{50} for acute dermal toxicity

是使白兔的裸露皮肤持续接触 24 h，最可能引起这些试验动物在 14 d 内死亡一半的物质剂量。

3.3　吸入毒性半数致死浓度 LC_{50} LC_{50} for acute toxicity on inhalation

是使雌雄青年白鼠连续吸入 1 h，最可能引起这些试验动物在 14 d 内死亡一半的蒸气、烟雾或粉尘的浓度。

4　鉴别标准

符合下列条件之一的固体废物，属于危险废物。

4.1　经口摄取：固体 $LD_{50}\leqslant$200 mg/kg，液体 $LD_{50}\leqslant$500 mg/kg。

4.2　经皮肤接触：$LD_{50}\leqslant$1 000 mg/kg。

4.3　蒸气、烟雾或粉尘吸入：$LC_{50}\leqslant$10 mg/L。

5 实验方法

5.1 采样点和采样方法按照 HJ/T 298 的规定进行。

5.2 经口 LD_{50}、经皮 LD_{50} 和吸入 LC_{50} 的测定按照 HJ/T 153 中指定的方法进行。

6 标准实施

本标准由县级以上人民政府环境保护行政主管部门负责监督实施。

5.3.4 浸出毒性鉴别

浸出毒性是毒性特征（急性或慢性）的鉴别方法之一。各国浸出毒性鉴别的环境保护目标普遍为地下水，这与危险废物的处置方式有关，因为相当数量的危险废物都是通过填埋进行处置。标准修订时综合考虑我国的危险废物产生及污染现状、贮存和处理处置方式，将地下水作为保护目标，确定浸出毒性的浸取方法：通过模拟工业固体废物进行不规范填埋处置并受酸雨影响情况下，由于有毒物质浸出，并向地下渗滤，造成对地下水的污染，来确定固体废物填埋处置所浸出的毒性物质含量。以此确定该固体废物是否表现毒性特性，并判断其是否按危险废物管理。主要考虑一种不利条件，即由于重工业、燃煤造成的酸沉降（酸雨）对工业固体废物不规范填埋处置的影响。

浸出毒性指标选取上，以地下水环境质量标准、地表水环境质量标准、污水综合排放标准为确定依据，标准值参照生活饮用水水源标准。最终浸出指标共 50 项，全部保留 GB 5085.3—1996 中的 14 项以重金属为重点的指标，此外新增了部分无机化合物、有机农药类、非挥发性有机化合物和挥发性有机化合物。

《危险废物鉴别标准　浸出毒性鉴别》（GB 5085.3—2007）原文如下：

《危险废物鉴别标准　浸出毒性鉴别》（GB 5085.3—2007）

1 适用范围

本标准规定了以浸出毒性为特征的危险废物鉴别标准。

本标准适用于任何生产、生活和其他活动中产生的固体废物的浸出毒性鉴别。

2 规范性引用文件

下列文件中的条款通过 GB 5085 的本部分的引用而成为本标准的条款。凡是不注明日期的引用文件，其有效版本适用于本标准。

HJ/T 299 固体废物 浸出毒性浸出方法 硫酸硝酸法

HJ/T 298 危险废物鉴别技术规范

3 鉴别标准

按照 HJ/T 299 制备的固体废物浸出液中任何一种危害成分含量超过表 1 中所列的浓度限值，则判定该固体废物是具有浸出毒性特征的危险废物。

表 1 浸出毒性鉴别标准值

序号	危险成分项目	浸出液中危害成分浓度限值/（mg/L）	分析方法
无机元素及化合物			
1	铜（以总铜计）	100	附录 A、B、C、D
2	锌（以总锌计）	100	附录 A、B、C、D
3	镉（以总镉计）	1	附录 A、B、C、D
4	铅（以总铅计）	5	附录 A、B、C、D
5	总铬	15	附录 A、B、C、D
6	铬（六价）	5	GB/T 15555.4—1995
7	烷基汞	不得检出	GB/T 14204—93
8	汞（以总汞计）	0.1	附录 B
9	铍（以总铍计）	0.02	附录 A、B、C、D
10	钡（以总钡计）	100	附录 A、B、C、D
11	镍（以总镍计）	5	附录 A、B、C、D
12	银	5	附录 A、B、C、D
13	砷（以总砷计）	5	附录 C、E
14	硒（以总硒计）	1	附录 B、C、E
15	氟化物	100	附录 F
16	氰化物（以 CN^- 计）	5	附录 G
有机农药类			
17	滴滴涕	0.1	附录 H
18	六六六	0.5	附录 H
19	乐果	8	附录 I
20	对硫磷	0.3	附录 I
21	甲基对硫磷	0.2	附录 I
22	马拉硫磷	5	附录 I
23	氯丹	2	附录 H
24	六氯苯	5	附录 H
25	毒杀芬	3	附录 H
26	灭蚁灵	0.05	附录 H
非挥发性有机化合物			
27	硝基苯	20	附录 J

序号	危险成分项目	浸出液中危害成分浓度限值/（mg/L）	分析方法
28	二硝基苯	20	附录 K
29	对硝基氯苯	5	附录 L
30	2,4-二硝基氯苯	5	附录 L
31	五氯酚及五氯酚纳（以五氯酚计）	50	附录 L
32	苯酚	3	附录 K
33	2,4-二氯苯酚	6	附录 K
34	2,4,6-三氯苯酚	6	附录 K
35	苯并[*a*]芘	0.000 3	附录 K、M
36	邻苯二甲酸二辛酯	3	附录 K
37	邻苯二甲酸二丁酯	2	附录 L
38	多氯联苯	0.002	附录 N
挥发性有机化合物			
39	苯	1	附录 O、P、Q
40	甲苯	1	附录 O、P、Q
41	乙苯	4	附录 P
42	二甲苯	4	附录 O、P
43	氯苯	2	附录 O、P
44	1,2-二氯苯	4	附录 K、O、P、R
45	1,4-二氯苯	4	附录 K、O、P、R
46	丙烯腈	20	附录 O
47	三氯甲烷	3	附录 Q
48	四氯化碳	0.3	附录 Q
49	四氯乙烯	1	附录 Q
50	三氯乙烯	3	附录 Q

注：“不得检出”指甲基汞＜10 ng/L，乙基汞＜20 ng/L。

4 实验方法

4.1 采样点和采样方法按照 HJ/T 298 进行。

4.2 无机元素及其化合物的样品（除六价铬、无机氟化物、氰化物外）的前处理参照附录 S；六价铬及其化合物的样品的前处理方法参照附录 T。

4.3 有机样品的前处理方法参照附录 U、V、W。

4.4 各危害成分项目的测定，除执行规定的标准分析方法外，暂按附录中规定的方法执行；待适用测定特定危害成分项目的国家环境标准发布后，按标准的规定执行。

5 标准实施

本标准由县级以上人民政府环境保护行政主管部门负责监督实施。

（此处省略附录）

5.3.5 易燃性鉴别

易燃性鉴别标准为2007年新增制定的危险特性鉴别标准，包含液态、固态和气态固体废物易燃性的鉴别。针对液态固体废物，标准规定闪点温度低于60℃（闭杯试验），则该液态固体废物是具有易燃性的危险废物。其中，表征液体易燃性特征的闪点值主要参考了EPA的相关规定。针对固态固体废物，规定“在标准温度和压力（25℃、101.3 kPa）下因摩擦或自发性燃烧而起火，经点燃后能剧烈而持续地燃烧并产生危害的固态废物”是具有易燃性的危险废物。这主要是综合参考了美国、欧盟等国家的规定，这些国家对固态易燃性的规定大体相同，均规定在正常的操作条件（常温常压）下由于摩擦、吸湿或自发化学反应容易发生燃烧而产生危害的废物是易燃性危险废物。针对气态固体废物，标准规定“在20℃、101.3 kPa状态下，在与空气的混合物中体积分数≤13%时可点燃的气体，或者在该状态下，不论易燃下限如何，与空气混合，易燃范围的易燃上限与易燃下限之差≥12个百分点的气体”是具有易燃性的危险废物。标准的规定主要参考了美国49CFR 173.300中定义的易燃压缩气体。

《危险废物鉴别标准　易燃性鉴别》（GB 5085.4—2007）原文如下：

《危险废物鉴别标准　易燃性鉴别》（GB 5085.4—2007）

1 范围

本标准规定了易燃性危险废物的鉴别标准。

本标准适用于任何生产、生活和其他活动中产生的固体废物的易燃性鉴别。

2 规范性引用文件

下列文件中的条款通过GB 5085的本部分的引用而成为本标准的条款。凡是不注日期的引用文件，其最新版本适用于本标准。

GB/T 261　石油产品闪点测定法（闭口杯法）

GB 19521.1　易燃固体危险货物危险特性检验安全规范

GB 19521.3　易燃气体危险货物危险特性检验安全规范

HJ/T 298　危险废物鉴别技术规范

3 术语和定义

下列术语和定义适用于本标准。

3.1 闪点 flash point

指在标准大气压（101.3 kPa）下，液体表面上方释放出的易燃蒸气与空气完全混合后，可以被火焰或火花点燃的最低温度。

3.2 易燃下限 lower flammable limit

可燃气体或蒸气与空气（或氧气）组成的混合物在点火后可以使火焰蔓延的最低浓度，以%表示。

3.3 易燃上限 upper flammable limit

可燃气体或蒸气与空气（或氧气）组成的混合物在点火后可以使火焰蔓延的最高浓度，以%表示。

3.4 易燃范围 flammable range

可燃气体或蒸气与空气（或氧气）组成的混合物能被引燃并传播火焰的浓度范围，通常以可燃气体或蒸气在混合物中所占的体积分数表示。

4 鉴别标准

符合下列任何条件之一的固体废物，属于易燃性危险废物。

4.1 液态易燃性危险废物

闪点温度低于 60℃（闭杯试验）的液体、液体混合物或含有固体物质的液体。

4.2 固态易燃性危险废物

在标准温度和压力（25℃，101.3 kPa）下因摩擦或自发性燃烧而起火，经点燃后能剧烈而持续地燃烧并产生危害的固态废物。

4.3 气态易燃性危险废物

在 20℃，101.3 kPa 状态下，在与空气的混合物中体积分数≤13%时可点燃的气体，或者在该状态下，不论易燃下限如何，与空气混合，易燃范围的易燃上限与易燃下限之差大于或等于 12 个百分点的气体。

5 实验方法

5.1 采样点和采样方法按照 HJ/T 298 的规定进行。

5.2 第 4.1 条按照 GB/T 261 的规定进行。

5.3 第 4.2 条按照 GB 19521.1 的规定进行。

5.4 第 4.3 条按照 GB 19521.3 的规定进行。

6 标准实施

本标准由县级以上人民政府环境保护行政主管部门负责监督实施。

5.3.6 反应性鉴别

反应性鉴别标准的制定是为了鉴别一类极不稳定且易发生剧烈反应性爆炸的废物，为了防止废物在运输和处理过程中对工作人员造成身体伤害，避免由于发生化学反应而释放毒性组分到空气中，以致发生爆炸和剧烈反应的事故。标准对反应性特性进行描述性规定时，主要参考了 EPA 对反应性危险废物的规定，尽量涵盖可产生反应性危险的各种情况。

《危险废物鉴别标准　反应性鉴别》（GB 5085.5—2007）原文如下：

《危险废物鉴别标准　反应性鉴别》（GB 5085.5—2007）

1　适用范围

本标准规定了反应性危险废物的鉴别标准。

本标准适用于任何生产、生活和其他活动中产生的固体废物的反应性鉴别。

2　规范性引用文件

下列文件中的条款通过 GB 5085 的本标准的引用而成为本部分的条款。凡是不注明日期的引用文件，其有效版本适用于本标准。

GB 19452　氧化性危险货物危险特性校验安全规范

GB 19455　民用爆炸品危险货物危险特性校验安全规范

GB 19521.4—2004　遇水放出易燃气体危险货物危险特性校验安全规范

GB 19521.12　有机过氧化物危险货物危险特性校验安全规范

HJ/T 298　危险废物鉴别技术规范

3　术语和定义

3.1　爆炸 explosion

在极短的时间内，释放出大量能量，产生高温，并放出大量气体，在周围形成高压的化学反应或状态变化的现象。

3.2　爆轰 detonation

以冲击波为特征，以超音速传播的爆炸。冲击波传播速度通常能达到上千到数千米每秒，且外界条件对爆速的影响较小。

4 鉴别标准

符合下列任何条件之一的固体废物，属于反应性危险废物。

4.1 具有爆炸性质

4.1.1 常温常压下不稳定，在无引爆条件下，易发生剧烈变化。

4.1.2 标准温度和压力下（25℃，101.3 kPa），易发生爆轰或爆炸性分解反应。

4.1.3 受强起爆剂作用或在封闭条件下加热，能发生爆轰或爆炸反应。

4.2 与水或酸接触产生易燃性气体或有毒气体

4.2.1 与水混合发生剧烈化学反应，并放出大量易燃气体和热量。

4.2.2 与水混合能产生足以危害人体健康或环境的有毒气体、蒸汽或烟雾。

4.2.3 在酸性条件下，每千克含氰化物废物分解产生≥250 mg 氰化氢气体，或者每千克含硫化物分解产生≥500 mg 硫化氢气体。

4.3 废弃氧化物或有机过氧化物

4.3.1 极易引起燃烧或爆炸的废弃氧化剂。

4.3.2 对热、震动或摩擦极为敏感的含过氧基的废弃有机过氧化物。

5 实验方法

5.1 采样点和采样方法按照 HJ/T 298 的规定进行。

5.2 第 4.1 条爆炸性危险废物的鉴别主要依据专业知识，在必要时可按照 GB 19455 中第 6.2 条和第 6.4 条的规定进行试验和判定。

5.3 第 4.2.1 条按照 GB 19521.4—2004 第 5.5.1 条和第 5.5.2 条的规定进行试验和判定。

5.4 第 4.2.2 条主要依据专业知识和经验来判断。

5.5 第 4.2.3 条按照本部分的附录 1 进行。

5.6 第 4.3.1 条按照 GB 19452 规定进行。

5.7 第 4.3.2 条按照 GB 19521.12 规定进行。

6 标准实施

本标准由县级以上人民政府环境保护行政主管部门负责监督实施。

（此处省略附录）

5.3.7 毒性物质含量鉴别

原急性毒性初筛鉴别标准（GB 5085.2—1996）除无法检测非水溶性固体废物的急性

毒性外，还存在无法评估致癌性、致突变和生殖毒性危险废物的长期毒性效应以及毒性物质不明确、缺乏分级管理目标的问题。针对上述问题，我国对急性毒性初筛鉴别标准进行了修订，并新增制定了毒性物质含量鉴别标准。毒性物质含量鉴别标准参考欧盟“危险废物毒性物质含量鉴别标准”的方法学，即涵盖含量鉴别标准和相应毒性物质列表，这些物质为已明确的有毒、剧毒物质或致癌性、生殖毒性和致突变性物质，可以通过分析方法确定其在废物中的含量，依据毒性物质分级指标和含量标准直接判断是否属于危险废物。

《危险废物鉴别标准　毒性物质含量鉴别》（GB 5085.6—2007）原文如下：

《危险废物鉴别标准　毒性物质含量鉴别》（GB 5085.6—2007）

1　适用范围

本标准规定了含有毒性、致癌性、致突变性和生殖毒性物质的危险废物鉴别标准。

本标准适用于任何生产、生活和其他活动中产生的固体废物的毒性物质含量鉴别。

2　规范性引用文件

下列文件中的条款通过 GB 5085 的本标准的引用而成为本标准的条款。凡是不注明日期的引用文件，其有效版本适用于本标准。

HJ/T 298　危险废物鉴别技术规范

3　术语和定义

下列术语和定义适用于本标准。

3.1　剧毒物质　acutely toxic substance

具有非常强烈毒性危害的化学物质，包括人工合成的化学品及其混合物和天然毒素。

3.2　有毒物质　toxic substance

经吞食、吸入或皮肤接触后可能造成死亡或严重健康损害的物质。

3.3　致癌性物质　carcinogenic substance

可诱发癌症或增加癌症发生率的物质。

3.4　致突变性物质　mutagenic substance

可引起人类的生殖细胞突变并能遗传给后代的物质。

3.5　生殖毒性物质　reproductive toxic substance

对成年男性或女性性功能和生育能力以及后代的发育具有有害影响的物质。

3.6　持久性有机污染物　persistent organic pollutants

具有毒性、难降解和生物蓄积等特性，可以通过空气、水和迁徙物种长时间迁移并沉积，在沉积地的陆地生态系统和水域生态系统中蓄积的有机化学物质。

4　鉴别标准

符合下列任何条件之一的固体废物是危险废物。

4.1　含有《危险废物鉴别标准　毒性物质含量鉴别》（GB 5085.6—2007）附录 A 中的一种或一种以上剧毒物质的总含量≥0.1%;

4.2　含有《危险废物鉴别标准　毒性物质含量鉴别》（GB 5085.6—2007）附录 B 中的一种或一种以上有毒物质的总含量≥3%;

4.3　含有《危险废物鉴别标准　毒性物质含量鉴别》（GB 5085.6—2007）附录 C 中的一种或一种以上致癌性物质的总含量≥0.1%;

4.4　含有《危险废物鉴别标准　毒性物质含量鉴别》（GB 5085.6—2007）附录 D 中的一种或一种以上致突变性物质的总含量≥0.1%;

4.5　含有《危险废物鉴别标准　毒性物质含量鉴别》（GB 5085.6—2007）附录 E 中的一种或一种以上生殖毒性物质的总含量≥0.5%;

4.6　含有《危险废物鉴别标准　毒性物质含量鉴别》（GB 5085.6—2007）附录 A 至附录 E 中两种及以上不同毒性物质，如果符合下列等式，按照危险废物管理:

$$\sum\left[\left(\frac{p_{T^+}}{L_{T^+}}+\frac{p_T}{L_T}+\frac{p_{Carc}}{L_{Carc}}+\frac{p_{Muta}}{L_{Muta}}+\frac{p_{Tera}}{L_{Tera}}\right)\right]\geqslant 1 \quad (1)$$

式中：p_{T^+}——固体废物中剧毒物质的含量;

p_T——有毒物质的含量;

p_{Carc}——致癌性物质的含量;

p_{Muta}——致突变性物质的含量

p_{Tera}——生殖毒性物质的含量;

L_{T^+}、L_T、L_{Carc}、L_{Muta}、L_{Tera}——分别代表各种毒性物质在 4.1 ~ 4.5 中规定的标准值。

4.7　含有本标准附录 F 中的任何一种持久性有机污染物（除多氯二苯并对二噁英、多氯二苯并呋喃）的含量≥50 mg/kg;

4.8　含有多氯二苯并对二噁英和多氯二苯并呋喃的含量≥15 μg TEQ/kg。

5　实验方法

5.1　采样点和采样方法按照 HJ/T 298 的规定进行。

5.2 无机元素及其化合物的样品（除六价铬、无机氟化物、氰化物外）的前处理方法见 GB 5085.3 附录 S；六价铬及其化合物的样品的前处理方法参照 GB 5085.3 附录 T。

5.3 有机样品的前处理方法参照 GB 5085.3 附录 U、附录 V、附录 W 和本标准附录 G。

5.4 各毒性物质的测定，除执行规定的标准分析方法外，暂按附录中规定的方法执行；待适用测定特定毒性物质的国家环境标准发布后，按标准的规定执行。

6 标准实施

本标准由县级以上人民政府环境保护行政主管部门负责监督实施。

（此处省略附录）

5.4 危险废物鉴别技术规范

5.4.1 修订主要内容

2019 版《危险废物鉴别技术规范》修订的重点内容包括以下 3 个方面：

（1）扩大适用范围。增加了环境事件涉及的固体废物危险特性鉴别程序和技术要求，提高了固体废物非法转移、倾倒、贮存、利用、处置等环境事件涉及的固体废物以及突发环境事件及其处理过程中产生的固体废物属性鉴别工作的合理性。

（2）优化技术要求。进一步细化和明确了不同情形的鉴别对象、份样数、样品检测、检测结果判断等要求，提高鉴别工作的可行性。修改了鉴别过程关于样品份、样数的规定，补充了平行生产线生产情况下的采样份、样数的确定依据，通过提高采集样品的准确性及类比性，减少采样份数，缩短鉴别周期，降低鉴别成本。

（3）完善鉴别程序。样品检测过程中增加了利用过程或处置后产生的固体废物的鉴别规定。在实际鉴别工作中，可根据固体废物的各项危险特性超标的可能性确定检测优先顺序，避免过度开展特性检测工作。

5.4.2 标准内容

《危险废物鉴别技术规范》（HJ 298—2019）

1 适用范围

本标准规定了固体废物的危险特性鉴别中样品的采集和检测，以及检测结果判断等过程的技术要求。

本标准适用于生产、生活和其他活动中产生的固体废物的危险特性鉴别，包括环境事件涉及的固体废物的危险特性鉴别。

本标准适用于液态废物的鉴别。

本标准不适用于放射性废物鉴别。

2 规范性引用文件

本标准内容引用了下列文件中的条款。凡是不注明日期的引用文件，其有效版本适用于本标准。

GB 5085.1 危险废物鉴别标准 腐蚀性鉴别

GB 5085.2 危险废物鉴别标准 急性毒性初筛

GB 5085.3 危险废物鉴别标准 浸出毒性鉴别

GB 5085.4 危险废物鉴别标准 易燃性鉴别

GB 5085.5 危险废物鉴别标准 反应性鉴别

GB 5085.6 危险废物鉴别标准 毒性物质含量鉴别

GB 5085.7 危险废物鉴别标准 通则

GB 34330 固体废物鉴别标准 通则

GB/T 3723 工业用化学产品采样安全通则

HJ/T 20 工业固体废物采样制样技术规范

《突发环境事件应急管理办法》（环境保护部令 第 34 号）

《国家危险废物名录》（环境保护部令 第 39 号）

3 术语和定义

下列术语和定义适用于本标准。

3.1 份样 the sample

指用采样器一次操作，从一批固体废物的一个点或一个部位按规定质量所采取的固体废物。

3.2 份样量 weight of a sample

指构成一个份样的固体废物的质量。

3.3 份样数 number of samples

指从一批固体废物中所采集的份样个数。

3.4 环境事件涉及的固体废物 solid waste referring to an environmental incident

指固体废物非法转移、倾倒、贮存、利用、处置等环境事件涉及的固体废物，以及突发环境事件及其处理过程中产生的固体废物。

4 样品采集

4.1 采样对象的确定

4.1.1 应根据固体废物的产生源进行分类采样，禁止将不同产生源的固体废物混合。

4.1.2 生产原辅料、工艺路线、产品均相同的两个或两个以上生产线，可以采集单条生产线产生的固体废物代表该类固体废物。

4.1.3 固体废物为 GB 34330 所规定的丧失原有使用价值的物质时，每类物质作为一类固体废物，分别采样鉴别。采样应满足以下要求：

a）如危险特性全部来源于该物质本身，且在使用过程中危险特性不变或降低，应采集该物质未使用前的样品。

b）如危险特性全部或部分来源于使用过程，应在该物质不能继续按照原有设计用途使用时采样。

4.1.4 固体废物为 GB 34330 所规定的生产过程（含固体废物利用、处置过程）中产生的副产物，应根据产生工艺节点确定固体废物类别，每类固体废物分别采样鉴别。采样应满足以下要求：

a）应在该固体废物从正常生产工艺或利用工艺中分离出来的工艺环节采样。

b）应在生产设施、设备、原辅材料和生产负荷稳定的生产期采样。

4.1.5 固体废物为 GB 34330 所规定的环境治理和污染控制过程中产生的物质，应在污染控制设施污染物来源、设施运行负荷和效果稳定的生产期采样；应根据环境治理和污染控制工艺流程，对不同工艺环节产生的固体废物分别进行采样。

4.1.6 堆存状态的固体废物，采样应满足以下要求：

a）如其产生过程尚未终止，应按 4.1.2 ~ 4.1.5 采集原产生工艺样品。

b）如其产生过程已经终止，则采集堆存的固体废物。

c）环境事件涉及的固体废物，按本标准第 8 章相关要求采样。

4.1.7 固体废物为生产和服务设施更换或拆除的固定式容器、反应容器和管道，粉状、半固态、液体产品使用后产生的包装物或容器，以及产品维修或产品类废物拆解过程产生的粉状、半固态、液体物料的盛装容器，采样对象应为容器中的内容物，每类内容物作为一类固体废物，分别采样。

4.1.8 水体环境、污染地块治理与修复过程产生的，需要按固体废物进行处理处置的水体沉积物及污染土壤等环境介质，应尽可能在未发生二次扰动的情况下，根据水体、污染地块污染物的扩散特征和环境调查结果，对不同污染程度的环境介质进行分类采样。

4.1.9 需要开展危险废物鉴别的建筑废物，应尽可能在拆除、清理之前或过程中，根据建筑物的组成和污染特性进行分类，分别采样。

4.2 份样数的确定

4.2.1 危险废物鉴别需根据待鉴别固体废物的质量确定采样份样数（第 4.2.4 条所列情形除外），表 1 为需要采集的固体废物的最小份样数。

表 1 固体废物采集最小份样数

固体废物质量（以 q 表示）/t	最小份样数/个
$q \leqslant 5$	5
$5 < q \leqslant 25$	8
$25 < q \leqslant 50$	13
$50 < q \leqslant 90$	20
$90 < q \leqslant 150$	32
$150 < q \leqslant 500$	50
$500 < q \leqslant 1\ 000$	80
$q > 1\ 000$	100

4.2.2 堆存状态的固体废物，应以堆存的固体废物总量为依据，按照表 1 确定需要采集的最小份样数。

4.2.3 生产工艺过程中产生的固体废物，以生产设施自试生产以来的实际最大生产负荷时的固体废物产生量为依据，按照表 1 确定需要采集的最小份样数。满足第 4.1.2 条规定的固体废物，以固体废物产生量最大的单条生产线最大产生量为依据，按照表 1 确定需要采集的最小份样数。固体废物产生量根据以下方法确定：

a）连续产生固体废物时，以确定的工艺环节一个月内的固体废物产生量为依据，按照表 1 确定需要采集的最小份样数。如果连续产生时段小于一个月，则以一个产生时段内的固体废物产生量为依据。

b）间歇产生固体废物时，如固体废物产生的时间间隔小于或等于一个月，应以确定的工艺环节一个月内的固体废物最大产生量为依据，按照表 1 确定需要采集的最小份样数。如固体废物产生的时间间隔大于一个月，以每次产生的固体废物总量为依据，按照表 1 确定需要采集的最小份样数。

4.2.4 以下情形固体废物的危险特性鉴别可以不根据固体废物的产生量确定采样份样数：

a）鉴别样品为本标准第 4.1.3 条 a）例所规定的物质，可适当减少采样份样数，份样数不少于 2 个。固体废物为第 4.1.7 条所规定的废弃包装物、容器时，内容物的采样参照本条执行。

b）固体废物为废水处理污泥，如废水处理设施的废水的来源、类别、排放量、污染物含量稳定，可适当减少采样份样数，份样数不少于 5 个。

c）固体废物来源于连续生产工艺，且设施长期运行稳定、原辅材料类别和来源固定，可适当减少采样份样数，份样数不少于5个。

d）贮存于贮存池、不可移动大型容器、槽罐车内的液态废物，可适当减少采样份样数。敞口贮存池和不可移动大型容器内液态废物采样份样数不少于5个；封闭式贮存池、不可移动大型容器和槽罐车，如不具备在卸除废物过程中采样，采样份样数不少于2个。

e）贮存于可移动的小型容器（容积≤1 000 L）中的固体废物，当容器数量少于根据表1所确定的最小份样数时，可适当减少采样份样数，每个容器采集1个固体废物样品。

f）固体废物非法转移、倾倒、贮存、利用、处置等环境事件涉及固体废物的危险特性鉴别，因环境事件处理或应急处置要求，可适当减少采样份样数，每类固体废物的采样份样数不少于5个。

g）水体环境、污染地块治理与修复过程产生的，需要按照固体废物进行处理处置的水体沉积物及污染土壤等环境介质，以及突发环境事件及其处理过程中产生的固体废物，如鉴别过程已经根据污染特征进行分类，可适当减少采样份样数，每类固体废物的采样份样数不少于5个。

4.3 份样量的确定

4.3.1 固态废物样品采集的份样量应同时满足下列要求：

a）满足分析操作的需要；

b）依据固态废物的原始颗粒最大粒径，不小于表2中规定的质量。

表2 不同颗粒直径的固态废物的一个份样所需采取的最小份样量

原始颗粒最大粒径（以 d 表示）/cm	最小份样量/g
$d \leqslant 0.50$	500
$0.50 < d \leqslant 1.0$	1 000
$d > 1.0$	2 000

4.3.2 半固态和液态废物样品采集的份样量应满足分析操作的需要。

4.4 采样的时间和频次

4.4.1 连续产生。样品应分次在一个月（或一个产生时段）内等时间间隔采集；每次采样在设备稳定运行的8小时（或一个生产班次）内完成。每采集一次，作为1个份样。

4.4.2 间歇产生。根据确定的工艺环节一个月内的固体废物的产生次数进行采样：如固体废物产生的时间间隔大于一个月，仅需要选择一个产生时段采集所需的份样数；如一个月内固体废物的产生次数大于或者等于所需的份样数，遵循等时间间隔原则在固体废物产生时段采样，每次采集1个份样；如一个月内固体废物的产生次数小于所需的份样数，将所需的份样数均匀分配到各产生时段采样。

4.5 采样方法

4.5.1 固体废物采样工具、采样程序、采样记录和盛样容器参照 HJ/T 20 的要求进行，固体废物采样安全措施参照 GB/T 3723。

4.5.2 在采样过程中应采取措施防止危害成分的损失、交叉污染和二次污染。

4.5.3 生产工艺过程产生的固体废物应在固体废物排（卸）料口按照下列方法采集:

a）由卸料口排出的固体废物采样过程应预先清洁卸料口，并适当排出固体废物后再采集样品。采样时，采用合适的容器接住卸料口，根据需要采集的总份样数或该次需要采集的份样数，等时间间隔接取所需份样量的固体废物。每接取一次固体废物，作为 1 个份样。

b）板框压滤机将压滤机各板框顺序编号，用 HJ/T 20 中的随机数表法抽取与该次需要采集的份样数相同数目的板框作为采样单元采取样品。采样时，在压滤脱水后取下板框，刮下固体废物。每个板框内采取的固体废物，作为 1 个份样。

4.5.4 堆存状态固体废物采样

a）散状堆积固态、半固态废物

对于堆积高度小于或者等于 0.5 m 的散状堆积固态、半固态废物，将固体废物堆平铺为厚度为 10 ~ 15 cm 的矩形，划分为 5*N* 个（*N* 为根据第 4.2 条确定的所需采样的总份样数，下同）面积相等的网格，顺序编号；用 HJ/T 20 中的随机数表法抽取 *N* 个网格作为采样单元，在网格中心位置处用采样铲或锹垂直采取全层厚度的固体废物。每个网格采取的固体废物，作为 1 个份样。

对于堆积高度大于 0.5 m 的散状堆积固态、半固态废物，应分层采取样品；采样层数应不小于 2 层，按照固态、半固态废物堆积高度等间隔布置；每层采取的份样数应相等。分层采样可以用采样钻或者机械钻探的方式进行。

b）敞口贮存池或不可移动大型容器中的固体废物

将容器（包括建筑于地上、地下、半地下的）划分为 5*N* 个面积相等的网格，顺序编号。

液态废物，用 HJ/T 20 中的随机数表法抽取 *N* 个网格作为采样单元采取样品。对于无明显分层的液态废物，采用玻璃采样管或者重瓶采样器进行采样。将玻璃采样管或者重瓶采样器从网格的中心位置处垂直缓慢插入液面至容器底；待采样管/采样器内装满液态废物后，缓缓提出，将样品注入采样容器。对于有明显分层的液态废物，采用玻璃采样管或者重瓶采样器进行分层采样。每采取一次，作为 1 个份样。

固态、半固态废物，固体废物厚度小于 2 m 时，用 HJ/T 20 中的随机数表法抽取 *N* 个网格作为采样单元采取样品。采样时，在网格的中心位置处用土壤采样器或长铲式采样器垂直插入固体废物底部，旋转 90° 后抽出。每采取一次固体废物，作为 1 个份样。固体废物厚度大于或等于 2 m 时，用 HJ/T 20 中的随机数表法抽取 $\frac{(N+1)}{3}$（四舍五入取整数）个网格作为采样单元采取样品。采样时，应分为上部（深度为 0.3 m 处）、中部（1/2 深度处）、下部（5/6 深度处）三层分别采取样品。每采取一次，作为 1 个份样。

c）小型可移动袋、桶或其他容器中的固体废物将各容器顺序编号，用 HJ/T 20 中的随机数表法抽取 N 个容器作为采样单元采取样品。根据固体废物性状，分别使用长铲式采样器、套筒式采样器或者探针进行采样。每个采样单元采取 1 个份样。当容器最大边长或高度大于 0.5 m 时，应分层采取样品，采样层数应不小于 2 层，各层样品混合作为 1 个份样。

如样品为液态废物，将容器内液态废物混匀（含易挥发组分的液态废物除外）后打开容器，将玻璃采样管或者重瓶采样器从容器口中心位置处垂直缓缓插入液面至容器底；待采样管/采样器内装满液体后，缓缓提出，将样品注入采样容器。

d）封闭式贮存池、不可移动大型容器或槽罐车中的固体废物

贮存于封闭式贮存池、不可移动大型容器或槽罐车中的固体废物应尽可能在卸除固体废物过程中按 4.5.3 a）方法采取样品。如不能在卸除固体废物过程中采样，按 4.5.4 b）方法从贮存池、容器上部开口采集样品。如存在卸料口，则同时在卸料口按 4.5.3 a）方法采集不少于 1 个份样。

5 制样、样品的保存和预处理

采集的固体废物样品应按照 HJ/T 20 中的要求进行制样和样品的保存，并按照 GB 5085.1、GB 5085.2、GB 5085.3、GB 5085.4、GB 5085.5 和 GB 5085.6 中分析方法的要求进行样品的预处理。

6 样品检测

6.1 固体废物危险特性鉴别的检测项目应根据固体废物的产生源特性确定，必要时可向与该固体废物危险特性鉴别工作无直接利害关系的行业专家咨询。经综合分析固体废物产生过程生产工艺、原辅材料、产生环节和主要危害成分，确定不存在的危险特性，不进行检测。固体废物危险特性鉴别使用 GB 5085.1、GB 5085.2、GB 5085.3、GB 5085.4、GB 5085.5 和 GB 5085.6 规定的相应方法和指标限值。

6.2 检测过程中，可首先选择可能存在的主要危险特性进行检测。任何一项检测结果按本标准第 7 章可判定该固体废物具有危险特性时，可不再检测其他危险特性（需要通过进一步检测判断危险废物类别的除外）。

6.3 固体废物利用过程或处置后产生的固体废物的危险特性鉴别，应首先根据被利用或

处置的固体废物的危险特性进行判定。

7 检测结果判断

7.1 在对固体废物样品进行检测后，检测结果超过 GB 5085.1、GB 5085.2、GB 5085.3、GB 5085.4、GB 5085.5 和 GB 5085.6 中相应标准限值的份样数大于或者等于表 3 中的超标份样数限值，即可判定该固体废物具有该种危险特性（第 7.3 条除外）。

表 3 检测结果判断方案

份样数	超标份样数限值	份样数	超标份样数限值
5	2	32	8
8	3	50	11
13	4	80	15
20	6	≥100	22

7.2 如果采集的固体废物份样数与表 3 中的份样数不符，按照表 3 中与实际份样数最接近的较小份样数进行结果的判断。

7.3 根据本标准第 4.2.4 条采样，采样份样数小于表 1 规定最小份样数时，检测结果超过 GB 5085.1、GB 5085.2、GB 5085.3、GB 5085.4、GB 5085.5 和 GB 5085.6 中相应标准限值的份样数大于或者等于 1，即可判定该固体废物具有这种危险特性。

7.4 在进行毒性物质含量危险特性判断时，当同一种毒性成分在一种以上毒性物质中存在时，以分子量最高的物质进行计算和结果判断。

7.5 经鉴别具有危险特性的，应当根据其主要有害成分和危险特性确定所属危险废物类别，并按代码“900-000-××”（××为《国家危险废物名录》中危险废物类别代码）进行归类。

8 环境事件涉及的固体废物的危险特性鉴别技术要求

8.1 应根据所能收集到的环境事件资料和现场状况，尽可能对固体废物的来源进行分析，识别固体废物的组成和种类，分类开展鉴别。

8.1.1 固体废物非法转移、倾倒、贮存、利用、处置等环境事件涉及的固体废物，可根据环境事件现场固体废物的外观形态、有效标识，以及现场可采用的检测手段的检测结果，对固体废物进行分类。

8.1.2 突发环境事件及其处理过程中产生的固体废物，应尽可能在清理之前根据事故过程污染物的扩散特征，或在清理过程中根据固体废物的污染物沾染情况，对固体废物的污染程度进行判断，并根据判断结果对固体废物进行分类。

8.2 产生来源明确的固体废物的鉴别要求

8.2.1 应首先依据 GB 5085.7 第 4.2 条、第 5 章和第 6 章进行判断。

8.2.2 根据第 8.2.1 条不能判断属于危险废物，但可能具有危险特性的，应优先按本标准第 4 章在产生该固体废物的生产工艺节点采样；如生产过程已终止，则采集企业贮存的同类固体废物。采集的样品按本标准第 6 章和第 7 章进行检测和判断。

8.2.3 因环境事件处理或应急处置要求，可采集环境事件现场固体废物或依据《突发环境事件应急管理办法》已应急清理暂存的固体废物作为样品开展鉴别。

8.2.4 应根据固体废物的物质迁移、转化特征，以及环境事件现场的污染现状，综合分析固体废物的危险特性在转移、倾倒、贮存、利用、处置过程中发生的变化，按以下要求开展鉴别：

a）如危险特性未发生变化，或变化不足以对检测结果的判断造成影响，可按本标准第 4 章相关要求采集现场样品，并按本标准第 6 章和第 7 章进行检测和判断。

b）如不排除危险特性发生变化，且对检测结果的判断可能造成影响，应采集现场能够代表固体废物原始危险特性的样品，并按本标准第 6 章和第 7 章进行检测和判断；如现场无法采集到能够代表固体废物原始危险特性的样品，应采集本标准第 8.2.2 条规定样品或可类比工艺项目的固体废物开展鉴别。

8.3 产生来源不明确的固体废物鉴别要求

8.3.1 应采集能够代表固体废物组成特性的样品，通过分析固体废物的主要物质组成和污染特性确定固体废物的产生工艺。

8.3.2 根据产生工艺，按第 8.2.1 条不能判断属于危险废物，但可能具有危险特性的，应采集环境事件现场固体废物样品或依据《突发环境事件应急管理办法》已应急清理暂存的固体废物，按第 8.2.4 条开展鉴别。

8.3.3 因环境事件处理或应急处置需要，可根据掌握的信息直接检测该固体废物可能具有的危险特性，根据检测结果依据本标准第 7 章做出判断。有证据表明该固体废物可能属于《国家危险废物名录》中的危险废物，或固体废物危险特性已发生变化且可能影响检测结果判断的，应按第 8.3.1 条和第 8.3.2 条进行鉴别。

9 质量保证与质量控制

9.1 固体废物危险特性鉴别检测项目的确定应以工艺分析为主要手段，综合原辅材料特性、生产工艺、固体废物产生工艺等信息，确定可能具有的危险特性及相应检测项目。

9.2 样品采集应记录必要的信息，包括（但不限于）：样品编号、采样时间、采样地点、企业生产工况。样品的采集、包装、运输和保存应符合相应检测项目的有关要求。

9.3 固体废物危险特性鉴别的检测应符合相应检测方法的质量保证与质量控制要求。

10 实施与监督

本标准由县级以上生态环境主管部门负责监督实施。

5.5 危险废物鉴别实践问题答复

历经40余年的探索研究，我国危险废物鉴别技术体系已基本完善。鉴别程序为依据有关法律规定和《固体废物鉴别标准 通则》（GB 34330—2017），判断待鉴别的物品、物质是否属于固体废物。不属于固体废物的，也不属于危险废物。经判断属于固体废物的，首先对照《名录》，凡列入《名录》的固体废物，属于危险废物，不需要再依据相关鉴别标准及技术规范进行鉴别确定。对未列入《名录》的固体废物，需要从工艺流程及产生环节、主要成分、有害成分等角度对其危险特性进行分析。排除具有危险特性的，可直接判断不属于危险废物；可能具有危险特性的，依据《危险废物鉴别标准》（GB 5085.1～GB 5085.6）及《危险废物鉴别技术规范》（HJ 298）进行鉴别，经鉴别具有腐蚀性、毒性、易燃性、反应性中一种或一种以上危险特性的为危险废物。

但是随着产业发展更迭，需要鉴别的固体废物不断出现，在鉴别实践中不可避免地涌现出新的问题。本节通过搜索生态环境部门官方网站，搜集整理了固体废物鉴别、危险废物鉴别的相关问题，主要围绕是否需要鉴别、鉴别重点等内容，以期为我国固体危险废物鉴别提供更多的技术支撑。涉及的问题及答复时间均在2025年版《名录》发布之前，但对当前危险废物鉴别工作依然存在现实指导意义。

（1）土壤修复时采用异位修复技术，如果涉及污染土壤外运处置，是否需要对污染土壤进行危险废物鉴定？

首先应鉴别是否属于固体废物。主要依据是《固体废物鉴别标准 通则》（GB 34330—2017）中“4 依据产生来源的固体废物鉴别”和“6 不作为固体废物管理的物质”的有关规定，“在污染地块修复、处置过程中，采用下列任何一种方式处置或利用的污染土壤属于固体废物：①填埋；②焚烧；③水泥窑协同处置；④生产砖、瓦、筑路材料等其他建筑材料”“修复后作为土壤用途使用的污染土壤不作为固体废物管理”。经鉴别属于固体废物的，则需要进行危险废物鉴定。

（2）根据《生活垃圾焚烧污染控制标准》（GB 18485—2014），“1 适用范围：……生活污水处理设施产生的污泥、一般工业固体废物的专用焚烧炉的污染控制参照本标准执行”，“8.6……生活垃圾焚烧飞灰应按危险废物进行管理，如进入生活垃圾填埋场处置，应满足 GB 16889 的要求……”，是否可以理解为生活污水处理设施产生的污泥、一般工业固体废物的专用焚烧炉产生的飞灰应按照危险废物进行管理，在满足 GB 16889 的要求后，可以进入生活垃圾填埋场处置？以上理解和《生活垃圾填埋场污染控制标准》（GB 16889—2008）中，“6.8 下列废物不得在生活垃圾填埋场中填埋处置（1）除符合第 6.3 条规定的生活垃圾焚烧飞灰以外的危险废物”及“6.3 生活垃圾焚烧飞灰和医疗废物焚烧残渣（包括飞灰、底渣）经处理后满足下列条件，可以进入生活垃圾填埋场填埋处置”是否矛盾？

根据《名录》（2016 年版），HW18 类废物（焚烧处置残渣）包括生活垃圾焚烧飞灰，危险废物焚烧、热解等处置过程产生的底渣、飞灰和废水处理污泥（医疗废物焚烧处置产生的底渣除外），危险废物等离子体、高温熔融等处置过程产生的非玻璃态物质和飞灰和固体废物焚烧过程中废气处理产生的废活性炭。来信提到的“生活污水处理设施产生的污泥、一般工业固体废物的专用焚烧炉产生的飞灰”不属于 HW18 类废物（焚烧处置残渣）。按照《名录》（2016 年版）第八条“对不明确是否具有危险特性的固体废物，应当按照国家规定的危险废物鉴别标准和鉴别方法予以认定”的规定，需要对生活污水处理设施产生的污泥、一般工业固体废物的专用焚烧炉产生的飞灰进行危险特性鉴别。经鉴别具有危险特性的，属于危险废物，应当根据其主要成分和危险特性确定所属废物类别，并按代码“900-000-××”（××为危险废物类别代码）进行归类管理。经鉴别不具有危险特性的，不属于危险废物。

（3）水性漆（水性丙烯酸及水性环氧漆）生产企业生产过程中会产生洗缸废水，废水的有毒有害物质检测结果均没达到危险废物标准。按 2016 年版的《名录》，HW12 染料、涂料废物中的 264-011-12“其他油墨、染料、颜料、油漆（不包括水性漆）生产过程中产生的废母液、残渣、中间体废物”判断，该洗缸废水应该不属于危险废物。但如果套用 900-299-12“生产、销售及使用过程中产生的失效、变质、不合格、淘汰、伪劣的油墨、染料、颜料、油漆”这项，把缸壁物质当废油漆也可以说是危险废物。企业生产过程中产生的洗缸废水究竟应该当危险废物处理还是一般固体废物处理？

企业生产过程产生的洗缸废水，如能满足《固体废物鉴别标准　通则》（GB 34330—2017）第 7 条的有关规定，可作为液态废物进行管理，不属于固体废物；如不能满足《固体废物鉴别标准　通则》（GB 34330—2017）第 7 条的有关规定，则不作为液态废物进行管理，属于固体废物，并根据《名录》或者国家规定的危险废物鉴别标准和鉴别方法认定是否属于危险废物。

（4）某企业产生的含油废水，主要是热处理的清洗工序产生的生产废水，在污水厂建成前，作为危险废物处理，后期待污水处理厂建成后，该废水经厂内自建废水处理设施处理达到该污水厂进水水质标准后是否还可以排入污水处理厂处理？

《固体废物鉴别标准　通则》第 7.2 条规定，经过物理处理、化学处理、物理化学处理和生物处理等废水处理工艺处理后，可以满足向环境水体或市政污水管网和处理设施排放的相关法规和排放标准要求的废水、污水，不作为液态废物管理。含油废水不属于危险废物。

（5）大修渣湿法处理设施使用的循环水和循环水池的污泥是否属于 772-006-49 类废物？

应首先依据《固体废物鉴别标准　通则》判断循环水是否属于固体废物，若不属于固体废物，则不属于危险废物。大修渣湿法处理设施使用的循环水池的污泥属于 772-006-49 类废物。

（6）根据 900-252-12“使用油漆（不包括水性漆）、有机溶剂进行喷漆、上漆过程中产生的废物”，水性漆渣是否不属于危险废物？

“不包括水性漆”是指水性漆渣不属于列入《国家危险废物名录（2021 年版）》的危险废物，其是否属于危险废物需要根据《危险废物鉴别标准》（GB 5085.1～GB 5085.7）、《危险废物鉴别技术规范》（HJ 298）等予以判定。

（7）企业空压机干燥用的氧化铝是否属于危险废物？

氧化铝可以用作干燥剂、吸附剂等用途，要结合其吸附、干燥的具体工艺及物质进行鉴别。

（8）废旧保温棉是否属于危险废物？保温棉材质为硅酸铝和玻璃棉是否属于危险废物？如果属于废物代码那么属于哪类分类？

废旧保温棉如果是石棉，就是属于危险废物“含有隔膜、热绝缘体等石棉材料的设施保养拆换及车辆制动器衬片的更换产生的石棉废物（900-032-36）”。保温棉材质为硅酸铝和玻璃棉的，应根据纤维的细度和毒性进行危险废物鉴别。

（9）工业生产原料中报废的熟石灰［$Ca(OH)_2$ 粉末］是属于危险废物还是一般固体废物？

《国家危险废物名录（2021 年版）》明确，生产过程中产生的失效、变质、不合格、淘汰、伪劣的其他强碱性固态碱和碱渣，属于危险废物，代码为 900-399-35。建议对报废的熟石灰进行腐蚀性分析，根据《危险废物鉴别标准　腐蚀性鉴别》（GB 5085.1）的分析要求，pH≤12.5 的，建议按照一般工业固体废物管理。

第 6 章　样品采集与检测质量控制

危险废物的鉴别工作中，样品采集与检测是决定鉴别工作是否规范、合理的重要环节。此过程中，采取的样品应具有代表性，检测工作方案应符合《危险废物鉴别技术规范》和《工业固体废物采样制样技术规范》等标准规范的要求。

6.1　样品采集与检测工作方案

6.1.1　采样对象的确定

（1）应根据固体废物的产生源进行分类采样，禁止将不同产生源的固体废物混合。

（2）生产原辅料、工艺路线、产品均相同的两个或两个以上生产线，可以采集单条生产线产生的固体废物代表该类固体废物。

（3）固体废物为 GB 34330 所规定的丧失原有使用价值的物质时，每类物质应单独作为一类固体废物，分别采样鉴别。采样应满足以下要求：

①如危险特性全部来源于该物质本身，且在使用过程中危险特性不变或降低，应采集该物质未使用前的样品。

②如危险特性全部或部分来源于使用过程，应在该物质不能继续按照原有设计用途使用时采样。

（4）固体废物为 GB 34330 所规定的生产过程（含固体废物利用、处置过程）中产生的副产物，应根据产生工艺节点确定固体废物类别，并对每类固体废物分别进行采样鉴别。采样应满足以下要求：

①应在该固体废物从正常生产工艺或利用工艺中分离出来的工艺环节采样。

②应在生产设施、设备、原辅材料和生产负荷稳定的生产期采样。

（5）固体废物为 GB 34330 所规定的环境治理和污染控制过程中产生的物质，应在污染控制设施污染物来源、设施运行负荷和效果稳定的生产期采样；应根据环境治理和污染控制工艺流程，对不同工艺环节产生的固体废物分别进行采样。

（6）堆存状态的固体废物，采样应满足以下要求：

①如其产生过程尚未终止，应按第2～5条规定要求采集原产生工艺样品。

②如其产生过程已经终止，则采集堆存的固体废物。

③环境事件涉及的固体废物，按以下要求采样：

（a）应根据所能收集到的环境事件资料和现场状况，尽可能对固体废物的来源进行分析，识别固体废物的组成和种类，分类开展鉴别。

固体废物非法转移、倾倒、贮存、利用、处置等环境事件涉及的固体废物，可根据环境事件现场固体废物的外观形态、有效标识，以及现场可采用的检测手段的检测结果，对固体废物进行分类。

突发环境事件及其处理过程中产生的固体废物，应尽可能在清理之前根据事故过程污染物的扩散特征，或在清理过程中根据固体废物的污染物沾染情况，对固体废物的污染程度进行判断，并根据判断结果对固体废物进行分类。

（b）产生来源明确的固体废物的鉴别要求。

应首先依据GB 5085.7第4.2条、第5章和第6章进行判断。根据“产生来源明确的固体废物的鉴别要求”不能判断属于危险废物，但可能具有危险特性的，应优先在产生该固体废物的生产工艺节点采样；如生产过程已终止，则采集企业贮存的同类固体废物。

因环境事件处理或应急处置要求，可采集环境事件现场固体废物或依据《突发环境事件应急管理办法》已应急清理暂存的固体废物作为样品开展鉴别。应根据固体废物的物质迁移、转化特征，以及环境事件现场的污染现状，综合分析固体废物的危险特性在转移、倾倒、贮存、利用、处置过程中发生的变化，按以下要求开展鉴别：如危险特性未发生变化，或变化不足以对检测结果的判断造成影响，可按上述相关要求采集现场样品。如不排除危险特性发生变化，且对检测结果的判断可能造成影响，应采集现场能够代表固体废物原始危险特性的样品；如现场无法采集到能够代表固体废物原始危险特性的样品，应采集“产生来源明确的固体废物的鉴别要求”规定样品或可类比工艺项目的固体废物开展鉴别。

（c）产生来源不明确的固体废物鉴别要求。

应采集能够代表固体废物组成特性的样品，通过分析固体废物的主要物质组成和污染特性确定固体废物的产生工艺。根据产生工艺，按“产生来源明确的固体废物的鉴别要求”不能判断属于危险废物，但可能具有危险特性的，应采集环境事件现场固体废物样品或依据《突发环境事件应急管理办法》已应急清理暂存的固体废物，按“产生来源明确的固体废物的鉴别要求”开展鉴别。

因环境事件处理或应急处置需要，可根据掌握的信息直接检测该固体废物可能具有的危险特性。有证据表明该固体废物可能属于《名录》中的危险废物，或固体废物危险特性已发生变化且可能影响检测结果判断的，应按“产生来源不明确的固体废物鉴别要求”进行鉴别。

（7）固体废物为生产和服务设施更换或拆除的固定式容器、反应容器和管道，粉状、半固态、液体产品使用后产生的包装物或容器，以及产品维修或产品类废物拆解过程产生的粉状、半固态、液体物料的盛装容器，采样对象应为容器中的内容物，每类内容物作为一类固体废物，分别采样。

（8）水体环境、污染地块治理与修复过程产生的，需要按固体废物进行处理处置的水体沉积物及污染土壤等环境介质，应尽可能在未发生二次扰动的情况下，根据水体、污染地块污染物的扩散特征和环境调查结果，对不同污染程度的环境介质进行分类采样。

（9）需要开展危险废物鉴别的建筑废物，应尽可能在拆除、清理之前或过程中，根据建筑物的组成和污染特性进行分类，分别采样。

6.1.2 份样数的确定

（1）危险废物鉴别需根据待鉴别固体废物的质量确定采样份样数，表 6-1 为需要采集的固体废物的最小份样数。

表 6-1 固体废物采集最小份样数

固体废物质量（以 q 表示）/t	最小份样数/个
$q \leqslant 5$	5
$5 < q \leqslant 25$	8
$25 < q \leqslant 50$	13
$50 < q \leqslant 90$	20
$90 < q \leqslant 150$	32
$150 < q \leqslant 500$	50
$500 < q \leqslant 1\ 000$	80
$q > 1\ 000$	100

（2）堆存状态的固体废物，应以堆存的固体废物总量为依据，按照表 6-1 确定需要采集的最小份样数。

（3）生产工艺过程中产生的固体废物，以生产设施自试生产以来的实际最大生产负荷时的固体废物产生量为依据，按照表 6-1 确定需要采集的最小份样数。满足生产原辅料、工艺路线、产品均相同的两个或两个以上生产线的固体废物，以固体废物产生量最大的单条生产线最大产生量为依据，按照表 6-1 确定需要采集的最小份样数。固体废物产生量根据以下方法确定：

①连续产生固体废物时，以确定的工艺环节 1 个月内的固体废物产生量为依据，按

照表 6-1 确定需要采集的最小份样数。如果连续产生时段小于 1 个月，则以一个产生时段内的固体废物产生量为依据。

②间歇产生固体废物时，如固体废物产生的时间间隔小于或等于 1 个月，应以确定的工艺环节 1 个月内的固体废物最大产生量为依据，按照表 6-1 确定需要采集的最小份样数。如固体废物产生的时间间隔大于 1 个月，以每次产生的固体废物总量为依据，按照表 6-1 确定需要采集的最小份样数。

（4）以下情形固体废物的危险特性鉴别可以不根据固体废物的产生量确定采样份样数：

①鉴别样品为“6.1.1 采样对象的确定”中第 3 种情形中的第（1）条所规定的物质，可适当减少采样份样数，份样数不少于 2 个。固体废物为“6.1.1 采样对象的确定”中第 7 种情形中所规定的废弃包装物、容器时，内容物的采样参照本条执行。

②固体废物为废水处理污泥，如废水处理设施的废水的来源、类别、排放量、污染物含量稳定，可适当减少采样份样数，份样数不少于 5 个。

③固体废物来源于连续生产工艺，且设施长期运行稳定、原辅材料类别和来源固定，可适当减少采样份样数，份样数不少于 5 个。

④贮存于贮存池、不可移动大型容器、槽罐车内的液态废物，可适当减少采样份样数。敞口贮存池和不可移动大型容器内液态废物采样份样数不少于 5 个；封闭式贮存池、不可移动大型容器和槽罐车，如不具备在卸除废物过程中采样，采样份样数不少于 2 个。

⑤贮存于可移动的小型容器（容积≤1 000 L）中的固体废物，当容器数量少于根据表 6-1 所确定的最小份样数时，可适当减少采样份样数，每个容器采集 1 个固体废物样品。

⑥固体废物非法转移、倾倒、贮存、利用、处置等环境事件涉及固体废物的危险特性鉴别，因环境事件处理或应急处置要求，可适当减少采样份样数，每类固体废物的采样份样数不少于 5 个。

⑦水体环境、污染地块治理与修复过程产生的，需要按照固体废物进行处理处置的水体沉积物及污染土壤等环境介质，以及突发环境事件及其处理过程中产生的固体废物，如鉴别过程已经根据污染特征进行分类，可适当减少采样份样数，每类固体废物的采样份样数不少于 5 个。

6.1.3 份样量的确定

（1）固态废物样品采集的份样量应同时满足下列要求：

①满足分析操作的需要；

②依据固态废物的原始颗粒最大粒径，不小于表 6-2 中规定的质量。

（2）半固态和液态废物样品采集的份样量应满足分析操作的需要。

表 6-2 不同颗粒直径的固态废物的一个份样所需采集的最小份样量

原始颗粒最大粒径（以 *d* 表示）/cm	最小份样量/g
$d \leqslant 0.50$	500
$0.50 < d \leqslant 1.0$	1 000
$d > 1.0$	2 000

6.1.4 采样的时间和频次

（1）连续产生。样品应分次在 1 个月（或一个产生时段）内等时间间隔采集；每次采样在设备稳定运行的 8 小时（或一个生产班次）内完成。每采集一次，作为 1 个份样。

（2）间歇产生。根据确定的工艺环节 1 个月内的固体废物的产生次数进行采样：如固体废物产生的时间间隔大于 1 个月，仅需要选择一个产生时段采集所需的份样数；如 1 个月内固体废物的产生次数大于等于所需的份样数，遵循等时间间隔原则在固体废物产生时段采样，每次采集 1 个份样；如 1 个月内固体废物的产生次数小于所需的份样数，将所需的份样数均匀分配到各产生时段采样。

6.1.5 采样方法

（1）固体废物采样工具、采样程序、采样记录和盛样容器参照 HJ/T 20 的要求进行，固体废物采样安全措施参照 GB/T 3723。

（2）在采样过程中应采取措施防止危害成分的损失、交叉污染和二次污染。

（3）生产工艺过程产生的固体废物应在固体废物排（卸）料口按照下列方法采集：

①由卸料口排出的固体废物

采样过程应预先清洁卸料口，并适当排出固体废物后再采集样品。采样时，采用合适的容器接住卸料口，根据需要采集的总份样数或该次需要采集的份样数，等时间间隔接取所需份样量的固体废物。每接取一次固体废物，作为 1 个份样。

②板框压滤机

将压滤机各板框顺序编号，用 HJ/T 20 中的随机数表法抽取与该次需要采集的份样数相同数目的板框作为采样单元采取样品。采样时，在压滤脱水后取下板框，刮下固体废物。每个板框内采取的固体废物，作为 1 个份样。

（4）堆存状态固体废物采样。

①散状堆积固态、半固态废物

对于堆积高度小于等于 0.5 m 的散状堆积固态、半固态废物，将固体废物堆平铺为厚度为 10～15 cm 的矩形，划分为 $5N$ 个（N 为根据 6.1.2 确定的所需采样的总份样数，下同）面积相等的网格，顺序编号；用 HJ/T 20 中的随机数表法抽取 N 个网格作为采样单元，在网格中心位置处用采样铲或锹垂直采取全层厚度的固体废物。将每个网格采取的固体废物作为 1 个份样。

对于堆积高度大于 0.5 m 的散状堆积固态、半固态废物，应分层采取样品；采样层数应不小于 2 层，按照固态、半固态废物堆积高度等间隔布置；每层采取的份样数应相等。分层采样可以用采样钻或者机械钻探的方式进行。

②敞口贮存池或不可移动大型容器中的固体废物

将容器（包括建筑于地上、地下、半地下的）划分为 5*N* 个面积相等的网格，顺序编号。

液态废物，用 HJ/T 20 中的随机数表法抽取 *N* 个网格作为采样单元采取样品。对于无明显分层的液态废物，采用玻璃采样管或者重瓶采样器进行采样。将玻璃采样管或者重瓶采样器从网格的中心位置处垂直缓慢插入液面至容器底；待采样管/采样器内装满液态废物后，缓缓提出，将样品注入采样容器。对于有明显分层的液态废物，采用玻璃采样管或者重瓶采样器进行分层采样。每采取一次，作为 1 个份样。

固态、半固态废物，固体废物厚度小于 2 m 时，用 HJ/T 20 中的随机数表法抽取 *N* 个网格作为采样单元采取样品。采样时，在网格的中心位置处用土壤采样器或长铲式采样器垂直插入固体废物底部，旋转 90° 后抽出。每采取一次固体废物，作为 1 个份样。固体废物厚度大于等于 2 m 时，用 HJ/T 20 中的随机数表法抽取 $\frac{(N+1)}{3}$（四舍五入取整数）个网格作为采样单元采取样品。采样时，应分为上部（深度为 0.3 m 处）、中部（1/2 深度处）、下部（5/6 深度处）3 层分别采取样品。每采取一次，作为 1 个份样。

③小型可移动袋、桶或其他容器中的固体废物

将各容器顺序编号，用 HJ/T 20 中的随机数表法抽取 *N* 个容器作为采样单元采取样品。根据固体废物性状，分别使用长铲式采样器、套筒式采样器或者探针进行采样。每个采样单元采取 1 个份样。当容器最大边长或高度大于 0.5 m 时，应分层采取样品，采样层数应不小于 2 层，各层样品混合作为 1 个份样。

如样品为液态废物，将容器内液态废物混匀（含易挥发组分的液态废物除外）后打开容器，将玻璃采样管或者重瓶采样器从容器口中心位置处垂直缓缓插入液面至容器底；待采样管/采样器内装满液体后，缓缓提出，将样品注入采样容器。

④封闭式贮存池、不可移动大型容器或槽罐车中的固体废物

贮存于封闭式贮存池、不可移动大型容器或槽罐车中的固体废物应尽可能在卸除固体废物过程中按 6.1.5 第 3 条“由卸料口排出的固体废物”中相应的采集方法采取样品。如不能在卸除固体废物过程中采样，按 6.1.5 第 4 条“敞口贮存池或不可移动大型容器中的固体废物”中相应的采集方法从贮存池、容器上部开口采集样品。如存在卸料口，则

同时在卸料口按 6.1.5 第 3 条“由卸料口排出的固体废物”中相应的采集方法采集不少于 1 个份样。

6.1.6 采样案例及方法分析

1. 连续产生的由卸料口排出的固体废物采样典型案例

（1）案例背景

某铝铸件有限公司主要从事铝铸件的生产加工，其机加工工序包含 A 和 B 两条生产线。两条生产线在生产原辅料、工艺路线和产品方面完全一致，且均保持连续稳定运行。机加工过程中产生的金属屑通过排屑链系统输送至卸料口，并用周转箱收集。根据以往数据，两条生产线的金属屑最大月产生总量为 1 528 t，其中 A 生产线的金属屑最大月产生量为 951 t，B 生产线为 577 t。

（2）采样方案

①采样对象：A 生产线机加工工序通过排屑链至卸料口的废金属屑。

②份样数：根据 A 生产线机加工工序废金属屑的最大月产生量 951 t，依据 HJ 298—2019 中表 1 的规定，确定样品采集的份样数为 80 个。

③份样量：考虑到金属屑的物理状态和分析操作的需求，确定每个份样的采样量为 2 000 g。

④采样频次和时间：样品在 1 个月内分次采集，确保等时间间隔。具体安排为第 1～10 天，每天采集 2 个样品，分别在 10：00 和 16：00 进行；第 11～30 天，每天采集 3 个样品，分别在 9：00、12：30 和 16：00 进行。

⑤采样方法：在废金属屑卸出前预先清洁卸料口，并适当排出废物约 15 min 后进行采样。采样时，使用合适的容器接取整个料流的横截面，按照等时间间隔接取所需份样量的固体废物。每次接取的固体废物作为 1 个独立的份样。

（3）案例分析

①采样对象及份样数：根据 HJ 298—2019 的规定，生产原辅料、工艺路线、产品均相同的两个或两个以上生产线，可以采集单条生产线产生的固体废物代表该类固体废物。由于 A 生产线和 B 生产线在生产原辅料、工艺路线及产品方面完全一致，且固体废物产生量最大的单条生产线的鉴别结果适用于所有平行生产线产生的固体废物，因此本项目选择以 A 生产线产生的废金属屑作为采样对象，并依据 A 生产线废金属屑的最大月产生量 951 t，共采集 80 个样品。这种方法不仅符合标准要求，也有助于提高鉴别效率和降低鉴别成本。

②采样频次和时间：根据 HJ 298—2019 的规定，针对连续产生的固体废物，采样时间和频次应按照“样品应分次在 1 个月（或一个产生时段）内等时间间隔采集；每次采

样在设备稳定运行的 8 h（或一个生产班次）内完成。每采集一次，作为 1 个份样”进行。考虑到本项目的需求，共需采集 80 个样品。因此，这 80 个样品在 1 个月内按照等时间间隔分次采集。具体到每天的采样，需在设备稳定运行的 8 h 内，以等时间间隔采集所需份样数，避免在同一天同一时间点或间隔很短的时间内采集当天所需的所有样品。确保采样代表性和完整性，从而提高鉴别结果的准确性。

③采样方法：针对生产工艺过程产生且由卸料口排出的固体废物，按照 HJ 298—2019 的要求，采用系统采样法是必要的，这要求按照一定的时间间隔进行采样。在采样过程中，考虑到卸料口可能累积了非目标废物或非新鲜废物，因此在采样前必须对卸料口进行清洁处理。清洁后，还需要排出适当的固体废物，以确保采集到的样品是新鲜且有代表性的。此外，由于废物在管道中可能存在混合不均匀或粗细颗粒分层的情况，采样时应使用容器或适当的采样工具，采取整个料流的横截面。若采样器或容器的宽度不足以覆盖整个横截面，应使采样器沿料流的横截面向同一方向匀速移动，以确保采集到具有足够代表性的样品。这样的采样方法能够确保样品的全面性和代表性。

2．间歇产生的由卸料口排出的固体废物采样典型案例

上述案例详细分析了连续产生的由卸料口排出的固体废物的采样情况，然而还有部分情况下固体废物会以间歇方式产生，针对间歇产生的固体废物，通过以下案例简要分析其采样方式。

（1）案例背景

某工艺过程中产生的固体废物通过卸料口每 53 天卸出一次，且单次卸出的最大固体废物量为 46 t，整个过程大约持续 3 h。

（2）采样方案

①采样对象：工艺过程中间歇产生的由卸料口排出的固体废物。

②份样数：根据该工艺过程间歇产生的固体废物单次最大卸出量 46 t。依据 HJ 298—2019 中表 1 的规定，确定样品采集的份样数为 13 个。

③份样量：考虑到固体废物物理状态和分析操作的需求，确定每个份样的采样量为 2 000 g。

④采样频次和时间：选定一个固体废物卸出时段，于卸出的 3 h 内每间隔 12 min 进行一次固体废物的采集，总计采集 13 个份样。

⑤采样方法：在固体废物卸出前预先清洁卸料口，并适当在排出废物约 15 min 后开始采样，每间隔约 12 min 采集一个份样，共采集 13 个份样。采样时，使用合适的容器接取整个料流的横截面，按照等时间间隔接取所需份样量的固体废物。每次接取的固体废物作为 1 个独立的份样。

（3）案例分析

对于间歇产生的固体废物，HJ 298—2019 规定应根据确定的工艺环节 1 个月内的固体废物的产生次数进行采样。具体来说，针对不同情况的间歇产生固体废物，采样时间和频次的安排如下。

①固体废物产生的时间间隔大于 1 个月：如本案例，固体废物每 53 天产生一次，仅需选择一个产生时段采集所需的份样数。在卸料前清洁卸料口，卸料约 15 min 后开始采样，每 12 min 采集一次，直至采集到所需的 13 个份样。

②1 个月内固体废物的产生次数大于等于所需的份样数：采样应遵循等时间间隔原则，在固体废物产生时段采样，每次采集 1 个份样。例如，若固体废物在 1 个月内产生 5 次，所需的份样数为 5 个，则应在每次固体废物产生时选择在卸出一半的时间点进行采样。类似地，若某固体废物在 1 个月内的产生次数为 10 次，所需的份样数同样为 5 个，则可以选择在第 1、3、5、7、9 次固体废物产生时，且在卸出一半的时间点进行采样。

③1 个月内固体废物的产生次数小于所需的份样数：将所需的份样数均匀分配到各产生时段采样。例如，某固体废物在 1 个月内产生 5 次，通过卸料口排出，每次持续时间约 2 h，所需的份样数为 20 个，则可在每次产生时段采集 4 个样品，每次采集在固体废物卸出开始后约 15 min 开始采样，每隔 30 min 采集一次。

3. 板框压滤机产生的固体废物采样典型案例

（1）案例背景

本案例主要针对某工业污水处理厂在处理废水过程中产生的物化污泥进行鉴别。这些污泥由除氟沉淀池产生，并通过板框压滤机进行脱水处理。根据该企业提供的数据，其日常运行中的物化污泥最大产生量达到 700 t/月。现场设有 3 台污泥板框压滤机，这些设备每天进行一次压泥操作。

（2）采样方案

①采样对象：废水处理中除氟沉淀池产生并通过板框压滤机压滤脱水的物化污泥，在污染控制设施污染物来源、设施运行负荷和效果稳定的生产期采样。

②份样数：根据企业提供的物化污泥产生台账，最大月产生量 700 t，依据 HJ 298—2019 中表 1 的规定，确定样品采集的份样数为 80 个。

③份样量：考虑到待鉴别物的物理状态和分析操作的需求，污泥原始颗粒最大粒径小于等于 0.5 cm，采集的样品每份应不小于 500 g；为满足分析操作需要，结合样品含水率，确定每个份样的采样量约为 2 000 g。

④采样频次和时间：样品在 1 个月内分次进行等时间间隔的采集。鉴于企业的压泥时间安排，采样计划定为每天下午进行。具体安排为：周一至周六，每天采集 3 个样品；

周日每天采集 2 个样品。

⑤采样方法：现场共有 3 台污泥板框压滤机，采样针对实际运行的板框压滤机上的污泥进行。首先，对运行的压滤机上板框按照顺序进行编号。随后，采用随机数表法抽取与本次所需采集的份样数相同数目的板框，作为采样单元进行样品采集。在采样时，需在板框压滤机完成脱水处理后，取下相应的板框。根据具体的分析项目需求，选择合适的采样工具，刮取板框内的固体废物。每个板框内采集的固体废物作为 1 个份样。

（3）案例分析

①采样对象：本案例的采样对象是废水处理过程中由除氟沉淀池产生并由板框压滤机压滤脱水处理后形成的物化污泥。根据 HJ 298—2019 的规定，针对此类固体废物，采样应在污染控制设施的污染物来源、设施运行负荷和处理效果均处于稳定状态的生产期进行。废水排入量的显著变化或处理药剂的投加量波动，都可能导致废水水质、水量及污染物含量的波动，进而使废水处理污泥中的污染物种类和含量不稳定。在这种情况下，采集的样品可能无法准确反映污泥的真实状态，从而影响鉴别结果的可靠性。因此，在采样周期内，污水处理设施必须满足以下几个条件：

（a）采样期间，排入废水处理设施的废水种类应保持一致，且每股废水的量和水质变化应尽可能小，投加的废水处理药剂种类及投加量差异也应较小。

（b）废水处理站的运行负荷应保持平稳。

（c）处理后的废水水质应达到相同的排放标准要求，确保废水处理污泥量、含水率、物质组成和含量基本一致。

（d）此外，HJ 298—2019 规定，应根据环境治理和污染控制工艺流程，对不同工艺环节产生的固体废物分别进行采样。废水处理物化和生化污泥应分开采样开展鉴别，以明确其各自危险特性。

②采样方法：本案例中，板框压滤机产生的固体废物采样需遵循 HJ 298—2019 的规定，采用随机数表法抽取与所需采集份样数相同的板框作为采样单元。操作时，应针对正常运行的板框压滤机进行样品采集。当有多台板框压滤机同时运行时，应尽量避免在同一台板框压滤机上完成所需样品的采集。例如，若当次需要采集 3 个份样，且同时有 2 台板框压滤机运行，则可在 1 号板框压滤机上抽取 2 个板框（如 15 号、48 号），在 2 号板框压滤机上抽取 1 个板框（如 12 号）进行样品采集。这 3 个板框分别采集的物化污泥各自作为一个独立的份样。在采样过程中，原则上应将板框取下进行，不可仅采集板框边缘处的样品，因为板框上污泥中污染物的分布可能不均匀，仅采集边缘处的样品可能导致样品代表性缺失，影响鉴别结果的准确性。

4．小型可移动袋中的固体废物采样典型案例

（1）案例背景

本案例主要针对某公司丙烷脱氢工艺中脱硫塔产生的脱硫剂进行鉴别，这些脱硫剂在经过卸料和钝化处理后，被放置于吨袋中，并堆存于设有硬化地面的专用贮存库中。经过现场踏勘，发现共有 37 个吨袋，吨袋最大边长约为 1 m，固体废物总重量约 58 t。

（2）采样方案

①采样对象：贮存库中堆存的废脱硫剂。

②份样数：根据固体废物称重记录共 58 t，依据 HJ 298—2019 中表 1 的规定，确定样品采集的最小份样数为 20 个。

③份样量：考虑到待鉴别物的物理状态和分析操作的需求，粒径普遍大于 1 cm，因此确定每个份样的采样量为 2 000 g。

④采样方法：鉴于现场堆放情况，使用叉车将堆叠的吨袋水平放置于地面。对堆存区的 37 个吨袋进行编号后，采用随机数表法抽取 20 个吨袋作为采样单元采取样品。在每个抽取的吨袋内，分上、下两层进行样品采集。随后，将每个吨袋内分层采集的样品混合，作为 1 个份样，共计采集 20 份废脱硫剂样品。

（3）案例分析

①采样对象：本案例中，由于废脱硫剂的产生过程已停止，因此采集的是贮存库中堆存的废脱硫剂。根据 HJ 298—2019 的要求，对于非环境事件涉及的堆存状态固体废物，若其产生过程尚未终止，为避免由于挥发、酸雨浸淋等因素导致固体废物危险特性变化，应采集原产生工艺固体废物。例如，某火力发电厂产生烟气处理飞灰的工艺尚未终止，此时应采集其处理飞灰工艺产生的飞灰，而非采集贮存库中飞灰样品进行检测并得到鉴别结果。

②采样方法：本案例涉及的是小型可移动袋中的固体废物，因此根据 HJ 298—2019 的规定，首先对吨袋进行编号，本案例中吨袋编号为 1～37 号，随后运用随机数表法，抽取 20 个吨袋作为采样单元进行采样。鉴于吨袋最大边长大于 0.5 m，为确保样品的代表性，每个吨袋需分两层进行采样，并将两层采集的样品混合，作为该吨袋的样品。在采样过程中，应根据固体废物的性状选用合适的采样工具。对于固态废物，若无法从容器敞开部分采取目标深度的样品，可在固体废物所有者及委托方同意后，从容器侧边开口进行样品采集。当采集的样品为液态且不含易挥发组分时，对于小、中等容器应通过摇晃、倒置、滚动、手工搅拌器等方式混匀后，按照 HJ 298—2019 的相关要求进行采样。

5. 散状堆积的固体废物采样典型案例

（1）案例背景

本案例主要针对某市堆场堆存的污染土壤进行鉴别采样。经现场踏勘，堆体堆积高度约 2.2 m，堆积的污染土壤约 450 t。

（2）采样方案

①采样对象：某市堆场堆存的污染土壤。

②份样数：根据堆场堆存的污染土壤估算重量 450 t，依据 HJ 298—2019 中表 1 的规定，确定样品采集的最小份样数为 50 个。

③份样量：鉴于污染土壤原始颗粒的最大粒径小于等于 0.50 cm，应不小于 500 g/样；为满足分析操作的需求，确定每个份样的采样量为 2 000 g。

④采样方法：首先将堆体中间高突部分大致推平后，将其划分为 250 个等面积网格。在每个网格中心插入小旗，并进行顺序编号。根据 HJ 298—2019 的要求，样品采集分两层进行。通过随机数表法抽取 25 个网格，随后使用采样铲或采样钻在上、下两层（0.5 m 和 1.8 m 处）分别采集样品。每个采样单元每层所采集的固体废物作为一个份样，共采集 50 个份样。

（3）案例分析

本案例中，堆体的高度约为 2.2 m。根据 HJ 298—2019 的 4.5.4 a）要求，对于堆积高度大于 0.5 m 的废物，应进行分层采样，每层采取的份样数应相等。为了便于后续采样操作，在采样前先将堆体的高凸部分大致推平。在本案例中，需要采集 50 个样品。根据 HJ 298—2019 的要求，将堆体划分为 5*N* 个等面积网格，其中 *N* 为所需采集的份样数。因此，本案例中划分了 250 个等面积网格，并在每个网格中心插入小旗，以便定位和编号。

由于本案例需要采集 50 个样品，且需要分两层采样，所以使用随机数表法抽取 25 个网格进行采样。在每个选定的网格中，分别在上、下两层采取样品。若本案例需要分 3 层进行采样，为了保证每层采集的份样数相等且最终份样数大于等于要求的最小份样数，应抽取 17 个网格分 3 层进行采样。对于暴露在环境中的废物堆，在采样时应注意表层的样品，至少在距表面 20～30 cm 以下进行采样，避免因表层样品受环境影响造成的采样误差。对于固态废物，采样时采样铲的宽度或直径应是废物最大粒径的 2 倍以上，以确保在采样过程中不会丢失大颗粒废物，从而保证样品具有足够的代表性。对于堆积高度小于等于 0.5 m 的废物，采样方法略有不同。在此情况下，应将废物堆平铺为厚度 10～15 cm 的矩形，并划分为 5*N* 个网格。以本案例为例，若堆积高度小于等于 0.5 m，堆体平铺后，划分为 250 个网格。使用小旗定位并编号后，使用随机数表抽取 50 个网格进行样品采集。在每个网格中心，使用采样铲垂直采取全层厚度的固体废物，每个网格采取的固体废物作为一个独立的份样。

6. 敞口贮存池中的液态废物采样典型案例

（1）案例背景

本案例涉及对某化工企业生产过程中产生的废液进行鉴别。其生产活动已停止，产生的废液被存储在一个容量为 600 m^3 的敞口贮存池中。现场勘查显示，该贮存池的尺寸为长 20 m、宽 10 m、深 3 m，废液深度约 2.7 m，估算废液总量约为 621 t，且废液无明显分层现象。

（2）采样方案

①采样对象：存放于化工企业敞口贮存池中的废液。

②份样数：根据贮存池中估算的废液总量 621 t，依据 HJ 298—2019 中表 1 的规定，确定样品采集的份样数为 80 个。

③份样量：考虑到分析需求，每个份样的采样量定为 2 000 mL。

④采样方法：首先，将贮存池划分为 400 个等面积网格，并进行编号。为便于定位，根据网格边长，在贮存池的长和宽两侧固定小旗，并将网格编号进行坐标化处理。采用随机数表法抽取 80 个网格作为采样单元。现场条件下，使用水质采样无人机或机械臂装载重瓶采样器，在选定的网格中心位置处垂直缓慢地将重瓶采样器下沉至池底；待采样器充满废液后，缓缓提出，并将样品注入采样容器。每个网格中心所采集的废液作为一个份样，共计采集 80 个份样。

（3）案例分析

本案例中贮存池中的废液深度为 2.7 m，且无明显分层。根据 HJ 298—2019 的标准，对于无明显分层的液态废物，无须进行分层采样。采样前，需将贮存池划分为 5N 个等面积网格，本案例中为 400 个网格。为便于采样定位，可将贮存池进行坐标化处理。具体操作：贮存池长边每 0.25 m 划分为一段，共 80 段，并在每段中心固定旗帜编号 X1～X80；短边每 0.2 m 划分为一段，共 50 段，固定 50 面旗帜编号 Y1～Y50。随后，将网格编号转换为长（X）、宽（Y）的坐标形式。本次鉴别采样需采集 80 个样品，因此采用随机数表法抽取 80 个网格作为采样单元。采样过程中，利用标线定位绿色激光灯根据网格坐标进行定位。考虑到废液深度较大且具有腐蚀性，为保障人员安全，采用无人机或机械臂搭载采样装置进行采样。由于废液无明显分层，采样时无须考虑分层问题，但仍需注意采样器的垂直插入和缓慢提取，以减少对废液的扰动。鉴于本案例贮存池面积较大，为确保人员安全，采用机械臂通过绳索固定采样器进行采样。若贮存池面积较小且采样空间有限，可使用伸缩杆采样器进行采样。对于贮存池较大的废液进行采样，若受场地环境所限无法使用机械臂，可考虑使用水质采样无人机进行采样。

7. 随机数表法的概念与操作流程

在危险废物鉴别工作中，恰当的采样方法对于保证鉴别结果的准确性至关重要。随机数表是一种生成随机数的工具，它确保了样本的随机性和代表性。在危险废物鉴别中，往往需要从大量的固体废物中抽取一定数量的样本进行检测。对于堆存状态的固体废物，如果采用非随机的抽样方式，可能会引发样本偏差，进而影响鉴别结果的准确性。

随机数表法是一种基于随机原则的采样方法，通常与其他采样方法结合使用，以确保采样的随机性和代表性。随机性原则是随机数表法的核心，要求在采样时对每个采样单元进行随机的无偏选择，以避免因个人倾向而产生采样误差。例如，在使用随机数表时，起始点的选择应随机，避免起始点固定或带有倾向性。实际操作中，可以通过使用多面骰子随机确定起始行列，以确保采样的随机性。具体操作流程如下：

（1）对所有采样部位（如等面积网格、容器、板框等）进行顺序编号。

（2）根据编号数量确定随机数表的组合行或列数，从随机数表中随机选择起始点开始读取数字。

（3）读取的数字需小于等于最大编号，将重复或已采样的数字编号去除，直至抽取到所需的采样数。

案例应用：以板框压滤机产生的固体废物采样典型案例为例，我们需要从 120 个板框中抽取 3 个板框采取废物作为样本进行检测。首先，将压滤机各板框进行顺序编号。随后，使用骰子随机确定起始行列，得到的数字分别为 7 和 10（图 6-1）。然后，从随机数表的第 7 行第 10 列开始，以 3 列合并为一个编号，从左往右、从上往下数，记录小于等于 120 的数字（重复数字去除）。最终抽到的编号为 040、059 和 051，这 3 个编号对应的板框被选为采样单元进行采样。

行\列	1	2	3	4	5	6	7	8	9	10	11	12	13	14	15	16	17	18	19	20
1	3	1	9	6	3	4	7	3	8	0	2	6	5	0	1	8	4	3	0	2
2	2	5	1	1	5	9	4	5	0	8	1	0	9	4	4	0	1	1	8	0
3	8	5	2	8	8	3	2	3	2	5	4	6	0	5	2	0	8	4	3	6
4	4	8	9	9	7	7	5	1	4	2	8	8	1	1	0	7	1	0	6	9
5	4	6	7	0	8	8	9	2	6	4	8	7	3	4	6	4	3	3	0	1
6	2	9	4	0	0	2	7	5	1	3	8	6	2	5	5	7	1	9	1	9
7	7	9	5	4	8	3	5	2	7	9	5	1	5	1	1	1	3	4	0	4
8	0	8	5	8	2	4	0	0	5	9	0	4	0	0	5	1	4	1	7	2
9	9	6	6	0	4	4	9	3	0	0	7	2	8	5	1	2	7	2	6	1
10	0	3	7	6	6	5	7	5	5	5	3	4	6	4	8	5	8	1	2	6
11	8	2	2	4	3	7	3	0	8	7	3	7	2	1	7	0	5	8	8	3
12	5	8	4	4	0	2	7	9	9	0	8	7	6	8	4	6	7	4	9	0
13	7	0	6	2	8	6	9	8	4	6	9	4	8	3	1	6	7	9	4	7
14	2	7	1	3	2	0	4	4	2	0	2	2	5	5	0	2	5	1	7	2
15	8	5	8	5	4	9	2	8	5	0	5	9	7	3	0	2	5	9	0	1
16	1	9	3	3	5	6	5	2	6	7	7	5	5	1	7	0	8	9	1	9
17	9	7	6	4	5	9	1	6	5	0	8	1	9	6	1	6	6	8	7	8
18	5	5	1	3	8	8	9	4	4	6	9	1	1	1	0	4	7	9	8	7
19	3	7	8	6	2	8	7	4	6	5	4	0	4	9	7	3	8	6	6	7
20	9	1	1	3	4	7	7	8	8	3	9	3	7	5	4	6	6	5	3	1

图 6-1 20×20 随机数字表

6.1.7 检测工作方案的确定

1. 鉴别危险特性和检测项目的筛选

根据《关于加强危险废物鉴别工作的通知》(环办固体函〔2021〕419号)的要求，危险废物鉴别过程需要进行样品采集和危险特性检测工作的，危险废物鉴别单位应在开展鉴别工作前编制鉴别方案，因此待鉴别固体废物的样品采集和检测工作应包括初筛和正式采样两个环节。鉴别对象危险特性的识别和危险特性鉴别检测项目的筛选，应根据固体废物的产生源特性确定，必要时可向与该固体废物危险特性鉴别工作无直接利害关系的行业专家咨询。经综合分析固体废物产生过程生产工艺、原辅材料、产生环节和主要危害成分，确定不存在的危险特性，不进行检测。

2. 检测技术方案和质量控制措施

(1) 固体废物危险特性鉴别使用 GB 5085.1、GB 5085.2、GB 5085.3、GB 5085.4、GB 5085.5 和 GB 5085.6 规定的相应方法和指标限值。

(2) 检测过程中，可首先选择可能存在的主要危险特性进行检测。任何一项检测结果按《危险废物鉴别技术规范》(HJ 298—2019) 第7章可判定该固体废物具有危险特性时，可不再检测其他危险特性(需要通过进一步检测判断危险废物类别的除外)。

(3) 固体废物利用过程或处置后产生的固体废物的危险特性鉴别，应首先根据被利用或处置的固体废物的危险特性进行判定。

(4) 鉴别过程中的样品采集、包装、运输、保存、检测等应遵从检验检测相关的质量管理要求，检验检测应当符合资质认定相关要求，鉴别报告应满足《危险废物鉴别单位管理要求》所述危险废物鉴别质量管理要求。采样过程具体质量控制措施如下：

①为保证在允许误差范围内获得工业固体废物的具有代表性的样品，应在采样的全过程进行质量控制。

②在工业固体废物采样前，应设计详细的采样方案(采样计划)；在采样过程中，应认真按采样方案进行操作。

③对采样人员应进行培训。工业固体废物采样是一项技术性很强的工作，应由受过专门培训、有经验的人员承担。采样人员应熟悉工业固体废物的性状、掌握采样技术、懂得安全操作的有关知识和处理方法。采样时，应由两人以上在场进行操作。

④采样工具、设备所用材质不能和待采工业固体废物有任何反应，不能使待采工业固体废物污染、分层和损失。采样工具应干燥、清洁，便于使用、清洗、保养、检查和维修。任何采样装置(特别是自动采样器)在正式使用前均应做可行性试验。

⑤采样过程中要防止待采工业固体废物受到污染和发生变质。与水、酸、碱有反应的工业固体废物，应在隔绝水、酸、碱的条件下采样(如反应十分缓慢，在采样精确度

允许的条件下，可以通过快速采样消除这一影响）；组成随温度变化的工业固体废物，应在其正常组成所要求的温度下采样。

⑥盛样容器应满足以下要求：盛样容器材质与样品物质不起作用，没有渗透性；具有符合要求的盖、塞或阀门，使用前应洗净、干燥；对光敏性工业固体废物样品，盛样容器应是不透光的（使用深色材质容器或容器外罩深色外套）。

⑦样品盛入容器后，在容器壁上应随即贴上标签。标签内容包括样品名称及编号、工业固体废物批及批量、产生单位、采样部位、采样日期、采样人等。

⑧在样品运输过程中，应防止不同工业固体废物样品之间的交叉污染；盛样容器不可倒置、倒放，应防止破损、浸湿和污染。

⑨填写并保存好采样记录和采样报告。

⑩采样全过程应由专人负责。

6.2 样品运输及保存要求

6.2.1 样品运输与接收

样品采集后必须立即送回实验室进行分析，运输必须配备专人负责，同一采样点的采样袋需装在同一箱内，与采样记录逐件核对，确保所采样品全部装箱，运输人员应根据采样记录和样品流转单清点样品，以防止有误。样品在运输时应装箱运输，装箱时用泡沫塑料或波纹纸板垫底和间隔防震，防止因振动、碰撞而导致样品损失或沾污。样品运输过程中避免日光照射，气温异常偏高或偏低时还应采取适当保温措施。

样品接收时，样品必须由样品管理员登记、验收、分发，并严格办理交接手续。样品管理员在验收过程中，根据检测需求，核实样品状况（包括标识、包装、外观、数量、重量等），确认样品的性质和状态是否适宜于检测，如发现编号错乱、标签缺损、字迹不清、项目不明、规格不符、数量不足等情况时，不得签字验收。

6.2.2 样品保存

采集的固体废物样品应按照 HJ/T 20 中的要求进行制样和样品的保存，样品保存要求具体如下：

（1）样品保存量的要求：每份样品的保存量应不少于试验和分析所需量的 3 倍。确保有足够的样品用于留存、实验室内部质量控制所需的重复分析，以及应对意外情况导致的样品损耗。

（2）样品标签管理：在样品装入容器后，应立即贴上标签，以防混淆和误标。标签内容应包括样品编号、采样时间、采样点位、采样人员等关键信息。鉴于固体废物成分复杂，可能具有腐蚀性，建议准备两份标签。首先，在样品装入清洁干净的容器并密封后，将第 1 份标签贴于容器表面；随后，将容器放入聚乙烯自封袋中密封，并在自封袋上贴上第 2 份标签。这样既避免了样品交叉污染，又可确保样品在保存和运输过程中的可追溯性。

（3）易挥发废物的保存：对于易挥发废物，应采用无顶空存样方式，确保样品完全填满容器，不留空隙。根据分析要求，进行冷冻或冷藏保存。

（4）光敏废物的保存：对于光敏废物，如有机类样品，应使用深色容器装载，并将其放置在避光的环境中，以防止光降解。

（5）温度敏感废物的保存：温度敏感的样品应在低于规定温度的特定温度范围内保存。例如，大部分分析指标要求样品在 0～4℃的环境中进行冷藏保存。采样时，应配备样品保温箱，内置足量冰冻蓝冰。建议使用内置温度表的保温箱，以便根据显示的温度确定冰冻蓝冰的大小和数量。样品采集后应立即放入保温箱内。若样品无法在采集当天送达实验室，应在 4℃的冷藏柜中避光保存。应注意蓝冰的蓄冷时长一般不超过 24 h。

（6）与水、酸、碱反应废物的保存：对于易与水、酸、碱反应的废物，应在隔绝这些物质的条件下保存。例如，装有生石灰、氯化铝等废物的样品容器，应存放在干燥环境中，防止样品与水分接触发生反应。

（7）防污染措施：在样品保存过程中，应采取措施防止样品受潮或受到灰尘等外部污染，确保分析结果的准确性。

（8）样品保存期限：固体废物样品的常规保存期为 1 个月，但易变质的样品不受此限制。具体保存时间应严格按照相关分析标准执行。

（9）实验室内样品管理：样品应存放在实验室内专门的冷藏室中，并由专人负责管理。需记录每个样品的存放位置和保存状态，确保样品在保存期间的安全，防止误取、丢失、污染或损坏。

（10）废弃样品处理：撤销的样品不得随意丢弃，应送回原采样地点或指定的处置场所，确保废弃样品得到妥善处理，防止污染环境。

6.3 样品制备

6.3.1 方案设计

在工业固体废物制样前，应首先进行制样方案（制样计划）设计。方案内容包括制样目的和要求、制样程序、安全措施、质量控制、制样记录和报告。

（1）制样目的

制样的目的是从采取的小样或大样中获取最佳份量、具有代表性、能满足试验或分析要求的样品。在设计制样方案时，应首先明确以下具体目的和要求：特性鉴别试验；废物成份分析；样品量和粒度要求；其他目的和要求。

（2）制样程序

制样按以下步骤进行：①选派制样人员；②确定小样或大样的量和最大粒度直径；③明确制样目的和要求；④按 $Q \geqslant K \cdot d^a$ 确定制样操作和选择制样工具；⑤制定安全措施；⑥制定质量控制措施；⑦制样；⑧送检和保存。

（3）制样记录和报告

制样时应记录工业废物样品的名称、数量、性状、包装、处置、贮存、环境、编号、送样日期、送样人、制样日期、制样法、制样人等。必要时，根据记录填写制样报告。

6.3.2 制样技术

1. 制样工具

①鄂式破碎机；②圆盘粉碎机；③玛瑙研磨机；④药碾；⑤玛瑙研钵或玻璃研钵；⑥标准套筛；⑦十字分样板；⑧分样铲及挡板（图 6-2、表 6-3）；⑨分样器；⑩干燥箱；⑪盛样容器。

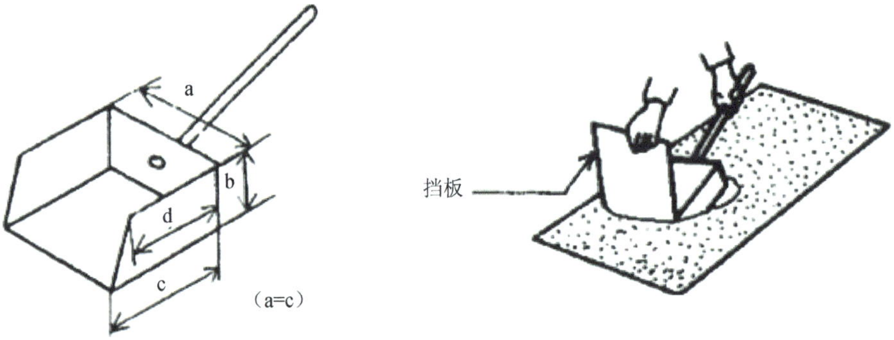

图 6-2 分样铲（左）和挡板（右）

表 6-3 样品最大粒度、样品层厚度和分样铲尺寸

样品最大粒度	样品层厚度	分样铲尺寸				分样铲材料厚度	分样铲容积/mL
		a	b	c	d		
22.4	35～45	80	45	80	70	2	约 300
10	25～35	60	35	60	50	1	约 125
5	20～30	50	30	50	40	1	约 75
3	15～25	40	25	40	30	0.5	约 40
1	10～15	30	15	30	25	0.5	约 15

2. 固态废物制样

固态废物样品制备包括样品的粉碎、筛分、混合和缩分 4 个操作。

（1）样品的粉碎

用机械方法或人工方法破碎和研磨，使样品分阶段达到相应排料的最大粒度。

（2）样品的筛分

根据粉碎阶段排料的最大粒度，选择相应的筛号，分阶段筛出一定粒度范围的样品，保证 95%以上样品处于某一粒度范围。

（3）样品的混合

用机械设备或人工转堆法，使过筛的一定粒度范围的样品充分混合，以达到均匀分布。

（4）样品的缩分

将样品缩分成两份或多份，以减少样品的质量，可以采用下列一种方法或几种方法并用。

①份样缩分法：将样品置于平整、洁净的台面（地板革）上，充分混合后，根据厚度（表 6-3）铺成长方形平堆，划成等分的网络，缩分大样不少于 20 格，缩分小样不少于 12 格，缩分份样不少于 4 格（图 6-3）。将挡板垂直插至平堆底部，然后于距挡板约等于 c 处将分样铲垂直插至底部，水平移动直至分样铲开口端部接触挡板（图 6-2），将分样铲和挡板同时提起，以防止样品从分样铲开口处流掉。从各格随机取等量一满铲，合并为缩分样品。

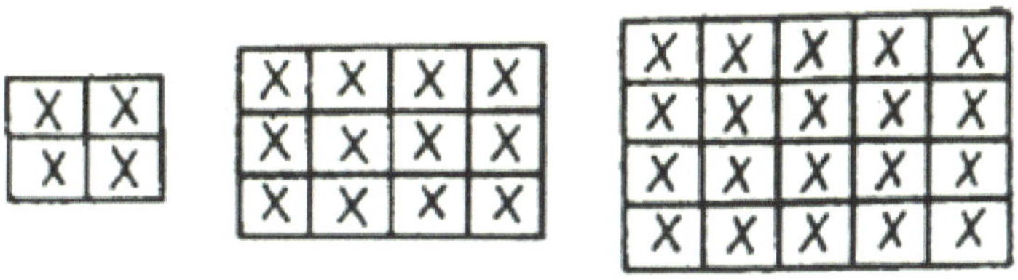

图 6-3　缩分图

②圆锥四分法：将样品置于洁净、平整的台面（地板革）上，堆成圆锥形，每铲自圆锥的顶尖落下，使样品均匀地沿锥尖散落，注意勿使圆锥中心错位，反复转堆至少 3 次，使充分混均，然后将圆锥顶端压平成圆饼，用十字分样板自上压下，分成四等份，任取对角的两等份，重复操作数次，直至该粒度对应的最小样品量。

③二分器缩分法：有条件的实验室，可采用此法缩分。

以上 4 个操作进行一次，即组成制样的一个阶段。

3. 液态废物制样

液态废物制样主要为样品的混匀和缩分。

（1）样品的混匀

对于盛小样或大样的小容器（瓶、罐），用手摇晃混匀；对于盛小样或大样的中等容器（桶、听），用滚动、倒置或手工搅拌器混匀；对于盛小样或大样的大容器（贮罐），用机械搅拌器、喷射循环泵混匀。

（2）样品的缩分

样品混匀后，采用二分法，每次减量一半，直至试验分析用量的10倍为止。

4．半固态废物制样

（1）半固态废物制样原则上按“固态废物制样”和“液态废物制样”规定进行。

（2）黏稠的不能缩分的污泥，要进行预干燥，干燥至可制备状态时，再进行粉碎、过筛、混合、缩分。

（3）对于有固体悬浮物的样品，要充分搅拌，摇动混匀后，按需要制成试样。

（4）对于含油等难以混匀的液体，可用分液漏斗等进行分离，分别测定体积，分层制样进行分析。

5．安全措施

工业固体废物制样安全措施参照《工业用化学产品采样安全通则》（GB/T 3723）。

6．质量控制

（1）为保证在允许误差范围内获得工业固体废物的具有代表性的样品，应在制样的全过程进行质量控制。

（2）在工业固体废物制样前，应设计详细的制样方案（制样计划）；在制样过程中，应认真按制样方案进行操作。

（3）对制样人员应进行培训，制样人员应熟悉工业固体废物的性状、掌握制样技术、懂得安全操作的有关知识和处理方法。制样时，应有两人以上在场进行操作。

（4）制样工具、设备所用材质不能和待制工业固体废物有任何反应、不破坏样品代表性、不改变样品组成；制样工具应干燥、清洁，便于使用、清洗、保养、检查和维修。

（5）制样过程中要防止待制工业固体废物受到交叉污染、发生变质和样品损失。组成随温度变化的工业固体废物，应在其正常组成所要求的温度下制样。

（6）盛样容器应满足以下要求：盛样容器材质与样品物质不起作用，没有渗透性；具有符合要求的盖、塞或阀门，使用前应洗净、干燥；对光敏性工业固体废物样品，盛样容器应是不透光的（使用深色材质容器或容器外罩深色外套）。

（7）样品盛入容器后，在容器壁上应随即贴上标签。标签内容包括样品名称及编号，工业固体废物批次及批量，产生单位，送样日期，送样人，制样日期，制样人，样品保存期。

（8）样品的保存和撤销应按规定期保存环境、保存时间及撤销办法操作。

（9）填写好、保存好制样记录和制样报告。

（10）制样全过程应设专人负责。

6.3.3 制样案例及要点分析

1. 板框压滤污泥制样案例

（1）案例背景

本制样案例以板框压滤污泥为例，企业废水处理过程中会产生混合各种酸、碱、溶剂、油脂、沉淀泥、磷酸皮膜、表面处理剂、粉剂、电镀废水等物质的污泥，经板框压滤得到待鉴别污泥。依据 HJ 298—2019 的规定，固体废物为 GB 34330 所规定的环境治理和污染控制过程中产生的物质，应在污染控制设施污染物来源、设施运行负荷和效果稳定的生产期采样。因此，鉴别采样期间污泥性状和组成成分基本稳定。

（2）制样方案

①制样目的和要求

制样的主要目的是通过对实验室固体废物的规范化处理，获得具有代表性的样品，以便于后续的化验分析、评估和处置。制样过程应满足以下要求：样品应具有代表性，能反映固体废物的物理化学性质；制样过程应避免对样品造成污染或改变其性质。

②制样工具

a. 风干设备：白色搪瓷盘、木铲、干燥箱；

b. 研磨设备：操作板（木质/有机玻璃）、木锤/棍、无色聚乙烯薄膜、玛瑙球磨机等；

c. 过筛设备：尼龙筛（规格为 100 目）、特氟龙网筛（孔径为 9.5 mm）；

d. 混匀工具：牛角勺、木铲、十字分样板等；

e. 分装容器：具塞磨口玻璃瓶、具塞无色聚乙烯塑料瓶或特制牛皮纸袋；

f. 称量工具：电子天平；

g. 清洁工具：无油高压气泵、吸尘器等；

h. 标签打印：热敏打印机。

③安全防护措施

制样人员需要配备相应的安全防护设施，如口罩、手套、帽子和套袖。

④制样流程

a. 样品粉碎：采用人工方法进行破碎，对于小块或较软的污泥，可以直接使用工具（如木锤、棍棒等）进行破碎；对于大块或较硬的污泥，可先将其分割成较小的部分再进行破碎，破碎效果图见图 6-4。

b. 样品筛分：根据《危险废物鉴别标准　浸出毒性鉴别》（GB 5085.3—2007）的规定，固体废物浸出液需按照《固体废物　浸出毒性浸出方法　硫酸硝酸法》（HJ/T 299—

2007）进行制备。因此在样品筛分阶段采用 9.5 mm 孔径的特氟龙网筛，以保证样品 95% 以上处于该粒度范围。

图 6-4　板框压滤污泥破碎效果图

c. 样品混合：用人工转堆法，使过筛的样品充分混合，以达均匀分布。

d. 样品缩分：使用四分法（图 6-5）对混合样品进行缩分，通过多次四分获得最小样品量。

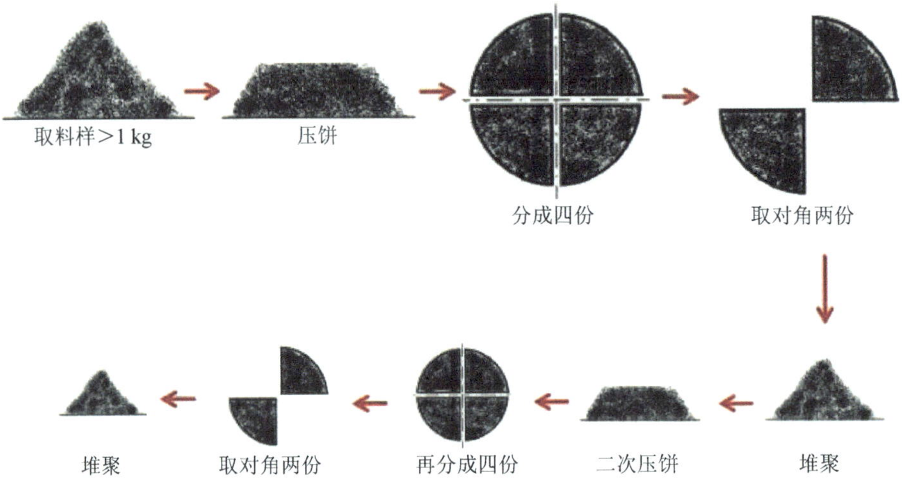

图 6-5　四分法取样示意图

⑤样品预处理

依据《固体废物　22 种金属元素的测定　电感耦合等离子体发射光谱法》（HJ 781—2016）和《固体废物　汞、砷、硒、铋、锑的测定　微波消解/原子荧光法》（HJ 702—2014）的方法要求，按照 HJ/T 20 的相关规定进行固体废物的样品制备后对样品进行预处理，包括干燥等，具体步骤如下：

a. 对于固态或可干化的半固态样品，称取一定量有代表性的样品转移到搪瓷盘的牛皮纸上，将搪瓷盘置于干燥箱内自然风干（有条件的实验室可以选择冷冻干燥方式进行）；

b. 将干燥完毕的固体废物置于玛瑙球磨机中进行研磨，确保样品全部过 100 目尼龙筛供金属含量分析，将制备完毕的样品放置于电子天平上称重并填写记录。

（3）案例分析

本案例是以板框压滤污泥为例的样品制备，其主要特点为样品含水率较高，一般为50%～80%，样品性状呈块状或滤饼状，内部均匀性较差，通过 HJ/T 20 的前处理制样能够获得具有代表性的实验室固体废物样品。

2. 受污染废矿制样案例

（1）案例背景

采样对象为某企业受污染矿石，该样品是一种不均匀且硬度高的矿石和污染物的混合物。为开展实验室分析，获得分析检验用样品，现场需采集大量代表性样品进行制样。矿石制样是通过各种制样设备，制备出与所采集代表性样品化学性质基本一致的实验室用样品。

（2）制样方案

①制样目的和要求

制样操作一般需分多阶段进行，每个阶段均包括干燥（必要时）、破碎、混合和缩分一系列操作。矿石的制样操作需要上述阶段交替进行，逐步减少样品质量，最后研磨成待分析样品。由于样品数量要比采样量少得多，因此制样误差要比采样误差小得多。但制样如果操作不当，引起的制样误差仍然不可忽视。

②制样流程

a. 矿石样品预干燥

若样品很湿或很黏，制样不能正常进行时，可将样品放入干燥箱进行干燥，以便制样可以顺利进行。

b. 矿石样品破碎

应采用与矿石硬度相适应的设备进行破碎和研磨，一般采用鄂式破碎机、切割式研磨仪对样品进行破碎，破碎效果图见图 6-6。

图 6-6 鄂式破碎机研磨样品性状效果图

c. 矿石样品混合

混合样品可使其更均匀，减少样品缩分时的偏差，这取决于混合的方法和矿石的特性。如果样品由多个来源组成时，混合就尤其重要。在可能的情况下，宜将样品制样流程设计中混合环节减到最少，因为可能产生与预想相反的效果并可能导致偏离增大。

混匀操作可采用（但不限于）以下 3 种方式：

a）翻拌法：用铲子进行对角翻拌，重复 10 次以上。

b）提拉法：轮换提取方形聚乙烯膜的对角一上一下提拉，重复 10 次以上。

c）堆锥法：将破碎样品均匀地从顶端倾倒，堆成一个圆锥体，重复 5 次以上。

除手工混匀外，也可采用缩分器等仪器辅助进行混匀，其与样品接触的材质需不干扰样品测试结果。

d. 矿石样品缩分

a）缩分应按原状进行缩分，必要时可破碎到适当的粒度以减少样品质量，为达到规定的制样精密度，缩分应考虑缩分样品的最大粒度及测定各种品质特性规定的缩分后样品的最小质量；

b）缩分方法包括单独或联合使用以下一个或多个样品缩分技术：机械份样缩分法、其他机械缩分法（如机械装料二分器缩分机）及手工缩分法。手工缩分法按下列程序进行：

i. 被缩分的样品铺在一光滑的平板上，呈长方形，样品厚度均匀，在铺好的样层上划分均匀的网格数；

ii. 根据被缩分矿石的粒度，选取一个合适的份样铲，从平铺样层的每格中取出质量大致相等的一个份样（取样位置在每一格中随机选取）；

iii. 将一块平滑的挡板垂直插入平铺的样品中，直到与结合面接触。然后把份样铲插到样品底部，在取份样时，水平移动份样铲，使其开口端与挡板相接触，以此确保能够取到结合面上部的所有矿石颗粒；

iv. 把份样铲和挡板一起抬起来，确保没有样品从份样铲上丢失，从而使偏差最小；

v. 若缩分样的质量可能小于下一步试验所需的质量时，则应增加份样的质量和/或份样的个数；

vi. 用手工份样缩分法缩分样品见图 6-7，其适用于水分样品缩分。

（3）案例分析

本案例是以受污染矿石为例的制样处理，由于样品基数大且极度不均匀，给固体废物制样增加了难度。由此可以引申到一些不常见的固体废物制样，如金属制品件、玻璃、塑料、工业垃圾等，都可先用一些仪器进行破碎，再依据 HJ/T 20 中的要求进行制样和样品的保存。

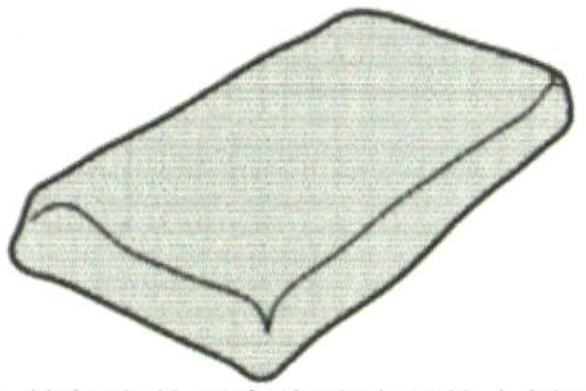

（a）按规定的厚度将破碎后的大样铺成长方形

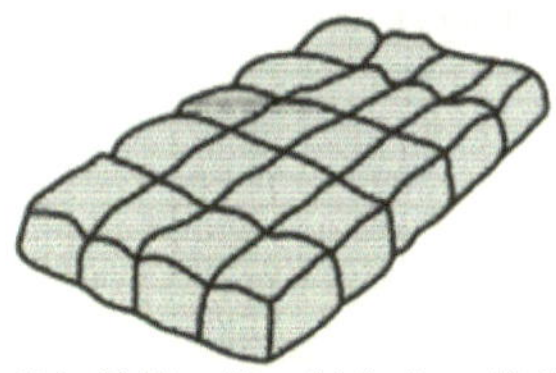

（b）按纵 5 横 4 划分成 20 等份

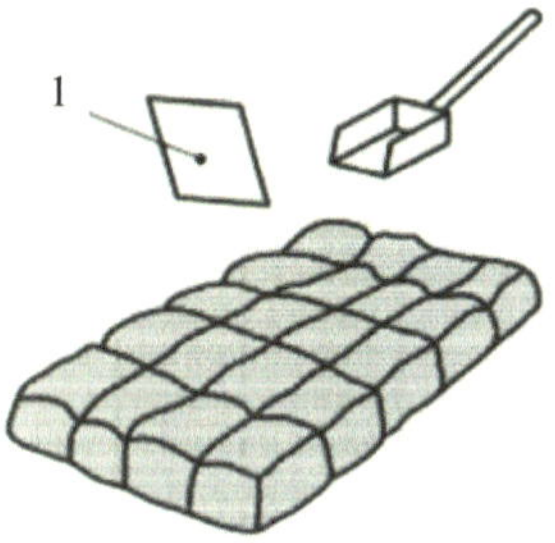

（c）把份样铲插到样层底部，从 20 等份的每一份中随机铲一份样品，将 20 铲样品合成缩分样

（d）用（c）中所示挡板采样份样的示意图

图 6-7　样品手工份样缩分示例（20 份）

3. 液态废物制样案例

（1）案例背景

采样对象为某污水处理厂内混凝沉淀池中的泥水混合物，因混凝过程是工业用水和生活污水处理中最基本也是极为重要的处理过程，通过向水中投加一些药剂（通常称为混凝剂及助凝剂），使水中难以沉淀的颗粒能互相聚合而形成胶体，然后与水体中的杂质结合形成更大的絮凝体，所以此类样品在危险废物鉴别的过程中是非常常见的。

（2）制样方案

①制样目的和要求

液态废物制样主要为混匀和缩分。混匀是通过不同的混匀方式来促进样品中各成分混合均匀，缩分是为了从采取的液体样品中获取最佳量、具有代表性、能满足试验或分析要求的样品。

②制样工具

制样工具主要为玻璃棒、烧杯、液体混匀器、搅拌器、密闭容器等。需确保制样工具不与样品发生反应或干扰。

③制样流程

a. 样品的混匀

a）旋转法：以右手握住容器，手掌心紧贴容器口，用腕力使容器沿一个方向旋转，从而产生旋涡，达到混匀的效果。此方法适用于液体量较多或容器口较小的情形。

b）搅拌法：将液态废物倒入烧杯中，以右手握住玻璃棒上部，轻轻甩动玻璃棒，通过顺时针旋转使液体混匀。此方法适用于液体量较多或容器口较小的情形（图 6-8）。

图 6-8　液态废物搅拌法混匀效果图

c）吸管混匀法：使用干净的大号吸管，通过反复吸取、释放液体，使其充分混匀。

d）振荡器混匀：将需要混匀的液体倒入容器中，随后手持容器放置在振荡器台面上，通过振荡器的振动来混匀液体。

b. 样品的缩分

样品混匀后，采用二分法，每次减量一半，直至试验分析用量的 10 倍为止。

（3）案例分析

本案例是以液态废物为例的制样处理。由于此类样品是生产和加工过程中产生的含有有害成分的液体废弃物，这些废物通常具有较高的浓度和复杂的成分，所以在制样过程中需根据实际情况通过不同的混匀方式进行处理，再通过二分法缩分后达到样品分析的最佳状态。

6.4　样品前处理及检测方法

依据《危险废物鉴别技术规范》（HJ 298—2019）的要求，鉴别过程中采集的固体废物样品应按照 GB 5085.1、GB 5085.2、GB 5085.3、GB 5085.4、GB 5085.5 和 GB 5085.6 中分析方法的要求进行样品的前处理与检测。

6.4.1 腐蚀性鉴别

1．腐蚀性鉴别标准

根据《危险废物鉴别标准　腐蚀性鉴别》（GB 5085.1—2007）的规定，符合下列任何条件之一的固体废物，属于腐蚀性危险废物。

（1）按照 GB/T 15555.12—1995 的规定制备的浸出液，pH≥12.5 或 pH≤2.0。

（2）在 55℃条件下，对 GB/T 699 中规定的 20 号钢材的腐蚀速率≥6.35 mm/a。

2．腐蚀性鉴别实验方法

根据《危险废物鉴别标准　腐蚀性鉴别》（GB 5085.1—2007）的规定，腐蚀性鉴别检测项目包括 pH 和腐蚀速率，pH 测定按照 GB/T 15555.12—1995 的规定进行，腐蚀速率测定按照 JB/T 7901 的规定进行。

6.4.2 急性毒性初筛

1．急性毒性初筛标准

根据《危险废物鉴别标准　急性毒性初筛》（GB 5085.2—2007）的规定，符合下列条件之一的固体废物，属于危险废物。

（1）经口摄取：固体 LD_{50}≤200 mg/kg，液体 LD_{50}≤50 mg/kg。

（2）经皮肤接触：LD_{50}≤1 000 mg/kg。

（3）蒸气、烟雾或粉尘吸入：LC_{50}≤10 mg/L。

2．急性毒性初筛实验方法

根据《危险废物鉴别标准　急性毒性初筛》（GB 5085.2—2007）的规定，经口 LD_{50}、经皮 LD_{50} 和吸入 LC_{50} 的测定按照 HJ/T 153 中指定的方法进行。

6.4.3 浸出毒性鉴别

1．浸出毒性鉴别标准

根据《危险废物鉴别标准　浸出毒性鉴别》（GB 5085.3—2007）的规定，按照 HJ/T 299 制备的固体废物浸出液中任何一种危害成分含量超过 GB 5085.3—2007 表 1 中所列的浓度限值，则判定该固体废物是具有浸出毒性特征的危险废物。

2．浸出毒性鉴别实验方法

根据《危险废物鉴别标准　浸出毒性鉴别》（GB 5085.3—2007）的规定，无机元素及其化合物的样品（除六价铬、无机氟化物、氰化物外）的前处理方法参照附录 S；六价铬及其化合物的样品的前处理方法参照附录 T；有机样品的前处理方法参照附录 U、附录 V、附录 W。各危害成分项目的测定，除执行规定的标准分析方法外，暂按附录中规定的方法执行；待适用于测定特定危害成分项目的国家环境保护标准发布后，按标准的规定执行。根据目前固体废物鉴别检测方法的更新情况，固体废物样品浸出毒性的检测方法见表 6-4。

表 6-4 固体废物样品浸出毒性的检测方法

检测指标	检测方法
铜、锌、镉、铅、总铬、铍、钡、镍、总银	《固体废物 22 种金属元素的测定 电感耦合等离子体发射光谱法》（HJ 781—2016）
汞、砷、硒	《固体废物 汞、砷、硒、铋、锑的测定 微波消解/原子荧光法》（HJ 702—2014）
氟化物	《危险废物鉴别标准 浸出毒性鉴别》（GB 5085.3—2007）附录 F
氰化物	《危险废物鉴别标准 浸出毒性鉴别》（GB 5085.3—2007）附录 G
六价铬	《固体废物 六价铬的测定 二苯碳酰二肼分光光度法》（GB/T 15555.4—1995）
烷基汞	《水质 烷基汞的测定 气相色谱法》（GB/T 14204—93）
非挥发性有机化合物	《固体废物 半挥发性有机物的测定 气相色谱-质谱法》（HJ 951—2018）
挥发性有机化合物	《固体废物 挥发性有机物的测定 顶空/气相色谱-质谱法》（HJ 643—2013）
丙烯腈	《固体废物 丙烯醛、丙烯腈和乙腈的测定 顶空-气相色谱法》（HJ 874—2017）
有机农药类	参考《危险废物鉴别标准 浸出毒性鉴别》（GB 5085.3—2007）附录中的分析方法

3. 浸出液制备方法

根据《危险废物鉴别标准 浸出毒性鉴别》（GB 5085.3—2007）的规定，固体废物浸出液的制备方法为《固体废物 浸出毒性浸出方法 硫酸硝酸法》（HJ/T 299—2007）。

4. 金属元素分析的样品检测

表 6-4 中汞、砷、硒 3 种金属的检测采用《固体废物 汞、砷、硒、铋、锑的测定 微波消解/原子荧光法》（HJ 702—2014），其余金属的检测方法为《固体废物 22 种金属元素的测定 电感耦合等离子体发射光谱法》（HJ 781—2016）。

5. 有机化合物分析的样品检测

表 6-4 中非挥发性有机化合物（除丙烯腈外）的检测方法为《固体废物 半挥发性有机物的测定 气相色谱-质谱法》（HJ 951—2018），其中丙烯腈的检测方法为《固体废物 丙烯醛、丙烯腈和乙腈的测定 顶空-气相色谱法》（HJ 874—2017），挥发性有机化合物的检测方法为《固体废物 挥发性有机物的测定 顶空/气相色谱-质谱法》（HJ 643—2013）。

6.4.4 易燃性鉴别

1. 易燃性鉴别标准

根据《危险废物鉴别标准　易燃性鉴别》（GB 5085.4—2007）的规定，符合下列任何条件之一的固体废物，属于易燃性危险废物。

（1）液态易燃性危险废物

闪点温度低于60℃（闭杯试验）的液体、液体混合物或含有固体物质的液体。

（2）固态易燃性危险废物

在标准温度和压力（25℃，101.3 kPa）下，因摩擦或自发性燃烧而起火，经点燃后能剧烈而持续地燃烧并产生危害的固态废物。

（3）气态易燃性危险废物

在20℃，101.3 kPa状态下，在与空气的混合物中体积分数≤13%时可点燃的气体；或者在该状态下，不论易燃下限如何，与空气混合，易燃范围的易燃上限与易燃下限之差≥12%的气体。

2. 易燃性鉴别实验方法

（1）液态易燃性危险废物的测试方法按照GB/T 261的规定进行。

（2）固态易燃性危险废物的测试方法按照GB 19521.1的规定进行。

（3）气态易燃性危险废物的测试方法按照GB 19521.3的规定进行。

6.4.5 反应性鉴别

1. 反应性鉴别标准

根据《危险废物鉴别标准　反应性鉴别》（GB 5085.5—2007）的规定，符合下列任何条件之一的固体废物，属于反应性危险废物。

（1）具有爆炸性质

①常温常压下不稳定，在无引爆条件下，易发生剧烈变化。

②标准温度和压力下（25℃，101.3 kPa），易发生爆轰或爆炸性分解反应。

③受强起爆剂作用或在封闭条件下加热，能发生爆轰或爆炸反应。

（2）与水或酸接触产生易燃性气体或有毒气体

①与水混合发生剧烈化学反应，并放出大量易燃气体和热量。

②与水混合能产生足以危害人体健康或环境的有毒气体、蒸气或烟雾。

③在酸性条件下，每千克含氰化物废物分解产生≥250 mg的氰化氢气体，或者每千克含硫化物废物分解产生≥500 mg的硫化氢气体。

（3）废弃氧化剂或有机过氧化物

①极易引起燃烧或爆炸的废弃氧化剂。

②对热、震动或摩擦极为敏感的含过氧基的废弃有机过氧化物。

2．反应性鉴别实验方法

（1）爆炸性危险废物的鉴别主要依据专业知识，在必要时可按照 GB 19455 中第 6.2 条和第 6.4 条的规定进行试验和判定。

（2）“与水或酸接触产生易燃性气体或有毒气体”中第一条按照 GB 19521.4—2004 第 5.5.1 条和第 5.5.2 条的规定进行试验和判定。

（3）“与水或酸接触产生易燃性气体或有毒气体”中第二条主要依据专业知识和经验来判断。

（4）“与水或酸接触产生易燃性气体或有毒气体”中第三条按照《危险废物鉴别标准 反应性鉴别》（GB 5085.5—2007）的附录 1 进行。

（5）“废弃氧化剂或有机过氧化物”中第一条按照 GB 19452 的规定进行。

（6）“废弃氧化剂或有机过氧化物”中第二条按照 GB 19521.12 的规定进行。

6.4.6 毒性物质含量鉴别

1．毒性物质含量鉴别标准

根据《危险废物鉴别标准 毒性物质含量鉴别》（GB 5085.6—2007）的规定，符合下列条件之一的固体废物是危险废物。

（1）含有《危险废物鉴别标准 毒性物质含量鉴别》（GB 5085.6—2007）（以下简称《标准》）附录 A 中的一种或一种以上剧毒物质的总含量≥0.1%；

（2）含有《标准》附录 B 中的一种或一种以上有毒物质的总含量≥3%；

（3）含有《标准》附录 C 中的一种或一种以上致癌性物质的总含量≥0.1%；

（4）含有《标准》附录 D 中的一种或一种以上致突变性物质的总含量≥0.1%；

（5）含有《标准》附录 E 中的一种或一种以上生殖毒性物质的总含量≥0.5%；

（6）含有《标准》附录 A 至附录 E 中的两种及以上不同毒性物质，如果符合下列等式，按照危险废物管理：

$$\sum\left[\left(\frac{p_{T^+}}{L_{T^+}}+\frac{p_T}{L_T}+\frac{p_{Carc}}{L_{Carc}}+\frac{p_{Muta}}{L_{Muta}}+\frac{p_{Tera}}{L_{Tera}}\right)\right]\geqslant 1$$

式中：p_{T^+}——固体废物中剧毒物质的含量；

p_T——固体废物中有毒物质的含量；

p_{Carc}——固体废物中致癌性物质的含量；

p_{Muta}——固体废物中制突变性物质的含量；

p_{Tera}——固体废物中生殖毒性物质的含量；

L_{T^+}、L_T、L_{Carc}、L_{Muta}、L_{Tera}——分别为各种毒性物质在（1）～（5）中规定的标准值。

（7）含有《标准》附录 F 中的任何一种持久性有机污染物（除多氯二苯并对二噁英、多氯二苯并呋喃外）的含量≥50 mg/kg；

（8）含有多氯二苯并对二噁英和多氯二苯并呋喃的含量≥15 μg TEQ/kg。

2．毒性物质含量鉴别实验方法

（1）无机元素及其化合物的样品（除六价铬、无机氟化物、氰化物外）的前处理方法参照 GB 5085.3 附录 S；六价铬及其化合物的样品的前处理方法参照 GB 5085.3 附录 T。

（2）有机样品的前处理方法参照 GB 5085.3 附录 U、附录 V、附录 W 和《标准》附录 G。

（3）各毒性物质的测定，除执行规定的标准分析方法外，暂按附录中规定的方法执行；待适用于测定特定毒性物质的国家环境保护标准发布后，按标准的规定执行。根据目前危险废物鉴别检测方法的更新情况，固体废物样品毒性物质含量的检测方法见表 6-5。

表 6-5　固体废物样品毒性物质含量的检测方法

检测指标	检测方法
银、铝、钡、铍、钙、镉、钴、铬、铜、铁、钾、镁、锰、钠、镍、铅、锶、钛、钒、锌、铊、锑	《固体废物　22 种金属元素的测定　电感耦合等离子体发射光谱法》（HJ 781—2016）
汞、砷、硒、铋	《固体废物　汞、砷、硒、铋、锑的测定　微波消解/原子荧光法》（HJ 702—2014）
氟化物	《固体废物　氟的测定　碱熔-离子选择电极法》（HJ 999—2018）
氰化物	《危险废物鉴别标准　浸出毒性鉴别》（GB 5085.3—2007）附录 G
六价铬	《固体废物　六价铬的测定　二苯碳酰二肼分光光度法》（GB/T 15555.4—1995）
非挥发性有机化合物	《固体废物　半挥发性有机物的测定　气相色谱-质谱法》（HJ 951—2018）
挥发性有机化合物	《固体废物　挥发性有机物的测定　顶空/气相色谱-质谱法》（HJ 643—2013）
其他	参考《危险废物鉴别标准　毒性物质含量鉴别》（GB 5085.6—2007）附录中的分析方法

3．金属元素的测定方法

固体废物中汞、砷、硒、铋、锑等金属元素的毒性物质含量的测定方法为《固体废物　汞、砷、硒、铋、锑的测定　微波消解/原子荧光法》（HJ 702—2014），其余常见金属元素的测定方法为《固体废物　22 种金属元素的测定　电感耦合等离子体发射光谱法》

（HJ 781—2016）。

4．氟化物的测定方法

固体废物中氟化物毒性物质含量的测定方法为《固体废物　氟的测定　碱熔-离子选择电极法》（HJ 999—2018）。

5．氰化物的测定方法

固体废物中氰化物毒性物质含量的测定方法为《标准》附录 G。

6．有机化合物的测定方法

固体废物中半挥发性有机物的测定方法为《固体废物　半挥发性有机物的测定　气相色谱-质谱法》（HJ 951—2018），挥发性有机物的测定方法为《固体废物　挥发性有机物的测定　顶空/气相色谱-质谱法》（HJ 643—2013）。

6.5　实验室分析质量控制

6.5.1　内部质量控制

监测人员应执行相应监测方法中的质量保证与质量控制规定，此外还应采取以下内部质量控制措施，具体使用的质量控制措施以相关检测标准为准。

1．空白样品

空白样品（包括全程序空白、采样器具空白、运输空白、现场空白和实验室空白等）测定结果一般应低于方法检出限。分析测试方法有规定的，按分析测试方法的规定进行；分析测试方法无规定时，要求每批样品或每 20 个样品应至少做 1 次空白试验。一般情况下，不应从样品测定结果中扣除全程序空白样品的测定结果。

2．校准曲线

采用校准曲线法进行定量分析时，仅限在其线性范围内使用。采用校准曲线法进行定量分析时，一般应至少使用 5 个浓度梯度的标准溶液（除空白外），覆盖被测样品的浓度范围，且最低点浓度应接近方法测定下限的水平。分析测试方法有规定的，按分析测试方法的规定进行；分析测试方法无规定的，校准曲线相关系数一般应大于 0.999，特别难分析的项目其曲线的相关系数可以适当放宽要求至 0.995。

校准曲线不得长期使用、不得相互借用。一般情况下，校准曲线应与样品测定同时进行。连续进样分析时，每分析测试20个样品，应测定一次校准曲线中间浓度点，确认分析仪器校准曲线是否发生显著变化。分析测试方法有规定的，按分析测试方法的规定进行；分析测试方法无规定的，无机检测项目分析测试相对偏差应控制在10%以内，有机检测项目分析测试相对偏差应控制在20%以内，超过此范围时需查明原因，重新绘制校准曲线，并重新分析测试该批次全部样品。

3．方法检出限和测定下限

开展新的监测项目前，应通过实验确定方法检出限，并满足方法要求。方法检出限和测定下限的计算应严格按照 HJ 168 的相关规定和要求进行。

4．精密度控制（平行样测定）

应按方法要求随机抽取一定比例的样品做平行样品测定。每批次样品分析时，每个检测项目（除挥发性有机物外）均需做平行双样分析。在每批次分析样品中，应随机抽取 5%的样品进行平行双样分析；当批次样品数＜20 时，应至少随机抽取 1 个样品进行平行双样分析。若平行双样测定值（A，B）的相对偏差（RD）在允许范围内，则该平行双样的精密度控制为合格，否则为不合格。RD 计算公式如下：

$$\text{RD}（\%）=\frac{|A-B|}{A+B}\times 100\%$$

5．准确度控制

（1）标准样品/有证标准物质测定

监测工作中应使用标准样品/有证标准物质或能够溯源到国家基准的物质。标准样品/有证标准物质应与样品同步测定。进行质量控制时，标准样品/有证标准物质不应与绘制校准曲线的标准溶液来源相同。应尽可能选择与样品基体类似的标准样品/有证标准物质进行测定，用于评价分析方法的准确度或检查实验室（或操作人员）是否存在系统误差。

（2）加标回收率测定

当没有合适的基体有证标准物质时，应采用基体加标回收率试验对准确度进行控制。每批次同类型分析样品中，应随机抽取 5%的样品进行加标回收率试验；当批次分析样品数＜20 时，应至少随机抽取 1 个样品进行加标回收率试验。此外，在进行有机污染物样品分析时，最好能进行替代物加标回收率试验。加标回收实验包括空白加标、基体加标及基体加标平行等。

空白加标在与样品相同的前处理和测定条件下进行分析。基体加标和基体加标平行是在样品前处理之前加标，加标样品与样品在相同的前处理和测定条件下进行分析。在实际应用时应注意加标物质的形态、加标量和加标的基体。加标量一般为样品浓度的 0.5～3 倍，且加标后的总浓度不应超过分析方法的测定上限。样品中待测物浓度在方法检出限附近时，加标量应控制在校准曲线的低浓度范围内。加标后样品体积应无显著变化，否则应在计算回收率时考虑这项因素。每批相同基体类型的样品应随机抽取一定比例样品进行加标回收及其平行样测定。

6．质量控制图

常用的质量控制图有均值—标准差控制图、均值—极差控制图等，在应用上分空白值控制图、平行样控制图和加标回收率控制图等，相关内容执行 GB/T 4091。

日常分析时，质量控制样品与被测样品同时进行分析，将质量控制样品的测定结果标于质量控制图中，判断分析过程是否处于受控状态。测定值落在中心附近、上下警告线之内，则表示分析正常，此批样品测定结果可靠；如果测定值落在上、下控制线之外，表示分析失控，测定结果不可信，应检查原因，纠正后重新测定；如果测定值落在上、下警告线和上、下控制线之间，虽分析结果可接受，但有失控倾向，应予以注意。

7. 方法比对或仪器比对

对同一样品或一组样品，可用不同的方法或不同的仪器进行比对测定分析，以检查分析结果的一致性。

6.5.2 外部质量控制

外部质量控制是指本机构内质量管理人员对监测人员或行政主管部门和上级环境监测机构对下级机构监测活动的质量控制，可采取以下措施。

1. 密码平行样

质量管理人员根据实际情况，按一定比例随机抽取样品作为密码平行样，交付监测人员进行测定。若平行样测定偏差超出规定允许偏差范围，应在样品有效保存期内补测；若补测结果仍超出规定的允许偏差，说明该批次样品测定结果失控，应查找原因，纠正后重新测定，必要时重新采样。

2. 密码质量控制样及密码加标样

由质量管理人员使用有证标准样品/标准物质作为密码质量控制样品，或在随机抽取的常规样品中加入适量标准样品/标准物质制成密码加标样，交付监测人员进行测定。如果质量控制样品的测定结果在给定的不确定度范围内，则说明该批次样品测定结果受控。反之，该批次样品测定结果作废，应查找原因，纠正后重新测定。

3. 人员比对

不同分析人员采用同一分析方法、在同样的条件下对同一样品进行测定，比对结果应达到相应的质量控制要求。

4. 实验室间比对

可采用能力验证、比对测试或质量控制考核等方式进行实验室间的比对，证明各实验室间的监测数据的可比性。

5. 留样复测

对于稳定的、测定过的样品保存一定时间后，若仍在测定有效期内，可进行重新测定。将两次测定结果进行比较，以评价该样品测定结果的可靠性。

固体废物监测实验室质量控制参数参考值见表 6-6。

表 6-6 固体废物监测实验室质量控制参数参考值

项目	依据的标准（方法）编号（含年号）	样品含量范围	单位	平行样				加标回收率	
				现场平行/%		实验室平行/%		空白加标控制范围/%	样品加标控制范围/%
				控制方式	控制范围	控制方式	控制范围		
pH	GB 5085.1—2007 GB/T 15555.12—1995	—	无量纲（pH）	标准差	±0.3 pH 单位	标准差	±0.15 pH 单位	—	—
腐蚀速率	GB 5085.1—2007 JB/T 7901—1999	—	mm/a	相对标准偏差	≤10	相对偏差	≤10	—	—
含水率	HJ/T 300—2007（7.1）	—	%（以质量分数计）	相对标准偏差（对于均匀性差的样品、采用本方法用于仲裁时，应至少测定 3 个平行样品，结果以算术平均值表示）	≤25	相对标准偏差（对于均匀性差的样品、采用本方法用于仲裁时，应至少测定 3 个平行样品，结果以算术平均值表示）	≤25	—	—
	HJ/T 299—2007（7.1）	—	%（以质量分数计）	相对标准偏差（对于均匀性差的样品、采用本方法用于仲裁时，应至少测定 3 个平行样品，结果以算术平均值表示）	≤25	相对标准偏差（对于均匀性差的样品、采用本方法用于仲裁时，应至少测定 3 个平行样品，结果以算术平均值表示）	≤25	—	—
酚类化合物	HJ 711—2014	—	浸出液：mg/L 含量：mg/kg	相对偏差	≤30	相对偏差	≤30	50～140	50～140
氰化氢或硫化氢气体反应性	GB 5085.5—2007 附录 A	$X>100$ $10<X\leq 100$ $1.0<X\leq 10$ $0.1<X\leq 1.0$ $X\leq 0.1$	mg/kg	相对偏差	≤5 ≤10 ≤20 ≤25 ≤30	相对偏差	≤5 ≤10 ≤20 ≤25 ≤30	80～120	70～130

项目	依据的标准（方法）编号（含年号）	样品含量范围	单位	平行样				加标回收率	
				现场平行/%		实验室平行/%		空白加标控制范围/%	样品加标控制范围/%
				控制方式	控制范围	控制方式	控制范围		
氟化物	HJ/T 299—2007 GB/T 15555.11—1995	—	浸出液：mg/L 含量：mg/kg	相对偏差	≤30	相对偏差	≤30	75～110	75～110
	HJ 999—2018	—	含量：mg/kg	相对偏差	≤30	相对偏差	≤30	75～110	75～110
	HJ/T 299—2007 GB 5085.3—2007 附录 F	—	浸出液：mg/L 含量：mg/kg	相对偏差	<25	相对偏差	<25	70～120	70～120
氰化物（氰根离子）	GB 5085.3—2007 附录 G	—	浸出液：mg/L 含量：mg/kg	相对偏差	<25	相对偏差	<25	70～120	70～120
汞	GB 5085.3—2007 附录 B	—	浸出液：μg/L 含量：mg/kg	相对偏差	≤20	相对偏差	≤20	80～120	75～125
	HJ 702—2014	—	浸出液：μg/L 含量：μg/g	相对偏差	≤30	相对偏差	≤20	80～120	70～130
钡	HJ 781—2016	—	浸出液：mg/L 含量：mg/kg	相对标准偏差	≤35	相对标准偏差	≤35	80～120	70～120
	HJ 766—2015	—	浸出液：mg/L 含量：mg/kg	相对偏差	≤20	相对偏差	≤20	80～120	75～125
	GB 5085.3—2007 附录 C	—	浸出液：μg/L 含量：mg/kg	相对偏差	≤20	相对偏差	≤20	80～120	80～120
铜	GB 5085.3—2007 附录 C	—	浸出液：μg/L 含量：mg/kg	相对偏差	≤20	相对偏差	≤20	80～120	80～120
	HJ 781—2016	—	浸出液：mg/L 含量：mg/kg	相对标准偏差	≤35	相对标准偏差	≤35	80～120	70～120
	HJ 766—2015	—	浸出液：mg/L 含量：mg/kg	相对偏差	≤20	相对偏差	≤20	80～120	75～125

项目	依据的标准（方法）编号（含年号）	样品含量范围	单位	平行样				加标回收率	
				现场平行/%		实验室平行/%		空白加标控制范围/%	样品加标控制范围/%
				控制方式	控制范围	控制方式	控制范围		
铜	HJ 751—2015	—	浸出液：mg/L 含量：mg/kg	相对偏差	≤15	相对偏差	≤15	80～120	80～120
锌	HJ 781—2016	—	浸出液：mg/L 含量：mg/kg	相对标准偏差	≤35	相对标准偏差	≤35	80～120	70～120
	GB 5085.3—2007 附录C	—	浸出液：μg/L 含量：mg/kg	相对偏差	≤20	相对偏差	≤20	80～120	80～120
	HJ 766—2015	—	浸出液：mg/L 含量：mg/kg	相对偏差	≤30	相对偏差	≤20	80～120	75～125
	HJ 786—2016	—	浸出液：mg/L 含量：mg/kg	相对偏差	≤20	相对偏差	≤20	80～120	80～120
铅	HJ 781—2016	—	浸出液：mg/L 含量：mg/kg	相对标准偏差	≤35	相对标准偏差	≤35	80～120	70～120
	HJ 766—2015	—	浸出液：mg/L 含量：mg/kg	相对偏差	≤20	相对偏差	≤20	80～120	75～125
	HJ 786—2016	—	浸出液：mg/L 含量：mg/kg	相对偏差	≤20	相对偏差	≤20	80～120	80～120
	HJ 787—2016	—	浸出液：μg/L 含量：mg/kg	相对偏差	≤20	相对偏差	≤20	80～120	80～120
镉	HJ 781—2016	—	浸出液：mg/L 含量：mg/kg	相对标准偏差	≤35	相对标准偏差	≤35	80～120	70～120
	HJ 766—2015	—	浸出液：mg/L 含量：mg/kg	相对偏差	≤20	相对偏差	≤20	80～120	75～125

项目	依据的标准（方法）编号（含年号）	样品含量范围	单位	平行样				加标回收率	
				现场平行/%		实验室平行/%		空白加标控制范围/%	样品加标控制范围/%
				控制方式	控制范围	控制方式	控制范围		
镉	HJ 786—2016	—	浸出液：mg/L 含量：mg/kg	相对偏差	≤20	相对偏差	≤20	80～120	80～120
	HJ 787—2016	—	浸出液：μg/L 含量：mg/kg	相对偏差	≤20	相对偏差	≤20	80～120	80～120
总铬	GB 5085.3—2007 附录 C	—	浸出液：μg/L 含量：mg/kg	相对偏差	≤20	相对偏差	≤20	80～120	80～120
	HJ 781—2016	—	浸出液：mg/L 含量：mg/kg	相对标准偏差	≤35	相对标准偏差	≤35	80～120	70～120
	HJ 749—2015	—	浸出液：mg/L 含量：mg/kg	相对偏差	≤20	相对偏差	≤20	85～120	85～120
	HJ 766—2015	—	浸出液：mg/L 含量：mg/kg	相对偏差	≤20	相对偏差	≤20	80～120	75～125
六价铬	GB 5085.3—2007 附录 T	—	浸出液：mg/L 含量：mg/kg	相对偏差	≤20	相对偏差	≤20	70～130	70～130
	GB/T 15555.4—1995	—	浸出液：mg/L 含量：mg/kg	相对偏差	≤20	相对偏差	≤20	70～130	70～130
	HJ 687—2014	—	浸出液：mg/L 含量：mg/kg	相对偏差	≤20	相对偏差	≤20	70～130	70～130
镍	GB 5085.3—2007 附录 C	—	浸出液：μg/L 含量：mg/kg	相对偏差	≤20	相对偏差	≤20	80～120	80～120
	HJ 781—2016	—	浸出液：mg/L 含量：mg/kg	相对标准偏差	≤35	相对标准偏差	≤35	80～120	70～120
	HJ 766—2015	—	浸出液：mg/L 含量：mg/kg	相对偏差	≤20	相对偏差	≤20	80～120	75～125

项目	依据的标准（方法）编号（含年号）	样品含量范围	单位	平行样				加标回收率	
				现场平行/%		实验室平行/%		空白加标控制范围/%	样品加标控制范围/%
				控制方式	控制范围	控制方式	控制范围		
镍	HJ 751—2015	—	浸出液：mg/L 含量：mg/kg	相对偏差	≤15	相对偏差	≤15	80～120	80～120
砷	GB 5085.3—2007 附录 C	—	浸出液：μg/L 含量：mg/kg	相对偏差	≤20	相对偏差	≤20	80～120	80～120
	HJ 702—2014	—	浸出液：μg/L 含量：μg/g	相对偏差	≤30	相对偏差	≤20	80～120	70～130
	HJ 766—2015	—	浸出液：mg/L 含量：mg/kg	相对偏差	≤20	相对偏差	≤20	80～120	75～125
锑	GB 5085.3—2007 附录 D	—	浸出液：mg/L 含量：mg/kg	相对偏差	≤20	相对偏差	≤20	85～115	85～115
	GB 5085.3—2007 附录 C	—	浸出液：μg/L 含量：mg/kg	相对偏差	≤20	相对偏差	≤20	80～120	80～120
	HJ 781—2016	—	浸出液：mg/L 含量：mg/kg	相对标准偏差	≤35	相对标准偏差	≤35	80～120	70～120
	HJ 702—2014	—	浸出液：μg/L 含量：μg/g	相对偏差	≤30	相对偏差	≤20	80～120	70～130
	HJ 766—2015	—	浸出液：mg/L 含量：mg/kg	相对偏差	≤20	相对偏差	≤20	80～120	75～125
硒	GB 5085.3—2007 附录 C	—	浸出液：μg/L 含量：mg/kg	相对偏差	≤20	相对偏差	≤20	80～120	80～120
	HJ 702—2014	—	浸出液：μg/L 含量：μg/g	相对偏差	≤30	相对偏差	≤20	80～120	70～130
	HJ 766—2015	—	浸出液：mg/L 含量：mg/kg	相对偏差	≤20	相对偏差	≤20	80～120	75～125

项目	依据的标准（方法）编号（含年号）	样品含量范围	单位	平行样				加标回收率	
				现场平行/%		实验室平行/%		空白加标控制范围/%	样品加标控制范围/%
				控制方式	控制范围	控制方式	控制范围		
银	GB 5085.3—2007 附录 C	—	浸出液：μg/L 含量：mg/kg	相对偏差	≤20	相对偏差	≤20	80～120	80～120
	GB 5085.3—2007 附录 D	—	浸出液：mg/L 含量：mg/kg	相对偏差	≤20	相对偏差	≤20	85～115	85～115
	HJ 781—2016	—	浸出液：mg/L 含量：mg/kg	相对标准偏差	≤35	相对标准偏差	≤35	80～120	70～120
	HJ 766—2015	—	浸出液：mg/L 含量：mg/kg	相对偏差	≤20	相对偏差	≤20	80～120	75～125
铊	GB 5085.3—2007 附录 D	—	浸出液：mg/L 含量：mg/kg	相对偏差	≤20	相对偏差	≤20	85～115	85～115
	GB 5085.3—2007 附录 C	—	浸出液：μg/L 含量：mg/kg	相对偏差	≤20	相对偏差	≤20	80～120	80～120
	HJ 781—2016	—	浸出液：mg/L 含量：mg/kg	相对标准偏差	≤35	相对标准偏差	≤35	80～120	70～120
	HJ 766—2015	—	浸出液：mg/L 含量：mg/kg	相对偏差	≤20	相对偏差	≤20	80～120	75～125
铍	GB 5085.3—2007 附录 D	—	浸出液：mg/L 含量：mg/kg	相对偏差	≤20	相对偏差	≤20	85～115	85～115
	GB 5085.3—2007 附录 C	—	浸出液：μg/L 含量：mg/kg	相对偏差	≤20	相对偏差	≤20	80～120	80～120
	HJ 781—2016	—	浸出液：mg/L 含量：mg/kg	相对标准偏差	≤35	相对标准偏差	≤35	80～120	70～120
	HJ 766—2015	—	浸出液：mg/L 含量：mg/kg	相对偏差	≤20	相对偏差	≤20	80～120	75～125

项目	依据的标准（方法）编号（含年号）	样品含量范围	单位	平行样				加标回收率	
				现场平行/%		实验室平行/%		空白加标控制范围/%	样品加标控制范围/%
				控制方式	控制范围	控制方式	控制范围		
钛	HJ 781—2016	—	浸出液：mg/L 含量：mg/kg	相对标准偏差	≤35	相对标准偏差	≤35	80～120	70～120
钒	GB 5085.3—2007 附录 D	—	浸出液：mg/L 含量：mg/kg	相对偏差	≤20	相对偏差	≤20	85～115	85～115
	GB 5085.3—2007 附录 C	—	浸出液：μg/L 含量：mg/kg	相对偏差	≤20	相对偏差	≤20	80～120	80～120
	HJ 781—2016	—	浸出液：mg/L 含量：mg/kg	相对标准偏差	≤35	相对标准偏差	≤35	80～120	70～120
	HJ 766—2015	—	浸出液：mg/L 含量：mg/kg	相对偏差	≤20	相对偏差	≤20	80～120	75～125
钴	HJ 781—2016	—	浸出液：mg/L 含量：mg/kg	相对标准偏差	≤35	相对标准偏差	≤35	80～120	70～120
	HJ 766—2015	—	浸出液：mg/L 含量：mg/kg	相对偏差	≤20	相对偏差	≤20	80～120	75～125
锰	HJ 781—2016	—	浸出液：mg/L 含量：mg/kg	相对标准偏差	≤35	相对标准偏差	≤35	80～120	70～120
	HJ 766—2015	—	浸出液：mg/L 含量：mg/kg	相对偏差	≤20	相对偏差	≤20	80～120	75～125
钼	HJ 766—2015	—	浸出液：mg/L 含量：mg/kg	相对偏差	≤20	相对偏差	≤20	80～120	75～125
锶	HJ 781—2016	—	浸出液：mg/L 含量：mg/kg	相对标准偏差	≤35	相对标准偏差	≤35	80～120	70～120
铋	HJ 702—2014	—	浸出液：μg/L 含量：μg/g	相对偏差	≤30	相对偏差	≤20	80～120	70～130

项目	依据的标准（方法）编号（含年号）	样品含量范围	单位	平行样				加标回收率	
				现场平行/%		实验室平行/%		空白加标控制范围/%	样品加标控制范围/%
				控制方式	控制范围	控制方式	控制范围		
锡	GB 5085.3—2007 附录 D	—	浸出液：mg/L 含量：mg/kg	相对偏差	≤20	相对偏差	≤20	85～115	85～115
硝基苯、2,4-二硝基甲苯、2,6-二硝基甲苯	GB 5085.3—2007 附录 J	—	浸出液：μg/L 含量：μg/kg	相对偏差	≤30	相对偏差	≤30	50～120	50～120
丙烯醛、丙烯腈、乙腈	HJ 874—2017	—	浸出液：mg/L 含量：mg/kg	相对偏差	≤20	相对偏差	≤20	70～130	70～130
苯系物	HJ 975—2018	—	浸出液：μg/L 含量：mg/kg	相对偏差	≤20	相对偏差	≤20	70～120	30～150
	HJ 976—2018	—	浸出液：μg/L 含量：μg/kg	相对偏差	≤20	相对偏差	≤20	70～120	50～110
多氯联苯	HJ 891—2017	—	浸出液：μg/L 含量：μg/kg	相对偏差	≤45 ≤25	相对偏差	≤45 ≤25	50～120 60～140	50～120 60～140
有机氯农药	GB 5085.3—2007 附录 H	—	浸出液：mg/L 含量：mg/kg	相对偏差	≤40	相对偏差	≤40	60～110 40～170	60～110 40～170
	HJ 912—2017	—	浸出液：mg/L 含量：mg/kg	相对偏差	≤40	相对偏差	≤40	60～110 40～170	60～110 40～170
挥发性卤代烃	HJ 713—2014	≤10 倍检出限（子项目检出限见 HJ 713 附录 A） ＞10 倍检出限（子项目检出限见 HJ 713 附录 A）	浸出液：μg/L 含量：μg/kg	相对偏差	≤50 ≤20	相对偏差	≤50 ≤20	70～130	70～130

项目	依据的标准（方法）编号（含年号）	样品含量范围	单位	平行样				加标回收率	
				现场平行/%		实验室平行/%		空白加标控制范围/%	样品加标控制范围/%
				控制方式	控制范围	控制方式	控制范围		
挥发性卤代烃	HJ 714—2014	≤10 倍检出限（子项目检出限见 HJ 714 附录 A） ＞10 倍检出限（子项目检出限见 HJ 714 附录 A）	浸出液：μg/L 含量：μg/kg	相对偏差	≤50 ≤20	相对偏差	≤50 ≤20	70～130	70～130
多环芳烃	HJ 892—2017	—	mg/kg（固体废物） μg/L（浸出液）	相对偏差	≤30	相对偏差	≤30	50～120 60～120（替代物：十氟联苯）	50～120 60～120（替代物：十氟联苯）
挥发性有机物	GB 5085.3—2007 附录 O	—	浸出液：μg/L 含量：μg/kg	相对偏差	≤25	相对偏差	≤25	80～120	80～140
	HJ 760—2015	—	浸出液：μg/L 含量：mg/kg	相对偏差	≤25	相对偏差	≤25	80～120	70～120
	HJ 643—2013	—	浸出液：μg/L 含量：μg/kg	相对偏差	≤25	相对偏差	≤25	80～120	80～140
半挥发性有机物	GB 5085.3—2007 附录 K	—	含量：mg/kg 浸出液：μg/L	相对偏差	≤30	相对偏差	≤30	70～130 70～130	35～150 40～110
	HJ 951—2018	—	含量：mg/kg 浸出液：μg/L	相对偏差	≤30	相对偏差	≤30	70～130 70～130	35～150 40～110
对硝基氯苯	GB 5085.3—2007 附录 L	—	浸出液：mg/L 含量：mg/kg	相对偏差	≤30	相对偏差	≤30	70～130	70～130

项目	依据的标准（方法）编号（含年号）	样品含量范围	单位	平行样				加标回收率	
				现场平行/%		实验室平行/%		空白加标控制范围/%	样品加标控制范围/%
				控制方式	控制范围	控制方式	控制范围		
2,4-二硝基氯苯	GB 5085.3—2007 附录 L	—	浸出液：mg/L 含量：mg/kg	相对偏差	≤30	相对偏差	≤30	70～130	70～130
碲	GB 5085.3—2007 附录 S、附录 B	—	浸出液：mg/L 含量：mg/kg	相对偏差	≤20	相对偏差	≤20	80～120	75～125
铂	GB 5085.3—2007 附录 S、附录 B	—	浸出液：mg/L 含量：mg/kg	相对偏差	≤20	相对偏差	≤20	80～120	75～125
钯	GB 5085.3—2007 附录 S、附录 B	—	浸出液：mg/L 含量：mg/kg	相对偏差	≤20	相对偏差	≤20	80～120	75～125

第 7 章　企业危险废物鉴别案例分析

我国经济正处于高速发展时期，产业类型较多，产品生产采用的原辅材料和工艺较为复杂，废水中有毒有害物质种类较多，污染因子也较为复杂，因此要准确预测废水水质难度较大，废水处理过程产生的污泥可能具有危险特性。故而不在《名录》内的废水处理污泥，应按照危险废物鉴别标准和鉴别方法进行危险废物鉴别。因此，污泥危险特性鉴别会面临更多和更复杂的问题。若不能详细准确掌握各类污泥的危险性，并及时采取相应措施予以解决，将对社会与生态环境产生不可估量的负面影响。本章以煤化工、光伏行业、石化行业、钢铁行业、发电厂、生活垃圾填埋场、污水处理厂所产生的废水处理污泥为例，通过对企业原辅材料、产品方案、生产工艺流程和废水处理工艺等基础信息的分析，对污泥危险特性进行初检和初筛，鉴别不同种类污泥的危险特性，对不同行业污泥危险特性鉴别重点关注的要素提出建议。除此之外，本章介绍了历史遗留和危险废物利用过程产生的固体废物的鉴别，丰富了危险废物鉴别的典型案例种类，可为危险废物鉴别工作提供有益经验。

7.1　煤化工行业废水处理污泥鉴别

7.1.1　鉴别依据

随着煤炭资源的日益开采和利用，煤化工行业得到了快速发展，但同时伴随严重的环境污染问题。煤化工废水主要来源于煤气化、煤焦化、煤液化等工艺过程，其成分复杂，含有多种有毒有害物质，如酚类、油类、氨氮等。此外，煤化工废水中的有机物浓度高、色度深、含盐量高、处理难度较大。通常情况下，复杂废水的处理并非仅依靠单独工艺完成，而是由一系列不同类型的工艺组合构成，通常包括预处理、生化处理以及深度处理，从而导致大量污染物被吸附到废水处理污泥中，进而使废水处理污泥具有相应的危险特性。对照《国家危险废物名录（2025 年版）》，与该固体废物产生过程比较接近的描述为 HW11，“451-002-11 固定床气化技术制煤气过程中产生的废水处理污泥（不包括废水生化处理污泥）”。因此，煤化工废水处理污泥中仅生化处理污泥不包含在《名录》中，可以依据危险废物鉴别标准和鉴别方法进行危险废物鉴别。

7.1.2 鉴别案例

7.1.2.1 鉴别时间

2021 年 10 月。

7.1.2.2 项目简介

1. 生产工艺

原料煤经加水磨煤制成水煤浆，将水煤浆加压送入气化炉内。在气化炉内，煤浆在高温下与纯氧（来自空分装置）进行燃烧和部分氧化反应，生产出粗煤气，经洗涤后送到变换工段进行耐硫变换，使 CO 与 H_2O 反应气转化为 CO_2 和 H_2。变换气中的酸性气体（H_2S、CO_2 等）在低温甲醇洗工段中被脱除，得到的净化气送入液氮洗工段精制，将杂质全部脱除后，进入合成塔生产合成氨。氨进入尿素装置与 CO_2 反应生成尿素，在一定反应条件下生成三聚氰胺。利用部分尿素，然后加入适量的磷铵、钾肥和添加剂，在造粒机中生产粒状 NPK 复混肥。生产空分装置，采用空气深冷、液氧内压缩流程，为水煤浆气化装置提供高纯氧气，并为氨合成回路提供高纯氮气，同时提供全厂正常生产时所需的仪表空气和工厂工艺空气；氨冰机分别为气体净化、氨合成提供冷量。

2. 污泥产生过程分析

项目产生的废水除回用外，其余均进入污水处理站和中水回用处理站进行处理，污水处理站的出水与其他废水一起进入中水回用处理站进行深度处理，达标后排入园区污水管网。厂区污水处理站采用“调节+改良 SBR+BAF”的工艺处置处理废水，需鉴别的固体废物为污水处理站产生的废水生化处理污泥，从沉淀池排出的剩余污泥由剩余污泥泵输送至污泥浓缩池，污泥进泥螺杆泵将污泥输送至污泥调理罐，经高分子絮凝剂 PAM 调理形成絮体后流入污泥带式浓缩脱水一体化设备，一步完成浓缩和脱水，形成泥片，污泥月产量约为 1.9 t。厂区污水处理站工艺流程如图 7-1 所示。

7.1.2.3 鉴别过程

1. 初筛阶段

（1）固体废物属性判断

根据《固体废物鉴别标准　通则》（GB 34330—2017）第 4.3 节“环境治理和污染控制过程中产生的物质”的规定，“水净化和废水处理产生的污泥及其他废弃物质”属于固

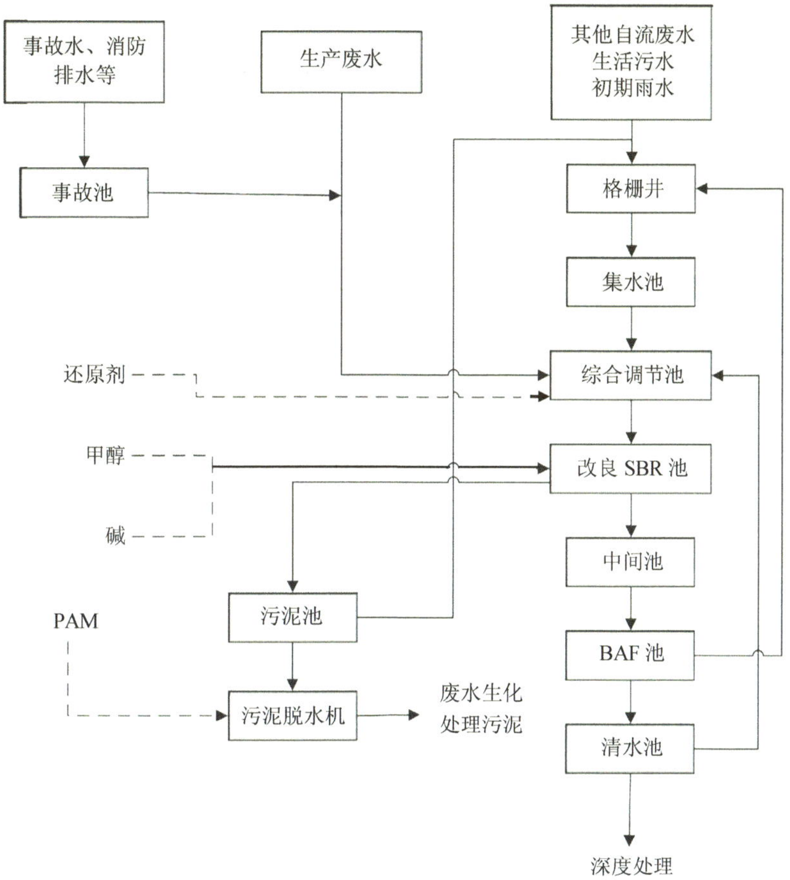

图 7-1　厂区污水处理站工艺流程

体废物。所鉴别的废水处理污泥属于“水净化和废水处理产生的污泥及其他废弃物质”，因此可以判断待鉴别污泥属于固体废物。由于待鉴别的固体废物为工艺废水生化处理污泥，不符合《国家危险废物名录（2021 年版）》中有关 HW06 和 HW11 的相关描述，同时对照其他相关类别，也没有相关描述，因此该污泥不属于《名录》中的物质。

（2）危险性识别与初筛因子筛选

根据生产工艺和原辅材料使用情况，工艺废水中可能含有甲醇、硫化物、苯系物及重金属等，同时生产过程中可能会生成氰化氢等物质，这些物质可能会转化、累积，进而使废水处理污泥具有相应的危险特性。因此需要重点关注污泥的浸出毒性及毒性物质含量。

（3）初筛结果分析

采集两份污泥样品进行初筛检测分析。

易燃性——污泥含水率分别为 86.8%和 81.5%，结合其产生过程分析，可排除其具有易燃性。

反应性——分析污泥产生过程，同时对污泥中硫化物和氰化物进行了初筛检测，检测结果远低于《危险废物鉴别标准 反应性鉴别》（GB 5085.5—2007）标准中的浓度限值。对照反应性鉴别标准，可排除其具有反应性。

腐蚀性——两份污泥样品的 pH 分别为 7.43 和 7.63，均未超过限值（pH≥12.5，或 pH≤2.0），因此可以排除其具有腐蚀性。

浸出毒性——对两份初筛污泥样品中的铜、锌、镉、铅、总铬、六价铬、铍、钡、镍、银、砷、硒、汞、无机氟化物、氰化物、苯、甲苯、二甲苯和丙烯腈进行测试分析。初步样品分析表明，污泥样品浸出液中含有少量铜、锌、总铬、钡、氟化物、氰化物和甲苯，但检出浓度均远低于《危险废物鉴别标准 浸出毒性鉴别》（GB 5085.3—2007）表 1 中所列的浓度限值。

毒性物质含量——对两份初筛污泥样品中的重金属、无机氟化物、氰化物、有机物进行检测。初步样品分析表明，两份污泥样品中均检出镉、铅、总铬、六价铬、钡、镍、砷、汞、钴、氟化物、甲苯、3-甲基苯酚、4-甲苯酚，此外样品 2 中还检出了氰化物和甲醇。

经过前期的分析与筛查，该污泥无须进行易燃性、反应性和腐蚀性鉴别。为了进一步识别固体废物属性，明确可能存在的危险特性，需要对鉴别对象进行急性毒性初筛、浸出毒性鉴别和毒性物质含量鉴别。

（4）采样检测方案

污泥实际产生量约为 1.9 t/月，对照 HJ 298 的规定，需在 1 个月内等时间间隔采集 5 份污泥样品，检测指标为浸出毒性（钡、氰化物、氟化物、甲苯）、毒性物质含量（铅、钡、氟化物、氰化物、甲醇、石油溶剂、3-甲基苯酚和 4-甲苯酚）、急性毒性初筛（LD_{50}）。

2. 正式鉴别阶段

（1）采样检测结果分析

浸出毒性——甲苯未被检出，钡、氟化物、氰化物均有不同程度的检出，但检测结果均远低于《危险废物鉴别标准 浸出毒性鉴别》（GB 5085.3—2007）表 1 中所列的浓度限值。由此判定该污泥不是具有浸出毒性特征的危险废物。

毒性物质含量——5 份污泥样品中均未检出甲醇、3-甲基苯酚、4-甲苯酚、石油溶剂，含重金属、氰化物及氟化物的毒性物质含量鉴别需要将其转化成相应化合物的含量。依据最不利假设，该污泥的毒性物质含量、同类毒性物质累加毒性以及所有毒性物质累积毒性均未超过《危险废物鉴别标准 毒性物质含量鉴别》（GB 5085.6—2007）中规定的浓度限值。由此判定该污泥不是具有毒性物质特征的危险废物。

急性毒性初筛——在不考虑毒性物质协同的情况下，以污泥中各有害物质最大含量计算

得到的经口 LD_{50} 为 1 877 mg/kg，不在《危险废物鉴别标准 急性毒性初筛》(GB 5085.2—2007）标准限值范围内（LD_{50}≤200 mg/kg）。据此判断，该污泥不具有急性毒性的危险特性。

（2）判定依据及结果

5 份污泥样品检测超标份样数为 0，小于 HJ 298 中最小超标份样数限值 2。

7.1.2.4 鉴别结论

通过对污泥的分析、采样和测试，可以判定其不具有易燃性、腐蚀性、反应性、急性毒性、浸出毒性和毒性物质含量的危险特性，因此该污泥属于一般固体废物。

7.2 光伏行业废水处理污泥鉴别

7.2.1 鉴别依据

光伏组件的生产过程中，需要使用大量的化学物质（如氢氟酸、硝酸、盐酸等）用于清洗和蚀刻光伏玻璃、硅片，金属导电等。这些化学物质在使用过程中会产生大量的废水，其中含有大量的氟、硅、氯以及重金属等有害物质。在处理废水的过程中，通过吸附、沉淀、过滤等方法将污染物固定在污泥中，从而使废水处理污泥具有相应的危险特性。对照《国家危险废物名录（2025 年版）》，与该固体废物产生过程比较接近的描述为 HW17，“336-064-17 金属或者塑料表面酸（碱）洗、除油、除锈（不包括喷砂除锈）、洗涤、磷化、出光、化抛工艺产生的废腐蚀液、废洗涤液、废槽液、槽渣和废水处理污泥［不包括：铝、镁材（板）表面酸（碱）洗、粗化、硫酸阳极处理、磷酸化学抛光废水处理污泥，铝电解电容器用铝电极箔化学腐蚀、非硼酸系化成液化成废水处理污泥，铝材挤压加工模具碱洗（煲模）废水处理污泥，碳钢酸洗除锈废水处理污泥］”、HW32，“900-026-32 使用氢氟酸进行蚀刻产生的废蚀刻液”。因此，光伏废水处理污泥需对照其废水产生过程，确认其是否在《名录》中，不在《名录》中的污泥可以依据危险废物鉴别标准和鉴别方法进行危险废物鉴别。

7.2.2 鉴别案例

7.2.2.1 鉴别时间

2021 年 6 月。

7.2.2.2 项目简介

1. 生产工艺

某光电公司生产屏系列产品，原材料玻璃基板经喷淋清洗（废水 W1）、油墨掩膜、固化、中检、蚀刻（蚀刻液按危险废物处理、含少量蚀刻液的清洗废水 W2）、二检、脱膜/撕膜、清洗（含少量油墨的废水 W3、其他清洗废水 W4），纯水洗（清洗废水 W5 回用、纯水制备废水 W6 直排），最终检验合格后成为成品。其中蚀刻液由硫酸、氢氟酸、氟化盐和水按一定比例（22∶15∶3∶10）配成。

2. 污泥产生过程分析

含油墨废水（W3）经芬顿催化氧化法预处理后，与其他清洗废水（W1、W2、W4）进入综合调节池，混合均匀后进入 pH 调节池，用氢氧化钠和氯化钙调节 pH 后，再进入混凝池，加 PAC、PAM 混凝，混凝后的废水进入沉淀池沉淀，上清液进入中间水池、UF 超滤系统，去除废水中大部分微粒及有机物等，基本已达到回用水水质要求，直接流入 UF 水池回用。对于生产工艺中个别清洗工段对清洗水水质要求较高的，需再进入 RO 反渗透系统，进一步脱除废水中的可溶性盐、胶体、有机物及微生物，再进入 RO 水池进行回用。沉淀池的排泥经污泥浓缩、板框压滤后得到待鉴别污泥，属于物化污泥，污泥月产量为 25 t。废水处理工艺流程如图 7-2 所示。

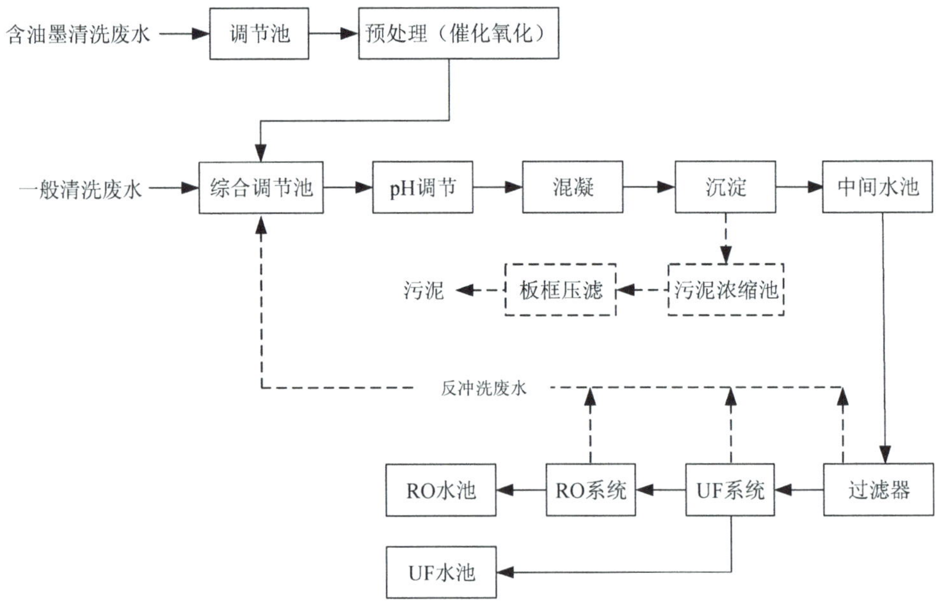

图 7-2 废水处理工艺流程

7.2.2.3 鉴别过程

1．初筛阶段

（1）固体废物属性判断

根据《固体废物鉴别标准　通则》（GB 34330—2017）的规定，“水净化和废水处理产生的污泥及其他废弃物质”属于固体废物，因此该污泥属于固体废物。《名录》中仅限定了使用氢氟酸进行蚀刻产生的蚀刻废液为危险废物，清洗废水处理产生的物化污泥不符合《名录》中相关描述。

（2）危险性识别与初筛因子筛选

原辅材料中含有原料氟化盐和氢氟酸，而氟离子是蚀刻工艺的主要特征污染物，随着清洗废水进入污水处理系统，从而沉降在污泥中，因此需重点关注污泥的腐蚀性、浸出毒性及毒性物质含量。此外玻璃基板中可能含有的少量重金属，在后续鉴别中也应关注。

（3）初筛结果分析

采集两份污泥样品进行初筛检测分析。

易燃性——污泥含水率高，结合其产生过程分析，可排除其具有易燃性。

反应性——分析污泥产生过程，对照反应性鉴别标准，可排除其具有反应性。

浸出毒性——对两份初筛污泥样品中的铜、锌、镉、铅、总铬、六价铬、汞、铍、钡、镍、砷、银和无机氟化物进行测试分析。检测结果表明，锌、汞、镍和银被检出，但浓度值均明显低于相应浸出液中的浓度限值，而其他重金属均未被检出，检出的氟化物浓度低于标准浓度限值。

含少量油墨的废水经单独收集预处理后，进入污水处理系统，故污泥特征污染物为无机氟化物和有机物，这些污染物可能在污泥中逐渐转化、累积，进而使污泥具有相应的危险特性。经过前期的分析与筛查，需要对污泥进行腐蚀性鉴别、浸出毒性鉴别、急性毒性初筛和毒性物质含量鉴别。

（4）采样检测方案

污泥产量为 110 t/a，对照 HJ 298 的规定，需在 1 个月内等时间间隔采集 8 份污泥样品，检测指标为含水率、腐蚀性（pH、抽检 1 份样品的腐蚀速率）、浸出毒性（无机氟化物）、毒性物质含量（氟化物）及急性毒性初筛。

2．正式鉴别阶段

（1）采样检测结果分析

采集 8 份污泥样品，含水率为 52.1%～76.6%。

腐蚀性——所有污泥样品浸出液 pH 介于 8.57～9.61，未达到危险废物的 pH 范围

（pH≥12.5，或 pH≤2.0），其中 1 份污泥样品腐蚀速率为 0.488 mm/a，未达到危险废物的腐蚀速率≥6.35 mm/a，故不具有腐蚀性。

浸出毒性——所有污泥样品无机氟化物的最大检出浓度为 40.6 mg/L，低于《危险废物鉴别标准　浸出毒性鉴别》（GB 5085.6—2007）标准限值（100 mg/L），故不具有浸出毒性。

毒性物质含量——所有污泥样品氟化物的检出浓度介于 218～406 mg/kg，计算所得的累积毒性介于 0.014～0.026，低于《危险废物鉴别标准　毒性物质含量鉴别》（GB 5085.6—2007）标准限值，故不具有毒性物质含量危险特性。

急性毒性初筛——所有污泥样品的小鼠经口 LD_{50} 均大于 2 000 mg/kg，故不具有急性毒性。

（2）判定依据及结果

8 份污泥样品检测超标份样数为 0，小于 HJ 298 中最小超标份样数限值 3。

7.2.2.4　鉴别结论

通过对污泥的分析、采样和测试，可以判定其不具有易燃性、腐蚀性、反应性、急性毒性、浸出毒性和毒性物质含量的危险特性，因此该污泥属于一般固体废物。

7.3　石化行业废水处理污泥鉴别

7.3.1　鉴别依据

石油化工是一种以石油为主的由一系列工艺组成的加工程序，工艺种类不仅包含分裂、精细提炼，还包括分馏技术、重新整合技术以及合成技术。这一整套的加工程序进行下来，会产生大量的石油化工废水，这些废水不仅数量大，而且成分非常复杂，含有大量重金属、石油类等有毒有害物质，进而使废水处理污泥具有相应的危险特性。对照《国家危险废物名录（2025 年版）》，与该固体废物产生过程比较接近的描述为 HW08，“900-210-08 含油废水处理中隔油、气浮、沉淀等处理过程中产生的浮油、浮渣和污泥（不包括废水生化处理污泥）”。因此，石化行业废水处理污泥中仅生化处理污泥不包含在名录中，可以依据危险废物鉴别标准和鉴别方法进行危险废物鉴别。

7.3.2 鉴别案例

7.3.2.1 鉴别时间

2022年3月。

7.3.2.2 项目简介

1. 生产工艺

对苯二甲酸（PTA）生产以对二甲苯（PX）为原料，醋酸（AA）为溶剂，醋酸钴和醋酸锰为催化剂，溴为促进剂，与压缩空气中的氧气进行氧化反应使其生成粗对苯二甲酸（CTA），再将CTA通过加氢反应去除其中所含的杂质4-羧基苯甲醛（4-CBA），最后制得PTA产品。

2. 污泥产生过程分析

项目产生的氧化RPF单元废水W1、氧化单元废水W2、氧化残渣废水W3、尾气碱洗废水W4、精制RPF单元废水W5、装置地面及管线清洗废水W6以及装置停车碱洗废水W7直接进入污水站厌氧系统；锅炉废水W8和厂区生活污水W11直接排入污水站好氧系统；循环水站排污水W9排入污水站中水回用系统；脱盐水站排污水W10不进入污水处理系统，直接送入污水站总排口。污水站包括预处理系统、生化处理系统、软化水处理系统、中水回用处理系统、深度处理系统、污泥处理系统、生物除臭处理系统，生化处理系统采用厌氧和好氧生化处理工艺。需鉴别的物质为污水处理站产生的废水生化处理污泥，污泥月最大产生量为 1 052 t。从污水好氧生化处理一、二级沉淀池排出的剩余污泥经剩余污泥泵送入有机污泥浓缩池，经浓缩脱水后通过污泥进料泵送至污泥叠螺脱水一体机，将含水率降至85%后送污泥干化处理系统。具体处理工艺流程见图7-3。

7.3.2.3 鉴别过程

1. 初筛阶段

（1）固体废物属性判断

根据《固体废物鉴别标准　通则》（GB 34330—2017）中第4.3节“环境治理和污染控制过程中产生的物质”的相关规定，水净化和废水处理产生的污泥及其他废弃物质属于固体废物。待鉴别的物质为污水处理站废水生化处理过程中产生的污泥，因此，可以判定其属于固体废物。

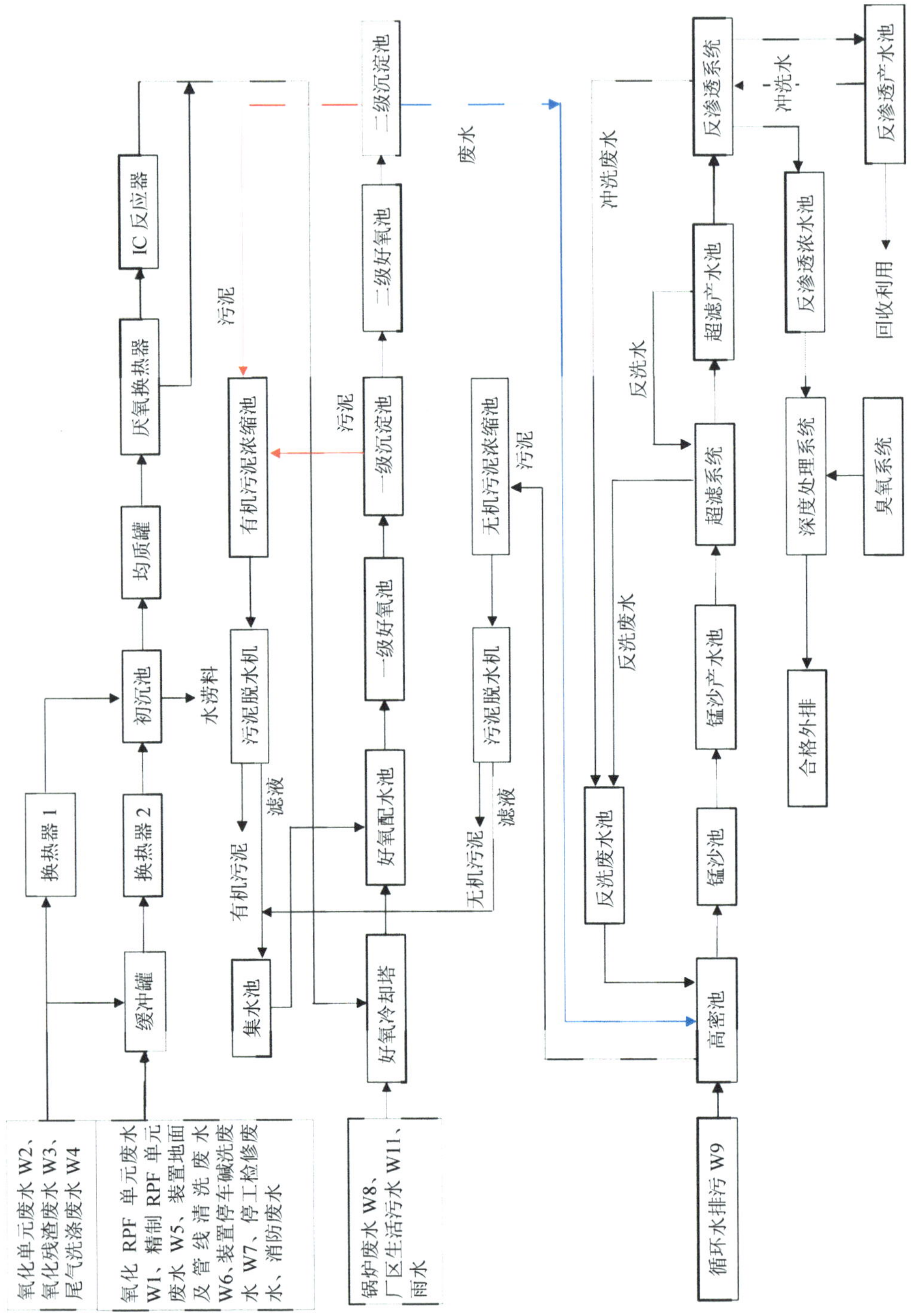

图 7-3 废水处理工艺流程

因为企业实际生产工艺是以对二甲苯（PX）为原料生产对苯二甲酸（PTA），产生的废水不属于含油废水，且鉴别的其他固体废物属于废水生化处理污泥，所以不符合《名录》HW08 中的相关描述。同时，该废水生化处理污泥产生的废水来源涉及氧化残渣废水，该废水为对苯二甲酸（PTA）生产过程中产生的母液蒸馏残渣处理废水，由于该企业实际生产不属于煤炭加工及燃气生产和供应业行业，且进入的氧化残渣废水为母液蒸馏残渣经过废水稀释、酸碱调节沉淀后的废水，不再属于高沸点釜底残余物，因此该废水生化处理污泥也不符合 HW11 中的相关描述。该污泥不属于《名录》中的物质，需综合分析废水生化处理污泥的产生过程，结合使用的原辅材料对可能存在的危险成分进行分析，同时依据《危险废物鉴别标准》（GB 5085.1～GB 5085.6）进行鉴别才能确定其危险特性，便于后续妥善处置。

（2）危险性识别与初筛因子筛选

根据企业生产工艺和原辅材料使用情况，工艺废水中可能含有二甲苯、乙苯、甲醇及钴、锰等重金属，这些物质可能会转化、累积，进而使废水生化处理污泥具有相应的危险特性。因此需重点关注污泥的浸出毒性及毒性物质含量。此外，玻璃基板中可能含有的少量重金属，在后续鉴别中也应关注。

（3）初筛结果分析

采集 5 份污泥样品进行初筛检测分析。

易燃性——污泥含水率介于 81.57%～85.01%，结合其产生过程分析，可排除其具有易燃性。

反应性——分析污泥产生过程，同时对污泥中硫化物和氰化物进行了初筛检测，其浓度远低于《危险废物鉴别标准　反应性鉴别》（GB 5085.5—2007）标准中的浓度限值。对照反应性鉴别标准，可排除其具有反应性。

腐蚀性——5 份初筛样品的 pH 均介于 7.16～7.32，未达到标准限值（pH≥12.5，或 pH≤2.0）；腐蚀速率介于 0.178～0.276 mm/a，均远低于相应标准限值。因此可以排除其具有腐蚀性。

浸出毒性——对 5 份初筛污泥样品中的铜、锌、镉、铅、总铬、六价铬、铍、钡、镍、银、砷、硒、汞、无机氟化物、氰化物、乙苯和二甲苯进行测试分析。初步样品分析表明，污泥样品浸出液中汞、锌、镍、砷、硒、无机氟化物均有不同程度的检出，其检出浓度均远低于《危险废物鉴别标准　浸出毒性鉴别》（GB 5085.3—2007）表 1 中所列的浓度限值。

毒性物质含量——对 5 份初筛污泥样品中的重金属、无机氟化物、氰化物、有机物进行检测。初步样品分析表明，5 份污泥样品中汞、铅、钡、镍、铬、钴、锰、钛、钒、钯、锑、砷、硒、氟化物、石油溶剂、乙苯、二甲苯均有不同程度的检出。

急性毒性初筛——5 份初筛样品的小鼠经口摄取 LD_{50} 均大于 2 000 mg/kg，低于《危险废物鉴别标准　急性毒性初筛》（GB 5085.2—2007）规定的急性毒性水平（经口摄取：固体 LD_{50}≤200 mg/kg），因此可以排除该固体废物具有急性毒性的危险特性。

经过前期的分析与筛查，该污泥无须进行易燃性、反应性、腐蚀性、急性毒性初筛鉴别，为了进一步识别固体废物属性，明确可能存在的危险特性，需要对鉴别对象进行浸出毒性和毒性物质含量鉴别。

（4）采样检测方案

污泥月最大产生量为 1 052 t，对照 HJ 298 的规定，需在 1 个月内等时间间隔采集 100 份污泥样品，检测指标为浸出毒性（汞、锌、镍、砷、硒、铅、钡、铬、六价铬、无机氟化物、乙苯、二甲苯）、毒性物质含量（钡、镍、铬、钴、锰、钛、汞、砷、硒、铅、氟化物、石油溶剂、甲醇、甲基溴）。

2．正式鉴别阶段

（1）采样检测结果分析

浸出毒性——100 份废水生化处理污泥样品浸出液中六价铬、乙苯、二甲苯均未被检出，其余指标均有不同程度的检出，各检测指标的检出浓度均远低于《危险废物鉴别标准　浸出毒性鉴别》（GB 5085.3—2007）的标准限值。因此，可排除该废水生化处理污泥具有浸出毒性的危险特性。

毒性物质含量——100 份废水生化处理污泥样品中甲醇、甲基溴均未被检出，其余指标均有不同程度的检出。100 份废水生化处理污泥样品所有检测指标的毒性物质含量及同类毒性物质累加毒性均未超过《危险废物鉴别标准　毒性物质含量鉴别》（GB 5085.6—2007）中规定的浓度限值，但毒性物质累积毒性存在超标情况，超标份样数为 1，小于 HJ 298—2019 表 3 中的超标份样数下限值 22，表明该废水生化处理污泥不具有毒性物质含量的危险特性。

（2）判定依据及结果

100 份污泥样品检测超标份样数为 1，小于 HJ 298 中最小超标份样数限值 22。

7.3.2.4　鉴别结论

通过对污泥的分析、采样和测试，可以判定其不具有易燃性、腐蚀性、反应性、急性毒性、浸出毒性和毒性物质含量超标的危险特性，因此该污泥属于一般固体废物。

7.4 发电厂脱硫废水处理污泥鉴别

7.4.1 鉴别依据

电厂以煤为原料进行燃烧发电，燃煤经输煤系统和制粉系统制成煤粉送至锅炉燃烧，锅炉烟气加热处理后的给水使之产生蒸汽，从而推动汽轮发电机组发电。

煤粉在锅炉燃烧时产生烟气，主要污染物为 SO_2、NO_x、烟尘、汞及其化合物，烟气经过脱硝后再脱硫，产生的脱硫废水进入脱硫废水处理系统处理后产生脱硫废水处理污泥。煤烟气和脱硫脱硝工艺中的污染物均可能富集于污泥中，从而使污泥具有相应危险特性。对照《国家危险废物名录（2025 年版）》，与该固体废物产生过程比较接近的描述为 HW18，“772-003-18 具有毒性、感染性中一种或者两种危险特性的危险废物焚烧、热解等处置过程产生的飞灰、废水处理污泥和底渣（不包括生活垃圾焚烧炉协同处置感染性医疗废物产生的底渣）”。因此，脱硫废水处理污泥需对照其产生过程，确认其是否在《名录》中，不在《名录》中的脱硫废水处理污泥可依据危险废物鉴别标准和鉴别方法进行危险特性鉴别。

7.4.2 鉴别案例

7.4.2.1 鉴别时间

2021 年 10 月。

7.4.2.2 项目简介

燃煤在锅炉中燃烧后形成的烟气经过 SCR 脱硝装置脱硝后精除尘器去除飞灰，再进行石灰石-石膏湿法脱硫，烟气从烟道引出，经升压后进入吸收塔，烟气自下而上，被吸收塔中已雾化的石灰石浆液反复洗涤，烟气中的 SO_2 与石灰石浆液发生化学反应，生成亚硫酸钙，汇于吸收塔下部的循环氧化浆池，由氧化风机向循环氧化浆池送入空气，使亚硫酸钙氧化为硫酸钙（石膏），再用泵将石膏浆液排出送入脱水系统处理，石膏脱水装置滤出液由滤液泵送回制浆系统，石膏外运综合利用，脱硫废水进入脱硫废水处理系统处理，具体工艺流程如图 7-4 所示。

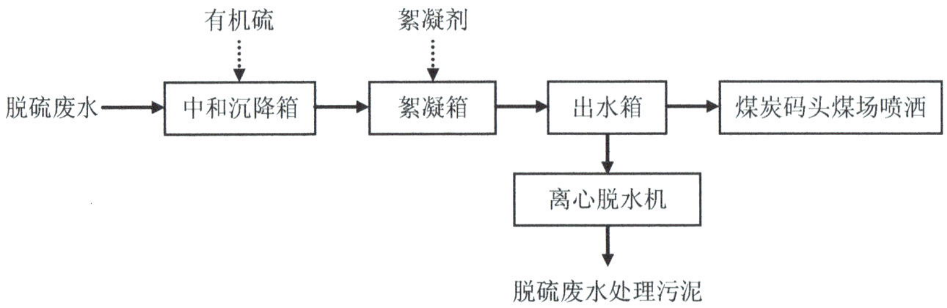

图 7-4　项目生产工艺流程

7.4.2.3　鉴别过程

1．初筛阶段

（1）固体废物属性判断

鉴别对象为电厂燃煤燃烧的锅炉烟气进入废气处理设施后，石灰石-石膏法烟气脱硫过程产生的脱硫废水经“中和→絮凝→沉淀→过滤”处理产生的脱硫废水处理污泥，对照《固体废物鉴别标准　通则》（GB 34330—2017），属于“4.3 环境治理和污染控制过程中产生的物质”中“第 e 类水净化和废水处理产生的污泥及其他废弃物质”，因此可判定属于固体废物。

（2）危险废物名录相符性判断

鉴别对象是燃煤入炉焚烧产生的锅炉烟气进入废气处理设施产生的脱硫废水进入脱硫废水处理系统产生的。燃煤不属于危险废物，且燃烧系统未掺烧任何危险废物，因此该污泥不符合《国家危险废物名录（2021 年版）》中 772-003-18 的相关描述，同时不属于《名录》中其他特定行业和非特定行业的危险废物。

（3）危险性识别与初筛因子筛选

煤炭中含有的元素种类主要包括重金属、氟、硫等。在高温燃烧过程挥发性重金属元素随着烟气冷却会经过均相成核、凝聚、异相凝结等物理化学变化进入废气处理产生的固体废物中，因此烟气中可能含有汞、砷、硒、铅等重金属，还可能含有氟化氢、二氧化硫、氮氧化物、多环芳烃、酚类等气态污染物。脱硫污泥是由脱硫废水处理后形成的残渣压滤而成，以上污染物均可能沉降在污泥中，因此需重点关注脱硫废水处理污泥的腐蚀性、反应性、浸出毒性及毒性物质含量。

（4）初筛结果分析

按照 HJ 298—2019 的要求采集脱硫废水处理污泥样品进行检测分析。

腐蚀性——脱硫废水本身呈弱酸性，脱硫废水工艺投加的药剂呈碱性，可能影响污泥的酸碱度，后续鉴别需要继续检测 pH。

急性毒性——脱硫废水处理污泥初筛样品的小鼠急性经口毒性试验结果表明，

LD_{50}＞2 000 mg/kg，可判定其不具有急性毒性危险特性。

易燃性——脱硫废水处理污泥含水率高，结合其产生过程，对照易燃性判定标准，可判定其不具有易燃性危险特性。

反应性——分析脱硫废水处理污泥产生过程，硫化物为特征因子，后续鉴别需要继续检测遇酸反应性。

浸出毒性——对初筛脱硫废水处理污泥样品中可能含有的无机元素和有机物进行测试分析。样品浸出液中有机物均未检出，无机元素检出少量的钡、锌、镉、镍、汞、砷、硒、氟化物，结合初筛结果和前期的溯源分析，后续对脱硫废水处理污泥中锌、镉、汞、砷、硒、铅、氟化物、苯并[*a*]芘、苯酚进行浸出毒性检测。

毒性物质含量——对初筛脱硫废水处理污泥样品中可能含有的无机元素和有机物进行测试分析，钡、铍、镉、钴、铬、锰、镍、铅、钛、钒、铊、汞、砷、硒、锑、氟化物、石油溶剂均被检出。结合初筛结果和前期的溯源分析，后续对脱硫废水处理污泥中钡、镉、钴、镍、铅、汞、砷、硒、锑、氟化物、苯并[*a*]蒽、苯并[*b*]荧蒽、苯并[*k*]荧蒽、苯并[*a*]芘、二苯并[*a,h*]蒽、甲酚进行毒含检测。

经过前期的分析与筛查，需要对脱硫废水处理污泥进行腐蚀性鉴别、反应性鉴别、浸出毒性鉴别和毒性物质含量鉴别。

（5）采样检测方案

脱硫废水处理污泥产量为 218 t/月，对照 HJ 298—2019 的规定，需在 1 个月内等时间间隔采集 50 份脱硫废水处理污泥样品，检测指标为腐蚀性（pH）、反应性（硫化氢）、浸出毒性（锌、镉、汞、砷、硒、铅、氟化物、苯并[*a*]芘、苯酚）、毒性物质含量（钡、镉、钴、镍、铅、汞、砷、硒、锑、氟化物、苯并[*a*]蒽、苯并[*b*]荧蒽、苯并[*k*]荧蒽、苯并[*a*]芘、二苯并[*a,h*]蒽、甲酚）。

2．正式鉴别阶段

（1）检测结果分析

腐蚀性——采集的 50 个脱硫废水处理污泥样品的浸出液 pH 均未达到《危险废物鉴别标准　腐蚀性鉴别》（GB 5085.1—2007）标准，表明其不具有腐蚀性危险特性。

反应性——采集的 50 个脱硫废水处理污泥样品遇酸放出的硫化氢浓度均未达到《危险废物鉴别标准　反应性鉴别》（GB 5085.4—2007）标准，表明其不具有反应性危险特性。

浸出毒性——采集的 50 个脱硫废水处理污泥样品的浸出毒性均未超过《危险废物鉴别标准　浸出毒性鉴别》（GB 5085.3—2007）标准，表明其不具有浸出毒性危险特性。

毒性物质含量——采集的 50 个脱硫废水处理污泥样品的毒性物质含量中各附录总含量和累积毒性均未超过《危险废物鉴别标准　毒性物质含量鉴别》（GB 5085.6—2007）标准，表明其不具有毒性物质含量危险特性。

（2）判定依据及结果

脱硫废水处理污泥样品检测超标份样数为0，小于HJ 298—2019中超标份样下限值11。

7.4.2.4 鉴别结论

通过对脱硫废水处理污泥样品腐蚀性、反应性、浸出毒性和毒性物质含量检测结果进行分析并结合前期调查结论，可以判定该污泥不具有易燃性、腐蚀性、反应性、浸出毒性、毒性物质含量和急性毒性的危险特性，不属于危险废物，建议按照一般固体废物进行管理。

7.5 生活垃圾填埋场渗滤液处理污泥鉴别

7.5.1 鉴别依据

一般城市生活垃圾由可回收废物（包括纸类、塑料、毛纺织物、玻璃、金属、木材竹材等组成）、有机物（动植物、残余食物等）及无机物（灰土、碎砖瓦等）等组成，填埋场采用“分区-单元式”填埋方式，收集的垃圾经性质检测、地衡称重计量后，按规定的速度、线路运至填埋作业单元，按照初始填埋→日覆盖→中间覆盖→终场覆盖进行填埋，由于降水渗透、垃圾发酵以及地下水浸入等原因，各垃圾层会产生渗滤液，需启动渗滤液全量化处理系统处理。

生活垃圾中厨余和塑料等的堆积会产生的污染物除重金属外，还包括氰化物、石油烃、苯系物、酚类化合物、氯代烃等，导致垃圾渗滤液成分复杂，通常包含高浓度的可溶有机物及无机离子，包括大量的氨氮和各种溶解态的阳离子，还有一些重金属、酚类及其他的有机污染物，各类污染物均可能富集于该污泥中，从而使污泥具有相应的危险特性。对照《国家危险废物名录（2025年版）》，与该固体废物产生过程比较接近的描述为HW49，“772-006-49 采用物理、化学、物理化学或者生物方法处理或者处置毒性或者感染性危险废物过程中产生的废水处理污泥和废水处理残渣（液）”。因此，渗滤液处理污泥需对照其产生过程，确认其是否在《名录》中，不在《名录》中的渗滤液处理污泥可依据危险废物鉴别标准和鉴别方法进行危险特性鉴别。

7.5.2 鉴别案例

7.5.2.1 鉴别时间

2022年5月。

7.5.2.2 项目简介

填埋场各垃圾层会产生渗滤液，经“混凝沉淀+两级 A/O+外置式 MBR+NF/芬顿+RO+MVR 蒸发”的处理工艺对渗滤液进行处理，出水达到《生活垃圾填埋场污染控制标准》（GB 16889—2008）表 2 排放标准后排放，具体工艺流程如图 7-5 所示。

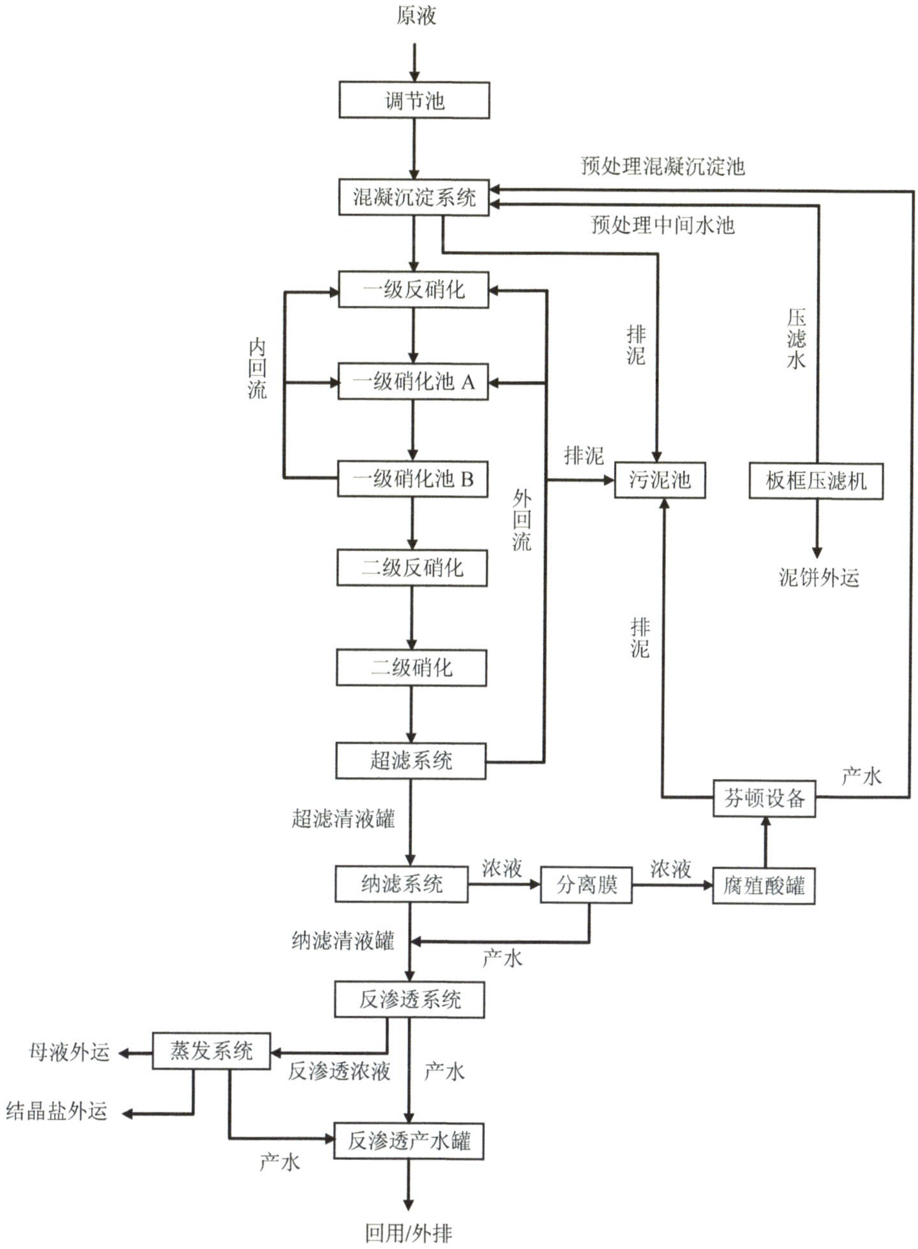

图 7-5 项目工艺流程

7.5.2.3 鉴别过程

1．初筛阶段

（1）固体废物属性判断

鉴别对象为生活垃圾渗滤液全量化处理系统产生的污泥，根据《固体废物鉴别标准通则》（GB 34330—2017），属于“4.3 环境治理和污染控制过程中产生的物质”中“第 e 类水净化和废水处理产生的污泥及其他废弃物质”，因此可判定其属于固体废物。

（2）危险废物名录相符性判断

生活垃圾填埋场仅接收居民生活垃圾，未填埋生活垃圾焚烧飞灰及其他固体废物，且生活垃圾渗滤液经处理后满足《生活垃圾填埋场污染控制标准》（GB 16889）表 2 排放标准后外排，因此渗滤液不属于毒性或者感染性危险废物，处理产生的污泥不符合《国家危险废物名录（2021 年版）》中 772-006-49 的相关描述，同时不属于《名录》中其他特定行业和非特定行业的危险废物。

（3）危险性识别与初筛因子筛选

垃圾渗滤液成分复杂，取决于填埋场的年龄、深度、微生物环境以及所填埋的垃圾的组成等，含有的危害成分主要来源于厨余和塑料等的堆积和发酵，包括重金属、氰化物、石油烃、苯系物、酚类化合物、氯代烃等，因此需重点关注渗滤液处理污泥的腐蚀性、浸出毒性及毒性物质含量。

（4）初筛结果分析

对渗滤液处理系统三处污泥产生节点（混凝沉淀池、超滤系统、芬顿系统）分别进行初筛采样，按照 HJ 298—2019 的要求每类污泥采集初筛样品进行检测分析。

腐蚀性——渗滤液本身及废水工艺投加的药剂均可能影响污泥的酸碱度，后续鉴别需要继续检测 pH。

急性毒性——渗滤液处理污泥初筛样品的小鼠急性经口毒性试验结果表明，$LD_{50}>$ 2 000 mg/kg，可判定其不具有急性毒性危险特性。

易燃性——渗滤液处理污泥含水率高，结合其产生过程，对照易燃性判定标准，可判定其不具有易燃性危险特性。

反应性——分析渗滤液处理污泥产生过程，对照反应性判定标准，可判定其不具有反应性危险特性。

浸出毒性——对初筛渗滤液处理污泥样品中可能含有的无机元素和有机物进行测试分析。样品浸出液中有机物检出少量的苯、甲苯、乙苯、二甲苯、三氯甲烷和四氯乙烯，无机元素检出少量的铜、钡、锌、铬、镍、汞、砷、硒、六价铬、无机氟化物、氰化物，结合初筛结果和前期的溯源分析，后续对渗滤液处理污泥中铜、钡、锌、铬、镍、汞、砷、硒、六价铬、无机氟化物、氰化物、苯、甲苯、乙苯、二甲苯、三氯甲烷、四氯乙烯、苯酚进行浸出毒性检测。

毒性物质含量——对初筛渗滤液处理污泥样品中可能含有的无机元素和有机物进行测试分析，钡、铬、镍、钛、汞、砷、硒、锑、氟化物、氰化物、石油溶剂、邻苯二甲酸二乙基己基酯、1,2-二氯乙烷、1,2,3-三氯丙烷均被检出。结合初筛结果和前期的溯源分析，后续对渗滤液处理污泥中钡、镍、铅、汞、砷、硒、锑、六价铬、氟化物、氰化物、石油溶剂、邻苯二甲酸二乙基己基酯、1,2-二氯乙烷、1,2,3-三氯丙烷、苯、苯乙烯、甲酚、二甲基甲酰胺进行毒含检测。

经过前期的分析与筛查，需要对渗滤液处理污泥进行腐蚀性鉴别、浸出毒性鉴别和毒性物质含量鉴别。

（5）采样检测方案

混凝沉淀系统污泥和芬顿系统污泥的最大月产生量均不超过 5 t，超滤系统污泥的最大月产生量不超过 25 t，对照 HJ 298—2019 的规定，需在 1 个月内等时间间隔采集 5 份混凝沉淀系统污泥样品、5 份芬顿系统污泥样品和 8 份超滤系统污泥样品，检测指标为腐蚀性（pH）、浸出毒性（铜、钡、锌、铬、镍、汞、砷、硒、六价铬、无机氟化物、氰化物、苯、甲苯、乙苯、二甲苯、三氯甲烷、四氯乙烯、苯酚）、毒性物质含量（钡、镍、铅、汞、砷、硒、锑、六价铬、氟化物、氰化物、石油溶剂、邻苯二甲酸二乙基己基酯、1,2-二氯乙烷、1,2,3-三氯丙烷、苯、苯乙烯、甲酚、二甲基甲酰胺）。

2．正式鉴别阶段

（1）检测结果分析

腐蚀性——采集的 5 份混凝沉淀系统污泥样品、5 份芬顿系统污泥样品和 8 份超滤系统污泥样品的浸出液 pH 均未达到《危险废物鉴别标准　腐蚀性鉴别》（GB 5085.1—2007）标准，表明其不具有腐蚀性危险特性。

浸出毒性——采集的 5 份混凝沉淀系统污泥样品、5 份芬顿系统污泥样品和 8 份超滤系统污泥样品的浸出毒性均未超过《危险废物鉴别标准　浸出毒性鉴别》（GB 5085.3—2007）标准，表明其不具有浸出毒性危险特性。

毒性物质含量——采集的 5 份混凝沉淀系统污泥样品、5 份芬顿系统污泥样品和 8 份超滤系统污泥样品的毒性物质含量中各附录总含量和累积毒性均未超过《危险废物鉴别标准　毒性物质含量鉴别》（GB 5085.6—2007）标准，表明其不具有毒性物质含量危险特性。

（2）判定依据及结果

混凝沉淀系统污泥样品、芬顿系统污泥样品和超滤系统污泥样品检测超标份样数均为 0，小于 HJ 298—2019 中超标份样下限值。

7.5.2.4 鉴别结论

通过对混凝沉淀系统污泥、芬顿系统污泥和超滤系统污泥的样品腐蚀性、浸出毒性和毒性物质含量检测结果进行分析并结合前期调查结论，可以判定以上污泥不具有易燃性、腐蚀性、反应性、浸出毒性、毒性物质含量和急性毒性的危险特性，因此渗滤液处理污泥不属于危险废物，建议按照一般固体废物进行管理。

7.6 碳钢表面酸洗污泥鉴别

7.6.1 鉴别依据

生产钢带钢管的主要原料是钢材，按照化学成分可分为碳素钢和合金钢，其中碳素钢分为低碳钢、中碳钢和高碳钢，其主要成分除铁外，还含有碳、锰、硅、磷、硫等重金属和无机元素。碳钢制作合格钢带钢管的主要环节是对原料碳钢表面氧化铁皮的去除，即“酸洗+水洗”工段，该环节产生的酸洗废水需进入厂区污水站进行处理，从而产生酸洗污泥。

碳钢和原料酸中的污染物均可能随酸洗废水进入污水站，并富集于污泥中，从而使污泥具有相应危险特性。对照《国家危险废物名录（2025 年版）》，与该固体废物产生过程比较接近的描述为 HW17，“336-064-17 金属或者塑料表面酸（碱）洗、除油、除锈（不包括喷砂除锈）、洗涤、磷化、出光、化抛工艺产生的废腐蚀液、废洗涤液、废槽液、槽渣和废水处理污泥［不包括：铝、镁材（板）表面酸（碱）洗、粗化、硫酸阳极处理、磷酸化学抛光废水处理污泥，铝电解电容器用铝电极箔化学腐蚀、非硼酸系化成液化成废水处理污泥，铝材挤压加工模具碱洗（煲模）废水处理污泥，碳钢酸洗除锈废水处理污泥］”。因此，酸洗污泥需对照废水成分和产生过程，确认其是否在《名录》中，不在《名录》中的酸洗污泥可依据危险废物鉴别标准和鉴别方法进行危险特性鉴别。

7.6.2 鉴别案例

7.6.2.1 鉴别时间

2023 年 5 月。

7.6.2.2 项目简介

酸溶液能较快地溶蚀各种氧化铁皮，酸洗反应可以从碳钢的外层往里进行，对金属基体的侵蚀甚弱，酸洗后的板带钢表面银亮洁净，方便进行后端工序制造。酸洗工段的废水进入污水站进行处理后外排。具体工艺流程如图 7-6 所示。

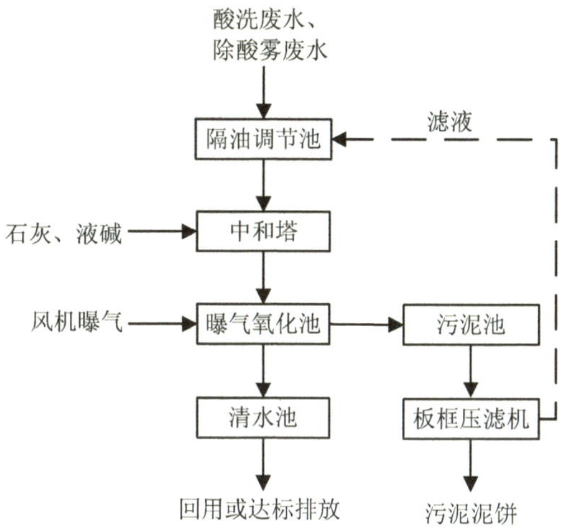

图 7-6 项目工艺流程

7.6.2.3 鉴别过程

1. 初筛阶段

（1）固体废物属性判断

鉴别对象为污水处理站产生的酸洗污泥，根据《固体废物鉴别标准 通则》（GB 34330—2017），属于“4.3 环境治理和污染控制过程中产生的物质”中“第 e 类水净化和废水处理产生的污泥及其他废弃物质”，因此可判定其属于固体废物。

（2）危险废物名录相符性判断

碳钢酸洗废水经“调节-中和-曝气氧化”处理后达标外排，所产生的污泥为碳钢酸洗除锈废水处理污泥，属于 336-064-17 类危险废物中不包括的内容，因此该污泥不符合《国家危险废物名录（2021 年版）》中 336-064-17 的相关描述，同时不属于《名录》中其他特定行业和非特定行业的危险废物。

（3）危险性识别与初筛因子筛选

酸洗污泥的主要污染成分来源于碳钢中的杂质，以重金属和无机元素为主；酸洗废水呈酸性且污水处理需投加药剂调节 pH，可能导致污泥具有腐蚀性，因此需重点关注酸洗污泥的腐蚀性、浸出毒性及毒性物质含量。

（4）初筛结果分析

按照 HJ 298—2019 采集酸洗污泥样品进行检测分析。

腐蚀性——酸洗废水本身及废水处理工艺投加的药剂均可能影响污泥的酸碱度，后续鉴别需要继续检测 pH。

急性毒性——酸洗污泥初筛样品的小鼠急性经口毒性试验结果表明，LD_{50}>2 000 mg/kg，可判定其不具有急性毒性危险特性。

易燃性——酸洗污泥含水率高，结合其产生过程，对照易燃性判定标准，可判定其不具有易燃性危险特性。

反应性——分析酸洗污泥产生过程，对照反应性判定标准，可判定其不具有反应性危险特性。

浸出毒性——对初筛酸洗污泥样品中可能含有的无机元素进行测试分析。样品浸出液中检出少量的钡、锌、镍、汞、砷、硒、氟化物、氰化物，结合初筛结果和前期的溯源分析，后续对酸洗污泥中铬、镍、铜、汞、氟化物进行浸出毒性检测。

毒性物质含量——对初筛酸洗污泥样品中可能含有的无机元素和有机物进行测试分析，钡、镉、钴、总铬、锰、镍、铅、钛、钒、锑、氟化物、氰化物、汞、砷、硒、石油溶剂均被检出。结合初筛结果和前期的溯源分析，后续对酸洗污泥中镉、钴、锰、镍、钛、钒、砷、锑、氟化物、石油溶剂进行毒含检测。

经过前期的分析与筛查，需要对酸洗污泥进行腐蚀性鉴别、浸出毒性鉴别和毒性物质含量鉴别。

（5）采样检测方案

酸洗污泥的最大月产生量为 18.85 t，对照 HJ 298—2019 的规定，需在 1 个月内等时间间隔采集 8 份污泥样品，检测指标为腐蚀性（pH）、浸出毒性（铬、镍、铜、汞、氟化物）、毒性物质含量（镉、钴、锰、镍、钛、钒、砷、锑、氟化物、石油溶剂）。

2．正式鉴别阶段

（1）检测结果分析

腐蚀性——采集的 8 份酸洗污泥样品的浸出液 pH 均未达到《危险废物鉴别标准　腐蚀性鉴别》（GB 5085.1—2007）标准，表明其不具有腐蚀性危险特性。

浸出毒性——采集的 8 份酸洗污泥样品的浸出毒性均未超过《危险废物鉴别标准　浸出毒性鉴别》（GB 5085.3—2007）标准，表明其不具有浸出毒性危险特性。

毒性物质含量——采集的 8 份酸洗污泥样品的毒性物质含量中各附录总含量和累积毒性均未超过《危险废物鉴别标准　毒性物质含量鉴别》（GB 5085.6—2007）标准，表明其不具有毒性物质含量危险特性。

（2）判定依据及结果

酸洗污泥样品检测超标份样数为 0，小于 HJ 298—2019 中超标份样下限值 3。

7.6.2.4 鉴别结论

通过对酸洗污泥样品腐蚀性、浸出毒性和毒性物质含量检测结果进行分析并结合前期调查结论，可以判定其不具有易燃性、腐蚀性、反应性、浸出毒性、毒性物质含量和急性毒性的危险特性，因此酸洗污泥不属于危险废物，建议按照一般固体废物进行管理。

7.7 污水处理厂废水处理污泥鉴别

7.7.1 鉴别依据

污水处理厂根据污水来源分为工业污水处理厂和生活污水处理厂。现在工业区都有配套的污水处理厂，把整个工业区的污水进行统一处理达标后再进入城镇污水处理厂。污水处理过程中会产生污泥，包括生化处理污泥、物化处理污泥和机械处理污泥等，根据污泥种类的不同，污泥一般由无机颗粒、胶体、有机物质、细菌、水分构成。随着城市化的不断推进，城镇污水厂迅速提高污水处理能力，污泥的产生量也随之逐渐增加。污泥中含有较多的有毒有害物质，如果处置不当容易造成二次污染。工业废水集中处理厂污泥未纳入《国家危险废物名录（2025 年版）》。为落实此类污泥类别归属，同时规范企业对污泥的管理，企业应委托鉴别单位对污水处理厂废水处理产生的污泥进行危险属性鉴别。

污水处理厂污泥的危险特性与上游接管企业的废水污染因子紧密相关，为保证污泥成分的稳定性，应对接管废水的情况进行综合分析，同时接管企业排入污水处理厂的废水经预处理后应满足相应接管标准，一旦企业接管废水超标进入污水厂，与其他废水混合后产生的污泥也应视为该接管企业废水处理污泥与其他污泥的混合物，具有该接管企业污泥相应的危险特性。

7.7.2 鉴别案例

7.7.2.1 鉴别时间

2021 年 10 月。

7.7.2.2 项目简介

1. 污水处理厂简介

某综合污水处理厂总规模 15 000 t/d，分两期建设，一期建设规模 5 000 t/d，二期建设规模 10 000 t/d，目前两期均已在运行，污水处理工艺相同。该污水处理厂主要接纳附近企业的生产废水和生活污水，以及居民的生活污水。

2. 污泥产生过程分析

目前，该综合污水处理厂共接管 23 家企业，污水日均处理量约为 10 000 m^3/d，其中居民区生活污水约占总水量的 8%。接管企业中有生产废水接入的企业有 16 家，2 家企业无生产废水，另有 5 家企业生产废水处理后全部回用。该综合污水处理厂污水处理工艺流程见图 7-7，污水处理厂采用“水解酸化+缺氧/好氧+多元催化氧化+絮凝沉淀”的废水处理工艺。从絮凝沉淀池排出的物化污泥和生化沉淀池排出的生化污泥经污泥泵输送至污泥浓缩池，均质后的污泥送入叠螺式污泥脱水机进行压滤处理，一步完成浓缩和脱水，形成泥饼，即鉴别对象废水处理污泥，其包括物化污泥和生化污泥。

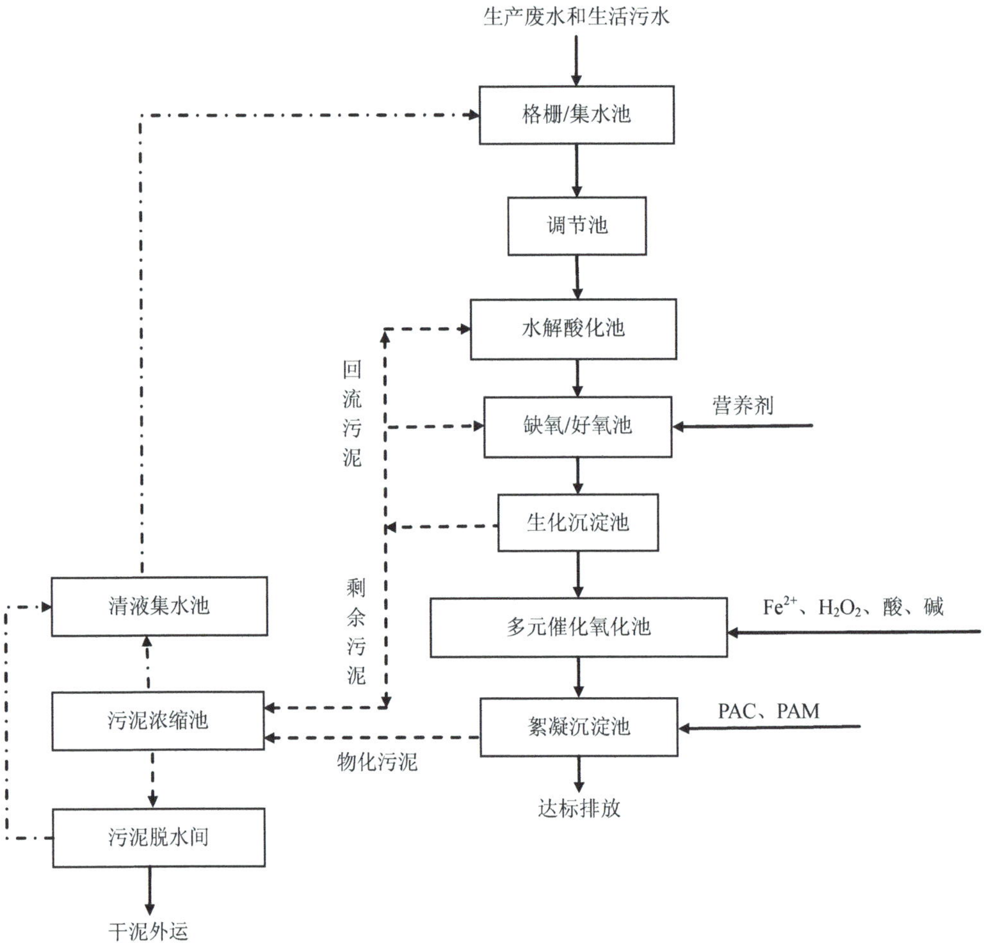

图 7-7 综合污水处理厂污水处理工艺流程

7.7.2.3 鉴别过程

1．初筛阶段

（1）固体废物属性判断

根据《固体废物鉴别标准 通则》（GB 34330—2017）中第4.3节“环境治理和污染控制过程中产生的物质”的相关规定，水净化和废水处理产生的污泥及其他废弃物质属于固体废物。待鉴别的物质为污水处理站废水处理过程中产生的污泥，因此，可以判定其属于固体废物。

对照《名录》，工业废水集中处理厂污泥未纳入《名录》中。该综合污水处理厂接管企业涉及农药化工、医药化工、精细化工、合成树脂制造、工业颜料制造、废弃资源综合利用等行业的生产过程，但这些企业废水都经厂内物化及生化预处理设施处理达标后接入综合污水处理厂，因此污水处理厂废水处理污泥不符合 HW04、HW12 及 HW13 中相关描述。

（2）危险性识别与初筛因子筛选

根据《危险废物鉴别技术规范》（HJ 298—2019）的规定，鉴别对象危险特性的识别和危险特性鉴别检测项目的筛选，应根据固体废物的产生源特性确定，必要时可向与该固体废物危险特性鉴别工作无直接利害关系的行业专家咨询。经综合分析固体废物产生过程生产工艺、原辅材料、产生环节和主要危害成分，确定不存在的危险特性，不进行检测。本综合污水处理厂危险特性的识别过程如下：

该污水处理厂接管企业产品类型主要包括农药化工、医药化工、精细化工、合成树脂制造、工业颜料制造、废弃资源综合利用，有生产废水接入的16家企业的接管情况见表7-1。由污水厂接管企业情况可知，该综合污水处理厂废水来源复杂，可能含有重金属、酚类、醛类、石油溶剂等毒性物质，这些物质可能会转化、累积，进而使废水处理污泥具有相应的危险特性。

表 7-1 污水处理厂接管企业情况汇总

序号	行业类型	生产产品	原辅材料	可能涉及的有毒有害物质
1	农药化工	赤霉素 GA3	玉米淀粉、花生粉、葡萄糖、磷酸二氢钾、黄豆粉、糊精粉、硫酸镁、α-淀粉酶、β-淀粉酶、硝酸钾、液碱、醋酸乙酯、硫酸、蓖麻油、乙醇、丙酮、碳酸钠、聚乙烯吡咯烷酮、聚乙二醇、硬脂酸镁、磷酸二氢铵、磷酸氢二铵	丙酮、锌、正丁醇

序号	行业类型	生产产品	原辅材料	可能涉及的有毒有害物质
1	农药化工	赤霉素 A4+A7	玉米淀粉、花生粉、黄豆粉、葡萄糖、磷酸二氢钾、硫酸镁、α-淀粉酶、硫酸、硫酸锌、木瓜酶清、活性炭、氢氧化钠、无水氯化钙、正丁醇、醋酸乙酯、*N*-甲基苄胺、无水酒精	丙酮、锌、正丁醇
		脱落酸	摇瓶种子、蛋白质、葡萄糖、糖类、醇类、麦麸、磷酸二氢钾、大豆油、氨水、氢氧化钠、珍珠岩粉、液碱、盐酸、乙酸乙酯、石油醚、层析硅胶	
		0.03% S-诱抗素水剂	S-诱抗素、无水乙醇、去离子水	
		0.25% S-诱抗素水剂	S-诱抗素、无水乙醇、尿素、氨基酸、吐温 80、去离子水	
		2% 6-BA 可溶液剂	6-BA、无水乙醇、乳酸、吐温 20	
		3.6%苄氨・赤霉酸乳油	赤霉酸 A4+A7、6-BA、四氢糠醇	
		2.7%赤 4+7・赤霉酸涂抹剂	赤霉酸 A4+A7、赤霉酸、二甲基亚砜、羊毛脂	
		5% S-诱抗素可溶粒剂	S-诱抗素、己二酸、碳酸钠、聚乙烯吡咯烷酮、十二烷基硫酸钠、无水乙醇	
		2%吲丁・诱抗素可湿粉	S-诱抗素、吲哚丁酸、白炭黑、高岭土	
		10%赤霉酸可溶片剂	赤霉酸、己二酸、碳酸钠、聚乙烯吡咯烷酮、聚乙二醇、白炭黑、无水乙醇	
		固体有机肥料	废菌渣、锯末、谷壳灰、菌液	
		含氨基酸水溶性肥料	萃取废液、液碱、硫酸镁、氨基酸、苯甲酸钠	
2	医药化工	厄贝沙坦	草酸、氯化钠、氰化钠、氯化铵、环戊酮、浓硫酸、氢氧化钾、戊酰氯、叠氮钠、联苯溴化物、氮甲基吡咯烷酮、液氨、离子膜液碱、盐酸、环己烷、三乙胺、甲醇、甲苯、乙酸乙酯、二氯甲烷、丙酮、药用酒精、乙醇	氰化物、甲醇、甲苯、二氯甲烷、丙酮、锌、DMF、氟化物、乙腈、甲基叔丁基醚、邻硝基苯酚
		缬沙坦	*L*-缬氨酸、叠氮钠、氯化亚砜、无水硫酸镁、氯化锌、亚硝酸钠、联苯溴化物、碳酸钠、液碱、盐酸、乙酸乙酯、DMF、甲醇	
		盐酸三唑嗪	碳酸氢钾、盐酸、水合肼、乙二胺、液碱、三氯氧磷、氯乙酰氯、三氟乙酸乙酯、乙腈、甲基叔丁基醚、甲醇	

序号	行业类型	生产产品	原辅材料	可能涉及的有毒有害物质
2	医药化工	氯沙坦	活性炭、氢氧化钾、硼氢化钠、盐酸、叠氮钠、三乙胺、咪唑醛、联苯溴化物、液碱、异丙醇、甲苯、甲醇	氰化物、甲醇、甲苯、二氯甲烷、丙酮、锌、DMF、氟化物、乙腈、甲基叔丁基醚、邻硝基苯酚
		咪唑醛	DMF、盐酸、甘氨酸、三氯氧磷、甲醇、戊腈、液碱、甲苯	
		8-羟基喹啉	甘油、浓硫酸、邻氨基苯酚、邻硝基苯酚、30%液碱、水	
3	农药化工	2,4-二氯苯氧乙酸（2,4-*D*）（副产品：盐酸、次氯酸钠、氯化钠、1-氯正丁烷、羟基乙酸水溶液/羟基乙酸丁酯、2,4,6-三氯苯酚）	氯乙酸、苯酚、液氯、盐酸、液碱、甲苯、催化剂、活性炭、正丁醇	甲苯、苯酚、甲醇、丁醇、三氯丙烷
		2,4-*D* 二甲胺盐水剂	2,4-二氯苯氧乙酸、二甲胺	
		1,1,2,3-四氯丙烯（4*E*）	三氯丙烷、液碱、液氯、活性炭	
		离子膜氯碱	卤水、矿盐、纯碱、硫酸、高纯盐酸、三氯化铁	
		羟基乙酸丁酯（副产品：NaCl、1-氯正丁烷）	2,4-*D*（一期）离心母液（羟基乙酸钠、氯化钠、水、苯氧乙酸钠）、丁醇（99%）、盐酸（31%）、碳酸钠（99%）	
		间苯二甲胺（MXDA）	甲醇、甲苯、间苯二甲腈、烧碱、催化剂、氢气、液碱	
4	精细化工	氟化钠（副产品：湿品白炭黑）	氟硅酸钠、十水碳酸钠、水	氟化物
		聚合氯化铝	盐酸、铝酸钙粉、水	
		冰晶石（铝氟酸钠，副产品：湿品白炭黑）	氟硅酸钠、氨水、液碱、氢氧化铝、水	
		七水硫酸镁	硫酸、轻烧氧化镁、聚丙烯酰胺、水	
		环氧大豆油（环氧大豆油酸-2-甲基己酯）	大豆油或工业油脂、甲酸、双氧水、硅藻土、水	
		改性 ADC 发泡剂	普通 ADC 发泡剂、助剂（白炭黑）	
		工业油脂	毛油、白土	
5	精细化工	氯酸钠	原盐、烧碱、盐酸、纯碱、重铬酸钠、双氧水	铬、钯
		双氧水	氢气、氮气、空气、2-乙基蒽醌、重芳烃、磷酸三辛酯、磷酸、碳酸钾、钯触媒、活性氧化铝、脱盐水	
6	合成树脂制造	PVB 树脂（高黏度聚乙烯醇缩丁醛树脂）	聚乙烯醇、丁醛、盐酸、液碱、活性炭、水	—

序号	行业类型	生产产品	原辅材料	可能涉及的有毒有害物质
7	精细化工	纳米氧化锌（副产品：硫酸铵）	次氧化锌、硫酸、碳酸氢铵、锌粉、高锰酸钾	锌
		氯化锌	次氧化锌、盐酸、氯酸钾、高锰酸钾、锌粉	
8	工业颜料制造	中高档颜料	氧化锆、片碱（氢氧化钠）、氯化铵、氧化硅、碳酸钾、氯化钾、硫酸钾、氧化锌、氧化钴、氧化铜、氧化铈、氧化锰、氧化镨	锌、钴、铜、锰
		高档颜料	氧化锆、片碱（氢氧化钠）、氯化铵、氧化硅、五水偏硅酸钠、氧化钴、氧化铈	
9	废弃资源综合利用	氧化镨钕、氧化镨、氧化钕、氧化钆、氧化铽、氧化镝、钬富集物溶液	钕铁硼废料、液碱、草酸、片碱、盐酸、P507、煤油	石油类
		氧化钇铕、氧化铈、氧化铕、氧化铽、氧化钇、铝酸钠副产品	三基色荧光粉废料、液碱、草酸、片碱、盐酸、P507、煤油	
10	废弃资源综合利用	氧化镨钕、氧化镨、氧化钕、氧化钆、氧化铽、氧化镝、钬富集物溶液	钕铁硼废料、液碱、草酸、盐酸、P507、煤油	石油类
11	医药化工	4-溴甲基喹啉酮（BMQ）（副产品：氢溴酸、硫酸镁）	双乙酰苯胺、1,2-二氯乙烷、溴素、浓硫酸、氢氧化镁	二氯乙烷、锌、二氯丙烯、氰化物、镍
		对氯苯甲醛（副产品：盐酸）	对氯甲苯、液氯、盐酸（25%）、氯化铁、液碱（32%）	
		2-氯-5-氯甲基噻唑	二氯丙烯、硫氰酸铵、水、氯异硫丙烯、氯化铵、液氯、二氯乙烷、液碱、双氧水、活性炭、氯化钠、25%盐酸、噻唑	
		乙酰氨基丙二酸二乙酯（DEAM）（副产品：醋酸钠、醋酸锌）	丙二酸二乙酯、二氯乙烷、亚硝酸钠、冰醋酸、醋酐、锌粉	
		2-肼基-4-甲基苯并噻唑（副产物：二水硫酸铵、10%氨水）	邻甲苯胺、硫氰酸铵、硫酸、氢氧化钠、溴化钠、浓硫酸、水合肼、乙二醇	
		邻苯二胺	邻硝基苯胺、水、氢气、铝镍合金	
		其他		
12	精细化工	环保型纳米级难燃聚合物聚醚多元醇	聚醚多元醇 A、聚醚多元醇 B、聚醚多元醇 C、三聚氰胺、双氰胺、甲醛、助剂 A、助剂 B、多聚甲醛	甲醛、氰化物

序号	行业类型	生产产品	原辅材料	可能涉及的有毒有害物质
13	农药化工	醚菌酯	邻甲酚、苯酞、30%甲醇钠、二甲苯、氯化亚砜、甲苯、5%液碱、30%氰化钠、MTBE溶剂（甲基叔丁基醚）、三氯化磷、甲醇、甲氧胺盐酸盐、水	石油类、甲苯、甲醇、氰化物、二氯乙烷、DMF、二甲苯、氯苯、甲基叔丁基醚、氟化物、铜
		肟菌酯	酰氯、二氯乙烷、30%氰化钠、四丁基溴化铵、50%硫酸溶液、溴化钠、甲醇、98%硫酸、甲氧胺盐酸盐、石油醚、NBS（*N*-溴代丁二酰亚胺）、偶氮二异丁腈、碳酸氢钠水溶液、乙醇、30%盐酸、20%亚硝酸钠、20%乙酸钠、间三氟甲基苯胺、甲苯、五水硫酸铜、亚硫酸钠、10%乙醛肟、盐酸羟胺、固体片碱、DMF（*N,N*-二甲基甲酰胺）、甲醇钠、新鲜水	
		3-异色满酮	邻二甲苯、氯气、偶氮二异丁腈、30%氰化钠、10%碱液、20%液碱、30%液碱、四丁基溴化胺、甲醇、50%硫酸、20%碳酸钠溶液、甲苯、氯苯、硫酰氯、水	
		克菌丹	二硫化碳、氯气、尿素、四氢苯酐、二氯乙烷、三乙胺、30%液碱、5%液碱、水	
		杀虫单	氯丙烯、40%二甲胺、30%碱液、30%盐酸、二氯乙烷、液氯、10%碱液、75%甲醇、大苏打、水	
		其他		
14	精细化工	环烷酸	石油酸、液碱、浓硫酸、燃料油（柴油）	石油类、钴、锌、锰
		异辛酸	异辛醇、氢氧化钠、硫酸、催化剂	
		异辛酸盐、环烷酸盐	异辛酸、环烷酸、氧化钴、氧化锌、氢氧化钙、碳酸锰、溶剂油	
		氯化钙	盐酸、石灰石、石灰水、液碱	
		聚合氯化铝	盐酸、铝矾土、铝酸钙粉	
15	农药化工	复配农药	阿维菌素、杀虫单、毒死蜱、草甘膦、虫酰肼、苯丁锡、哒螨灵、氟铃脲、苄嘧磺隆、丙草胺、甲维盐、联苯菊酯、炔螨特、高效氯氟氰菊酯、杀螺胺乙醇胺盐、稻瘟灵、井冈霉素、丙溴灵、辛硫磷、吡虫啉、敌敌畏、三唑磷、硫黄、三环唑、丁草胺、乙草胺、烯唑醇、草甘膦异丙胺盐、杀螟硫磷、氟啶脲、甲氰菊酯、异丙威、喹硫磷、苯醚丙环唑、丙环唑、乙酰甲胺磷、吡蚜酮、敌草隆、噻嗪酮、苏云金杆菌、500（无水）、601、603、700、NP-10、异丙胺、草甘膦助剂、松节油、甲醇、二甲	农药、甲醇、二甲苯、DMF、甲醛

序号	行业类型	生产产品	原辅材料	可能涉及的有毒有害物质
15	农药化工	复配农药	苯、松基油、二甲基甲酰胺 DMF、环己酮、乙二醇、SP-2728、硅酸镁铝、甲醛、有机消泡剂、乙酸乙酯、NNO 扩散剂、十二烷基苯磺酸钠、白炭黑、轻钙粉、纯碱、茶皂素、无水硫酸钠	农药、甲醇、二甲苯、DMF、甲醛
16	精细化工	六甲基二硅氮烷（副产品：六甲基二硅氧烷）	三甲基氯硅烷、液氨、液碱	—

（3）初筛结果分析

分别采集物化和生化污泥各两份样品进行初筛检测分析。

易燃性——物化污泥两份样品的含水率分别为 87.06%、86.97%，生化污泥两份样品的含水率分别为 83.32%、83.47%，结合其产生过程分析，可排除其具有易燃性。

反应性——分析污泥产生过程，同时对污泥中硫化物和氰化物进行了初筛检测，远低于《危险废物鉴别标准　反应性鉴别》（GB 5085.5—2007）标准中的浓度限值。对照反应性鉴别标准，可排除其具有反应性。

腐蚀性——两份物化污泥的 pH 分别为 7.08、7.21，两份生化污泥的 pH 分别为 6.88、6.84，均未超过限值（pH≥12.5，或 pH≤2.0）。由于污水处理厂上游接管企业涉及氟化物的生产，含氟废水处理污泥中的氟离子对金属具有一定的腐蚀性，因此对废水处理污泥进行了腐蚀速率的进一步测试。结果表明，两份物化污泥和两份生化污泥的腐蚀速率均远低于标准限值。因此可以排除其具有腐蚀性。

浸出毒性——对两份物化污泥及两份生化污泥样品中的铜、锌、镉、铅、总铬、六价铬、铍、钡、镍、银、砷、硒、汞、无机氟化物、氰化物、苯酚、三氯甲烷、2,4,6-三氯苯酚、甲苯、二甲苯、氯苯等指标进行测试分析。两份物化污泥及两份生化污泥样品浸出液中，锌、无机氟化物均有不同程度的检出；同时，1 份生化污泥样品浸出液中有氰化物被检出，其他物质的检出浓度均远低于《危险废物鉴别标准　浸出毒性鉴别》（GB 5085.3—2007）表 1 中所列的浓度限值。

毒性物质含量——对两份物化污泥及两份生化污泥样品中的重金属、无机氟化物、氰化物、有机物进行检测。初步样品分析表明，两份物化污泥样品中均检出铬、六价铬、钯、钴、钡、镍、锰、锡、铅、碲、镉、汞、铍、砷、锑、钛、无机氟化物、苯酚、2-甲基苯酚、3-甲基苯酚、4-甲苯酚、石油溶剂，1 份物化污泥样品中还检出氰化物。两份生化污泥样品中均检出铬、六价铬、钯、钴、钡、镍、锰、锡、铅、碲、镉、汞、铍、砷、锑、钛、无机氟化物、氰化物、苯酚、2-甲基苯酚、3-甲基苯酚、4-甲苯酚、石油溶剂。其中物化和生化污泥检出指标中，铬、钴、钡、镍、锰、锡、铅、镉、钛、无机氟化物、石油溶剂检出浓度较高。

急性毒性初筛——两份物化污泥及两份生化污泥样品的小鼠经口摄取 LD_{50} 均大于 5 000 mg/kg，低于《危险废物鉴别标准　急性毒性初筛》（GB 5085.2—2007）规定的急性毒性水平（经口摄取：固体 LD_{50}≤200 mg/kg）。

经过前期的分析与筛查，该污泥无须进行易燃性、反应性、腐蚀性鉴别，为了进一步识别固体废物属性，明确可能存在的危险特性，需要对鉴别对象进行急性毒性初筛、浸出毒性和毒性物质含量鉴别。

（4）采样检测方案

物化污泥和生化污泥混合后最大月产量为 128.10 t，其中物化污泥和生化污泥的比例约为 2∶1。对照 HJ 298 的规定，物化污泥产生量约 85.4 t（大于 50 t，小于 90 t），需要采集的最小份样数为 20 个；生化污泥产生量约 42.7 t（大于 25 t，小于 50 t），需要采集的最小份样数为 13 个。

考虑到该综合污水处理厂接管企业包括农药化工、医药化工、精细化工、合成树脂制造、工业颜料制造、废弃资源综合利用等产业，废水来源复杂，上游企业原辅材料中使用了甲苯、二甲苯、氯苯、三氯甲烷等有机物，部分为《危险废物鉴别标准　浸出毒性鉴别》（GB 5085.3—2007）表 1 中的有机物，这些物质可能会转化、累积，进而使废水生化处理污泥具有相应的危险特性，因此后续需对污泥中相关物质进行检测。浸出毒性检测指标为锌、铬、钡、镍、铅、镉、无机氟化物、氰化物。

该综合污水处理厂接管企业包括农药化工、医药化工、精细化工、合成树脂制造、工业颜料制造、废弃资源综合利用等产业，可能含有钴、锰、氰化物、氟化物等重金属及无机物，同时接管的农药化工企业的废水中可能还有《危险废物鉴别标准　毒性物质含量鉴别》（GB 5085.6—2007）附录 A～附录 F 中包含的草甘膦、敌敌畏、杀螟硫磷、敌草隆等有机农药及其他有机物，极易进入污泥中累积，因此对污泥中相关物质进行检测。毒性物质含量检测指标为铬、钴、钡、镍、锰、锡、铅、镉、钛、无机氟化物、2-甲基苯酚、3-甲基苯酚、4-甲苯酚、石油溶剂、2,4-滴、草甘膦、敌敌畏、杀螟硫磷和敌草隆。

该综合污水处理厂接管废水来源复杂，其中可能含有重金属、氟化物、氰化物、有机农药及其他有机物，产生的废水处理污泥中可能具有《危险废物鉴别标准　急性毒性初筛》（GB 5085.2—2007）中的急性毒性危险特性。

2．正式鉴别阶段

（1）采样检测结果分析

浸出毒性——在本次所测定的 20 份物化污泥浸出液中，铬未被检出，锌、钡、镍、铅、镉、无机氟化物和氰化物均有不同程度的检出。13 份生化污泥浸出液中，铬未被检出，锌、钡、镍、铅、镉、无机氟化物和氰化物均有不同程度的检出。以上污泥样品浸出液检测指标的结果均远低于《危险废物鉴别标准　浸出毒性鉴别》（GB 5085.3—2007）表 1 中所列的浓度限值，由此判定，该污泥不是具有浸出毒性的危险废物。

毒性物质含量——本次所测定的 20 份新鲜物化污泥和 13 份新鲜生化污泥样品的毒性物质含量、同类毒性物质累加毒性以及所有毒性物质累积毒性均未超过《危险废物鉴别标准　毒性物质含量鉴别》（GB 5085.6—2007）中规定的浓度限值，由此判定，该污泥不具有毒性物质含量危险特性。

急性毒性初筛——在不考虑毒性物质协同的情况下，物化污泥和生化污泥中以各有害物质最大含量计算得到的经口 LD_{50} 分别为 4 176 mg/kg、2 937 mg/kg，不在《危险废物鉴别标准　急性毒性初筛》（GB 5085.2—2007）标准限值范围内（LD_{50}≤200 mg/kg）。通过对物化污泥和生化污泥急性毒性的计算，进一步核实了上述两种污泥不具有急性毒性的危险特性。

（2）判定依据及结果

物化污泥和生化污泥检测结果均未超过相应标准限值，超标份样数为 0，小于 HJ 298 表 3 中的超标份样数下限值 4（生化污泥）或 6（物化污泥）。

7.7.2.4　鉴别结论

通过对污泥的分析、采样和测试，可以判定其不具有易燃性、腐蚀性、反应性、急性毒性、浸出毒性和毒性物质含量的危险特性，因此该污泥属于一般固体废物。

7.8　历史遗留固体废物鉴别

7.8.1　鉴别依据

研究资料表明，我国历史堆存的工业固体废物总量达 600 亿～700 亿 t，而长江经济带 11 个省（市）一般工业固体废物、危险废物、生活垃圾的产生量近年来则呈递增态势，使固体废物处置能力不足的问题愈加凸显。对此，做好历史遗留固体废物危险特性鉴别工作，选择妥善处置方式是当下生态修复领域重要的研究方向之一。历史遗留固体废物应优先采集可类比生产工艺产生的固体废物。历史遗留固体废物因污染特性可能已经发生变化，堆存样品鉴别可能会得出错误的鉴别结论。鉴于此，要求历史遗留固体废物应优先采集可类比生产工艺产生的固体废物，以明确其是否具有危险特性。

7.8.2 鉴别案例

7.8.2.1 鉴别时间

2021年10月。

7.8.2.2 项目简介

1. 生产工艺

待鉴别的固体废物为某公司燃煤电厂烟气脱硫系统故障产生的脱硫泥，产生于煤制合成氨酸性气体进供热工程焚烧炉焚烧后产生的尾气与脱硝除尘后的热电锅炉热烟气一起进入氨法脱硫塔进行脱硫处理过程中。脱硫泥产生工艺流程见图7-8。

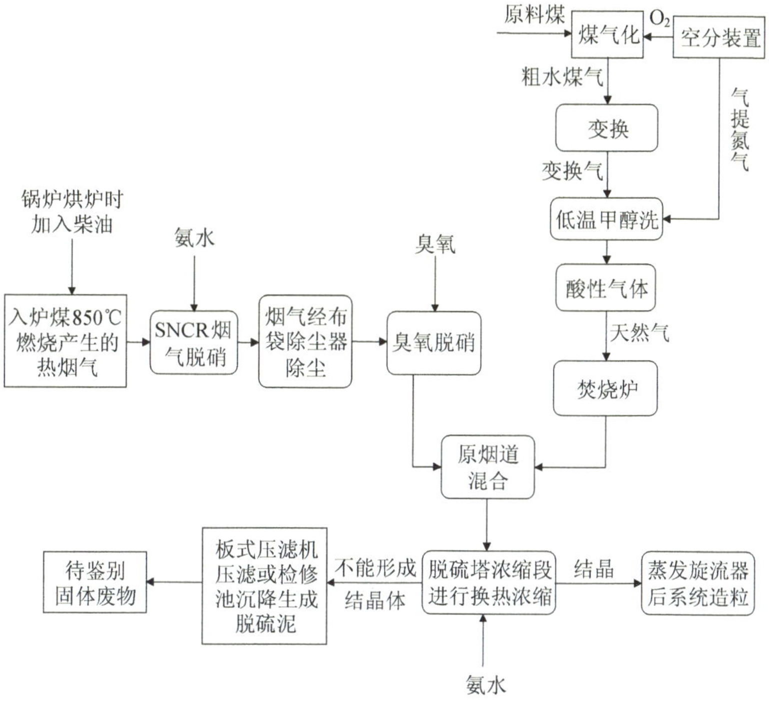

图7-8 脱硫泥产生工艺流程

2. 脱硫泥产生过程分析

煤制合成氨产生的酸性气体经焚烧炉焚烧后产生的尾气与脱硝除尘后的热电锅炉热烟气进入原烟道混合，通过脱硫塔进行脱硫除尘处理，此脱硫工艺为氧化反应，反应方程式：$SO_2+H_2O+2NH_3+1/2O_2=(NH_4)_2SO_4$。

锅炉热烟气与酸性气体焚烧后的尾气混合后进入脱硫塔，首先与二级循环溶液进行换热浓缩反应。入塔混合烟气经降温后与吸收液（吸收液为混合溶液，通过加入16%浓度氨水调节 pH 范围，以保证吸收液的吸收效果）在脱硫塔内混合发生吸收反应，吸收后的吸收液回流进入循环槽，用氧化风机送入空气进循环槽对吸收液进行强制氧化，大部分氧化后的吸收液补氨后继续参加吸收反应；少部分经过一级循环泵出口支管间断进入脱硫塔浓缩段，经二级循环泵在脱硫塔浓缩段不断循环蒸发浓缩，形成一定固含量的硫铵浆液，再经硫铵排出泵送入硫铵后系统进行硫铵的造粒生成可以封袋包装的成品硫酸铵。在脱硫塔浓缩段，由于硫酸铵在溶液中结晶环境较差，部分硫酸铵溶液换热浓缩后不能结晶长大，致使溶液变得黏稠，从而影响二级循环泵的运行，因此需要通过压滤和沉降的方式分离不能结晶的硫酸铵溶液。压滤是将脱硫塔浓缩段的溶液经过板式压滤机进行压滤，将500目以上的分子颗粒和溶液分离开，清除滤板上的结块或湿度较小的泥块，滤液继续回到浓缩段。当浓缩段的溶液压滤量过大，满足不了产出平衡时，这时就会将其打入检修池进行沉淀，定期再进行检修池上清液的回收和池底沉淀物的清出。清出的压滤机滤渣和检修池沉淀物混合后统一暂存至指定地点，控水后装袋存放。

脱硫泥总体包含两类：压滤机压滤后的产物和检修池沉淀物。这两类物质中含有的成分大致为硫酸铵、亚硫酸铵、粉煤灰中的杂质（SiO_2、微量金属物质、硝酸盐等混合物）等。

7.8.2.3 鉴别过程

1. 初筛阶段

（1）固体废物属性判断

《固体废物鉴别标准　通则》（GB 34330—2017）中对固体废物的定义为“固体废物，是指在生产、生活和其他活动中产生的丧失原有利用价值或者虽未丧失利用价值但被抛弃或者放弃的固态、半固态和置于容器中的气态的物品、物质以及法律、行政法规规定纳入固体废物管理的物品、物质”。

根据《固体废物鉴别标准　通则》（GB 34330—2017）中第 4.3 节“环境治理和污染控制过程中产生的物质”的相关规定，在其他环境治理和污染修复过程中产生的各类物质属于固体废物。待鉴别的物质为某燃煤电厂烟气脱硫系统故障产生的脱硫泥，因此可以判定其属于固体废物。同时，比对《国家危险废物名录（2021 年版）》，该脱硫泥未在《名录》中。因此，其危险特性需通过国家规定的危险废物鉴别标准和鉴别方法予以排除或认定。

（2）危险性识别与初筛因子筛选

由于企业烟气脱硫系统故障产生的脱硫泥主要涉及合成氨生产过程产生的酸性气及锅炉煤燃烧产生的烟气，涉及的原辅材料有煤、柴油、氨水、臭氧、甲醇等，原料煤中含有多种重金属、硫化物、氟化物，同时其燃烧过程可能会产生多种有机物，这些物质可能会转化、累积，进而使脱硫泥具有相应的危险特性。因此需重点关注脱硫泥的浸出毒性及毒性物质含量。

（3）初筛结果分析

采集 5 份典型脱硫泥样品进行初筛检测分析。

易燃性——脱硫泥样品固态易燃性测试结果显示 5 份初筛样品均属于非易燃固体，因此可以排除该废物具有易燃性。

反应性——分析脱硫泥产生过程，同时对脱硫泥中硫化物和氰化物进行了初筛检测，远低于《危险废物鉴别标准　反应性鉴别》（GB 5085.5—2007）标准中的浓度限值。对照反应性鉴别标准，可排除其具有反应性。

腐蚀性——5 份初筛样品的 pH 介于 4.37～5.81，腐蚀速率介于 1.53～5.67 mm/a，均未超过相应标准限值。但脱硫泥中含有硫酸铵、亚硫酸铵等盐类，导致脱硫泥腐蚀速率处于较高水平，因此后续应对脱硫泥腐蚀性（腐蚀速率）作进一步检测分析。

浸出毒性——对 5 份初筛样品浸出液中铜、锌、镉、铅、总铬、六价铬、铍、钡、镍、银、砷、硒、汞、无机氟化物、氰化物、苯、甲苯、乙苯、二甲苯和多氯联苯进行测试分析。初步样品分析表明，5 份固体废物样品中，铬、铅、六价铬、铍、银、硒、烷基汞、苯、甲苯、乙苯、二甲苯、多氯联苯均未被检出，铜、锌、总铬、钡、镍、砷、汞、无机氟化物、氰化物均有不同程度的检出，其中无机氟化物浸出液检出值介于 36.8～79.1 mg/L，其余检出指标检出浓度均远低于《危险废物鉴别标准　浸出毒性鉴别》（GB 5085.3—2007）表 1 中所列的浓度限值。

毒性物质含量——对 5 份初筛样品中的重金属、无机氟化物、氰化物、有机物进行检测。初步样品分析表明，5 份固体废物样品中，汞、砷、硒、镉、铅、总铬、铍、钡、镍、钴、锰、钒、钛、氟化物、氰化物、石油溶剂、二噁英类、苯均有不同程度的检出。六价铬、锡、苯胺、甲醇、多氯联苯、挥发性有机物（除苯外）、半挥发性有机物均未被检出。

急性毒性初筛——5 份固体废物样品的小鼠经口摄取 LD_{50} 均大于 2 000 mg/kg，低于《危险废物鉴别标准　急性毒性初筛》（GB 5085.2—2007）规定的急性毒性水平（经口摄取：固体 LD_{50}≤200 mg/kg），因此可以排除该固体废物具有急性毒性的危险特性。

经过前期的分析与筛查，脱硫泥无须进行易燃性、反应性、急性毒性初筛鉴别，为了进一步识别固体废物属性，明确可能存在的危险特性，需要对鉴别对象进行腐蚀性、浸出毒性和毒性物质含量鉴别。

（4）采样检测方案

根据《危险废物鉴别技术规范》（HJ 298—2019）第 4.1.6 节的规定，堆存状态的固体废物，采样应满足以下要求：①如其产生过程尚未终止，应按 4.1.2～4.1.5 采集原产生工艺样品；②如其产生过程已经终止，则采集堆存的固体废物；③环境事件涉及的固体废物，按照 HJ 298—2019 第 8 章的相关要求采样。考虑到待鉴别脱硫泥为企业烟气脱硫系统故障产生，其产生过程已经终止，则采集堆存的脱硫泥开展检测。对照 HJ 298 的规定，堆存状态的固体废物，应以堆存的固体废物总量为依据，厂区堆存的脱硫泥共计 7 967 t，需采集 100 份样品。采用《工业固体废物采样制样技术规范》（HJ/T 20—1998）中的随机数字表法抽取 N 个网格作为采样单元，在网格中心处采集固体废物样品。此外，参照《危险废物鉴别技术规范》（HJ 298—2019）第 4.5.4 节的规定，对于堆积高度大于 0.5 m 的散状堆积固态、半固态废物应分层采取样品；采样层数应不小于 2 层，按照固态、半固态废物堆积高度等间隔布置；每层采取的份样数应相等。综上所述，采用随机数字表法和分层采样法相结合的方式对固体废物进行采样。

考虑到脱硫泥中含有硫酸铵、亚硫酸铵等盐类，导致脱硫泥腐蚀速率处于较高水平，因此应对正式采样样品的腐蚀性（腐蚀速率）作进一步检测分析。

样品的浸出毒性鉴别包括无机物质和有机物质检测，结合脱硫泥的产生工艺、原辅材料、现场踏勘情况，脱硫泥中可能含有多种重金属、石油类、甲醇等，同时烟气焚烧过程中可能产生二噁英等有害物质。前期初筛样品分析表明，铜、锌、总铬、钡、镍、砷、汞、无机氟化物、氰化物均有不同程度的检出。因此，结合企业工艺和前期采样检测结果，确定脱硫泥的浸出毒性鉴别的检测指标为铜、锌、总铬、钡、镍、砷、汞、无机氟化物、氰化物。

结合脱硫泥的产生工艺、原辅材料、现场踏勘情况，脱硫泥中可能含有多种重金属、石油类、甲醇等。前期初筛样品分析表明，汞、砷、硒、镉、铅、总铬、铍、钡、镍、钴、锰、钒、钛、氟化物、氰化物、石油溶剂、二噁英类、苯均有不同程度的检出。因此，结合工艺分析和初筛结果，对照“《危险废物鉴别标准　毒性物质含量鉴别》（GB 5085.6—2007）标准附录”，确定脱硫泥毒性物质含量的检测指标为汞、砷、硒、镉、铅、总铬、铍、钡、镍、钴、锰、钒、钛、氟化物、氰化物、石油溶剂、二噁英、苯、甲醇。

2．正式鉴别阶段

（1）采样检测结果分析

腐蚀性——100 份脱硫泥样品的腐蚀速率介于 0.321～1.686 mm/a，均未超过《危险废物鉴别标准　腐蚀性鉴别》（GB 5085.1—2007）规定的限值。由此判定，该脱硫泥不具有腐蚀性危险特性。

浸出毒性——铜、锌、总铬、钡、镍、砷、汞、无机氟化物、氰化物均有不同程度的检出，各指标的检出浓度均低于《危险废物鉴别标准　浸出毒性鉴别》（GB 5085.3—

2007）的标准限值。因此，可排除脱硫泥具有浸出毒性的危险特性。

毒性物质含量——100 份脱硫泥样品中镉、铍、苯、甲醇均未被检出，汞、铬、钡、镍、锰、钛、砷、硒、无机氟化物、石油溶剂、氰化物、钒、钴、铅均有不同程度的检出，100 份脱硫泥样品的毒性物质含量、同类毒性物质累加毒性以及所有毒性物质累积毒性均未超过《危险废物鉴别标准　毒性物质含量鉴别》（GB 5085.6—2007）中规定的浓度限值。同时在 100 份样品中随机抽取 10 份样品进行二噁英类指标的检测，结果显示二噁英的含量介于 0.000 071～0.001 5 μg TEQ/kg，远低于《危险废物鉴别标准　毒性物质含量鉴别》（GB 5085.6—2007）中规定的含量限值（15 μg TEQ/kg）。由此，可排除该脱硫泥具有毒性物质含量的危险特性。

（2）判定依据及结果

100 份脱硫泥样品检测超标份样数为 0，小于 HJ 298 中最小超标份样数限值 22。

7.8.2.4 鉴别结论

通过对脱硫泥的分析、采样和测试，可以判定该固体废物不具有易燃性、反应性、急性毒性、腐蚀性、浸出毒性和毒性物质含量的危险特性，属于一般固体废物。

7.9 危险废物利用过程产生的固体废物鉴别

7.9.1 鉴别依据

随着近年来危险废物鉴别能力的增强和污染防治企业主体责任的落实，危险废物处理处置行业发展迅速，尤其是危险废物资源化、风险削减与控制等技术的快速应用，在相关处理过程中产生的废物的危险特性已经大幅降低或得到消除，但依法仍按危险废物管理，严重影响了行业发展。同时，危险废物鉴别能力得到加强，已经初步具备了通过鉴别确定废物属性的基础条件。鉴于此，生态环境部于 2019 年发布了《危险废物鉴别标准　通则》（GB 5085.7—2019）（以下简称《通则》），代替原来的《危险废物鉴别标准　通则》（GB 5085.7—2007），修订后的《通则》增加了“危险废物利用处置后判定规则”。依据《通则》中危险废物利用处置后判定规则，“具有毒性危险特性的危险废物利用过程产生的固体废物，经鉴别不再具有危险特性的，不属于危险废物”。因此，危险废物利用过程产生的固体废物可通过鉴别判定其是否属于危险废物。如果利用过程产生的固体废物已经列入《名录》，则不需要开展危险特性鉴别，其仍属于危险废物。

7.9.2 鉴别案例

7.9.2.1 鉴别时间

2023 年 9 月。

7.9.2.2 项目简介

1. 物料的产生和进样情况

含油岩屑主要来源于石油勘探开发过程，勘探开发现场使用的油基钻井液以 5 号白油或柴油为连续相，依据钻井需要添加水、重晶石、氧化钙、有机土、乳化剂、润湿剂、降滤失剂等物质，其成分较为复杂。钻井过程中油基钻井液因附着在岩屑表面随开采过程挟带至地面，而后经管道分别输送至振动筛、离心机进行固液分离，分离后的油基泥浆可重新注入井坑循环使用，而固体则滞留形成废弃含油岩屑。含油岩屑主要含有岩屑和残余油基钻井液，根据钻井阶段不同，产生的岩屑含油率也不同，含油量为 5%～20%，产生量达 500 m^3/口井。

企业实际运行过程中，含油岩屑进料经检测符合进料要求后进入热脱附装置利用，其中物料含水率＜30%、物料颗粒＜30 mm，其他进料指标满足地方标准要求。物料按片区单独进样处理，以保证物料来源的相对稳定性。遇到新片区或者来料途径不一样时，会对进料进行重新检测，以实现进料稳定性。热脱附法处理含油岩屑工艺流程见图 7-9。

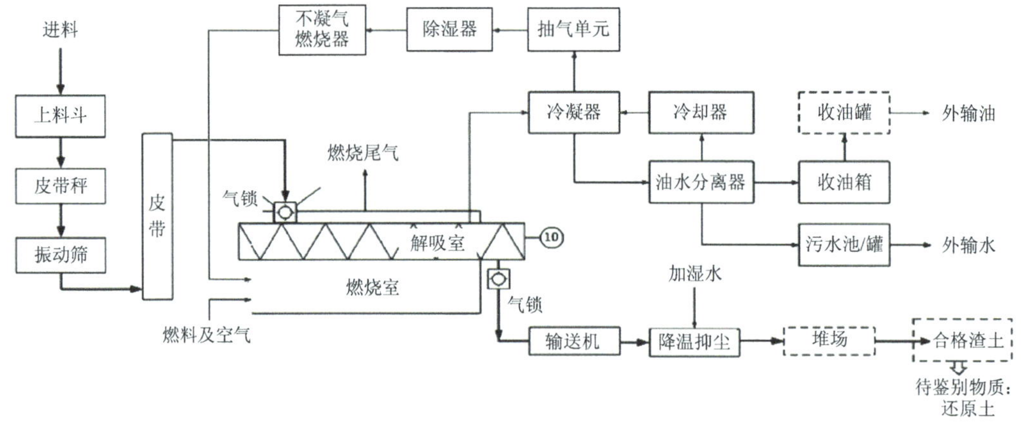

图 7-9 热脱附法处理含油岩屑工艺流程

2. 热脱附工艺

含油岩屑处理工艺技术属于热解析处理技术，主要通过加热蒸发的物理过程实现油与固体的分离。该技术为撬装设备，是一种将泵、罐、阀门、管线、电缆等所有功能单元以一种整体组合的方式集在一起可以移动的装置。含油岩屑通过进料设备进入带有气锁的间接热脱附单元设备，物料在缺氧状态下被间接加热和向前推进，温度逐渐上升，水和石油烃先后从油泥中脱附出来形成解析气，解析气被抽吸进入解析气处理单元设备，水蒸气和绝大部分石油烃蒸汽被循环洗涤水冷凝为液态，进入循环洗涤水处理单元设备，少部分不凝气经过除湿处理后，作为间接热脱附单元处理设备的补充燃料。在循环洗涤水处理单元设备中实现循环洗涤水的油水分离，油进入回收油箱，定期外输，水经过风冷后再次循环进入解析气处理单元设备。间接热脱附单元设备中，水和石油烃被脱附分离后的净化渣土，即本次鉴别的还原土，通过出料设备排出。

7.9.2.3 鉴别过程

1. 初筛阶段

（1）固体废物属性判断

根据《通则》中第 4.2 节 c）条的规定，“在物质合成、裂解、分馏、蒸馏、溶解、沉淀以及其他过程中产生的残余物质”属于固体废物。待鉴别物质为热脱附工艺处理含油岩屑产生的固相还原土，因此可以判定其属于固体废物。

对照《国家危险废物名录（2021 年版）》，含油岩屑热脱附回收油的工艺过程属于危险废物综合利用过程，不属于危险废物处理或处置过程，同时热脱附工艺产生的固相还原土不属于沉淀残渣、过滤残渣、废过滤吸附介质，因此不符合 HW08、HW18 及 HW49 中的相关描述。对照《国家危险废物名录（2021 年版）》中其他相关类别，也没有相关描述。

根据《危险废物鉴别标准　通则》（GB 5085.7—2019）中危险废物利用处置后判定规则，“具有毒性危险特性的危险废物利用过程产生的固体废物，经鉴别不再具有危险特性的，不属于危险废物”。因此，该还原土可通过鉴别判定其是否属于危险废物，便于后续妥善处置。

（2）危险性识别与初筛因子筛选

含油岩屑组成中包含油基钻井液，主要成分为基础油和重晶石。同时该处理技术属于热解析处理技术，主要通过加热蒸发的物理过程实现油与固体分离，加热温度达 600～750℃，物料热解析处理过程中也可能产生多环芳烃、二噁英、多氯联苯等有害物质。除此之外，循环水系统部分出水会回用于还原土的冷却喷淋，造成水中的石油烃进入还原土中。以上所述物质可能会转化、累积，进而使还原土具有相应的危险特性。对照《危险废物鉴别标准》（GB 5085.1～GB 5085.6），涉及的主要特征污染物有重金属、多环芳烃、二噁英、多氯联苯。

（3）初筛结果分析

采集 5 份还原土样品进行初筛检测分析。

易燃性——5 份初筛样品均属于非易燃固体，结合其产生过程分析，可以排除还原土具有易燃性。

反应性——分析还原土产生过程，同时对还原土中硫化物和氰化物进行了初筛检测，远低于《危险废物鉴别标准 反应性鉴别》（GB 5085.5—2007）标准中的浓度限值。对照反应性鉴别标准，可排除其具有反应性。

腐蚀性——5 份初筛样品的 pH 介于 10.2～11.1，未达到标准限值（pH≥12.5，或 pH≤2.0）；腐蚀速率＜0.01 mm/a，远低于相应标准限值。但由于石油勘探开发过程中使用到油基钻井液，其中含有氧化钙等成分，可能导致还原土 pH 存在过高的情况，因此后续对上述还原土腐蚀性（pH）作进一步检测分析。

浸出毒性——对 5 份初筛还原土样品中的铜、锌、镉、铅、总铬、六价铬、烷基汞、铍、钡、镍、银、砷、硒、汞、无机氟化物、氰化物、苯酚、苯并[*a*]芘、多氯联苯、苯、甲苯、二甲苯和乙苯进行测试分析。初步样品分析表明，铜、锌、铅、镍、铬、镉、铍、银、氰化物、六价铬、烷基汞、苯酚、苯并[*a*]芘、多氯联苯、二甲苯、乙苯均未被检出，汞、砷、硒、钡、氟化物、甲苯、苯均有不同程度的检出，其检出浓度均远低于《危险废物鉴别标准 浸出毒性鉴别》（GB 5085.3—2007）表 1 中所列的浓度限值。

毒性物质含量——对 5 份初筛还原土样品中的重金属、无机氟化物、氰化物、有机物进行检测。初步样品分析表明，还原土初筛样品中钡、铍、镉、钴、铬、锰、镍、钛、汞、砷、硒、锑、氟化物、氰化物、石油溶剂、二氯甲烷、四氯化碳、苯、甲苯等指标均有不同程度的检出。

急性毒性初筛——5 份初筛还原土样品的小鼠经口摄取 LD_{50} 均大于 2 000 mg/kg，低于《危险废物鉴别标准 急性毒性初筛》（5085.2—2007）规定的急性毒性水平（经口摄取：固体 LD_{50}≤200 mg/kg），因此可以排除该固体废物具有急性毒性的危险特性。

经过前期的分析与筛查，该还原土无须进行易燃性、反应性、急性毒性初筛鉴别，为了进一步识别固体废物属性，明确可能存在的危险特性，需要对鉴别对象进行腐蚀性、浸出毒性和毒性物质含量鉴别。

（4）采样检测方案

还原土月最大产生量约为 4 000 t，正常装置连续处理时间间隔小于 1 个月，其还原土产生时间间隔小于 1 个月。对照 HJ 298 的规定，含油岩屑还原土产生时间间隔小于 1 个月，应以其确定的工艺环节 1 个月内的固体废物最大产生量为依据确定需要采集的最小份样数，因此含油岩屑还原土需要采集的最小份样数为 100 个。由企业还原土产生台账可知，该热脱附处理装置正常运行情况下，其还原土产生时间间隔小于 1 个月，每月产生1～3次。因此，还原土1个月内的产生次数小于所需的份样数，因此将所需的份样数均匀分配到各产生时段采样。结合企业实际运行工况，含油岩屑还原土均匀分配到1月内的3个产生时段采样，每个产生时段8天。其检测指标为腐蚀性（pH）、浸出毒性（钡、铍、镉、铬、镍、汞、砷、硒、氟化物、氰化物、四氯化碳、苯、甲苯、二甲苯、苯酚、2,4,6-三氯苯酚、邻苯二甲酸二丁酯、多氯联苯、苯并[*a*]芘）、毒性物质含量［钡、铍、镉、钴、锰、镍、钛、六价铬、汞、砷、硒、锑、氟化物、氰化物、二氯甲烷、1,2-二氯乙烷、苯、2-氯苯酚、4-甲基苯酚、异佛尔酮、2-硝基苯酚、邻苯二甲酸二正丁酯、邻苯二甲酸二（2-乙基己基）酯、丙酮、乙腈、石油溶剂、二噁英类、多氯联苯、苯并[*a*]芘］。

2．正式鉴别阶段

（1）采样检测结果分析

腐蚀性——100份含油岩屑还原土样品浸出液的pH介于10.1～10.9，未达到危险废物的pH范围（pH≥12.5，或pH≤2.0），故不具有腐蚀性。

浸出毒性——100份含油岩屑还原土样品浸出液中铍、镉、铬、镍、四氯化碳、苯、甲苯、二甲苯、苯酚、2,4,6-三氯苯酚、邻苯二甲酸二丁酯、多氯联苯、苯并[*a*]芘均未被检出，钡、汞、砷、硒、氰化物、氟化物均有不同程度的检出，但检测结果均远低于《危险废物鉴别标准　浸出毒性鉴别》（GB 5085.3—2007）表1中所列的浓度限值。由此判定该还原土不是具有浸出毒性特征的危险废物。

毒性物质含量——100份含油岩屑还原土样品中六价铬、2-氯苯酚、4-甲基苯酚、异佛尔酮、2-硝基苯酚、邻苯二甲酸二正丁酯、邻苯二甲酸二（2-乙基己基）酯、苯并[*a*]芘、二氯甲烷、1,2-二氯乙烷、丙酮、乙腈、多氯联苯均未被检出，其余指标均有不同程度的检出，含重金属、氰化物及氟化物的毒性物质含量鉴别需要将其转化成相应化合物的含量。依据最不利假设，该还原土的毒性物质含量、同类毒性物质累加毒性以及所有毒性物质累积毒性均未超过《危险废物鉴别标准　毒性物质含量鉴别》（GB 5085.6—2007）中规定的浓度限值。10份含油岩屑还原土样品中二噁英类的含量介于0.23～1.9 ng TEQ/kg，远低于《危险废物鉴别标准　毒性物质含量鉴别》（GB 5085.6—2007）中规定的含量限值（15 μg TEQ/kg）。由此，可排除上述还原土具有毒性物质含量的危险特性。

（2）判定依据及结果

100份还原土样品检测超标份样数为0，小于HJ 298中最小超标份样数限值22。

7.9.2.4　鉴别结论

通过对还原土的分析、采样和测试，可以判定其不具有易燃性、腐蚀性、反应性、急性毒性、浸出毒性和毒性物质含量的危险特性，因此该还原土属于一般固体废物。

第 8 章　涉嫌固体废物污染环境违法案件危险特性鉴定案例分析

危险废物环境管理是生态文明建设和生态环境保护的重要方面，是党的二十大要求着力解决的突出环境问题之一，对深入打好污染防治攻坚战具有重要意义。随着工业化、城市化的加速推进，各类生产、消费活动产生的固体废物数量激增、成分复杂多样，其中危险废物对生态环境构成的潜在威胁尤甚。自2015年以来，全国各级生态环境部门共移送涉嫌污染环境犯罪案件1万余件，其中因危险废物入刑案件约占环境污染刑事案件总数的36%。事实上危险废物鉴定是识别固体废物危险特性的重要技术手段，也是涉嫌固体废物污染环境违法案件办理的基础和关键。待鉴定废物的相关资料，包括其来源、成分、性质、用途等信息，对于后续的判断和属性判别至关重要。但在环境污染案件中，特别是涉及固体废物非法转移、倾倒、贮存、处置等情况，往往还存在固体废物来源不清的问题，给危险废物鉴定以及环境污染案件办理工作带来了一定困难。

2020 年 7 月，生态环境部、公安部、最高人民检察院联合印发《关于严厉打击危险废物环境违法犯罪行为的通知》，组织全国生态环境部门、公安机关、检察机关开展严厉打击危险废物环境违法犯罪行为的专项行动。虽然我国已建立环境保护行政执法与刑事司法衔接机制，并完善了相关司法解释，但是危险废物认定周期长、费用高等问题成为制约案件有效移送和起诉的关键因素。由于缺乏危险废物快速识别能力，导致涉嫌危险废物污染环境案件办理周期长、证据固定难等问题仍然普遍存在，而这也正成为打击危险废物环境违法犯罪行为的主要掣肘点之一。因此，探索建立环境违法案件中危险废物快速认定程序，将有助于提高案件办理效率和办案水平，突破案件办理“瓶颈”，有效实现环境违法案件“两法衔接”。

具体而言，危险废物环境违法案件中涉及危险属性鉴定的，主要存在两个问题。一是鉴定周期难以满足环境违法案件快速立案需求。根据我国现有危险废物鉴定技术体系，环境污染案件涉及的危险废物鉴定主要通过现场勘查、溯源研判、名录比对、采样检测、专家研判等一种或多种方式得出鉴定结论，但是在实际案件办理过程中，往往因为行刑衔接不及时或程序冗长导致鉴定周期过长而难以快速立案。一方面，在溯源研判的过程中，生态环境部门因侦查手段有限难以明确涉案废物来源，通常需要公安机关协助侦查以进一步确定其危险属性，而公安机关开展侦查的前提却是需要明确涉案废物满足立案要求。另一方面，在难以溯源研判的情况下，需要通过系统采样检测依次判断涉案物是否具有腐蚀性、反应性、易燃性、浸出毒性、毒性物质含量、急性毒性中一种或一种以上的危险特性，进而导致案件办理周期长。二是环境违法案件危险废物鉴定程序仍需持续完善细化。新修订的《危险废物鉴定技术规范》（HJ 298—2019）增加了环境事件涉及固体废物的危险特性鉴定的采样及检测要求，并明确了“固体废物环境违法案件中，因环境事件处理或应急处置要求，可适当减少采样份样数”的原则，但该技术规范对于涉案固体废物鉴定过程中的样品采集、移送机制、两法衔接等方面并未提出具体的程序要求，案件实际办理过程中仍存在固体废物溯源调查支撑技术不足、调查证据难以固定等问题，给后续危险特性鉴定检测指标的确定、鉴定结论研判等带来较大困难。

由此可见，溯源分析是环境违法案件侦查与证据链固定的重要组成部分。为此，结合近100余项环境污染违法案件危险废物属性鉴定案例实践经验，逐步探索出了一条“以溯源分析为主、检测鉴定为辅”的污染环境违法案件危险废物鉴定技术体系。首先，通过信息收集、调查问询和现场踏勘等方式开展溯源分析。对于已确认废物产生单位，且产废单位环评文件中明确涉案固体废物为危险废物的，根据产废单位建设项目环评文件和审批、验收意见、案件笔录等材料，经合理性判断分析后，对照《名录》等直接进行认定；对已确认废物产生单位，但产废单位环评文件中未明确涉案固体废物为危险废物的，应进一步分析废物产生工艺，对照判断其是否列入《名录》，对于列入《名录》的直接进行认定。其次，通过溯源分析仍无法明确废物来源的，则结合案件办理初期掌握的有用信息（如涉案固体废物的颜色、气味等基本性状特征，废物储存容器类型以及包装、标签及其他标记标识等基本信息），并依托快速检测设施设备（如pH试纸或pH计、XRF、PID等）进行现场快速筛查，初步锁定涉案废物潜在的特征污染物，按照相关标准、规范要求采集典型样品开展实验室检测分析，明确涉案废物的危险特性。通过优化鉴定结论判定程序，减少不必要的检测，从而解决当前环境违法案件危险废物鉴定成本高、周期长的问题，推动环境违法案件的顺利开展。

8.1 违规倾倒切削金属屑鉴定案例

8.1.1 鉴定依据

切削或研磨金属屑是机械加工过程中不可避免会产生边角料，应当作为固体废物进行管理。金属切削是利用刀具以及各种切削工具依据设计图纸，将金属材料上的多余部分切除，再进行打磨，以得到符合形状、质量要求的零部件。在这个过程中，刀具与金属之间发生相对运动，摩擦产生切削力，从而切掉一部分材料，形成切屑。研磨通常是通过砂轮旋转与工件接触，利用磨料颗粒对工件表面进行微量切削和刮擦，以达到平整度和光洁度的要求，研磨过程中同样会产生金属屑和粉尘。切削或研磨设备在运行过程中会使用废切削液等进行润滑及降温，故废金属屑中含有切削液中的矿物油等。《国家危险废物名录（2025 年版）》未明确沾有切削液的铁屑是否属于危险废物，因铁屑表面残留废切削液，无法直接判断是否属于危险废物，需依据《危险废物鉴别标准》（GB 5085.1～GB 5085.6）和《危险废物鉴别技术规范》（HJ 298—2019）等来判定其危险特性，经鉴定不属于危险废物的，可以按照一般工业固体废物进行管理。此外，根据《危险废物豁免管理清单》的规定，如上述含油金属屑经鉴定属于危险废物，但满足经压榨、压滤、过滤或者离心等除油达到静置无滴漏后打包或者压块，符合生态环境相关标准要求，作为生产原料用于金属冶炼的，利用过程可不按危险废物管理。

8.1.2 鉴定案例

8.1.2.1 违规倾倒切削金属屑事件简介

2021 年 8 月，某地公安局在日常巡查中发现某道路交叉路口红绿灯西侧路边倾倒有黑色且散发机油味的固体废物。随即开展调查工作，通过调取摄像头影像资料，确定了该批固体废物来源于某机电有限公司，并发现了该企业分多次多地点倾倒该黑色含油固体废物，均为同一种固体废物；经进一步核实该固体废物为企业机轴毛坯精加工过程中产生的切削金属屑。

8.1.2.2 鉴定过程

1. 初筛阶段

（1）切削金属屑产生过程分析及属性判定

涉事固体废物主要来自该公司轴承生产线，该生产线主要生产深沟球轴承及短圆柱滚子轴承，其轴承成品套圈在磨加工、精研工序及车加工过程中可产生废金属屑。企业轴承套圈磨加工、精研及清洗工序中使用精洗油（矿物油）和切削液用于冷却、润滑、防锈及清洗，虽然大多数可以循环使用一段时间，但总体上仍属于消耗型产品，上述工序产生的废金属屑经过磁选与切削液和矿物油分离后收集，混合堆存在公司固体废物贮存池，违规倾倒的固体废物即从该贮存池运出。据现场调查，该公司磨加工、精研及清洗工序中主要使用切削液、轴承清洗油及超精液（油），废切削液、清洗油通常含有矿物油、表面活性剂等物质。

图 8-1 含矿物油金属切削研磨屑

依据《固体废物鉴别标准 通则》（GB 34330—2017）中“4.1 a）产品加工和制造过程中产生的下脚料、边角料、残余物质等”及“4.1 h）在物质破碎、粉碎、筛分、碾磨、切割、包装等加工处理过程中产生的不能直接作为产品或原材料或作为现场返料的回收粉尘、粉末”，可以判定该违规倾倒的废金属屑为固体废物。

（2）危险特性初筛分析

依据危险废物鉴别标准规定的方法采集两个典型样品进行初筛检测分析。结合前期场地污染识别情况，倾倒点固体废物有微刺激性气味，与机油味相似；需特别关注样品中特征污染物石油溶剂，同时对固体废物中可能存在的其他有机污染物采用 GC-MS 全扫进行定性分析。

GC-MS 全扫分析结果显示，两份初筛固体废物样品中（半）挥发性有机物种类多样，但其定性出的有机化合物既不是《危险废物鉴别标准 浸出毒性鉴别》（GB 5085.3—2007）中的危害成分项目，也不属于《危险废物鉴别标准 毒性物质含量鉴别》（GB 5085.6—2007）中的相关项目，不列为固体废物重点关注污染物。因此后续检测过程中需重点关注样品中的特征污染物石油溶剂。

2. 正式鉴别阶段

（1）采样检测方案

根据两个典型样品的初筛分析结果，固体废物有机指标只需关注石油溶剂，以固体废物样品的浸出毒性含量及毒性物质含量为主。确定属性鉴定阶段固体废物样品的检测指标如下：

①腐蚀性检测指标：pH；

②浸出毒性检测指标：汞、铜、锌、铅、镉、镍、铬、砷；

③毒性物质含量检测指标：汞、铅、镉、镍、锰、铁、砷、六价铬、石油溶剂。

对倾倒点固体废物采集 8 份样品，为验证违规倾倒的固体废物确实来自某机电有限公司，对该公司固体废物贮存池同步采集 1 份样品。

（2）判定依据及结果

检测结果表明，倾倒点固体废物和该公司贮存池内固体废物差异不大。采集的 9 份固体废物样品的 pH 介于 6.98～9.34，整体呈微碱性，pH 均未超出《危险废物鉴别标准　腐蚀性鉴别》（GB 5085.1—2007）的规定限值（下限为 2.0，上限为 12.5），可初步排除该固体废物具有腐蚀性。

9 份固体废物样品的浸出液中铜、锌、铬及砷均有不同程度的检出，其中锌和砷的检出率为 100%，浓度分别介于 0.06～0.73 mg/L 和 0.000 72～0.002 09 mg/L；铜和铬的检出率为 44.4%，浓度分别介于 0.02～0.06 mg/L 和 0.03～0.22 mg/L；上述检出物浓度均低于《危险废物鉴别标准　浸出毒性鉴别》（GB 5085.4—2007）所规定的限值。

9 份固体废物样品中汞、铅、镍、锰、铁、砷、六价铬、石油溶剂均有不同程度的检出，由于该固体废物为废金属屑，故其特征物铁的含量较高；铅、镍、锰、砷和石油溶剂的检出率为 100%，其中锰和石油溶剂的含量较高，分别介于 1 260～2 040 mg/kg 和 26 400～142 000 mg/kg；汞和六价铬的检出率及检出含量均较低；镉则未有样品检出。

根据《危险废物鉴别技术规范》（HJ 298—2019）的要求，固体废物样品中含重金属的毒性物质含量鉴别需要将其转化成相应化合物的含量。依据最不利假设，分别筛选出分子量最大且鉴别标准值最低的化合物进行毒性物质含量计算。将汞、铅、镍、六价铬、锰、砷和石油溶剂作为目标分析因子，其危害特性判别过程中分别对碘化汞、磷酸铅、硫化镍、铬酸钠、锰、砷酸钠和石油溶剂 7 种污染物进行毒性物质含量计算。计算结果表明，于倾倒点采集的 8 份固体废物样品及涉事企业厂区采集的 1 份固体废物样品的单因子毒性物质含量中有毒物质含量均超出《危险废物鉴别标准　毒性物质含量鉴别》（GB 5085.6—2007）的规定限值 3%，其对应累积毒性含量计算值介于 1.046 9～4.997 5，超过《危险废物鉴别标准　毒性物质含量鉴别》（GB 5085.6—2007）规定的标准限值 1，超标样品主要是石油溶剂检出含量较高。

8.1.2.3 鉴定结论

对照《危险废物鉴别标准 毒性物质含量鉴别》(GB 5085.6—2007),固体废物倾倒点采集的 8 份样品的毒性物质含量均超标,超标份样数达到《危险废物鉴别技术规范》(HJ 298—2019)规定的超标份样数下限值,据此判定某机电有限公司违规倾倒的固体废物因毒性物质含量超标而具有毒性,属于危险废物。

8.2 废包装桶非法拆解鉴定案例

8.2.1 鉴定依据

废包装桶是我们日常生活中各个领域常用的物料之一,它的使用场景覆盖了各行各业,材质主要包括塑料、金属、纸和复合材料。废包装桶属于固体废物类别,具体的危险废物类别主要与桶内的物质相关。包装桶本身不具有危险性,但其内容物可能存在危险特性。例如,工业生产过程中产生的沾染毒性或者感染性危险废物的废油漆桶、废油墨桶、废机油桶等均属于危险废物。废包装桶的危险废物代码与其所含或沾染的物质类型有关,例如,沾染废矿物油的废包装桶属于危险废物,代码为 900-041-49,而盛装矿物油的废铁质油桶则属于 900-249-08 类危险废物。因此,对废包装桶(物)的污染物性质鉴定,本质是对其沾染或含有的内容物的危险特性进行鉴定。

8.2.2 鉴定案例一

8.2.2.1 事件一简介

2023 年 9 月,某地生态环境局对某冶金设备有限公司检查时,发现该公司西北侧厂房外堆放有切割处理完成的各种化工铁桶片,现场可见堆放铁桶片的地面有滴漏下的油状残液。经现场执法人员进一步检查发现该公司西北侧厂房内堆放有大约 600 余个未进行切割、压平的废弃化工铁桶。外标签显示有树脂、矿物油、切削液、清洗剂、甲苯二异氰酸酯等产品标识,多数废包装桶为空桶,但仍有一定量的废包装桶内含有少量废液,切割完成的铁皮上也附有黑色残渣。除此之外,在废桶贮存以及切割加工过程中,现场还堆存有一些沾染了废油、树脂或其他化学物质的吸油木屑、劳保用品以及加工工具等物质(图 8-2)。

图 8-2 废包装桶非法加工处置现场照片

8.2.2.2 鉴定过程

1. 废包装桶分类及属性判定

由于废包装桶来源尚不明确，在现场踏勘时，逐一打开废包装桶盖，并采用手电照射废桶内部检查其是否含有内容物及内容物性状，如标签信息为树脂类的废桶，其内容物多为黏性且有刺激性气味的液体；标签信息为切削液、切削油类的废桶，其残留物多含有碎铁屑。根据废桶内容物性状，结合以往工作经验、人员访谈及包装桶标签信息，初步将所有废包装桶分为 A 类（化学品类）、B 类（树脂类）、C 类（矿物油类）、D 类（切削液、切削油类）、E 类（其他类）及 F 类（切割后铁皮），每大类再根据具体的标签内容细分为各个小类，A 类（化学品类）细分为 A1（甲苯二异氰酸酯）和 A2（丁醚），B 类（树脂类）细分为 B1（氨基树脂）和 B2（环氧树脂硬化剂）等若干小类，用以指导后续样品采集工作。

涉事废桶内的内容物来源不明，但属于被抛弃或者放弃的固态物品；同时依据《固体废物鉴别标准 通则》（GB 34330—2017）第 5.1 条的规定，在任何条件下，固体废物按照倾倒、堆置处置时，仍然作为固体废物管理。因此，某冶金设备有限公司厂区的所有废包装桶及切割堆存的铁皮均应作为固体废物进行管理。

2. 采样检测方案

根据《危险废物鉴别技术规范》（HJ 298—2019），固体废物为粉状、半固态、液体产品使用后产生的包装物或容器，以及产品维修或产品类废物拆解过程产生的粉状、半固态、液体物料的盛装容器，采样对象应为容器中的内容物，每类内容物作为一类固体废物，分别采样，因此，本次污染物性质鉴定过程中首先根据现场踏勘、人员访谈以及包装桶标签信息，初步将现场堆存的废包装桶分为6个大类，后分别开展样品采集。

固体废物非法转移、倾倒、贮存、利用、处置等环境事件涉及固体废物的危险特性鉴定，因环境事件处理或应急处置要求，可适当减少采样份样数，每类固体废物的采样份样数不少于5个，B1、B3、B4、B5、C、D类废桶和F类铁皮均按照此要求采样；贮存于可移动的小型容器（容积≤1 000 L）中的固体废物，当容器数量少于5个时，可适当减少采样份样数，每个容器采集1个固体废物样品，A2、B13、E1、E8和E11类废桶均按照此要求采样。其他包括A1、B2、B8类废桶，虽然废桶数量大于5个，但经筛查，仅有1个废桶内能采集到样品，其他所有废桶均无法采集样品，故采样份样数为1个。故结合现场实际情况，明确了各类废包装桶采样份样数。

涉事的废弃包装桶内的内容物来源尚不明确，溯源难度很大。根据现场搜集到的废桶标识上的成分信息，结合以往工作经验，本次固体废物的危险特性检测以石油溶剂作为重要关注污染物，同时结合废桶标签上的成分信息选取相应的特征污染物开展检测。由于本次废包装桶内容物检测时多不溶解于有机溶剂，故无法开展浸出毒性检测，仅对其毒性物质含量进行检测。对于标签信息不涉及《危险废物鉴别标准 毒性物质含量鉴别》（GB 5085.6—2007）附录物质的，若该物质属于危险化学品，也对其开展检测，并对照《国家危险废物名录（2021年版）》的废物代码900-042-49，环境事件及其处理过程中产生的沾染危险化学品、危险废物的废物为危险废物，判断该废包装桶是否属于危险废物。除此之外，相关资料显示，液态树脂大多具有易燃性，故对树脂类样品进行易燃性检测。待鉴定废包装桶信息及检测指标见表8-1。

表8-1 待鉴定废包装桶信息及检测指标

大类	标签名称		包装桶数量/个	检测份样数/个	检测指标
化学品类A	A1	甲苯二异氰酸酯	154	1	甲苯二异氰酸酯
	A2	丁醚	1	1	丁醚
树脂类B	B1	氨基树脂	15	5	甲醛、甲醇、石油溶剂、易燃性
	B2	环氧树脂硬化剂	21	1	正丁醇、二甲苯、乙苯、石油溶剂、易燃性
	B3	酚醛树脂	8	5	苯酚、甲醛、石油溶剂
	B4	醇酸树脂	44	5	邻苯二甲酸酐、石油溶剂
	B5	饱和聚酯树脂	7	5	石油溶剂、易燃性
	B8	丙烯酸树脂	24	1	石油溶剂、易燃性
	B13	有机硅树脂	2	1	二甲苯、石油溶剂
矿物油类C			89	5	石油溶剂

大类	标签名称		包装桶数量/个	检测份样数/个	检测指标
切削液、切削油类 D			14	6	磷酸三甲苯酯、石油溶剂
其他类 E	E1	清洗剂 MD-100	1	1	石油溶剂
	E8	乳化切水剂	2	1	石油溶剂
	E11	铜线拉丝液 C100-NT	1	1	石油溶剂
切割后堆存 F			—	5	石油溶剂

3．判定依据及结果

根据《危险废物鉴别技术规范》（HJ 298—2019）第 7.3 条，检测结果超过相应标准限值的份样数大于或者等于 1，即可判定该固体废物具有该种危险特性。因为 B1-1、B2-1、B5-1、B8-1 样品的闪点均低于 60℃，故以上样品属于液态易燃危险废物。

（1）甲苯二异氰酸酯 A1 类检测结果表明，A1-1 样品中甲苯二异氰酸酯未被检出；

（2）丁醚 A2 类检测结果表明，A2-1 样品中丁醚未被检出；

（3）氨基树脂 B1 类检测结果表明，B1-1 至 B1-5 均检出石油溶剂、甲醛（B1-2 未检出）和甲醇，石油溶剂检出含量介于 0.002 1%～0.319%，甲醛检出含量介于 0.000 7%～0.038 6%，甲醇检出含量介于 1 080～1 605 mg/kg，以上结果均未超标；

（4）环氧树脂硬化剂 B2 类检测结果表明，B2-1 检出石油溶剂、间/对-二甲苯、邻-二甲苯、乙苯和正丁醇，检出含量分别为 1.51%、108 000 mg/kg、41 000 mg/kg、37 100 mg/kg 和 71 mg/kg，石油溶剂和正丁醇检测结果均未超标；

（5）酚醛树脂 B3 类检测结果表明，B3-1 至 B3-5 均检出石油溶剂和苯酚，检出含量分别介于 7.04%～80.9%和 1 190～47 100 mg/kg，B3-2 和 B3-4 检出甲醛，检出含量分别为 0.036 0%和 0.001 3%，5 份样品的石油溶剂含量均超标；

（6）醇酸树脂 B4 类检测结果表明，B4-1 至 B4-5 均检出石油溶剂和邻苯二甲酸酐，检出含量分别介于 2.48%～34.4%和 45 500～92 750 mg/kg，5 份样品中有 4 份样品的石油溶剂含量超标；

（7）饱和聚酯树脂 B5 类检测结果表明，B5-1 至 B5-5 均检出石油溶剂，检出含量介于 0.002 8%至 0.045 2%，石油溶剂含量均未超标；

（8）丙烯酸树脂 B8 类检测结果表明，B8-1 检出石油溶剂，检出含量为 2.40%，石油溶剂含量未超标；

（9）有机硅树脂 B13 类检测结果表明，B13-1 检出石油溶剂、间/对-二甲苯、邻-二甲苯和乙苯，检出含量分别为 2.05%、41 200 mg/kg 和 19 600 mg/kg、21 000 mg/kg，石油溶剂含量未超标；

（10）矿物油类 C 类检测结果表明，C-1 至 C-5 均检出石油溶剂，检出含量介于 35.9%～89.3%，5 份样品的石油溶剂含量均超标；

（11）切削液、切削油类 D 类检测结果表明，D-1 至 D-6 均检出石油溶剂和磷酸三甲苯酯，检出含量分别介于 64.1%～93.8%和 2 240～5 940 mg/kg，6 份样品的石油溶剂含量均超标；

（12）其他类 E 类检测结果表明，E1-1、E8-1 和 E11-1 均检出石油溶剂，检出含量分别为 95.4%、82.6%和 92.8%，石油溶剂含量均超标；

（13）切割后堆存铁皮 F 类检测结果表明，F-1 至 F-5 均检出石油溶剂，检出含量介于 0.021%～46.0%，5 份样品中有 3 份样品的石油溶剂含量超标。根据《危险废物鉴别技术规范》（HJ 298—2019）第 7.3 条，检测结果超过相应标准限值的份样数大于或者等于 1，即可判定该固体废物具有该种危险特性，因此可判定切割后堆存的铁皮 F 类属于危险废物。

8.2.2.3 鉴定结论

依据《危险废物鉴别技术规范》（HJ 298—2019）第 7.3 条“根据本标准第 4.2.4 条采样，采样份样数小于表 1 规定最小份样数时，检测结果超过 GB 5085.1、GB 5085.2、GB 5085.3、GB 5085.4、GB 5085.5 和 GB 5085.6 中相应标准限值的份样数大于或者等于 1，即可判定该固体废物具有该种危险特性”，结合样品检测数据，建议 B1、B2、B3、B4、B5、B8、C、D、E1、E8 和 E11 类废桶应按照危险废物管理。对于现场堆存的因废桶残留物遗撒而沾染了废油、树脂或其他化学物质的吸油木屑、劳保用品以及加工工具等其他沾染固体废物，根据《国家危险废物名录（2021 年版）》和《危险废物鉴别标准　通则》（GB 5085.7—2019）中的相关规定，同样建议按照危险废物管理。

8.2.3 鉴定案例二

8.2.3.1 事件二简介

2022 年 3 月，某地公安局联合环保部门对某工厂内涉嫌环境污染犯罪的非法处置废铁桶作坊进行查处。经现场勘查，厂房内堆存有残留疑似废油、废有机溶剂的空铁桶约 300 个，已经加工完成的约 500 个。委托人介绍空铁桶均为当事人非法收购的废铁桶，加工工艺流程为“切盖→剖桶→压平”。厂房内有切割、压延设备 3 台，在 3 台设备下面有疑似含油、含有机溶剂废渣；周边地面有疑似含油、含有机溶剂废渣及吸油木屑；在厂房内存放有 6 桶疑似沾染了废油、废有机溶剂的吸油木屑；已经加工完成层叠堆放的废铁皮、桶盖表面均有疑似废油、废有机溶剂的废渣和吸油木屑残留。

8.2.3.2 鉴定过程

1. 鉴定思路

由于废包装桶来源不明，当事人收购渠道复杂多样，现场勘查中发现未加工的废铁桶大部分没有标签或标签损毁，部分可以看清标签的，标签上的名称也各式各样。现场对未加工的废铁桶内逐一检查，发现废铁桶内容物残留很少，不具备实验室分析的样品量。而现场切割、压延设备以及设备下面均有疑似含油、含有机溶剂废渣，地面有疑似含油、含有机溶剂废渣及吸油木屑。加工完成的废铁皮、桶盖均经现场切割、压延设备加工，且均沾染有吸油木屑。因此决定对现场加工设备上面及设备下面、地面残留的废渣以及厂房内存放的 6 桶疑似沾染了废油、废有机溶剂的吸油木屑进行危险废物鉴定，若这些固体废物经鉴定为危险废物，则沾染了危险废物的废铁皮、桶盖和废铁桶根据《国家危险废物名录（2021 年版）》和《危险废物鉴别标准　通则》（GB 5085.7—2019）中的相关规定，同样属于危险废物。

2. 固体废物的确定

公安机关提供信息，该场地中的废铁桶均为当事人以各种方式收购的使用过的废空铁桶。现场对这些废铁桶开盖检查，其内壁均有少量物质残留，是使用过的铁桶，少部分废铁桶上有标签，标签上标注有“抗氧化剂、聚氨酯原液、绝缘漆”等，可以确定废铁桶原是作为包装容器使用。现场有切割、压延设备以及加工后的铁皮、桶盖等，设备上方及设备下方均有疑似含油、含有机溶剂废渣，可以确认现场加工后的铁皮、桶盖以及未加工过的铁桶已经不作为包装容器使用。依据《固体废物鉴别标准　通则》（GB 34330—2017）“4.1 c）因为沾染、掺入、混杂无用或有害物质使其质量无法满足使用要求，而不能在市场出售、流通或者不能按照原用途使用的物质”的条款，该处铁桶以及加工后的铁皮、桶盖均属于固体废物。

3. 采样检测

3 台切割、压延设备上及设备下面、地面上残渣质量小于 5 t，6 个桶中的吸油木屑质量小于 5 t。3 台切割、压延设备上及设备下面、地面残渣为同一类固体废物，6 个桶中疑似沾染了废油、废有机溶剂的吸油木屑为同一类固体废物。根据《危险废物鉴别技术规范》（HJ 298—2019）4.2.1 表 1，每类固体废物的采样份样数不少于 5 个。因此依据《工业固体废物采样制样技术规范》（HJ/T 20—1998）和《危险废物鉴别技术规范》（HJ 298—2019），在厂房东侧排风口下方窨井内、3 台切割压延设备下面以及厂房内东侧排风口下方各采集 1 个固体废物样品，共 5 个固体废物样品；在厂房内 6 个装有含废油木屑桶中随机选 5 个桶，在每个桶内采集 1 个固体废物样品，共 5 个固体废物样品。

涉事的废弃包装桶内的内容物来源不明，在鉴定过程中暂时无法溯源。因此确定对现场2类固体废物各选1个样品进行初筛检测，依据初筛数据确定特征污染因子为石油溶剂、挥发性有机物（甲苯、乙苯、二甲苯）和半挥发性有机物（苯酚），其余固体废物样品的对特征污染因子进行分析测试。

图8-3 代表性样品采集

4. 判定依据及结果

经实验室分析测试，厂房木屑桶内采集的5个样品中，浸出毒性甲苯全部超过《危险废物鉴别标准 浸出毒性鉴别》（GB 5085.3—2007）中标准限值，3个样品浸出毒性甲苯、乙苯、二甲苯超过《危险废物鉴别标准 浸出毒性鉴别》（GB 5085.3—2007）中标准限值，1个样品毒性物质含量石油溶剂超过《危险废物鉴别标准 毒性物质含量鉴别》（GB 5085.6—2007）中标准限值，根据《危险废物鉴别技术规范》（HJ 298—2019）表3，检测结果超过相应标准限值的份样数大于等于2，即可判定该固体废物具有该种危险特性。因此判定该类固体废物属于具有浸出毒性（甲苯、乙苯、二甲苯）危险特性的危险废物；在3台切割、压延设备下面、厂房内东侧排风口下方、厂房东侧排风口下方窨井内的样品中，4个样品浸出毒性甲苯、乙苯、二甲苯超过《危险废物鉴别标准 浸出毒性鉴别》（GB 5085.3—2007）中标准限值，3个样品毒性物质含量石油溶剂超过《危险废物鉴别标准 毒性物质含量鉴别》（GB 5085.6—2007）中标准限值，根据《危险废物鉴别技术规范》（HJ 298—2019）表3，检测结果超过相应标准限值的份样数大于等于2，即可判定该固体废物具有该种危险特性。因此判定该类固体废物属于具有浸出毒性（甲苯、乙苯、二甲苯）、毒性物质含量（石油溶剂）危险特性的危险废物。

8.2.3.3 鉴定结论

根据《国家危险废物名录（2021 年版）》和《危险废物鉴别标准　通则》（GB 5085.7—2019）中的相关规定，现场经加工切割后的废桶盖和压扁的废桶皮均沾染了该危险废物，也属于危险废物。现场未处置的废桶根据现有条件，暂时不能认定其是危险废物。

8.3 来源不明的填埋固体废物鉴定案例

8.3.1 鉴定依据

固体废物（含液态废物）认定是危险废物认定的前置程序，依据法律规定和《固体废物鉴别标准　通则》（GB 34330—2017）的要求，结合资料搜集与溯源调查，判断待认定的物品、物质是否属于固体废物。经判断属于固体废物的，方可开展危险废物属性认定。

固体废物鉴定的关键点在于产生来源分析，对其产生来源分析可明确待鉴定固体废物的特征污染物，有利于鉴定工作的开展。在实际鉴定工作中，对于未知产生来源的待鉴定物质，结合信息收集和场地踏勘，根据废物的性状特征，如性状、气味、颜色等判断待鉴定物质的自然属性，或通过包装标识和监控问询等基础信息进行溯源研判，初步研判废物可能来源。具备重金属元素、有机物等现场快速检测条件的，结合现场情况检测相应特征因子，分析废物可能的产生源头和工艺等环节。进一步依据《危险废物鉴别技术规范》（HJ 298—2019）采取规定的采样数量及检测要求，按照《危险废物鉴别标准》（GB 5085.1～GB 5085.6）对固体废物样品的腐蚀性、反应性、易燃性、浸出毒性、毒性含量和急性毒性等危险特性开展全面的实验室分析。

8.3.2 鉴定案例一

8.3.2.1 事件一简介

2020 年 10 月，经群众举报，某河岸边存在堆填固体废物。堆填点的堆填物均堆填于地下，表面已覆土。堆填的固体废物均为黑色残渣（块）状物质，有刺激性气味。由于长时间的风化及浸泡，尼龙包装袋已部分破损，里面的固体废物外露，固体废物的颜色、气味等基本性状较为一致，堆填的固体废物浸滤液导致地块内的一处水坑水体整体呈棕褐色。

8.3.2.2 鉴定过程

1. 初筛阶段

（1）体积估算

涉事地块内堆填的物质来源不明，但属于被抛弃或者放弃的固态物品（装于吨袋内并散落堆积于河岸）；同时依据《固体废物鉴别标准　通则》（GB 34330—2017）中"5.1　在任何条件下，固体废物按照 c）堆填处置；d）倾倒、堆置处置时，仍然作为固体废物管理"的相关规定，上述倾倒物质属于固体废物。

采样三维高密度电法探测等勘查手段，采集全区电性数据并进行处理反演，局部水域等无法施工的区域除外，结合钻探情况推断固体废物堆填情况，分析地块内主要堆填物的空间展布特征并估算其体量。经勘探，填埋的固体废物层体积约为 2 070 m^3，分布面积约为 1 537 m^2，平均厚度约为 1.35 m。填埋固体废物三维地质模型如图 8-4 所示。

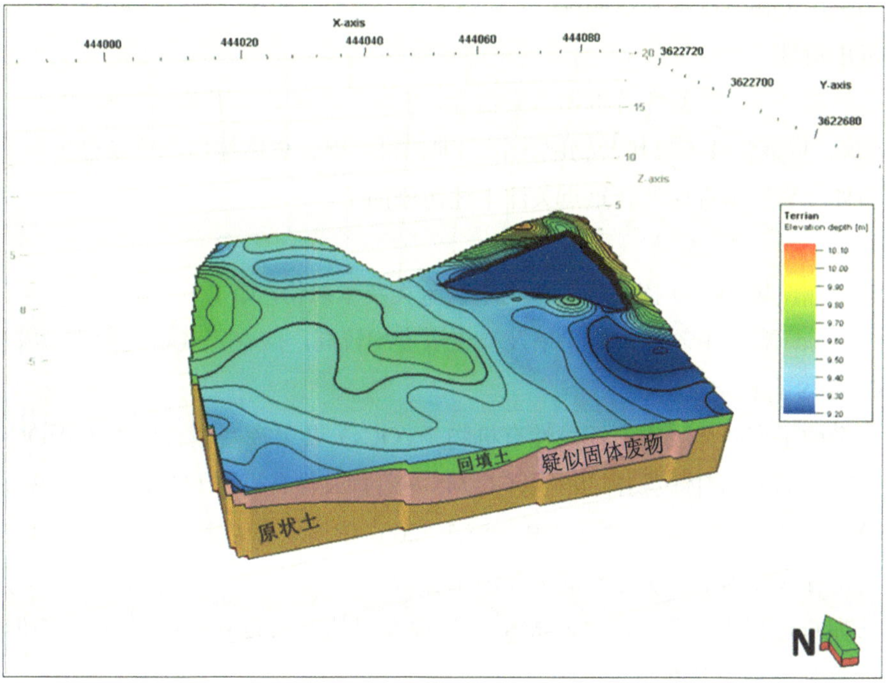

图 8-4　填埋固体废物三维地质模型

（2）危险特性初筛分析

采集的固体废物样品中分别抽检两份固体废物样品进行初筛检测分析，为保证初筛样品的典型性和代表性，初筛样品选取钻探点位采出的颜色较深、无其他杂填土干扰且有明显气味的固体废物。用 GC-MS 全扫进行有机定性分析，同时对样品涉及的腐蚀性、反应性以及浸出毒性、毒性物质含量中潜在的重金属及有机污染物进行了定量分析。

①腐蚀性

两份固体废物样品的pH分别为5.23和7.40，样品pH未超出《危险废物鉴别标准　腐蚀性鉴别》（GB 5085.1—2007）的规定限值；钢材腐蚀速率值介于0.424～1.03 mm/a，未超出《危险废物鉴别标准　腐蚀性鉴别》（GB 5085.1—2007）的规定限值（6.35 mm/a），可初步排除该固体废物具有腐蚀性。

②反应性

根据《危险废物鉴别标准　反应性鉴别》（GB 5085.5—2019）中规定的方法进行反应性检测，结果表明，酸性条件下，两份固体废物样品在反应性测定中氰化氢气体均未检出，硫化氢气体有检出，检出浓度分别为1.32 mg/kg和2.83 mg/kg，远低于《危险废物鉴别标准　反应性鉴别》（GB 5085.5—2007）中规定的限值（氰化氢≥250 mg/kg，硫化氢≥500 mg/kg）。鉴于堆填的固体废物长期暴露于自然环境中，未体现出反应特性，结合现场判断，可初步排除其反应性。

③浸出毒性

根据检测结果，挥发性有机物污染物苯、甲苯、乙苯、二甲苯、氯苯、1,2-二氯苯及1,4-二氯苯、重金属及无机化合物氟化物、砷、铅、镍、总铬检出浓度及检出率均较高，故本次固体废物浸出毒性调查重点关注上述污染因子。

④毒性含量

根据检测结果，（半）挥发性有机物中氯苯类及苯系物，如1,2-二氯苯、1,2,4-三氯苯、间/对-二甲苯、邻-二甲苯等，检出率及检出浓度均较高，应在正式检测中重点关注。

⑤GC-MS有机定性分析

为了全面了解固体废物中挥发性有机物（VOCs）及半挥发性有机物（SVOCs）的赋存情况，对两份初筛固体废物样品采用GC-MS进行挥发性有机物（VOCs）和半挥发性有机物（SVOCs）定性分析。对于属于GB 5085.3—2007中的危害成分或属于GB 5085.6—2007中的相关指标应作为下一步分析的关注污染物。

本次调查过程中主要关注GC-MS定性中发现的1,2,3,4-四氯苯、1,2,3,5-四氯苯、1,2,4,5-四氯苯及2-甲基萘等有机物。

2．正式鉴别阶段

（1）检测指标及危险特性检测

根据《危险废物鉴别技术规范》（HJ 298—2019）中“4.2.4　以下情形固体废物的危险特性鉴别可以不根据固体废物的产生量确定采样份样数：f）固体废物非法转移、倾倒、贮存、利用、处置等环境事件涉及固体废物的危险特性鉴别，应环境事件处理或应急处置要求，可适当减少采样份样数，每类固体废物的采样份样数不少于5个”。本涉事案件为非法转移、倾倒固体废物环境事件，考虑到地块内固体废物性状较为一致，感官上无明显差异，可作为一类进行鉴定，按照每类固体废物的采样份样数不少于 5 个的要求，本次鉴定采样份样数定为 10 份。样品采集通过钻机钻探方式进行，样品采样深度根据固体废物层厚度分层采样。采样照片见图 8-5。

图 8-5　填埋固体废物采样照片

初步明确堆填的固体废物的主要污染特征以有机物为主，并可初步排除固体废物的腐蚀性及反应性。为全面了解地块内固体废物的危险特性，需进一步检测分析，综合考虑各项指标的检出率、最高检出浓度、标准限值及样品性状等因素，最终确定本次固体废物的危险特性检测指标如下。

①浸出毒性：苯、甲苯、乙苯、二甲苯、氯苯、1,2-二氯苯、1,4-二氯苯、氟化物、砷、铅、镍、总铬；

②毒性物质含量：氯苯、1,3-二氯苯、1,4-二氯苯、1,2-二氯苯、1,2,4-三氯苯、1,2,3,4-四氯苯、1,2,3,5-四氯苯、1,2,4,5-四氯苯、萘、2-甲基萘、石油溶剂、氟化物、镍、铬、钡、锰、钛、甲苯、乙苯、间/对-二甲苯、邻-二甲苯。

（2）判定依据及结果

固体废物样品的浸出液中苯、甲苯、乙苯、二甲苯、氯苯、1,2-二氯苯、1,4-二氯苯、氟化物、砷、铅、镍及总铬均有不同程度的检出。其中，苯、甲苯、乙苯、二甲苯、氯苯、1,2-二氯苯和 1,4-二氯苯等有机污染物检出浓度较高，10 份样品的浸出液中不同指标的检出浓度超出《危险废物鉴别标准　浸出毒性鉴别》（GB 5085.3—2007）中规定的浓度限值。

毒性物质含量检测结果显示，石油溶剂、氟化物、镍、铬、钡、锰、钛、萘、2-甲基萘、2-氯苯胺、氯苯、1,4-二氯苯、1,2-二氯苯、1,2,4-三氯苯、甲苯、乙苯、间/对-二甲苯、邻-二甲苯均有不同程度的检出；其中，重金属中镍、钛特征污染物，如 1,4-二氯苯、1,2-二氯苯、1,2,4-三氯苯等检出率和检测含量均较高，其潜在毒性也较大；初筛定性的特征氯苯类有机物污染物，如 1,2,3,4-四氯苯、1,2,3,5-四氯苯、1,2,4,5-四氯苯等多氯取代苯系物则均未在本次被检出。

单因子毒性物质含量检测中，有 3 份样品单因子毒性物质含量中有毒物质含量超出《危险废物鉴别标准 毒性物质含量鉴别》（GB 5085.6—2007）的规定限值，含量介于 0.480 00%～13.687 59%；共有 3 份样品累积毒性含量高于《危险废物鉴别标准 毒性物质含量鉴别》（GB 5085.6—2007）规定的标准限值 1，超标样品中主要是 2-氯苯胺、1,2-二氯苯及 1,2,4-三氯苯的检出含量较高。

8.3.2.3 鉴定结论

固体废物样品超标份样数达到《危险废物鉴别技术规范》（HJ 298—2019）规定的超标份样数下限值。据此判定堆填的固体废物因浸出毒性及毒性物质含量超标而具有毒性，属于危险废物。

8.3.3 鉴定案例二

8.3.3.1 事件二简介

2022 年 9 月，有群众举报反映称某地块存在违规倾倒固体废物情况，固体废物堆填深度未知，现场主要有黄色及黑色两种固体废物，多数固体废物已被混合，场地表面已经过平整。倾倒的固体废物无明显异味，其性状与板框压滤产生的污泥性状相符。现场快检显示，部分倾倒固体废物 pH 偏高，固体废物来源尚不明确，无法确认其产生工艺。违规倾倒固体废物现场照片见图 8-6。

图 8-6 违规倾倒固体废物现场照片

8.3.3.2 鉴定过程

1．固体废物属性判定

倾倒的物质来源不明，但属于被抛弃或者放弃的固态物品，符合固体废物的定义描述。同时依据《固体废物鉴别标准 通则》（GB 34330—2017）中“5.1 在任何条件下，固体废物按照 c）填埋处置；d）倾倒、堆置处置时，仍然作为固体废物管理”的相关规定，上述倾倒物质属于固体废物。

根据现场踏勘情况，倾倒固体废物性状与板框压滤产生的污泥性状相符。参考生态环境部发布的《一般工业固体废物管理台账制定指南（试行）》中的附表 8，各类污水处理产生的固体沉淀物属于工业固体废物，判定上述倾倒物质属于工业固体废物。

违规倾倒的固体废物目前来源不明，无法确认其产生工艺，故无法与《国家危险废物名录（2021 年版）》进行比对分析，需通过危险特性测试分析明确其危害特性。

2．危险特性分析

现场踏勘显示，两种倾倒的固体废物性状较为均一，但多数倾倒固体废物已被混合，仅有少部分黄色和黑色固体废物散落于倾倒场地未被混合，因此结合现场情况，依据《危险废物鉴别技术规范》（HJ 298—2019）中环境事件涉及固体废物的危险特性鉴定的采样，并明确了“固体废物环境违法案件中，因环境事件处理或应急处置要求，可适当减少采样份样数”的原则，采集具有代表性的样品 10 份，其中黄色和黑色固体废物各 5 份。

按照《危险废物鉴别标准 通则》（GB 5085.7—2019）、《危险废物鉴别技术规范》（HJ 298—2019）等危险废物鉴定标准及技术规范，结合相关鉴定材料，根据掌握的信息直接针对固体废物可能具有的危险特性开展检测分析工作。固体废物长期暴露于外环境中，未体现出反应特性，结合专业判断，可排除其具有反应性和易燃性。前期现场勘查时采集了 4 份黄色固体废物样品，初步检测表明，固体废物的 pH 均大于 12.5，可初步判断该固体废物可能具有腐蚀性。

对固体废物倾倒场地采集了 10 份样品进行现场 XRF 快筛，结果显示重金属仅铜、铅有检出。因此，本次鉴定针对倾倒固体废物可能具有腐蚀性、浸出毒性和毒性物质含量危险特性开展检测分析。

考虑到该倾倒固体废物目前来源未知，无法判别其特征污染物，且现场无明显异味，结合倾倒固体废物前期检测情况和现场研判，确定以下检测指标：

①腐蚀性：pH；

②浸出毒性：铜、锌、镍、镉、总铬、铅、汞、砷、氟化物、氰化物；

③毒性物质含量：铜、锌、镍、镉、总铬、铅、汞、砷、氟化物、氰化物、挥发性有机物（VOCs）、半挥发性有机物（SVOCs）。

腐蚀性初筛结果：5 份黄色固体废物（G1～G5）样品的 pH 介于 12.53～12.74，其浸出液 pH 均大于 12.5，表明该黄色固体废物具有腐蚀性。5 份黑色固体废物（G6～G10）样品的 pH 介于 7.86～8.26，均未超过《危险废物鉴别标准　腐蚀性鉴别》（GB 5085.1—2007）规定的限值（pH≥12.5，或 pH≤2.0）。

浸出毒性初筛结果：5 份黄色固体废物样品浸出液中，镉、铬、铅均未被检出，铜、锌、镍、汞、砷、氟化物、氰化物均有不同程度的检出，其检出浓度分别为 0.06～0.20 mg/L、0.01～0.28 mg/L、0.04～0.05 mg/L、0.000 15 mg/L、0.000 75～0.001 70 mg/L、3.69～5.16 mg/L、0.005～0.008 mg/L，其检出浓度均远低于《危险废物鉴别标准　浸出毒性鉴别》（GB 5085.3—2007）表 1 中所列的浓度限值。

5 份黑色固体废物样品浸出液中，镍、镉、铬、铅、汞、砷、氰化物均未被检出，铜、锌、氟化物均有不同程度的检出，其检出浓度分别为 0.02 mg/L、0.02～0.11 mg/L、0.588～1.32 mg/L，其检出浓度均远低于《危险废物鉴别标准　浸出毒性鉴别》（GB 5085.3—2007）表 1 中所列的浓度限值。

毒性含量初筛结果：5 份黄色固体废物样品中，镉未被检出，铜、锌、镍、铬、铅、汞、砷、氟化物、氰化物有不同程度的检出，其检出含量分别介于 5.2～14.5 mg/kg、890～1 830 mg/kg、1.6～6.4 mg/kg、13.5～25.1 mg/kg、19.9～38.6 mg/kg、0.053～0.096 mg/kg、0.941～2.94 mg/kg、260～690 mg/kg、0.17～1.33 mg/kg。5 份黑色固体废物样品中，镉和氰化物均未被检出，铜、锌、镍、铬、铅、汞、砷、氟化物均有不同程度的检出，其检出含量分别为 107～177 mg/kg、211～299 mg/kg、3.0～3.6 mg/kg、15.8～22.0 mg/kg、1.8～7.5 mg/kg、0.075～0.141 mg/kg、2.24～3.13 mg/kg、290～410 mg/kg。同时从采集的 10 份固体废物样品中随机选择了两份样品开展 VOCs 和 SVOCs 分析。结果表明，黄色固体废物样品中有危害成分苯酚检出，其检出含量为 0.2 mg/kg，黑色固体废物样品中相关指标均未被检出。从 GC-MS 有机物定性分析可以看出，倾倒固体废物样品中可能含有 2-戊烯酸、苄硫醇、正十五烷、正十七烷等有机化合物，但这些有机化合物既不是 GB 5085.3—2007 浸出毒性鉴定中的危害成分项目，也不属于 GB 5085.6—2007 毒性物质含量鉴定中的相关项目。

依据最不利假设，分别筛选出分子量最大且鉴定标准值最低的化合物进行毒性物质含量计算，5 份黄色和 5 份黑色固体废物样品本次检测的毒性物质含量、同类毒性物质累加毒性以及所有毒性物质累积毒性均未超过《危险废物鉴别标准　毒性物质含量鉴别》（GB 5085.6—2007）中规定的标准限值。

3. 判定依据及结果

5 份黄色固体废物样品浸出液的 pH 均大于 12.5，表明该黄色固体废物具有腐蚀性。5 份黑色固体废物样品浸出液的 pH 均未超过《危险废物鉴别标准　腐蚀性鉴别》

（GB 5085.1—2007）中规定的限值（pH≥12.5，或 pH≤2.0）。

5 份黄色固体废物样品浸出液中，镉、铬、铅未被检出，铜、锌、镍、汞、砷、氟化物、氰化物均有不同程度的检出，其检出浓度均远低于《危险废物鉴别标准　浸出毒性鉴别》（GB 5085.3—2007）表 1 中所列的浓度限值。5 份黑色固体废物样品浸出液中，镍、镉、铬、铅、汞、砷、氰化物均未被检出，铜、锌、氟化物均有不同程度的检出，其检出浓度均远低于《危险废物鉴别标准　浸出毒性鉴别》（GB 5085.3—2007）表 1 中所列的浓度限值。

5 份黄色和 5 份黑色固体废物样品本次检测的毒性物质含量、同类毒性物质累加毒性以及所有毒性物质累积毒性均未超过《危险废物鉴别标准　毒性物质含量鉴别》（GB 5085.6—2007）中规定的标准限值。

8.3.3.3　鉴定结论

本次鉴定的某地块违规倾倒的固体废物产生工艺不明，无法与《国家危险废物名录（2021 年版）》进行比对分析，需通过危险特性测试分析明确其危害特性。采集的 10 份固体废物样品检测结果显示，5 份黄色固体废物样品的 pH 均超出了 GB 5085.1—2007 的限值要求，5 份黑色固体废物样品则未出现超标情况。综上可初步判定上述黄色固体废物为具有腐蚀性危险特性的危险废物。

依据《最高人民法院 最高人民检察院 关于办理环境污染刑事案件适用法律若干问题的解释》（法释〔2016〕29 号）第十五条第（一）款的有关规定，认定某地块违规倾倒的黄色固体废物属于有毒物质。

依据《关于办理环境污染刑事案件有关问题座谈会纪要》中关于有害物质的认定，某地块违规倾倒的黑色固体废物属于有害物质。

8.3.4　鉴定案例三

8.3.4.1　事件三简介

2023 年 5 月，经群众举报，某市某村 2 组 9 号地下填埋有疑似危险废物。该市生态环境局某分局对该处填埋的疑似危险废物的固体废物应急清挖转运至某公司仓库内暂存，并对该疑似危险废物的固体废物进行危险废物鉴定。应急清挖及转运现场照片见图 8-7。

图 8-7 应急清挖及转运现场照片

8.3.4.2 鉴定过程

1. 固体废物的确定

填埋的固体废物来源不明，属于被抛弃或者放弃的固态物品，依据《固体废物鉴别标准 通则》（GB 34330—2017）中“固体废物”的定义以及“5.1 在任何条件下，固体废物按照‘c）填埋’处置时，仍然作为固体废物管理”的相关规定，填埋的物质应作为固体废物进行管理。

2. 采样检测

现场勘查，应急清挖转运至某公司仓内的吨袋分为两类：一类是装有固体废物的吨袋，另一类是装有泥土与固体废物混合物吨袋，两类吨袋分区暂存。委托方要求只对装在吨袋中的固体废物进行鉴定。根据委托方提供信息，待鉴定固体废物重量为 101 t，从现场固体废物的形状、颜色、气味判断，该固体废物属于同一类物质，固体废物重量 101 t，大于 90 t、小于 150 t，依据《危险废物鉴别技术规范》（HJ 298—2019）4.2.1 节表 1，需采集的最小份样数为 32 个。按照《工业固体废物采样制样技术规范》（HJ/T 20—1998）、《危险废物鉴别技术规范》（HJ 298—2019）的要求，现场将装有固体废物的吨袋顺序排列，经现场清点并编号，装有固体废物的吨袋共 140 个，编号从 1～140，用随机数表法抽取 32 个吨袋，随机抽取到的吨袋编号为 13、71、47、120、90、134、107、132、7、62、87、11、84、85、1、36、53、22、68、83、106、61、40、95、66、51、81、6、140、43、104、124。每个吨袋分上、下两层采集 1 个混合固体废物样品。现场采样照片见图 8-8。

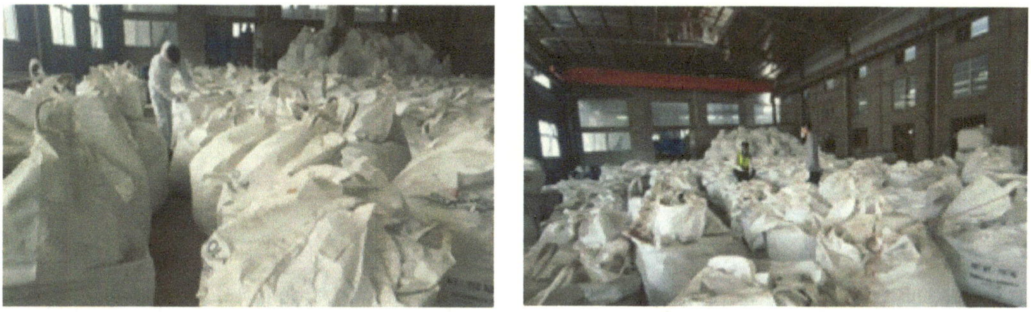

图 8-8 现场采样照片

由于涉事的固体废物来源不明，且鉴定过程中暂时无法溯源。因此对现场采集的 32 个样品选取 4 个样品进行初筛检测，4 个初筛样品中腐蚀性（pH、腐蚀速率）均未超过《危险废物鉴别标准 腐蚀性鉴别》（GB 5085.1—2007）中标准限值；均非易燃性固体；氰化氢、硫化氢气体反应性均未被检出；浸出毒性汞检测值分别为 0.266 mg/L、0.395 mg/L、0.386 mg/L、0.579 mg/L，超过《危险废物鉴别标准 浸出毒性鉴别》（GB 5085.3—2007）中 0.1 mg/L 标准限值，其余因子浸出毒性未超过标准限值；毒性物质含量检测结果及折算结果均未超过《危险废物鉴别标准 毒性物质含量鉴别》（GB 5085.6—2007）中标准限值；急性毒性检测结果均未超过《危险废物鉴别标准 急性毒性初筛》（GB 5085.2—2007）标准限值。

依据初筛数据确定其余固体废物样品的特征污染因子为浸出毒性汞。

3. 判定依据及结果

随后经实验室分析测试，随机采集的 32 个固体废物样品中浸出毒性汞的检测结果在 0.266～2.37 mg/L，全部超过《危险废物鉴别标准 浸出毒性鉴别》（GB 5085.3—2007）表 1 中规定的 0.1 mg/L 标准限值，根据《危险废物鉴别技术规范》（HJ 298—2019）7.1 节表 3，可以判定某公司仓库内暂存的 140 个吨袋内的固体废物具有浸出毒性的危险特性，属于危险废物。

8.3.4.3 鉴定结论

经鉴定，从某市某村 2 组 9 号清挖转运至某公司仓库内暂存的 140 个吨袋内的固体废物具有浸出毒性的危险特性，属于危险废物。

8.4 非法倾倒或残留废液案件鉴定案例

8.4.1 鉴定依据

固体废物是指在生产、生活和其他活动中产生的丧失原有利用价值或者虽未丧失利用价值但被抛弃或者放弃的固态、半固态和置于容器中的气态的物品、物质以及法律、行政法规规定纳入固体废物管理的物品、物质。即液态废物（排入水体的废水除外）和置于容器中的气态废物（排入大气的废物除外）也属于固体废物范畴，这是对液体废物开展危险废物属性鉴定的理论基础和前提。具体到环境损害司法鉴定，对于倾倒现场已无倾倒液体残留的案件，需要办案机关通过调查溯源，找到倾倒液体的源头，对源头的废液按照《固体废物鉴别标准　通则》（GB 34330—2017）和《危险废物鉴别技术规范》（HJ 298—2019）进行危险废物鉴定。

8.4.2 鉴定案例一

8.4.2.1 储罐残留含溴废液鉴定案例

某地一家溴素生产企业，其生产原料为地下卤水；后企业为提高溴素产量，从其他企业购进含溴废液作为生产原料，其主要来源为某医药公司，运输的废液主要暂存于厂区东侧空地 5 个地埋储罐内，后经消防池东侧的立式调节罐泵入反应釜进行生产。2018 年企业停产，剩余的含溴废液目前仍存于储罐内，2019 年 2 月开展鉴定工作。

8.4.2.2 鉴定过程

1. 初筛阶段

（1）含溴废液属性判定

废液储罐填埋点位于企业厂区东侧空地，打开密封盖可见储罐内残存有少量棕红色液体并散发强烈刺激性气味。同时现场存放的露天调节罐内也残留部分废液。经公安机关调查，来源于某医药公司的含溴废液实为溴化钠溶液。而根据医药公司环评资料可知，该溴化钠溶液为企业生产溴素过程中产生的副产物（图 8-9）。依据《固体废物鉴别标准通则》（GB 34330—2017）中“4.2 m）其他生产过程中产生的副产物”属于固体废物的相关规定，上述含溴废液属于液态固体废物。与《国家危险废物名录（2016 年版）》进行比对，上述含溴废液不在《名录》范围内，需通过危险特性测试分析明确其危害特性。

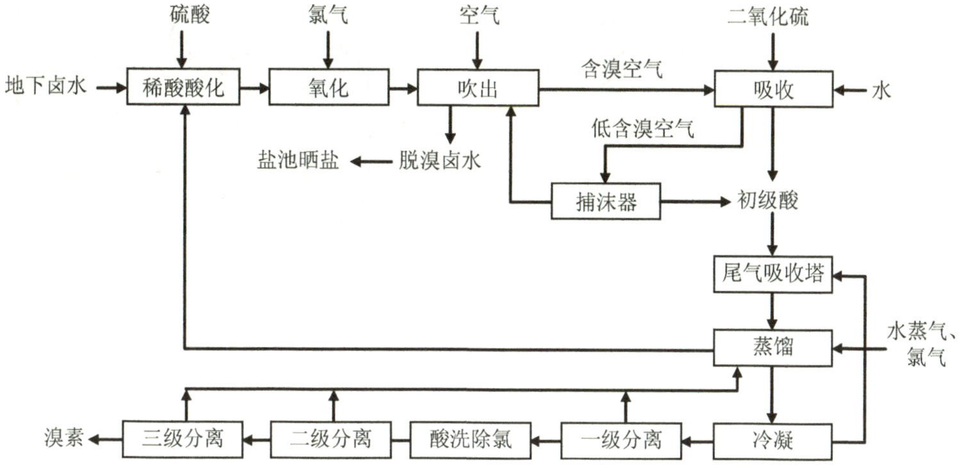

图 8-9　生产溴素过程中产生含溴废液工艺流程

（2）检测指标确认

依据前期地方环境保护部门的样品监测数据以及地方公安部门提供的笔录资料等，结合废液来源为企业的产品、原辅用料、工艺流程、产污情况等资料信息，最终确定本次废液特性鉴定的样品检测特征指标如下：

①腐蚀性检测指标：pH；

②浸出毒性检测指标：苯、甲苯、氯苯、1,2-二氯苯、三氯甲烷、苯酚；

③毒性物质含量检测指标：三氯甲烷、二氯甲烷、苯、1,2-二氯苯、1,3-二氯苯、1,4-二氯苯、丙酮、甲醇、苯胺、2,5-二氯苯胺。

2．正式鉴别阶段

（1）采样方案

根据《工业固体废物采样制样技术规范》（HJ/T 20—1998）及《危险废物鉴别技术规范》（HJ/T 298—2007）的要求，装于容器内的液态废物可采用分层采样法进行样品采集，即在垂直方向、一定深度的部位确定采样位置。某公司场地填埋储罐共有 5 个，其中 4 个存有废液，采用重瓶采样器或贝勒管分别于储罐液位的上部（1/6 深度处）、中部（1/2 深度处）、下部（5/6 深度处）进行样品的采集。露天调节罐残留废液则通过预留的出料阀门进行样品的采集。含溴废液采样照片如图 8-10 所示。

（2）判定依据及结果

浸出毒性：检测结果显示，浸出液中苯酚、苯、甲苯、氯苯、三氯甲烷均有不同程度的检出，浓度分别介于 0.05～0.06 mg/L、0.294～0.551 mg/L、0.983～26.3 mg/L、0.136～2.62 mg/L、1.52～19.5 mg/L。对照《危险废物鉴别标准　浸出毒性鉴别》（GB 5085.3—2007），甲苯、氯苯、三氯甲烷的超标份样数分别为 14 份、3 份和 14 份，其中有 15 份样品超标。

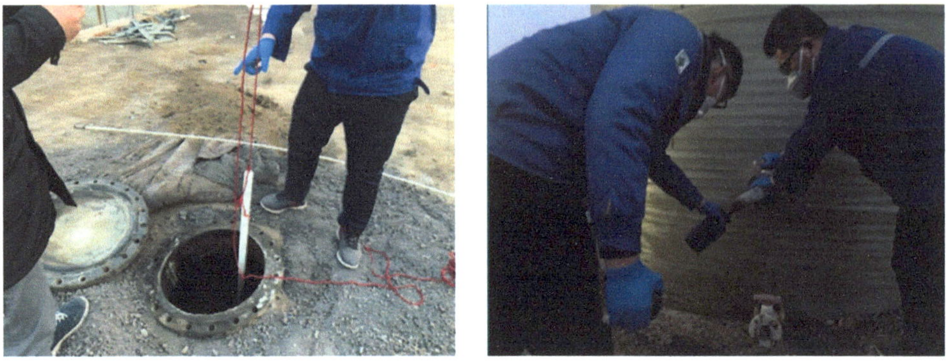

图 8-10 含溴废液采样照片

毒性含量：15 份样品中 *N,N*-二甲基甲酰胺、二氯甲烷、甲醇的检出率均为 100%，丙酮的检出率为 80%，苯的检出率为 27%，1,3-二氯苯、1,4-二氯苯、1,2-二氯苯、苯胺、2,5-二氯苯胺未被检出。其中，检出物质 *N,N*-二甲基甲酰胺、二氯甲烷、苯、丙酮、甲醇的含量分别介于 10.2～1 350 mg/kg、0.87～18.2 mg/kg、0.34～0.57 mg/kg、0.45～9.88 mg/kg、0.72～11 000 mg/kg。含溴废液样品单因子指标中，有毒物质和致癌性物质均低于《危险废物鉴别标准 毒性物质含量鉴别》（GB 5085.6—2007）规定的标准限值；累积毒性介于 0.144%～74.9%，均低于《危险废物鉴别标准 毒性物质含量鉴别》（GB 5085.6—2007）规定的标准限值 1。

8.4.2.3 鉴定结论

依据《危险废物鉴别标准》（GB 5085.1～GB 5085.6）和《危险废物鉴别技术规范》（HJ/T 298—2007），采集 15 份废液样品进行危险特性鉴定。对照《危险废物鉴别标准 毒性物质含量鉴别》（GB 5085.6—2007），15 份样品未出现超标情况。对照《危险废物鉴别标准 浸出毒性鉴别》（GB 5085.3—2007），15 份样品均超标，超标份样数达到《危险废物鉴别技术规范》（HJ/T 298—2007）规定的超标份样数下限值。依据《危险废物鉴别技术规范》（HJ/T 298—2007），可判定储罐残留废液为危险废物。

8.4.3 鉴定案例二

8.4.3.1 非法倾倒废液事件鉴定案例

2023 年 9 月，某地公安局在查办某污染环境案（非法倾倒废液）时，获得线索，非法倾倒废液来源于某公司。由于非法倾倒现场已无残留废液，因此某地公安局、生态环境局联合委托某司法鉴定单位对废液源头——某公司污水池内废液是否属于危险废物进行鉴定。现场踏勘时发现，该公司西侧有两个污水池，池中有废液。污水池（西）中废液质量经该公司人员介绍小于 5 t；污水池（东）为封闭储池，只有 1 个开孔，池中废液质量不明。

8.4.3.2 鉴定过程

1. 固体废物的确定

委托方（某地公安局）介绍，某地非法倾倒废液源头是该厂两个污水池中废液，符合被抛弃或者放弃的物品。现场经 pH 试纸初步判断，污水池（东）废液呈强酸性，污水池（西）上层浮渣呈碱性，下层废液呈强酸性。初步判定，两个污水池内废液不符合《固体废物鉴别标准　通则》（GB 34330—2017）“7　不作为液态废物管理的物质‘7.3　废酸、废碱中和处理后产生的满足 7.1 条或 7.2 条的废水’”条款。因此现场判定该厂两个污水池内废液属于固体废物。其后，经实验室分析测试，污水池（西）采集的 5 个样品有 3 个 pH 小于 1、污水池（东）采集的 2 个样品 pH 均小于 1，属于强酸，验证了现场的初步判断。

2. 采样检测

现场两个污水池均为封闭式地下贮存池，现场勘查发现，污水池（西）顶部有 3 个开口，该池内废液上部有浮渣，经 pH 试纸初步判断，该池上层浮渣呈碱性，下层废液呈酸性。污水池（东）顶部只有 1 个小正方形开口，池内废液颜色较均匀。两个污水池均没有卸料口。按照《工业固体废物采样制样技术规范》（HJ/T 20—1998）、《危险废物鉴别技术规范》（HJ 298—2019），对污水池（西）对上部浮渣、下部废液以及污水池（东）废液分别采样。依据《危险废物鉴别技术规范》（HJ 298—2019）“4.2.4 d）贮存于贮存池、不可移动大型容器、槽罐车内的液态废物，可适当减少采样份样数。敞口贮存池和不可移动大型容器内液态废物采样份样数不少于 5 个；封闭式贮存池、不可移动大型容器和槽罐车，如不具备在卸除废物过程中采样，采样份样数不少于 2 个”，结合现场实际情况，确定污水池（西）从顶部 3 处开口采集 5 个浮渣样品，5 个废液样品；污水池（东）从顶部开口处采集 2 个废液样品。污水池采样照片见图 8-11。

图 8-11　污水池采样照片

通过委托方前期查办线索，确定特征污染因子为腐蚀性（pH）、氰化物，现场发现污水池中废液有刺激性气味具备挥发性有机物特征，且污水池（西）池内废液上部有浮渣，经试纸初步判断，该池上层浮渣呈碱性，下层废液呈酸性，为了进一步明确涉案废液的危险特性，与委托方协商后，确定两个污水池中废液增加挥发性有机物的测定，污水池（西）内浮渣只测定腐蚀性（pH）。

3. 判定依据及结果

腐蚀性：检测结果表明，污水池（西）采集的 5 个废液样品中 3 个样品 pH 小于 1，另外 2 个样品 pH 为 12.24、11.34；污水池（西）采集的 5 个浮渣样品 pH 在 7.21～9.02；污水池（东）采集的 2 个废液样品 pH 均小于 1。根据《危险废物鉴别技术规范》（HJ 298—2019）7.1 判定污水池（西）废液具有腐蚀性（pH）的危险特性；根据《危险废物鉴别技术规范》（HJ 298—2019）7.3 污水池（东）废液具有腐蚀性（pH）的危险特性。

浸出毒性：检测结果表明，污水池（西）采集的 5 个固体废物样品中，2 个样品浸出毒性（苯、甲苯、氯苯）的检测结果超过《危险废物鉴别标准 浸出毒性鉴别》（GB 5085.3—2007）中规定的标准限值、3 个样品浸出毒性（苯、甲苯）的检测结果超过《危险废物鉴别标准 浸出毒性鉴别》（GB 5085.3—2007）中规定的标准限值；污水池（东）采集的 2 个固体废物样品浸出毒性（苯、甲苯）的检测结果均超过《危险废物鉴别标准 浸出毒性鉴别》（GB 5085.3—2007）中规定的标准限值。根据《危险废物鉴别技术规范》（HJ 298—2019）7.1 判定污水池（西）废液具有浸出毒性（苯、甲苯、氯苯）危险特性；根据《危险废物鉴别技术规范》（HJ 298—2019）7.3 判定污水池（东）废液具有浸出毒性（苯、甲苯）危险特性。

毒性物质含量：检测结果表明，污水池（西）采集的 5 个固体废物样品和污水池（东）采集的 2 个固体废物样品毒性物质含量（二氯甲烷、1,2-二氯乙烷、苯）的检测结果均超过《危险废物鉴别标准 毒性物质含量鉴别》（GB 5085.6—2007）中规定的标准限值；污水池（西）采集的 5 个固体废物样品中 3 个样品的毒性物质含量（氯乙烯）的检测结果超过《危险废物鉴别标准 毒性物质含量鉴别》（GB 5085.6—2007）中规定的标准限值。根据《危险废物鉴别技术规范》（HJ 298—2019）7.1 判定污水池（西）废液具有毒性物质含量（二氯甲烷、1,2-二氯乙烷、苯、氯乙烯）危险特性；根据《危险废物鉴别技术规范》（HJ 298—2019）7.3 判定污水池（东）废液均具有毒性物质含量（二氯甲烷、1,2-二氯乙烷、苯）危险特性。

8.4.3.3 鉴定结论

经鉴定，某公司两个污水池，污水池（西）内废液具有腐蚀性（pH）、浸出毒性（苯、甲苯、氯苯）、毒性物质含量（二氯甲烷、1,2-二氯乙烷、苯、氯乙烯）的危险特性，属于危险废物；污水池（东）内废液具有腐蚀性（pH）、浸出毒性（苯、甲苯）、毒性物质含量（二氯甲烷、1,2-二氯乙烷、苯）的危险特性，属于危险废物；污水池（西）上层浮渣不具有腐蚀性（pH）的危险特性。

8.5 非法处置废矿物油鉴定案例

8.5.1 鉴定依据

废矿物油是指从石油、煤炭、油页岩中提取和精炼，在开采、加工和使用过程中由于受杂质污染、氧化和热作用等改变了原有的物理和化学性能，变为不能继续被使用的矿物油。废矿物油与含矿物油废物，对应的是《名录》中 HW08 类的危险废物。从本质上讲，各类矿物油都是由基础油和各类添加剂组成，成分都是以基础油为主，且基础油主要是由矿物油组成。矿物基础油应用广泛，用量很大，目前常见的润滑油的基础油主要是矿物基础油，废矿物油按照危险废物管理主要是因为基础油中含有烷烃（直链、支链、多支链）、环烷烃（单环、双环、多环）、芳烃（单环芳烃、多环芳烃）、环烷基芳烃，这些物质属于有毒物质，因此废矿物油被纳入《名录》。目前，一些没有危险废物经营资质的个人或团体出于经济利益，非法收集各种类型的废油从而获利。办案机关为了进一步固定证据，需要对废油是否属于危险废物进行司法鉴定。办案机关在查处这类非法行为时，通过前期布控和调查，往往可以初步确定污染特征因子，因此这类案件一般不用进行样品初筛检测，可直接分析样品中的毒性物质含量（石油溶剂）。

8.5.2 鉴定案例一

8.5.2.1 事件一简介

2021 年 11 月，某地环保部门现场检查发现，某润滑油有限公司年综合利用 4 500 t 废矿物油建设项目虽然办理了环境影响评价审批手续，但至今未履行建设项目竣工环境保护验收手续。在未取得危险废物经营许可证的情况下，该公司自行进行废油处置加工生产，即以收集来的废矿物油、重油等为原料，经加热、蒸馏、冷却、收集等加工处置工艺，从废矿物油、重油中提取润滑油基础油等可利用物品，过程中采用树枝木材作为加热炉燃料。现场企业污染防治设施严重不到位，现场环境状况恶劣，存在极大的环境污染安全隐患。

除此之外，经调查询问笔录得知，该公司将在废油加工处置过程中产生的废油渣、废油脂等废物混入炉渣作为燃料使用，焚烧后产生的残渣倾倒在厂区西侧及西北角处厂界围挡外。

8.5.2.2 鉴定过程

1. 采样检测方案

贮存于贮存池、不可移动大型容器、槽罐车内的液态废物，可适当减少采样份样数。敞口贮存池和不可移动大型容器内液态废物采样份样数不少于 5 个。本次于厂区油罐采集 6 个废油样品；根据待鉴定固体废物的质量，于厂区外焚烧废油渣倾倒处采集样品 5 个（图 8-12）。

图 8-12 油渣、废油采样照片

现场踏勘时发现油罐以及废油渣倾倒地点附近具有明显强烈刺激性气味，可初步判断油罐内的废油以及倾倒的固体废物含有较高浓度的挥发性有机物和半挥发性有机物，其特征污染因子可能以相关挥发性有机污染物和半挥发性有机污染物为主；同时，结合公司环评资料以及询问笔录可知，公司主要从事废油的加工利用厂区内加工“重油”，同时将加工生产过程中产生的废油渣经焚烧后倾倒于厂区外。

故针对油罐内的废油、厂区外的焚烧废油渣等固体废物样品进行了苯、甲苯、乙苯、苯酚、石油溶剂以及多环芳烃类物质等指标的检测。

2. 判定依据及结果

（1）废油

检测结果显示，于厂区油罐内采集的 6 个废油样品中苯、甲苯、乙苯、苯酚、石油溶剂、萘的检出率均为 100%，其含量分别介于 2.12～36.9 mg/kg、3.35～291 mg/kg、1.43～

223 mg/kg、69.3～577 mg/kg、2.10×10^5～8.07×10^5 mg/kg、54.2～1 170 mg/kg；除此之外，苊烯、苊、菲、蒽、荧蒽、芘、苯并[a]蒽、䓛、多环芳烃类物质也有不同程度的检出，污染物浓度均处于较低水平。

根据《危险废物鉴别标准 毒性物质含量鉴别》（GB 5085.6—2007）附录B，石油溶剂为有毒物质；由检测结果可知，废油样品中石油溶剂含量分别高达 6.24×10^5 mg/kg、8.07×10^5 mg/kg、6.25×10^5 mg/kg、6.21×10^5 mg/kg、5.51×10^5 mg/kg、2.10×10^5 mg/kg，其总含量分别高达 62.4%、80.7%、62.5%、62.1%、55.1%、21%，符合《危险废物鉴别标准 毒性物质含量鉴别》（GB 5085.6—2007）中“含有本标准附录 B 中的一种或一种以上有毒物质的总含量≥3%”的条件。因此，此次环境污染事件中相关责任人非法处置的废油可判定为具有毒性特征的危险废物。

（2）废油渣

废油渣浸出液中苯、甲苯、苯酚均未被检出。毒性物质含量检测结果表明，废油渣中仅石油溶剂被检出，其含量分别为 1.22×10^4 mg/kg、2.72×10^3 mg/kg、5.00×10^3 mg/kg、3.32×10^3 mg/kg、1.19×10^3 mg/kg。其总含量分别为 1.22%、0.28%、0.50%、0.33%、0.12%，以上数值均低于《危险废物鉴别标准 毒性物质含量鉴别》（GB 5085.6—2007）中“含有本标准附录B 中的一种或一种以上有毒物质的总含量≥3%”的限值。

8.5.2.3 鉴定结论

该公司加工利用的废油符合《国家危险废物名录（2021 年版）》中有关“HW08 废矿物油与含矿物油废物”的描述。结合样品分析测试结果以及企业环评、公安问询笔录等资料，可判定该公司贮存的废油属于 HW08 类危险废物，废物代码为 900-249-08。

根据公安问询笔录可知，该公司厂区西北角违规倾倒的废渣为废油再生利用产生的残渣及其焚烧残渣的混合物，即废油处理后产生的废物。根据《危险废物鉴别标准 通则》（GB 5085.7—2007）中的危险废物处理后判定规则，“具有毒性和感染性等一种或一种以上危险特性的危险废物处理后的废物仍属于危险废物”。企业加工利用的废油为具有毒性特征的危险废物，因此废油处理后产生的残渣仍属于危险废物。该公司加工利用的废油属于 HW08 类危险废物，废物代码为 900-249-08；故根据《危险废物鉴别标准 通则》（GB 5085.7—2007）及《国家危险废物名录（2021 年版）》的规定，上述废油处理后产生的废渣为 HW08 类危险废物，废物代码为 900-000-08。

8.5.3 鉴定案例二

8.5.3.1 事件二简介

2022年10月，某地生态环境局依据获得线索，对蔡某某废油收集点（无证）停放的两辆槽罐车进行查扣，其中有非法收集的疑似废油液体。为了进一步固定证据、确定非法收集的疑似废油液体是否属于危险废物，委托鉴定单位对两辆槽罐车内疑似废油液体进行危险废物鉴定。

8.5.3.2 鉴定过程

1. 固体废物的确定

委托方（某地生态环境局）介绍，现场两辆槽罐车内液体为蔡某某废油收集点（无证）收集的废油，两辆槽罐车内液体呈黑色、异味。通过委托方介绍，结合现场两辆槽罐车内液体性状，其符合《固体废物鉴别标准　通则》（GB 34330—2017）“4.1 h）因丧失原有功能而无法继续使用的物质”条款，属于固体废物。

2. 采样检测

现场两辆槽罐车上部在靠近车头和车尾处均设有开口，当事人表示槽罐车下边阀门箱内阀门开闭有泄漏风险，且两辆槽罐车停放公路一侧有一条水渠。为防止开闭槽罐车下边阀门可能发生的废油泄漏造成污染，依据《危险废物鉴别技术规范》（HJ 298—2019）“4.5.4 d）贮存于封闭式贮存池、不可移动大型容器或槽罐车中的固体废物应尽可能在卸除固体废物过程中按4.5.3 a）方法采取样品。如不能在卸除固体废物过程中采样，按4.5.4 b）方法从贮存池、容器上部开口采集样品。如存在卸料口，则同时在卸料口按 4.5.3 a）方法采集不少于1个份样”要求，结合现场实际情况，本次样品从槽罐车上部开口处采集。

按照《工业固体废物采样制样技术规范》（HJ/T 20—1998）、《危险废物鉴别技术规范》（HJ 298—2019），对两辆槽罐车内废液分别从上部 2 个开口处采集样品。依据《危险废物鉴别技术规范》（HJ 298—2019）“4.2.4 d）贮存于贮存池、不可移动大型容器、槽罐车内的液态废物，可适当减少采样份样数。敞口贮存池和不可移动大型容器内液态废物采样份样数不少于 5 个；封闭式贮存池、不可移动大型容器和槽罐车，如不具备在卸除废物过程中采样，采样份样数不少于2个”，结合现场实际情况，确定对两辆槽罐车内废液分别从上部开口处各采集5个样品（图8-13）。

图 8-13　槽罐车内疑似废油液体采样照片

通过委托方查办线索，初步研判两辆槽罐车内物质疑似废油，因此鉴定因子确定为毒性物质含量（石油溶剂）和液态易燃性。

3．判定依据及结果

毒性物质含量（石油溶剂）：检测结果表明，在两辆槽罐车内采集的 10 个固体废物样品石油溶剂（可回收石油烃）检测结果在 55.8%～79.5%。依据《危险废物鉴别标准　毒性物质含量鉴别》（GB 5085.6—2007），石油溶剂（可回收石油烃）属于本标准附录 B 中的有毒物质，含有本标准附录 B 中的一种或一种以上有毒物质的总含量≥3%，即判定该固体废物具有毒性物质含量的危险特性。

液态易燃性：检测结果表明，两辆槽罐车内采集的 10 个固体废物样品闪点（闭杯试验）在 85.4～96.3℃，依据《危险废物鉴别标准　易燃性鉴别》（GB 5085.4—2007）“液态易燃性危险废物‘闪点温度低于 60℃（闭杯试验）的液体、液体混合物或含有固体物质的液体’”，本案采集的 10 个样品闪点（闭杯试验）均高于 60℃，不属于液态易燃危险废物。

根据《危险废物鉴别技术规范》（HJ 298—2019）7.3　判定两辆槽罐车内疑似废油的废液均具有毒性物质含量［石油溶剂（可回收石油烃）］的危险特性，属于危险废物。

8.5.3.3　鉴定结论

经鉴定，蔡某某废油收集点停放的两辆槽罐车内的废油均是具有毒性物质含量［石油溶剂（可回收石油烃）] 危险特性的危险废物。

8.6 违规填埋化工污泥鉴定案例

8.6.1 鉴定依据

污水污泥是指在污水处理过程中产生的半固态或固态物质，几乎集聚了污水中所有污染物。按其来源分为工业污水污泥、生活污水污泥。工业污水污泥按照管理属性又分为危险废物和一般工业固体废物。单纯用于处理城镇生活污水的公共污水处理厂，其产生的污泥通常情况下不具有危险特性，可作为一般固体废物管理。专门处理工业废水（或同时处理少量生活污水）的处理设施产生的污泥，可能具有危险特性，应按《国家危险废物名录（2021 年版）》和危险废物鉴定标准的规定，对污泥进行危险特性鉴定。以处理生活污水为主要功能的公共污水处理厂，若接收、处理工业废水，且该工业废水在排入公共污水处理系统前能稳定达到国家或地方规定的污染物排放标准的，公共污水处理厂的污泥可按照一般固体废物进行管理。但是，在工业废水排放情况发生重大改变时，应进行危险特性鉴别。

在《名录》以外的疑似含有有毒有害物质的污泥需要鉴定。鉴定要点是根据生产过程的原辅材料和反应工艺确定污泥中可能含有的有毒有害物质，并与《危险废物鉴别标准》（GB 5085.1～GB 5085.6）中列举的有毒有害物质进行对照，选取其交集部分作为有毒有害物质鉴定对象，其检出数值超过标准值即危险废物。

8.6.2 鉴定案例

8.6.2.1 违规填埋化工污泥事件简介

2018 年 10 月，某溴素生产企业其生产原料为地下卤水，辅助原料包括液氯、硫黄、硫酸、水等。主要生产工艺为卤水酸化、氧化、解吸、蒸馏和分离，脱溴后的尾水排入盐池晒盐。而后企业为提高溴素产量，从其他企业购进含溴废液作为生产原料。购进的含溴废液暂存于厂区东北侧老卤池及储存池备用，由于长期存放含溴废液，老卤池及储存池产生大量刺激性气味。为掩盖事实，责任人将卤库中的卤水净化过程中产生的污泥清理挖掘至老卤池和储存池进行填埋，填平后的老卤池用防渗膜覆盖，储存池则直接使用土壤进行覆盖并平整。填埋的污泥呈黄褐色，现场有强烈刺激性气味（图 8-14）。

图 8-14 污泥清挖及采样照片

8.6.2.2 鉴定过程

1．初筛阶段

（1）固体废物属性判定

涉事固体废物主要来源为卤水净化过程中产生的污泥，根据《固体废物鉴别标准 通则》（GB 34330—2017）中“4.3 e）水净化和废水处理产生的污泥及其他废弃物质”和“5.1 在任何条件下，固体废物按照‘c）填埋处置；d）倾倒、堆置’处置时，仍然作为固体废物管理”的相关规定，上述填埋物属于固体废物。

（2）危险特性初筛分析

针对该违规填埋固体废物环境污染案件，环保主管部门组织开展前期固体废物采样工作，检测指标以有机农药类、非挥发性有机物、挥发性有机物等的浸出毒性为主。采集的 7 份固体废物样品浸出液中，三氯甲烷、苯、甲苯、氯苯、苯酚、二甲苯、乙苯、1,2-二氯苯、1,4-二氯苯、四氯乙烯等有机物污染物均有不同程度的检出；其中三氯甲烷检出率为 86%，浓度介于 0.001 3～36.4 mg/L；甲苯检出率为 57%，浓度介于 0.001 6～54.6 mg/L；氯苯、苯酚、二甲苯、1,2-二氯苯检出率均为 43%，浓度分别介于 0.007 4～

2.45 mg/L、0.046 3～1.25 mg/L、0.001 14～1.00 mg/L、0.005 6～0.105 mg/L；苯、乙苯检出率均为 29%，浓度分别介于 0.021 2～2.54 mg/L、0.006 2～0.242 mg/L；仅 1 份样品检出 1,4-二氯苯及四氯乙烯，浓度分别为 0.011 6 mg/L 和 0.008 0 mg/L。

鉴定机构以环保主管部门的检测结果为基础，采集 9 个典型样品进行了后续重金属及其他无机物的浸出毒性检测分析。检测结果显示，采集的 9 份固体废物样品浸出液中，锌、砷、氰化物、氟化物等均有不同程度的检出。同时开展了固体废物样品的毒性物质含量初筛工作，采集的 9 份固体废物样品中，镍、砷、氰化物、邻苯二甲酸二乙基己基酯等有不同程度的检出；其中砷的检出率均为 100%，浓度介于 0.09～3.11 mg/kg；镍、氰化物的检出率均为 89%，浓度分别介于 6～13 mg/kg、0.19～4.96 mg/kg；邻苯二甲酸二乙基己基酯的检出率为 56%，浓度介于 1.57～4.02 mg/kg。

依据前期地方环保部门的样品检测数据以及鉴定机构初筛结果，可初步明确填埋固体废物的污染特征以相关有机污染物为主。综合考虑各项指标的检出率、最高检出浓度、标准限值等因素，最终确定本次填埋固体废物危险特性鉴定的样品检测指标如下：

①浸出毒性检测指标：苯、甲苯、氯苯、二甲苯、1,2-二氯苯、乙苯、三氯甲烷、苯酚；

②毒性物质含量检测指标：镍、砷、氟化物、氰化物、苯、1,2-二氯苯、邻苯二甲酸二乙基己酯、石油溶剂。

2．正式鉴别阶段

现场固体废物主要分为填埋于储存池和老卤池内的固体废物及部分清挖并装于吨袋内的固体废物。对于吨袋内的固体废物，首先采用随机数表法确定需要进行采样的吨袋，在确定吨袋后采用人工的方式分别于废物堆体的顶部（1/6 深度处）、中部（1/2 深度处）、底部（5/6 深度处）进行样品的采集。对于尚未清挖的固体废物，运用系统采样法进行样品采集，即按照等点布设的原则确定采样点，各采样点分 2 层或 3 层进行样品采集。共采集 100 份典型固体废物样品，其中储存池采集 40 份固体废物样品，老卤池采集 60 份固体废物样品。

浸出毒性：储存池 40 份固体废物样品中，两份固体废物样品浸出液中苯酚浓度超出《危险废物鉴别标准　浸出毒性鉴别》（GB 5085.3—2007）相应的标准限值；1 份固体废物样品浸出液的苯浓度超标；3 份固体废物样品浸出液的甲苯浓度超标；1 份固体废物样品浸出液的氯苯浓度超标；1 份固体废物样品浸出液的三氯甲烷浓度超标。对照《危险废物鉴别标准　浸出毒性鉴别》（GB 5085.3—2007），40 份样品中共计有 4 份样品超过标准规定限值。

老卤池 60 份固体废物样品中，3 份固体废物样品浸出液中苯酚浓度超出《危险废物鉴别标准　浸出毒性鉴别》（GB 5085.3—2007）相应的标准限值；1 份固体废物样品浸出液的苯浓度超出标准限值；14 份固体废物样品浸出液的甲苯浓度超出标准限值；7 份固体废物样品浸出液的三氯甲烷浓度超出标准限值。对照《危险废物鉴别标准　浸出毒性》（GB 5085.3—2007），60 份样品中共计有 17 份样品超过标准规定限值。

毒性含量：储存池 40 份固体废物样品中，单因子指标中剧毒物质、有毒物质和致癌性物质均低于《危险废物鉴别标准　毒性物质含量鉴别》（GB 5085.6—2007）规定的标准限值。40 份样品的累积毒性介于 0.044 025～0.153 010，均低于《危险废物鉴别标准　毒性物质含量鉴别》（GB 5085.6—2007）规定的标准限值 1。

老卤池 60 份固体废物样品中，单因子指标中，剧毒物质、有毒物质和致癌性物质均低于《危险废物鉴别标准　毒性物质含量鉴别》（GB 5085.6—2007）规定的标准限值。60 份样品的累积毒性介于 0.037 197～0.258 616，均低于《危险废物鉴别标准　毒性物质含量鉴别》（GB 5085.6—2007）规定的标准限值 1。

8.6.2.3　鉴定结论

对照《危险废物鉴别标准　浸出毒性鉴别》（GB 5085.3—2007），储存池采集的 40 份样品中有 4 份样品浸出液污染物浓度超出标准限值，超标率较低（10%），超标份样数未达到《危险废物鉴别技术规范》（HJ/T 298—2007）规定的超标份样数下限值。

但该固体废物检出的苯、甲苯、氯苯、三氯甲烷为《危险废物鉴别标准　浸出毒性鉴别》（GB 5085.3—2007）中所列毒性物质，且均为挥发性有机污染物，在无规范防护措施的条件下上述污染物可能转移、扩散进入土壤、地下水和大气环境，存在危害人体健康或造成生态环境损害的风险。因此依据《最高人民法院　最高人民检察院关于办理环境污染刑事案件适用法律若干问题的解释》（法释〔2016〕29 号），可认定该固体废物为有毒物质。

对照《危险废物鉴别标准　浸出毒性鉴别》（GB 5085.3—2007），老卤池采集的 60 份样品中有 17 份样品浸出液污染物浓度超出标准限值，超标率较高（达 28%）。参照《危险废物鉴别技术规范》（HJ/T 298—2007），可判定老卤池填埋固体废物属于危险废物，危险特性为毒性。

8.7　非法倾倒废金属残渣鉴定案例

8.7.1　鉴定依据

金属残渣为金属原料破碎、分拣、熔炼，研磨过程中产生的小颗粒物料，属于产品加工和制造过程中的下脚料、边角料、残余物质等固体废物。若废金属残渣含有的重金属成分，如铜、锌、铅、镍、铬、镉、砷、汞等超出《危险废物鉴别标准　浸出毒性鉴别》(GB 5085.3—2007)或《危险废物鉴别标准　毒性物质含量鉴别》(GB 5085.6—2007)标准的，则应作为危险废物进行管理。

8.7.2　鉴定案例

8.7.2.1　非法倾倒废金属残渣事件简介

2017 年 8 月，某县环保局接到群众举报，称有人私自使用货车将装于吨袋内的固体废物倾倒于某地。固体废物均装存于白色吨袋内，表面进行覆土掩盖，现场固体废物呈灰砂状，从表面上看含有大量金属残渣，其中含有铁、铝以及大量废铝破碎、分选后的下脚料等。现场清理出的固体废物分装于 78 个吨袋内，结合固体废物过磅记录可知本批非法倾倒的固体废物总量约为 60 t，除该批倾倒的固体废物外，另有约 300 t 废物存放于某仓库内，这两批废物均是从某有色金属有限公司收购而来，该公司主要利用国内收集废金属原料生产铝合金锭及锌锭。本次倾倒的固体废物来源于某有色金属有限公司，但具体的生产工艺环节尚无法明确，无法通过企业环评等判断该固体废物是否具有危险属性。现场通过便携式 X 射线荧光光谱分析测定，初步检测出废物中的金属主要成分有锰、铁、铜、锌等（图 8-15）。

图 8-15　废金属残渣照片

8.7.2.2　鉴定过程

（1）固体废物属性判定

依据《固体废物鉴别标准　通则》（GB 34330—2017）中“4.2 a）产品加工和制造过程中的下脚料、边角料、残余物质等”和“5.1　在任何条件下，固体废物按照‘c）填埋处置；d）倾倒、堆置’处置时，仍然作为固体废物管理”的相关规定，上述倾倒物质属于固体废物。

违规倾倒的固体废物无法确认其产生工艺，故无法与《国家危险废物名录（2016 年版）》进行比对分析，需通过危险特性测试分析明确其危害特性。

（2）危险特性分析

依据《危险废物鉴别技术规范》（HJ/T 298—2007）的要求，倾倒点固体废物约 60 t，需要采集的份样数为 20 个，实际采样数为 21 个。根据固体废物环境违法案件中，因环境事件处理或应急处置要求，可适当减少采样份样数原则，并为进一步明确此两批固体废物的同源性，对暂存于仓库内的约 300 t 固体废物，随机采集了 10 个固体废物样品。

本事件涉及的固体废物来源于再生铝行业，根据企业生产工艺及主要产品，可以初步判断该固体废物的特征污染因子可能以相关重金属污染物为主，故针对固体废物主要进行了相关重金属污染物的浸出毒性及毒性物质含量检测。由于倾倒现场的固体废物无明显异味或其他刺激性气味，因此可初步判断其挥发性有机物和半挥发性有机物浓度较低，并且从现场 X 射线荧光光谱分析仪（XRF）检测结果判断，现场固体废物中存在部分重金属元素（铜、锌、镍、铬等）被检出的情况，故毒性物质含量及浸出毒性检测中重点关注固体废物的铜、锌、铅、镍、铬、镉、砷、汞。此外，针对回收铝行业的工艺特性，产生的固体废物中可能含有氟离子，因而对固体废物中的氟含量进行了检测。

浸出毒性：倾倒点采集的 21 个固体废物样品浸出液中，铜、锌、汞、氟的检出率均为 100%，含量分别介于 0.029～1.28 mg/L、0.009～0.353 mg/L、0.000 3～0.003 0 mg/L、0.047～14.7 mg/L；镍、砷的检出率均为 95%，检出样品中镍含量介于 0.01～0.12 mg/L，砷含量介于 0.000 4～0.011 9 mg/L；铬检出率为 19%，其含量为 0.01～0.02 mg/L；铅、镉未被检出。

仓库采集的 10 个固体废物样品浸出液中，铜、锌、镍、汞、氟的检出率均为 100%，其中，铜、锌、镍、汞、氟含量分别介于 0.28～1.80 mg/L、0.044～0.872 mg/L、0.02～0.49 mg/L、0.001～0.007 6 mg/L、0.117～19.9 mg/L；铬的检出率为 40%，检出样品中其浓度为 0.02～0.03 mg/L；铅的检出率为 20%，5#、6#样品中其含量分别为 0.10 mg/L、0.13 mg/L；镉的检出率为 30%，其含量约为 0.005 mg/L；砷的检出率仅有 1 份样品检出，含量为 0.002 6 mg/L。

毒性含量：倾倒点固体废物采集的 21 个固体废物样品中，铜、锌、铬、镍、铅、镉、砷、汞、氟均有不同程度的检出，其含量分别介于 1 840.0～47 200.0 mg/kg、6 820.4～16 483.0 mg/kg、197.0～2 959.3 mg/kg、133.0～4 567.7 mg/kg、874.0～3 256.3 mg/kg、12.4～103.0 mg/kg、3.7～26.6 mg/kg、0.3～26.4 mg/kg、0.86～294 mg/kg。21 个样品中相关毒

性物质含量全部超过《危险废物鉴别标准　毒性物质含量鉴别》（GB 5085.6—2007）的规定限值。

仓库采集的 10 个固体废物样品中，铜、锌、铬、镍、铅、镉、砷、汞、氟的检出率均为 100%，其中铜的含量介于 504～8 370 mg/kg，锌的含量介于 4 830～49 700 mg/kg，铬的含量介于 143～429 mg/kg，镍的含量介于 94.0～864 mg/kg，铅的含量介于 578～8 940 mg/kg，镉的含量介于 9.64～62.3 mg/kg，砷的含量介于 3.18～20.4 mg/kg，汞的含量介于 504～8 370 mg/kg，氟的含量介于 2.34～398 mg/kg。计算结果表明采集的 10 个固体废物样品中 9 个样品的相关毒性物质含量超过《危险废物鉴别标准　毒性物质含量鉴别》（GB 5085.6—2007）的规定限值。

（3）判定依据及结果

固体废物贮存及倾倒区域采集的 31 个固体废物样品浸出液中，检出了铜、锌、镉、铅、铬、汞、镍、砷等重金属以及氟元素，其中，铜、锌、镍、汞、氟的检出率为 100%，31 个固体废物样品浸出液中相关污染物浓度均未超过《危险废物鉴别标准　浸出毒性鉴别》（GB 5085.3—2007）中规定的浓度限值。

采集的 31 个固体废物样品的毒性物质含量检测结果表明，铜、锌、铬、镍、铅、镉、砷、汞、氟的检出率均为 100%，该批固体废物为含有重金属的固体废物；其中铬、铅、镍的含量处于较高水平，按照风险最大原则，有毒有害物质分别以铬酸钠、磷酸铅、二氧化镍计，其中 30 个样品中相关毒性物质含量权重总和超过《危险废物鉴别标准　毒性物质含量鉴别》（GB 5085.6—2007）的规定限值。

8.7.2.3 鉴定结论

浸出毒性检测结果显示，各项指标的浸出含量较低；其中铬、铅、镍 3 种含量最高的重金属浸出液中毒性物质检出含量较低，多数样品未检出，表明该固体废物中这几种重金属可能为单质态金属，与其有害物（铬酸钠、磷酸铅、二氧化镍）的形态有所区别，尚需通过溯源及形态分析进一步确定其危险属性。根据某县公安部门问讯笔录以及现场调查情况，该批固体废物中含有少量的破碎电路板（图 8-16，可分选的电路板含量约为 1‰）。根据《国家危险废物名录（2016 年版）》，废弃电路板为危险废物（代码：900-045-49，特性：毒性），事件中违规填埋行为不符合豁免管理要求。因此，根据《危险废物鉴别标准　通则》（GB 5085.7—2007），具有毒性的危险废物与其他物质混合，混合后的废物仍属于危险废物。综上所述，本次倾倒及暂存的固体废物属于有毒性特征的危险废物。

图 8-16　废金属残渣中废电路板筛分照片

参考文献

[1] Agamuthu P，Khidzir K M，Hamid F S. Drivers of sustainable waste management in Asia[J]. Waste Management & Research，2009，27：625-633.

[2] Akpan V E，Olukanni D O. Hazardous waste management：An african overview[J]. Recycling，2020，5：15.

[3] Szasz A. Ecopopulism：Toxic waste and the movement for environmental justice[M]. Minneapolis：University of Minnesota Press，1994.

[4] Baghani A N，Farzadkia M，Azari A，et al. Economic aspects of dry solid waste recycling in Shiraz，Iran[J]. Journal of Mazandaran University of Medical Sciences，2016，26（133）：330-334.

[5] Ball A S，Stewart R J，Schliephake K. A review of the current options for the treatment and safe disposal of drill cuttings[J]. Waste Management & Research，2012，30（5）：457-473.

[6] Beydoun K，Klankermayer J. Efficient plastic waste recycling to value-added products by integrated biomass processing[J]. Chem Sus Chem，2020，13：1-6.

[7] Buonocore J J，Choma E，Villavicencio A H，et al. Metrics for the sustainable development goals：renewable energy and transportation[J]. Palgrave Communications，2019，5：136.

[8] Cassells S，Lewis K. SMEs and environmental responsibility：Do actions reflect attitudes？[J]. Corporate Social Responsibility and Environmental Management，2011，18（3）：186-199.

[9] Cao D J，Shi X D，Li H，et al. Effects of lead on tolerance，bioaccumulation，and antioxidative defense system of green algae，Cladophora[J]. Ecotoxicology and Environmental Safety，2015，112：231-237.

[10] Chatham-Stephens K，Caravanos J，Ericson B，et al. Burden of disease from toxic waste sites in India，Indonesia，and the Philippines in 2010[J]. Environmental Health Perspectives，2013，121（7）：791-796.

[11] Chen M，Ogunseitan O A，Duan H，et al. China E-waste management：Struggling for future success[J]. Resources，Conservation and Recycling，2018，139：48-49.

[12] Chiau Wen-Yan. Hazardous waste management [microform]：establishing a framework for Taiwan[M]. Taipei：UMI，1991.

[13] Choong T S，Abdullah L，Robiah Y，et al. Arsenic toxicity，health hazards and removal techniques from

water: An overview[J]. Desalination, 2007, 217: 139-166.

[14] Clare A, Barnes A, McDonagh J, et al. From rhetoric to reality: farmer perspectives on the economic potential of biochar in China[J]. International Journal of Agricultural Sustainability, 2014, 12 (4): 440-458.

[15] Conservation Foundation. State of the environment: A view toward the nineties[R]. Washington, D. C.: Conservation Foundation, 1987: 136.

[16] Couto N, Silva V, Monteiro E, et al. Hazardous waste management in portugal: An overview[J]. Energy Procedia, 2013, 36: 607-611.

[17] Cui T, Zhang J. Bibliometric and review of the research on circular economy through the evolution of Chinese public policy[J]. Scientometrics, 2018, 116 (2): 1013-1037.

[18] Duan H, Huang Q, Wang Q, et al. Hazardous waste generation and management in China: A review[J]. Journal of Hazardous Materials, 2008, 158 (2-3): 221-227.

[19] Duan Y, Gao N, Sipra A T, et al. Characterization of heavy metals and oil components in the products of oily sludge after hydrothermal treatment[J]. Journal of Hazardous Materials, 2022, 424: 127293.

[20] European Environment Agency. Report from the commission to the council and the European Parliament on the implementation of community waste legislation: Directive 75/442/EEC on Waste, Directive 91/689/EEC on Hazardous Waste, Directive 75/439/EEC on Waste Oils and Directive 86/278/EEC on Sewage Sludge for the Period[Z]. Brussels: European Environment Agency, 1995-1997.

[21] FERNÁNDEZ-CALIANI J C, BARBA-BRIOSO C. Metal immobilization in hazardous contaminated minesoils after marble slurry waste application: a field assessment at the Tharsis mining district (Spain) [J]. Journal of Hazardous Materials, 2010, 181 (1/2/3): 817-826.

[22] Fullana A, Conesa J A, Font R, et al. Pyrolysis of sewage sludge: nitrogenated compounds and pretreatment effects[J]. Journal of Analytical and Applied Pyrolysis, 2003, 68-69: 561-575.

[23] Gao L, Li Z, Yi W, et al. Impacts of pyrolysis temperature on lead adsorption by cotton stalk-derived biochar and related mechanisms[J]. Journal of Environmental Chemical Engineering, 2021, 9: 105602.

[24] Gao N, Li J, Quan C, et al. Product property and environmental risk assessment of heavy metals during pyrolysis of oily sludge with fly ash additive[J]. Fuel, 2020, 266: 117090.

[25] Gao S, Zhang H. Study on the pollution control of industrial solid waste in China[J]. Research of Environmental Sciences, 1994, 7 (1): 43-47.

[26] Gao Y, Chen M, Pang H. Experimental investigations on elastoplastic deformation and permeability evolution of terrestrial Karamay oil sands at high temperatures and pressures[J]. Journal of Petroleum Science and Engineering, 2020, 190: 107124.

[27] Guo W, Zhang X, Sun Y, et al. Migration mechanism of pyrolysis oil during oil shale in situ pyrolysis

exploitation[J]. Energy，2023，285：128769.

[28] He Y，Wang Z，Wang J. Investigation of pyrolytic characteristics of three oily sludges with focus on properties of oil product[J]. Journal of Analytical and Applied Pyrolysis，2023，174：106114.

[29] Heacock M，Kelly C B，Asante K A，et al. E-waste and harm to vulnerable populations：A growing global problem[J]. Environmental Health Perspectives，2016，124（5）：550-555.

[30] Hong J，Han X，Chen Y，et al. Life cycle environmental assessment of industrial hazardous waste incineration and landfilling in China[J]. The International Journal of Life Cycle Assessment，2017，22（7）：1054-1064.

[31] Huang Q，Wang Q，Dong L，et al. The current situation of solid waste management in China[J]. Journal of Material Cycles and Waste Management，2006，8（1）：63-69.

[32] Indiana Department of Environmental Management，Office of Land Quality. Understanding the hazardous waste determination process[Z]. Indiana：Indiana Department of Environmental Management，Office of Land Quality，2005.

[33] Inglezakis V J，Moustakas K. Household hazardous waste management：A review[J]. Journal of Environmental Management，2015，150：310-321.

[34] Jia Z C，Luo S，Zhong Y T，et al. Acute and 28-day sub-acute oral toxicity evaluation of two dietary bamboo charcoal powders in Sprague-Dawley rats[J]. Journal of Huazhong University of Science and Technology（Medical Sciences），2015，35（2）：192-199.

[35] Kanwal Q，Zeng X，Li J. Drivers-pressures-state-impact-response framework of hazardous waste management in China[J]. Critical Reviews in Environmental Science and Technology，2022，52（16）：2930-2961.

[36] Landrigan P J，Fuller R. Global health and environmental pollution[J]. International Journal of Public Health，2015，60（7）：761-762.

[37] Landrigan P J，Wright R O，Cordero J F，et al. The NIEHS superfund research program：25 years of translational research for public health[J]. Environmental Health Perspectives，2015，123（10）：909-918.

[38] Lee K，Kwon H，Cho S，et al. Improvements of safety management system in Korean chemical industry after a large chemical accident[J]. Journal of Loss Prevention in the Process Industries，2016，42：6-13.

[39] Li J，Li F，Xi S，et al. Descriptive study of 2014 industrial solid waste treatment situation in major cities of China[J]. Global Journal of Research in Business Management，2016，6：432-440.

[40] Li L，Wang S，Lin Y，et al. A covering model application on Chinese industrial hazardous waste management based on integer program method[J]. Ecological Indicators，2015，51：237-243.

[41] Li W，Huang Q，Lu S，et al. Life cycle assessment of the environmental impacts of typical industrial hazardous waste incineration in Eastern China[J]. Aerosol and Air Quality Research，2015，15：242-251.

[42] Li X D，Poon C S，Sun H，et al. Heavy metal speciation and leaching behaviors in cement based solidified/stabilized waste materials[J]. Journal of Hazardous Materials，2001，82（3）：215-230.

[43] Li Y C，Min X B，Chai L Y，et al. Co-treatment of gypsum sludge and Pb/Zn smelting slag for the solidification of sludge containing arsenic and heavy metals[J]. Journal of Environmental Management，2016，181：756-761.

[44] Liu J，Yu S，Shang Y. Toward separation at source：Evolution of Municipal Solid Waste management in China[J]. Frontiers of Environmental Science & Engineering，2020，14（2）：36.

[45] Liu L，Li Y，Yoza B A，et al. A char-clay composite catalyst derived from spent bleaching earth for efficient ozonation of recalcitrants in water[J]. Science of the Total Environment，2020，699：134395.

[46] Liu T，Tian L，Yang L，et al. Emissions of BTEXs，NMHC，PAHs，and PCDD/Fs from co-processing of oil-based drilling cuttings in brick kilns[J]. Journal of Environmental Management，2022，304：114170.

[47] Liu M，Liu X，Yang Z. An integrated indicator on regional ecological civilization construction in China[J]. International Journal of Sustainable Development & World Ecology，2016，23：53-60.

[48] Long J，Song H，Jun X，et al. Release characteristics of alkali and alkaline earth metallic species during biomass pyrolysis and steam gasification process[J]. Bioresource Technology，2012，116：278-284.

[49] Lu J，Chang N，Liao L. Environmental informatics for solid and hazardous waste management：Advances，challenges，and perspectives[J]. Critical Reviews in Environmental Science and Technology，2013，43（15）：1557-1656.

[50] Mathews J A，Tan H，Hu M. Moving to a circular economy in China：Transforming industrial parks into eco-industrial parks[J]. California Management Review，2018，60（3）：157-181.

[51] Misra V，Pandey S D. Hazardous waste，impact on health and environment for development of better waste management strategies in future in India[J]. Environment International，2005，31（3）：417-431.

[52] Mneina A，Soliman A M，Ahmed A，et al. Engineering properties of controlled low-strength materials containing treated oil sand waste[J]. Construction and Building Materials，2018，159：277-285.

[53] Mohammadi S，Mirghaffari N. A preliminary study of the preparation of porous carbon from oil sludge for water treatment by simple pyrolysis or KOH activation[J]. New Carbon Materials，2015，30（4）：310-318.

[54] Nabizadeh R，Sorooshian A，Delikhoon M，et al. Characteristics and health effects of volatile organic compound emissions during paper and cardboard recycling[J]. Sustainable Cities and Society，2020，56：102005.

[55] Navia R，Bezama A. Hazardous waste management in Chilean main industry：An overview[J]. Journal of Hazardous Materials，2008，158（1）：177-184.

[56] Nie H，Chen L，Zhang Q，et al. Study on the bacteria consortium for treating tank cleaning oily sludge and its synergistic degradation mechanism[J]. Journal of Environmental Chemical Engineering，2023，11：110803.

[57] OCDE. Test No. 436：Acute inhalation toxicity-acute toxic class method[M]. Paris：OECD Publishing，2009.

[58] Patil G V，Pokhrel K. Biomedical solid waste management in an Indian hospital：A case study[J]. Waste Management，2005，25（6）：592-599.

[59] Patrick Novotny. Where we live，work，and play：the environmental justice movement and the struggle for a new environmentalism[M]. Westport，Conn.：Praeger，2000.

[60] Paul R. Portney，Robert N. Stavins. Public policies for environmental protection[M]. Washington，D. C.：Resources for the Future，2000.

[61] Pennsylvania. Commonwealth of pennsylvania department of environmental protection，hazardous waste identification[Z]. Pennsylvania：Pennsylvania Department of Environmental Management，2005.

[62] Public Policies for Environmental Protection. Toxic Substances Control Bill Cleared[Z]. Congressional Quarterly Almance，1976.

[63] Quan C，Gao N. Copyrolysis of biomass and coal：A review of effects of copyrolysis parameters，product properties，and synergistic mechanisms[J]. BioMed Research International，2016，2016：6197867.

[64] Quan C，Zhang G，Gao N. Comparison of PAHs behaviors in the pyrolysis products of oily sludge with different ash contents[J]. Journal of Analytical and Applied Pyrolysis，2023，175：106184.

[65] Quevauviller P，Rauret G，Griepink B. Single and sequential extraction in sediments and soils[J]. International Journal of Environmental Analytical Chemistry，1993，51：231-235.

[66] Rawal A，Joseph S D，Hook J M，et al. Mineral-biochar composites：Molecular structure and porosity[J]. Environmental Science & Technology，2016，50：7706-7714.

[67] Rulkens W. Sewage sludge as a biomass resource for the production of energy：Overview and assessment of the various options[J]. Energy & Fuels，2008，22（1）：9-15.

[68] Selin H，VanDeveer S D. Raising global standards-Hazardous substances and E-waste management in the European Union[J]. Environment，2006，48（10）：6-18.

[69] Shen Z，Zhang Y，Jin F，et al. Qualitative and quantitative characterisation of adsorption mechanisms of lead on four biochars[J]. Science of the Total Environment，2017，609：1401-1410.

[70] Shi W，Liu C，Shu Y，et al. Synergistic effect of rice husk addition on hydrothermal treatment of sewage sludge：fate and environmental risk of heavy metals[J]. Bioresource Technology，2013，149：496-502.

[71] Slack R，Gronow J，Voulvoulis N. The management of household hazardous waste in the United Kingdom[J]. Journal of Environmental Management，2009，90（1）：36-42.

[72] Song Q，Li J. A systematic review of the human body burden of e-waste exposure in China[J]. Environment International，2014，68：82-93.

[73] Song Q，Li J，Zeng X. Minimizing the increasing solid waste through zero waste strategy[J]. Journal of Cleaner Production，2015，104：199-210.

[74] Sun D，Lan Y，Xu E G，et al. Biochar as a novel niche for culturing microbial communities in composting[J]. Waste Management，2016，54：93-100.

[75] Thomas C C，Nsonwu-Anyanwu A C，Usoro C A O，et al. Hepato-renal toxicities associated with heavy metal contamination of water sources among residents of an oil contaminated area in Nigeria[J]. Ecotoxicology and Environmental Safety，2021，212：111988.

[76] Tian Y，Li J，Whitcombe T W，et al. Application of oily sludge-derived char for lead and cadmium removal from aqueous solution[J]. Chemical Engineering Journal，2020，384：123386.

[77] Tsai W T，Lai C W. Adsorption of herbicide paraquat by clay mineral regenerated from spent bleaching earth[J]. Journal of Hazardous Materials，2006，134：144-148.

[78] Tu Y，Tian S，Kong L，et al. Co-catalytic effect of sewage sludge-derived char as the support of Fenton-like catalyst[J]. Chemical Engineering Journal，2012，185-186：44-51.

[79] U. S. Congress. Toxic Substance Control Act（TSCA）[Z]. Washington，D. C.：U. S. Congress，1976.

[80] U. S. A. Environment Protection Agency Office of Solid Waste. Hazardous waste characteristics scoping study[DB/OL]. http：//www.epa. gov/epasower/hazwaste/id/index.htm，1996-11-15.

[81] USEPA. Office of Solid Waste，by ICF Incorporated Contract No. 68-W3-0008，Construction and Demolition Waste Landfills[R]. Ohio，1995.

[82] USEPA. EPA/625/4-91/025. Design and Construction of RCRA/CERCLA Final Covers[S]. Office of Research and Development，1991，5.

[83] US EPA．25 Years of RCRA：building on our past to protect our future[R]. 2001.

[84] USEPA. CFR 40 RCRA Subtitle Part C：waste determination procedure[Z]. Washington，D. C.：USEPA Science Advisory Board，2005.

[85] USEPA. Federal register[Z]. Washington，D. C.：USEPA Science Advisory Board，1990.

[86] USEPA. Guide for industrial waste management（EPA530-R-03-001）[DB/OL]. http：//www.epa. gov/epaoswer/non-hw/industd/index.htm，2005-12-09.

[87] USEPA. Hazardous waste characteristics scoping study[Z]. Washington，D. C.：USEPA Science Advisory Board，2003.

[88] USEPA. Laws & regulations[EB/OL]. [2020-12-08]. https：//www.epa. gov/laws-regulations.

[89] USEPA. RCRA Civil Penalty Policy[R]. 2003.

[90] USEPA. RCRA Orientation Manual[R]. 2014.

[91] USEPA. Waste leachability：the need for review of current agency procedures（EPASAB-EEC-COM-99-02）[Z]. Washington，D. C.：USEPA Science Advisory Board，1999.

[92] Venkatesan S K，Uddin M，Rajasekaran M，et al. Supramolecular bioamphiphile facilitated bioemulsification and concomitant treatment of recalcitrant hydrocarbons in petroleum refining industry oily waste[J]. Environmental Pollution，2022，313：120164.

[93] Vergara S E，Tchobanoglous G. Municipal solid waste and the environment：A global perspective[J]. Annual Review of Environment and Resources，2012，37（1）：277-309.

[94] Wang B，Wu C，Reniers G，et al. The future of hazardous chemical safety in China：Opportunities，problems，challenges and tasks[J]. The Science of the Total Environment，2018，643：1-11.

[95] Wang C Q，Jin J Z，Lin X Y，et al. A study on the oil-based drilling cutting pyrolysis residue resource utilization by the exploration and development of shale gas[J]. Environmental Science and Pollution Research，2017，24：17816-17828.

[96] Wang C Q，Lin X Y，He M，et al. Environmental performance，mechanical and microstructure analysis of concrete containing oil-based drilling cuttings pyrolysis residues of shale gas[J]. Journal of Hazardous Materials，2017，338：410-427.

[97] Wang L，Li Q，Li Y，et al. A novel approach for recovery of metals from waste printed circuit boards and simultaneous removal of iron from steel pickling waste liquor by two-step hydrometallurgical method[J]. Waste Management，2018，71：411-419.

[98] Wang L，Tu H，Zhang H，et al. Characteristics of heavy metal migration during pyrolysis of typical oily wastes and environmental risk assessment of pyrolysis residues[J]. Waste Management，2024，183：174-183.

[99] Wang L，Xu Y，Zhao Z，et al. Analysis of pyrolysis characteristics of oily sludge in different regions and environmental risk assessment of heavy metals in pyrolysis residue[J]. ACS Omega，2022，7：26265-26274.

[100] Wang W，Bao J，Yuan S，et al. Proposal for planning an integrated management of hazardous waste：Chemical Park，Jiangsu Province[J]. Sustainability，2019，11（10）：2846.

[101] Wang W，Jiang J，Wu X，et al. The current situation of solid waste generation and its environmental contamination in China[J]. Journal of Material Cycles Waste Management & Research，2000，2（2）：65-69.

[102] Wang X，Li C，Zhang B，et al. Migration and risk assessment of heavy metals in sewage sludge during hydrothermal treatment combined with pyrolysis[J]. Bioresource Technology，2016，221：560-567.

[103] Wang Z，Gong Z，Wang W，et al. Study on combustion characteristics and the migration of heavy metals during the co-combustion of oil sludge char and microalgae residue[J]. Renewable Energy，2020，151：

648-658.

[104] Wang Z，Wang Q，Jia C，et al. Structure characteristics and evolution mechanism of oil sands bitumen at Karamay，Xinjiang（China）[J]. Journal of Petroleum Science and Engineering，2022，214：110421.

[105] Wang Z，Zhang B，Guan D. Take responsibility for electronic-waste disposal[J]. Nature，2016，536（7614）：23-25.

[106] Wu J，Zhang S，Duan X，et al. Removal and recycling of the organic pollutants from the oily hazardous wastes by cyclone deoiling technology[J]. Resources，Conservation & Recycling，2023，196：107036.

[107] Wu P，Jiang L Y，He Z，et al. Treatment of metallurgical industry wastewater for organic contaminant removal in China：Status，challenges，and perspectives[J]. Environmental Science：Water Research Technology，2017，3（6）：1015-1031.

[108] Xiao S，Dong H，Geng Y，et al. An overview of China's recyclable waste recycling and recommendations for integrated solutions[J]. Resources，Conservation & Recycling，2018，134：112-120.

[109] Xue B，Chen X，Geng Y，et al. Survey of officials' awareness on circular economy development in China：Based on municipal and county level[J]. Resources，Conservation and Recycling，2010，54（12）：1296-1302.

[110] Yang H，Huang S，Zhang Y，et al. Remediation effect of Cr（VI）-contaminated soil by secondary pyrolysis oil-based drilling cuttings ash[J]. Chemical Engineering Journal，2020，398：125473.

[111] Yang S，Wang H，Zheng J，et al. Comprehensive review：study on heating rate characteristics and coupling simulation of oil shale pyrolysis[J]. Journal of Analytical and Applied Pyrolysis，2024，177：106289.

[112] Zaman A. Identification of waste management development drivers and potential emerging waste treatment technologies[J]. International Journal of Environmental Science and Technology，2013，10（3）：455-464.

[113] Zeng X，Duan H，Wang F，et al. Examining environmental management of ewaste：China's experience and lessons[J]. Renewable and Sustainable Energy Reviews，2017，72：1076-1082.

[114] Zhang A，Venkatesh V，Liu Y，et al. Barriers to smart waste management for a circular economy in China[J]. Journal of Cleaner Production，2019，240：118198.

[115] Zhang B，Cao C，Hughes R M，et al. China's new environmental protection regulatory regime：Effects and gaps[J]. Journal of Environmental Management，2017，187：464-469.

[116] Zhang H，Duan H，Zuo J，et al. Characterization of post-disaster environmental management for hazardous materials incidents：lessons learnt from the Tianjin warehouse explosion，China[J]. Journal of Environmental Management，2017，199：21-30.

[117] Zhang W，Alvarez-Gaitan J P，Dastyar W，et al. Value-added products derived from waste activated

sludge：A biorefinery perspective[J]. Water，2018，10（5）：545.

[118] Zhang X，Guo W，Pan J，et al. In-situ pyrolysis of oil shale in pressured semi-closed system：Insights into products characteristics and pyrolysis mechanism[J]. Energy，2024，286：129608.

[119] Zhang Z，Zhou X，Wang L，et al. Effect of oxidative torrefaction on the pyrolysis of Clitocybe maxima stipe：Pyrolysis behaviour，and products' properties[J]. Journal of Analytical and Applied Pyrolysis，2024，177：106311.

[120] Zhao L，Cao X，Zheng W，et al. Endogenous minerals have influences on surface electrochemistry and ion exchange properties of biochar[J]. Chemosphere，2015，136：133-139.

[121] Zhao Z，Zhai X，Shao W，et al. Activation of peroxymonosulfate by biochar-supported Fe_3O_4 derived from oily sludge to enhance the oxidative degradation of tetracycline hydrochloride[J]. Journal of Environmental Management，2023，347：119187.

[122] 安婧，周启星. 药品及个人护理用品（PPCPs）的污染来源、环境残留及生态毒性[J]. 生态学杂志，2009，28（9）：1878-1890.

[123] 陈贵萍. 我国环境侵权诉讼中科学证据采信规则研究[D]. 济南：山东师范大学，2018.

[124] 陈梦舫，韩璐，罗飞. 污染场地土壤与地下水风险评估方法[M]. 北京：科学出版社，2017.

[125] 戴羚霞.《司法鉴定程序通则》执行中争议问题的探讨[J]. 中国司法鉴定，2018（4）：71-74.

[126] 杜开林，刘猛. 非法倾倒有毒物质污染环境的刑罚问题[N]. 人民法院报，2014-12-18（7）.

[127] 段华波，黄启飞，王琪，等. 危险废物浸出毒性的理论基础研究[J]. 环境科学研究，2005，18（增刊）：27-30.

[128] 龚雪刚，廖晓勇，阎秀兰，等. 环境损害鉴定评估的土壤基线确定方法[J]. 地理研究，2016，35（11）：2025-2040.

[129] 郭华. 司法鉴定程序通则的修改与解读[J]. 证据科学，2016，24（4）：389-398.

[130] 郭华. 司法鉴定程序通则疑难问题的解读与思考[J]. 中国司法鉴定，2016（4）：1-6.

[131] 国家环境保护总局危险废物管理培训与技术转让中心. 危险废物管理与处理处置技术[M]. 北京：化学工业出版社，2003.

[132] 郝雅琼，黄泽春，杨玉飞，等. 危险废物鉴别采样技术要点解析[J]. 环境工程技术学报，2024，14（3）：1043-1047.

[133] 郝雅琼，朱雪梅，田书磊，等. 进口固体废物鉴别现状和鉴别依据存在的问题及对策研究[J]. 环境污染与防治，2016，38（1）：106-110.

[134] 河南大学药理教研室. 国内外有关化学品急性毒性分级标准[EB/OL].（2020-12-14）[2024-06-06]. https：//yaoli.henu.edu.cn/info/1130/1516.htm.

[135] 何艳明，聂永丰. 我国危险废物管理现状及发展趋势[J]. 环境污染治理技术与设备，2002，3（6）：90-93.

[136] 侯琼，陈瑛，王芳，等.《中华人民共和国固体废物污染环境防治法》修订历程回顾及其意义[J]. 环境与可持续发展，2020，45（5）：30-33.
[137] 黄启飞，段华波，王琪，等. 危险废物名录鉴别体系研究[J]. 环境与可持续发展，2006，31（2）：6-8.
[138] 黄启飞，段华波，王琪，等. 危险废物特性比较研究[J]. 安全与环境工程，2005，12（2）：31-34.
[139] 黄启飞，段华波，张丽颖，等. 危险废物毒性鉴别指标体系研究[J]. 能源环境保护，2006，20（1）：1-4.
[140] 黄启飞，王菲，黄泽春，等. 危险废物环境风险防控关键问题与对策[J]. 环境科学研究，2018，31（5）：789-795.
[141] 黄启飞，杨玉飞，黄泽春. 危险废物名录与鉴别管理制度日趋重要[J]. 中国生态文明，2020（4）：32-34.
[142] 黄启飞，杨玉飞，岳波，等. 典型危险废物污染控制关键环节识别研究[J]. 环境工程技术学报，2013，3（1）：6-9.
[143] 黄幸纾，陈星若. 环境化学物致突变、致畸、致癌试验方法[M]. 浙江：浙江科学技术出版社，1985.
[144] 霍宪丹. 司法鉴定学[M]. 2 版. 北京：中国政法大学出版社，2016.
[145] 姜磊. 浅议环境污染罪的立法意义及制度完善[J]. 法制博览，2014（7）：243.
[146] 焦艳鹏. 我国污染环境犯罪刑法惩治全景透视[J]. 环境保护，2019，47（6）：41-50.
[147] 孔志明. 环境毒理学[M]. 6 版. 南京：南京大学出版社，2017.
[148] 李琛，赵玉慧，孙培艳. 海洋环境污染损害司法鉴定及其证据效力探究[J]. 海洋环境科学，2015，34（1）：136-141.
[149] 李鹏英.《国家危险废物名录（2021 年版）》解析及炼焦企业危险废物管理工作思考[J]. 环境与发展，2021，33（3）：250-253.
[150] 李国刚，刘京，齐文启. 固体废物浸出毒性试验方法的研究[J]. 上海环境科学，1995，14（10）：4-6.
[151] 李金惠，聂永丰，白庆中. 中国固体废物法规体系框架分析[J]. 环境科学进展，1998，6（6）：12-22.
[152] 李金惠. 危险废物管理与处理处置技术[M]. 北京：化学工业出版社，2003.
[153] 李清坤，闫纪宪. 危险废物鉴别管理程序探析[J]. 皮革制作与环保科技，2021，2（6）：128-129.
[154] 李元姝. 污染环境罪研究[D]. 大连：大连海事大学，2013.
[155] 梁耀新，苏流坤，许子平，等. 固体废物危险特性鉴别问题探讨[J]. 绿色科技，2019（16）：168-169.
[156] 刘光全. 铬的浸出毒性试验方法研究[J]. 环境污染与防治，2000，22（4）：12-15.
[157] 刘建华，陈诗文. 司法鉴定意见与检测报告、专家辅助人意见的比较研究——以证据审查判断为视角[J]. 法制与社会，2019（13）：102-103.
[158] 刘倩. 生态环境损害赔偿概念界定、理论基础与制度框架[J]. 中国环境管理，2017，9（1）：98-103.

[159] 龙燕. 我国危险废物管理与处置发展历程[J]. 有色冶金设计与研究，2007（Z1）：1-7.
[160] 鲁玉龙，李刚，张力，等. 水污染环境损害鉴定评估的因果关系判定方法研究[J]. 环境科学与管理，2016，41（11）：70-74.
[161] 潘平，钱炜，王佳，等. 不明固体废物危险特性鉴别研究[J]. 环境影响评价，2021，43（5）：92-96.
[162] 乔光明，王炜亮. 《国家危险废物名录》在应用管理中存在问题分析[J]. 环境与可持续发展，2014，39（3）：105-106.
[163] 钱光人. 危险废物管理[M]. 北京：化学工业出版社，2004.
[164] 秦虎，张建宇. 中美环境执法与经济处罚的比较分析[J]. 环境科学研究，2006，19（2）：75-81.
[165] 秦虎，张建宇. 美国环境执法特点及其启示[J]. 环境科学研究，2005，18（1）：40-44.
[166] 曲睛. 新《国家危险废物名录》实施在即，推进危险废物管理[J]. 环境教育，2008（7）：54-57.
[167] 全国危险废物鉴别信息公开服务平台. 鉴别单位及鉴别报告复核结果公开[EB/OL]. [2022-10-24]. https：//gfmh.meescc. cn/solidPortal/#/.
[168] 邵春岩，孙俊. 危险废物的法规管理现状及初步分析[J]. 环境保护科学，2000（5）：1-2.
[169] 邵娟，茆吉庆，张洋阳. 我国危险废物鉴别现状浅析及建议[J]. 山东化工，2022，51（5）：246-248.
[170] 生态环境部. 关于征求《危险废物鉴别标准　通则（征求意见稿）》（修订 GB 5085.7）等两项国家环境保护标准意见的函[EB/OL].（2018-05-30）[2024-06-06]. https：//www.mee.gov.cn/gkml/sthjbgw/stbgth/201806/t20180620_443468.htm.
[171] 生态环境部. 关于征求《危险废物鉴别标准　总则》等七项国家环境保护标准意见的函[EB/OL].（2005-11-14）[2024-06-06]. http：//www.mee.gov.cn/gkml/zj/bgth/200910/t20091022_174210.htm.
[172] 生态环境部. 生态环境部发布《2023 中国生态环境状况公报》[EB/OL].（2024-06-05）[2024-06-06]. https：//www.mee.gov.cn/hjzl/sthjzk/zghjzkgb/202406/P020240604551536165161.pdf.
[173] 生态环境. 生态环境部有关负责人就《危险废物鉴别标准　通则》《危险废物鉴别技术规范》答记者问[EB/OL].（2019-11-20）[2019-11-20]. https：//www.mee.gov.cn/xxgk2018/xxgk/xxgk15/201911/t20191120_743383.htm.
[174] 沈伟航，饶思威，曹俊，等. 危险废物鉴别急性毒性估算方法可靠性验证评估[J]. 环境科学研究，2023，36（10）：2011-2021.
[175] 石海佳，陈伟强，石磊，等. 当前化学品环境管理的挑战与建议[J]. 中国环境管理，2018，10（6）：19-28.
[176] 司法部. 环境损害司法鉴定实行统一登记管理[EB/OL]. [2020-07-20]. http：//www.moj.gov.cn/organization/content/2016-01/14/573_7082.html.
[177] 司法部. 司法鉴定程序通则[EB/OL]. [2020-12-08]. http：//www.moj.gov.cn/Department/content/2016-04/05/594205496.html.
[178] 孙佑海，闫妍. 如何建立生态环境损害赔偿磋商协议的司法确认制度[J]. 环境保护，2018，46（5）：

31-34.

[179] 唐红侠. 化工行业利用过程典型危险废物鉴别案例分析[J]. 上海化工，2023，48（1）：28-31.

[180] 滕海键. 1976 年美国《有毒物质控制法》的历史考察[J]. 贵州社会科学，2016（9）：89-95.

[181] 王灿发，郑振玉，王旭，等. 中国环境损害司法鉴定的发展路径与管理探索[J]. 环境保护，2017，45（9）：12-15.

[182] 王定晖. 危险废物名录变化分析及在我省危险废物管理中的作用和建议[J]. 青海环境，2023，33（2）：101-104.

[183] 王琪，段华波，黄启飞. 危险废物鉴别体系比较研究[J]. 环境科学与技术，2005，28（6）：16-18.

[184] 王琪，黄启飞，段华波，等.我国危险废物特性鉴别技术体系研究[J]. 环境科学研究，2006，19（5）：165-179.

[185] 王琪，黄启飞，闫大海，等. 我国危险废物管理的现状与建议[J]. 环境工程技术学报，2013，3（1）：1-5.

[186] 王琪. 危险废物及其鉴别管理[M]. 北京：中国环境科学出版社，2008.

[187] 王社坤，苗振华. 环境监测数据的证据属性与证据能力研究[J]. 环境保护，2016，44（22）：53-55.

[188] 王旭光. 论生态环境损害赔偿诉讼的若干基本关系[J]. 法律适用，2019（21）：11-22.

[189] 王亚韡，梁勇，麻东慧，等. 加强高风险化学品全生命周期风险管控，促进环境友好型替代品研发[J]. 中国科学院院刊，2020，35（11）：1351-1357.

[190] 王元凤，王旭，王灿发，等. 我国环境损害司法鉴定的现状与展望[J]. 中国司法鉴定，2017（4）：8-15.

[191] 吴晓霞，孙袭明，李根强，等. 危险废物鉴别标准体系的发展与实践研究[J]. 再生资源与循环经济，2022，15（2）：15-17.

[192] 闫纪宪，王红娟. 浅析当前固体废物危险特性鉴别工作中的问题及建议[J]. 工业安全与环保，2021，57（11）：81-84.

[193] 杨玉飞. 固体废物鉴别与管理[M]. 河南科学技术出版社，2016.

[194] 於方，田超，张衍燊. 我国环境损害司法鉴定制度初探[J]. 中国司法鉴定，2015（5）：13-17.

[195] 於方，张衍燊，赵丹，等.环境损害鉴定评估技术研究综述[J]. 中国司法鉴定，2017（5）：18-29.

[196] 喻海松. 污染环境罪若干争议问题之厘清[J]. 法律适用，2017（23）：75-81.

[197] 原国家环保总局. 《危险废物鉴别标准》（征求意见稿）编制说明. https：//www.mee.gov.cn/image20010518/5562.pdf.

[198] 约翰 • 斯普兰克休，格雷戈里 • 韦伯. 危险废物和有毒物质法精要[M]. 凌欣，译. 天津：南开大学出版社，2016.

[199] 詹姆斯•萨尔兹曼，巴顿•汤普森. 美国环境法[M]. 4 版. 北京：北京大学出版社，2016.

[200] 张成，原野，张琴，等. 中国污染物性质鉴定技术体系现状及展望[J]. 环境污染与防治，2021，43

（5）：649-658.

[201] 张海涛，陈嵩. 浅析环境污染鉴定评估文书的证据效能及适用[J]. 环境科学与技术，2014，37（增刊 1）：476-479.

[202] 张红振，王金南，牛坤玉，等. 环境损害评估：构建中国制度框架[J]. 环境科学，2014，35（10）：4015-4030.

[203] 张丽颖，黄启飞，王琪，等. 危险废物毒性评价方法研究[J]. 环境科学研究，2005，18（增刊）：36-38.

[204] 张湘兰，秦天宝. 控制危险废物越境转移的巴塞尔公约及其最新发展：从框架到实施[J].法学评论，2003（3）：93-104.

[205] 张瑜，沈莉萍. 我国各省市危险废物鉴别体系研究[J]. 江西化工，2017（3）：38-41.

[206] 赵嘉，雷健，李丽平，等. 借鉴美国经验进一步完善我国危险废物监管制度[J]. 环境保护，2018，46（16）：29-34.

[207] 赵由才. 危险废物处理技术[M]. 北京：化工出版社，2003.

[208] 郑洋，蒋文博，李克，等. 规范危险废物管理　推进“无废城市”建设[J]. 环境保护，2019，47（9）：26-29.

[209] 中国科学技术情报研究所. 国外公害概况[Z]. 北京：人民出版社，1975.

[210] 中华人民共和国生态环境部. 关于加强危险废物鉴别工作的通知. https：//www.mee.gov.cn/xxgk2018/xxgk/xxgk06/202109/t20210907_901137.html.

附 录

河北省危险废物鉴别专家委员会工作规则

第一条 为规范河北省危险废物鉴别专家委员会工作，根据《关于加强危险废物鉴别工作的通知》（环办固体函〔2021〕419 号），制定本规则。

第二条 专家委员会由从事危险废物鉴别、固体废物环境管理、环境监测等领域研究或技术工作经验丰富、能力突出，并具有高级职称的专家组成。

第三条 专家委员会成员（以下简称专家委员）由省固体废物污染防治中心从危险废物鉴别专家库中遴选，经专家委员及所在单位同意，并经省生态环境厅按程序批准同意后，纳入专家委员会。

第四条 专家委员实施动态管理：

（一）专家委员每 3 年遴选调整一次。

（二）对违反国家相关法律法规或不遵守本规则的专家委员，省固体废物污染防治中心予以调整。

（三）专家委员因故不能继续参加专家委员会工作时，应以书面方式提出辞呈，或由其所在单位出具情况说明，退出专家委员会。

第五条 专家委员会主要承担以下工作：

（一）为危险废物鉴别环境管理工作提供技术支撑，指导开展危险废物鉴别异议工作，对全省危险废物鉴别环境管理工作提出意见建议。

（二）依据《河北省危险废物鉴别异议评估规程（试行）》，对提出评估申请，且存在异议的危险废物鉴别报告组织进行评估，出具评估意见。

（三）不定期对危险废物鉴别单位及鉴别报告开展抽查复核，并形成抽查复核报告。

（四）承担委托的其他危险废物鉴别相关工作。

第六条 专家委员在开展相关工作中应遵守以下规定：

（一）遵守国家相关法律、法规、规章。

（二）本着独立、客观、公正的态度开展工作，并接受社会监督。

（三）遵守工作纪律，不得收受利害关系单位、人的财物或者获取其他利益。

（四）遵守有关保密规定，不得泄露工作中获取的任何国家秘密、技术秘密、商业秘密以及工作情况，妥善保管相关资料。

第七条 省固体废物污染防治中心负责专家委员会日常组织协调工作，主要承担以下工作：

（一）针对收到的异议评估申请开展形式审查。

（二）协助专家委员会组织开展针对存在异议危险废物鉴别报告评估、危险废物鉴别单位及鉴别报告复核等工作。

（三）协助专家委员会完成省生态环境厅委托的其他危险废物鉴别相关工作。

第八条 省固体废物污染防治中心组织建立危险废物鉴别专家库。专家库由环境、石化、化工、冶金、材料等领域专家组成，专家应当符合以下基本条件：

（一）遵纪守法、坚持原则、作风正派，具有良好的学术道德。

（二）具有良好的相关专业知识、技术能力和实践经验。

（三）从事相关领域研究或技术工作满 5 年并具有副高级以上职称或同等专业水平。

（四）身体健康，原则上年龄不超过 65 周岁。

（五）在时间和精力上能够保证正常参加专家委员会组织的工作，并能按要求完成任务。

第九条 专家库专家实施动态管理：

（一）申请专家库人选由省固体废物污染防治中心组织遴选，专家可通过单位推荐申请，符合条件且经公示无异议的纳入专家库；每两年集中组织一次入库申请与遴选工作。

（二）对违反国家相关法律法规或不遵守本规则的专家，予以清退出专家库。

（三）专家因故不能继续参加专家库工作时，应以书面方式提出辞呈，退出专家库。

第十条 专家库专家的主要职责包括参加专家委员会组织的异议及相关鉴别报告评估、鉴别单位和鉴别报告复核、为专家委员会提供咨询等。

第十一条 专家库专家在开展专家委员会委托相关工作中应遵守以下规定：

（一）依法、规范、科学、公正开展工作，独立、客观提出意见，并对提出的意见负责。

（二）遵守工作纪律，不得收受利害关系单位、人的财物或者获取其他利益。

（三）不得对异议评估相关的单位、个人，复核与评价的鉴别单位、个人透露评估信息或作出与评估工作有关的承诺。

（四）遵守有关保密规定，不得泄露工作中获取的任何国家秘密、技术秘密、商业秘密以及评审工作情况，妥善保管相关资料。

（五）与异议评估的单位、个人，复核与评价的鉴别单位、个人有直接工作关系或利益关系时，应当主动提出回避。

河北省危险废物鉴别异议评估规程（试行）

一、适用范围

本规程适用于河北省危险废物鉴别专家委员会（以下简称专家委员会）在职责范围内，对本省危险废物鉴别报告的异议及相关鉴别报告进行评估的工作。

二、评估程序

危险废物鉴别异议评估程序包括形式审查、技术评估和报告复核（详见附图 1）。

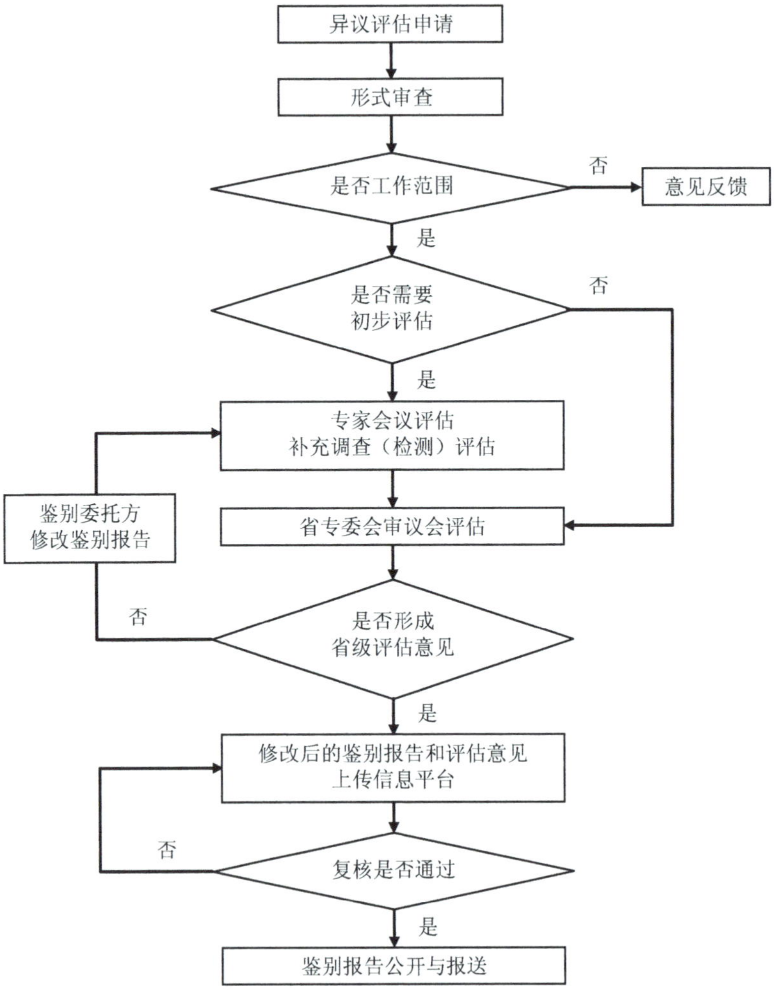

附图 1　危险废物鉴别异议评估程序

三、形式审查

专家委员会收到针对本省危险废物鉴别报告的异议评估申请及（包括相关异议的理由和有关证明材料）后，首先由省固体废物污染防治中心开展形式审查，判断是否属于省专委会异议评估工作范围。属于异议评估工作范围的，开展技术评估；不属于异议评估工作范围的，将审查意见反馈异议提出方。形式审查期间，鉴别委托方可根据异议情况向专家委员会提供相关说明材料。以下情形不属于省专委会异议评估工作范围。

（一）不属于本省危险废物鉴别报告的异议评估申请。

（二）支持材料不完整的异议评估申请。

（三）其他不属于专家委员会评估工作范围的异议评估申请。

形式审查应在异议评估申请提出后的 10 个工作日内完成（鉴别报告公开后 10 个工作日内收到的异议评估申请均从第 10 个工作日起计）。

四、技术评估

（一）技术评估分为初步评估和专家委员会审议会（以下简称审议会）评估两个阶段。根据异议内容，鉴别对象错误、鉴别采样不规范等不需要初步评估的，可直接开展审议会评估。需要初步评估的，由专家委员会确定初步评估方式。

（二）初步评估包括专家会议评估和补充调查（检测）评估。

需要开展专家会议评估的，由专家委员会根据异议和鉴别报告内容，结合专业需求，选取不少于 5 名专家（至少有 1 名专家委员，其余从专家库中选择）组成专家组，开展专家会议评估，形成专家会议评估意见。

需要开展补充调查（检测）评估的，由专家委员会告知鉴别委托方开展补充调查（检测）；如确有必要，专家委员会可以组织开展补充调查（检测）。根据补充调查（检测）结果，形成补充调查（检测）评估意见。

（三）初步评估意见［包括专家会议评估意见和补充调查（检测）评估意见］需经审议会评估。审议会原则上由 3 名专家委员组成，重大或特殊项目可由 5 名专家委员组成。审议会对鉴别报告结论是否正确可以直接作出判断的，出具该异议及相关鉴别报告的省级评估意见。

对于鉴别报告结论是否正确无法直接判断的，专家委员会向鉴别委托方反馈。修改完善后的鉴别报告应再次提交专家委员会进行评估。

五、报告复核

评估意见反馈给鉴别委托方和异议提出方后，鉴别委托方应将评估意见及按照评估意见修改后的危险废物鉴别报告和其他相关资料上传至全国危险废物鉴别信息公开服务平台，经省固体废物污染防治中心复核无误后向全社会公开，同时报告鉴别委托方所在地市级生态环境主管部门。

辽宁省危险废物鉴别专家委员会章程（试行）（征求意见稿）

第一条 为规范辽宁省危险废物鉴别专家委员会（以下简称专家委员会）工作，依据生态环境部办公厅《关于加强危险废物鉴别工作的通知》（环办固体函〔2021〕419 号）和《辽宁省生态环境厅关于加强全省危险废物鉴别管理工作的通知》（辽环综函〔2022〕184 号），制定本章程。

第二条 辽宁省危险废物鉴别专家委员会在辽宁省生态环境厅指导下开展工作。

第三条 专家委员会由危险废物鉴别、固体废物环境管理、环境监测等领域研究或技术工作经验丰富、能力突出，并具有正高级职称或同等能力的专家组成，下设秘书处。专家委员会设主任委员 1 名、副主任委员若干。

第四条 专家委员会成员（以下简称专家委员）由专家委员所在单位推荐，或由省生态环境厅直接提名并征得专家委员及所在单位同意；省生态环境厅遴选后，对符合要求的，予以聘任。

第五条 专家委员实施动态管理：

（一）专家委员实行聘任制，每届任期 3 年，可连选连任。任期届满，按照本章程有关要求，重新遴选、聘任。

（二）对违反国家相关法律法规或不遵守本章程的专家委员，省生态环境厅予以解聘。

（三）专家委员因故不能继续参加专家委员会工作时，应以书面方式提出辞呈，或由其所在单位出具情况说明，经省生态环境厅批准后，退出专家委员会。

（四）省生态环境厅根据工作需要，可聘任临时专家委员。

第六条 专家委员会主要承担以下工作：

（一）为省生态环境厅危险废物鉴别环境管理工作提供技术支撑。

（二）依据《辽宁省危险废物鉴别异议评估规程（试行）》，评估针对本省提出异议的危险废物鉴别报告，出具省级评估意见。

（三）受省生态环境厅委托，每年对本省危险废物鉴别单位及鉴别报告开展抽查复核；配合省生态环境厅开展危险废物鉴别单位年度综合评价等工作。

（四）承担省生态环境厅委托的其他危险废物鉴别相关工作。

专家委员会每年向省生态环境厅提交省危险废物鉴别专家委员会年度工作报告。

第七条 专家委员在开展专家委员会承担的相关工作中遵守以下规定：

（一）遵守国家相关法律、法规、规章。

（二）本着独立、客观、公正的态度开展工作，并接受社会监督。

（三）遵守工作纪律，不得收受利害关系单位、人的财物或者获取其他利益。

（四）遵守有关保密规定，不得泄露工作中获取的任何国家秘密、技术秘密、商业秘密以及工作情况，妥善保管相关资料。

第八条 专家委员会秘书处设在辽宁省生态环境事务服务中心，由辽宁省生态环境事务服务中心固体废物与土壤工作事务室开展秘书处日常工作，在专家委员会领导下，承担以下工作：

（一）专家委员会和省生态环境厅日常联系、信息通报和相关活动安排。

（二）针对收到的异议评估申请开展形式审查。

（三）协助专家委员会组织针对有异议的危险废物鉴别报告评估、危险废物鉴别单位及鉴别报告复核等工作，及时梳理形成全省鉴别情况清单并定期上报省生态环境厅。

第九条 省生态环境厅组建危险废物鉴别专家库。专家库由环境、石化、化工、冶金、材料等领域危险废物污染防治专家组成，符合以下基本条件：

（一）遵纪守法、坚持原则、作风正派，具有良好的学术道德。

（二）具有良好的相关专业知识、技术能力和实践经验。

（三）从事相关领域研究或技术工作满 5 年并具有高级职称或同等专业水平。

（四）身体健康，原则上年龄不超过 65 周岁。

（五）在时间和精力上能够保证正常参加专家委员会组织的工作，并能按要求完成任务。

第十条 专家库专家实施动态管理：

（一）专家可通过专家委员推荐或自主申请，征得专家所在单位同意，并经专家委员会遴选后加入专家库。专家委员会每 3 年集中组织一次入库申请与遴选工作。

（二）对违反国家相关法律法规或不遵守本章程的专家，专家委员会予以清退出专家库。

第十一条 专家库专家的主要职责包括参加委员会组织的异议及相关鉴别报告评估、鉴别单位评价和鉴别报告复核、为专家委员会提供咨询等。

第十二条 专家库专家在开展专家委员会委托相关工作中应遵守以下规定：

（一）依法、规范、科学、公正开展工作，独立、客观提出意见，并对提出的意见负责。

（二）遵守工作纪律，不得收受利害关系单位、人的财物或者获取其他利益。

（三）不得对异议评估相关的单位、个人，复核与评价的鉴别单位、个人透露评估信息或作出与评估工作有关的承诺。

（四）遵守有关保密规定，不得泄露工作中获取的任何国家秘密、技术秘密、商业秘密以及评审工作情况，妥善保管相关资料。

（五）与异议评估的单位、个人，复核与评价的鉴别单位、个人有直接工作关系或利益关系时，应当主动提出回避。

（六）接受专家委员会的监督。

第十三条 本章程自印发之日起实施，由省生态环境厅负责解释。

辽宁省危险废物鉴别异议评估规程（试行）（征求意见稿）

一、使用范围

本规程适用于辽宁省危险废物鉴别专家委员会（以下简称专家委员会）在职责范围内，对本省危险废物鉴别报告的异议及相关鉴别报告进行评估的工作。

二、评估程序

危险废物鉴别异议评估程序包括形式审查、技术评估和报告复核，详见附图2。

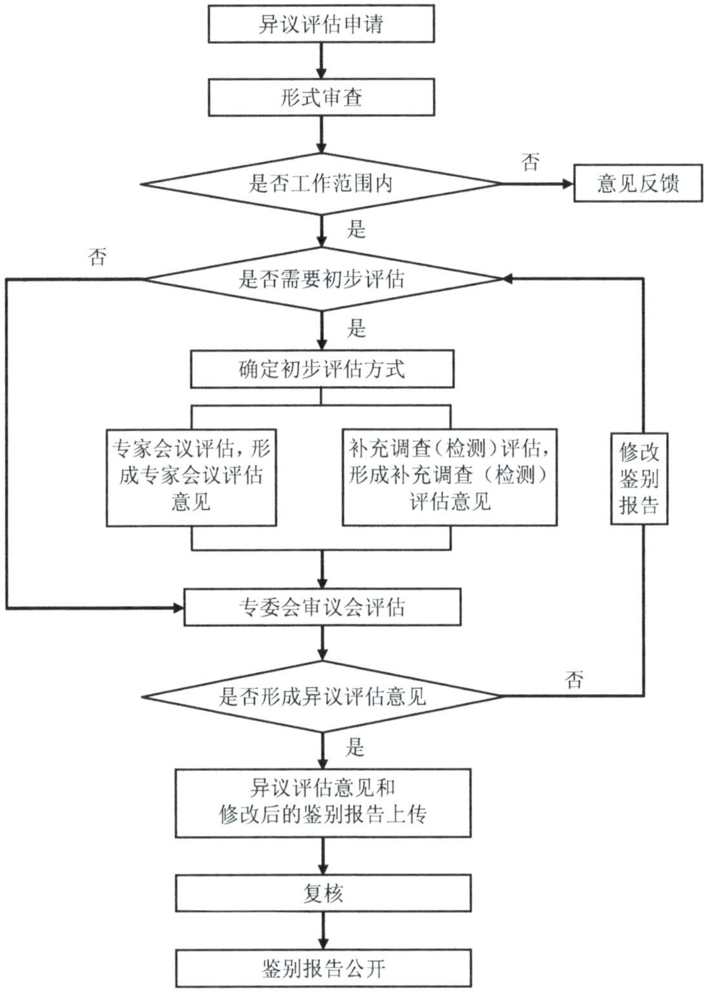

附图2 危险废物鉴别异议评估程序

三、形式审查

专家委员会收到鉴别报告的异议评估申请后，首先由专家委员会秘书处开展形式审查，判断是否属于专家委员会异议评估工作范围。属于异议评估工作范围的，将审查意见反馈异议提出方并开展及时评估；不属于异议评估工作范围的，将审查意见反馈异议提出方。以下形式不属于专家委员会异议评估工作范围：

（一）鉴别委托方不在辽宁省的危险废物鉴别报告的异议评估申请。

（二）支撑材料不完整的异议评估申请。

（三）其他不属于专家委员会异议评估工作范围的异议。

形式审查应在异议评估申请提出后的 10 个工作日内完成（鉴别报告公开后 10 个工作日内收到的异议评估申请均从第 10 个工作日起计）。

四、技术评估

（一）技术评估分为初步评估和专家委员会审议会（以下简称审议会）评估两个阶段。根据异议内容，鉴别对象错误、鉴别采样不规范等不需要初步评估的，可直接开战审议会评估。需要初步评估的，由专家委员会确定初步评估方式。

（二）初步评估包括专家会议评估和补充调查（检测）评估。

需要开展专家会议评估的，由专家委员会根据异议和鉴别报告内容，结合专业需求，选取不少于 5 名专家（至少有 1 名专家委员，其余从专家库中选择）组成专家组，开展专家会议评估，形成专家会议评估意见。

需要开展补充调查（检测）评估的，由专家委员会告知鉴别委托方开展补充调查（检测）；如确有必要，专家委员会可以组织开展补充调查（检测）。根据补充调查（检测）结果，形成补充调查（检测）评估意见。

（三）初步评估意见［包括专家会议评估意见和补充调查（检测）评估意见］需经审议会评估。审议会由不少于 3 名专家委员组成，其中至少包括 1 名主任委员或副主任委员。审议会对鉴别报告结论是否正确可以直接作出判断的，出具该异议及相关鉴别报告的最终评估意见。

对于鉴别报告结论是否正确无法直接判断的，专家委员会向鉴别委托方反馈。修改完善后的鉴别报告应再次提交专家委员会进行评估。

五、报告复核

评估意见反馈给鉴别委托方和异议提出方后，鉴别委托方将鉴别报告和评估意见等相关材料上传至全国危险废物鉴别信息公开服务平台，经秘书处复核无误后向社会公开。

江苏省危险废物鉴别专家委员会章程（试行）

第一章　总　则

第一条　为规范江苏省危险废物鉴别专家委员会（以下简称省专委会）工作，根据生态环境部办公厅《关于加强危险废物鉴别工作的通知》（环办固体函〔2021〕419号），结合我省实际，制定本章程。

第二条　江苏省生态环境厅组建江苏省危险废物鉴别专家委员会和江苏省危险废物鉴别专家库（以下简称省专家库），并指导其开展危险废物鉴别相关工作。

第二章　省专委会

第三条　省专委会由专家委员和秘书处组成。专家委员由危险废物鉴别、固体废物环境管理、环境监测、化工等领域工作经验丰富、能力突出，并具有高级职称或同等能力的专家担任。秘书处设在江苏省固体废物监督管理中心。

第四条　专家委员由其所在单位推荐，省生态环境厅组织遴选，符合要求的，予以聘任。省生态环境厅可根据需要直接提名专家委员，征得本人及所在单位同意后予以聘任。

第五条　省专委会主要承担以下工作：

（一）为全省危险废物鉴别环境管理工作提供技术支撑。

（二）依据《江苏省危险废物鉴别异议评估规程（试行）》，对本省危险废物鉴别报告的异议进行评估，并出具评估意见。

（三）受省生态环境厅委托，不定期对危险废物鉴别单位及鉴别报告开展抽查复核，对危险废物鉴别单位进行综合评价。

（四）省生态环境厅委托或交办的其他危险废物鉴别工作。

省专委会每年向省生态环境厅提交江苏省危险废物鉴别专家委员会年度工作报告。

第六条　省专委会秘书处主要承担以下工作：

（一）负责省专委会与省生态环境厅、国家鉴别专家委员会的日常联系、信息通报和相关活动安排。

（二）对本省危险废物鉴别报告的异议开展形式审查。

（三）组织开展危险废物鉴别异议评估、危险废物鉴别单位及鉴别报告复核、危险废物鉴别单位综合评价等工作。

第三章 省专家库

第七条 省专家库由环境、石化、化工、冶金、材料等领域专家组成，主要职责包括参加省专委会组织的鉴别报告异议评估、鉴别单位评价、鉴别单位和鉴别报告复核，为省专委会提供咨询等。

第八条 省专家库专家应当符合以下基本条件：

（一）遵纪守法、坚持原则、作风正派，具有良好的学术道德。

（二）具有良好的相关专业知识、技术能力和实践经验。

（三）从事相关领域研究或技术工作满 5 年并具有高级职称或同等专业水平。

（四）身体健康，年龄原则上不超过 65 周岁。

（五）能正常参加省专委会组织的工作，并及时按要求完成。

第四章 动态管理

第九条 专家委员和专家库专家实行动态管理，并应严格遵守本章程规定。

第十条 专家委员动态管理要求：

（一）专家委员实行聘任制，每届任期 3 年，可连选连任。任期届满，按照本章程有关要求，重新遴选、聘任。

（二）对违反国家相关法律法规或不遵守本章程的专家委员，予以解聘。

（三）专家委员连续 3 次未能按要求参加省专委会活动的，予以解聘。

（四）专家委员因故不能继续参加省专委会工作时，应以书面方式提出辞呈，经省生态环境厅批准后，退出省专委会。

（五）每届期间省生态环境厅可根据工作需要对专家委员进行补充和调整。

第十一条 专家库专家动态管理要求：

（一）省生态环境厅每 3 年集中组织专家入库申请与遴选工作。专家可通过专家委员推荐或自主申请，征得所在单位同意，经省生态环境厅遴选后加入专家库。

（二）对违反国家相关法律法规或不遵守本章程的专家，省专委会予以清退出专家库。

（三）专家因故不能继续参加专家库工作时，应以书面方式提出辞呈，经省专委会同意后，退出专家库。

第十二条 专家委员及专家库专家应遵守以下规定：

（一）遵守国家相关法律、法规、规章。

（二）规范、科学、公开开展工作，独立、客观提出意见，并对所提出的意见负责。

（三）遵守工作纪律，不得收受利害关系单位、个人的财物或者获取其他利益，与其有直接工作关系或利益关系时，应当主动提出回避。

（四）遵守有关保密规定，不得泄露工作中获取的任何国家秘密、技术秘密、商业秘密以及工作情况，妥善保管相关资料。

（五）专家库专家不得向异议评估、复核、综合评价的相关单位、个人透露评估信息或作出有关承诺。

第五章 附 则

第十三条 本章程自印发之日起实施，由江苏省生态环境厅负责解释。

江苏省危险废物鉴别异议评估规程（试行）

一、适用范围

本规程适用于江苏省危险废物鉴别专家委员会（以下简称省专委会）对本省危险废物鉴别异议进行评估。

二、评估程序

危险废物鉴别异议评估程序包括形式审查、技术评估和报告公开，详见附图3。

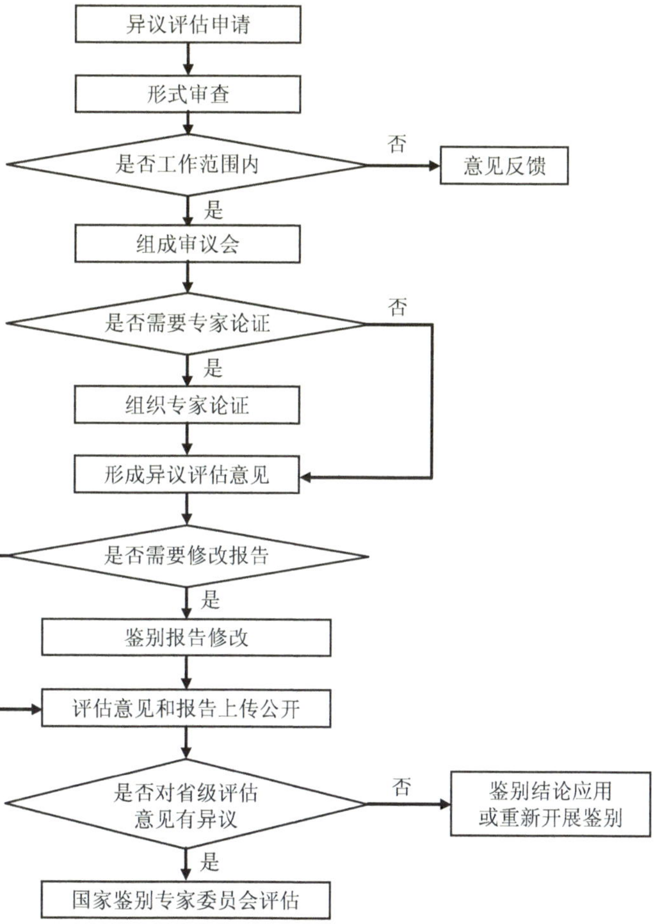

附图3　江苏省危险废物鉴别异议评估程序

三、形式审查

省专委会收到异议评估申请后，首先由省专委会秘书处开展形式审查，判断是否属于省专委会异议评估工作范围。属于异议评估工作范围的，开展技术评估；不属于异议评估工作范围的，将审查意见反馈异议提出方。以下情形不属于省专委会异议评估工作范围：

（一）鉴别对象不在江苏省内的异议。

（二）支撑材料不完整的异议。

（三）对省专委会异议评估意见的异议。

（四）其他不属于省专委会异议评估工作范围的异议。

形式审查期间，被异议方可向秘书处提交佐证材料对异议问题进行补充说明。形式审查在异议评估申请提出的 10 个工作日完成（鉴别报告公开不满 10 个工作日收到的异议评估申请均从第 10 个工作日起计）。

四、技术评估

（一）异议评估申请受理后，由秘书处选取不少于 3 名专家委员组成审议会开展评估，对不需要组织专家论证的，直接形成异议评估意见。

（二）对需要组织专家论证的，由审议会根据异议和鉴别报告内容，聘请相关领域专家共同开展论证。如有需要，可以组织或告知鉴别委托方开展补充调查（检测）。根据论证和补充调查（检测）结果，形成异议评估意见。

五、报告公开

省专委会将异议评估意见反馈给异议提出方、鉴别委托方及所在地生态环境部门。评估意见要求对鉴别报告修改的，鉴别委托方修改完善后将鉴别报告和评估意见等相关资料上传全国危险废物鉴别信息公开服务平台（以下简称国家信息平台），再次向社会公开；评估意见认为鉴别报告无须修改或存在较大问题需重新开展鉴别的，鉴别委托方直接将鉴别报告和评估意见上传国家信息平台进行公开。

对省专委会评估意见存在异议的，可向国家危险废物鉴别专家委员会提出评估申请，国家出具的评估意见为危险废物鉴别最终评估意见。

江苏省危险废物鉴别报告复核程序（试行）

一、适用范围

本程序适用于江苏省危险废物鉴别专家委员会（以下简称省专委会）在职责范围内，对本省危险废物鉴别报告开展复核工作。

二、复核程序

江苏省危险废物鉴别报告复核程序包括筛选报告、组织复核和结果处理（附图 4）。

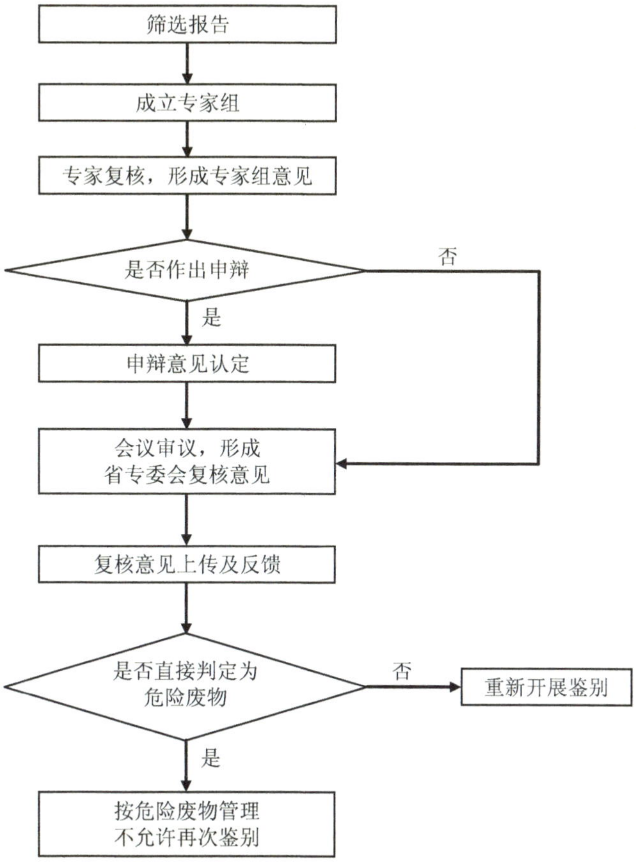

附图 4　江苏省危险废物鉴别报告复核流程

三、筛选报告

省专委会在全国危险废物鉴别信息公开服务平台（以下简称信息平台）按照一定比例抽取本省鉴别报告开展复核。对重点行业、编制问题突出的鉴别单位以及日常管理中发现的有疑问鉴别报告，可加大抽查比例、频次或视情开展专项复核。

四、组织复核

（一）省专委会秘书处抽选省专委会委员和省鉴别专家库专家成立专家组。每个专家组由 2～5 名成员组成，组长由省专委会委员担任。专家组成员及其所在单位与鉴别报告复核工作存在利害关系的，应进行回避，不得参与、指导所复核报告的编制、咨询、审查、整改等工作。

（二）按照《关于加强危险废物鉴别工作的通知》、《固体废物鉴别标准通则》（GB 34330—2017）、《国家危险废物名录》、《危险废物鉴别标准》（GB 5085.1～7）、《危险废物鉴别技术规范》（HJ 298）等要求，专家组成员独立开展复核并形成专家意见。组长对本组各成员意见组织讨论后形成专家组意见，并填写《江苏省危险废物鉴别报告复核意见表》（附表 1）。专家组意见必须问题具体、结论明确、理由合理、依据充分，专家组对复核结果负责。

（三）对鉴别结论不能成立的鉴别报告，省专委会反馈给鉴别委托方。鉴别委托方若有疑义，须在接到专家组意见 7 个工作日内向省专委会书面提出申辩，逾期视为放弃申辩。申辩应以国家危险废物鉴别要求、标准和技术规范为依据，对合理诉求予以采纳。

（四）省专委会对专家组意见、鉴别委托方申辩意见组织会议审议，形成省专委会复核意见。

五、结果处理

（一）省专委会应将复核意见上传至信息平台，并及时反馈给鉴别委托方所在设区市生态环境部门。依据《国家危险废物名录》等要求，可直接判定鉴别对象为危险废物的，终止报告使用且不允许再次鉴别。由于鉴别过程违反相关要求、标准、技术规范等，导致无法支撑鉴别结论的，可重新开展鉴别，在此期间该废物按危险废物管理。

（二）鉴别委托方应根据省专委会复核意见，在江苏省固体废物管理信息系统中变更废物属性，按照其管理要求规范开展申报、收集、贮存、转移、利用和处置，并完善排污许可相关手续。对复核过程发现危险废物鉴别单位在鉴别工作中弄虚作假的，将移送相关部门依法依规严肃查处。

（三）国家危险废物鉴别专家委员会（以下简称国家专委会）反馈至我省的鉴别报告复核意见参照上述要求处理。若有疑义，鉴别委托方可直接向国家专委会提出申辩，申辩期间该废物按国家专委会复核意见管理。

各设区市生态环境局开展危险废物鉴别报告复核工作时，可结合本地实际参照本程序实施。

附表 1

江苏省危险废物鉴别报告复核意见表

鉴别报告名称			
鉴别单位			
鉴别时间		公示时间	
固体废物产生工艺环节			
存在问题			
报告质量评价	鉴别要件齐全，报告信息详实、内容完整	□是	□否
	报告内容涵盖鉴别标准和技术规范所有技术要点	□是	□否
	对照鉴别标准和技术规范，鉴别过程不存在错误	□是	□否
	鉴别结论成立	□是	□否

专家签字：　　　　　　　　　　　　　　　　　　复核时间：

附表 2

江苏省危险废物鉴别报告复核明细表（非环境事件类）

一、报告编制要求

评估项目	具体要求	是否符合	存在问题	是否影响结论
1.1 总体要求	1.1.1 在“全国危险废物鉴别信息公开服务平台”公开的信息齐全，内容完整，包括鉴别报告正文、附件和现场踏勘记录等其他相关材料			
	1.1.2 鉴别报告及其材料未发现虚假内容			
	1.1.3 报告编制符合规范要求			
	1.1.4 报告对是否具有危险特性提出明确结论			
1.2 组成要件	1.2.1 鉴别报告正文包括鉴别基本情况、工作过程、综合分析、结论与建议等内容，鉴别单位和相关人员在鉴别报告相应位置加盖公章并签字			
	1.2.2 鉴别报告附件包括鉴别方案、采样记录、检测报告、技术论证意见、检验检测机构资质等材料			
	1.2.3 鉴别方案包括前言、鉴别对象概况、固体废物属性判断、危险特性识别和筛选、采样工作方案、检测工作方案、检测结果的判断标准和判断方法等内容，并组织专家进行技术论证			
1.3 质量控制	1.3.1 鉴别过程中的样品采集、包装、运输、保存符合相应检测项目质量管理要求			
	1.3.2 鉴别过程中的检验检测符合资质认定相关要求			
	1.3.3 鉴别报告满足《危险废物鉴别单位管理要求》所述危险废物鉴别质量管理要求			
	1.3.4 委托的第三方检验检测单位数量不超过两家			

二、报告技术要求

<table>
<tr><th>评估项目</th><th colspan="3">项目分类</th><th>技术要求</th><th>是否符合（或不涉及，或未提及）</th><th>存在问题</th><th>是否影响结论</th></tr>
<tr><td>2.1 固体废物属性判断</td><td colspan="3">2.1.1 固体废物属性判断</td><td>依据法律规定和 GB 34330，鉴别对象属于固体废物</td><td></td><td></td><td></td></tr>
<tr><td rowspan="3">2.2 危险废物属性初筛</td><td colspan="3">2.2.1 危险废物名录初筛</td><td>鉴别对象未列入《国家危险废物名录》</td><td></td><td></td><td></td></tr>
<tr><td colspan="3">2.2.2 危险废物混合后初筛</td><td>按照 GB 5085.7 中的危险废物混合后判定规则，鉴别对象不属于危险废物</td><td></td><td></td><td></td></tr>
<tr><td colspan="3">2.2.3 危险废物利用处置后初筛</td><td>按照 GB 5085.7 中的危险废物利用处置后判定规则，鉴别对象不属于危险废物</td><td></td><td></td><td></td></tr>
<tr><td rowspan="9">2.3 样品采集</td><td rowspan="9">2.3.1 采样对象确定</td><td colspan="2" rowspan="2">2.3.1.1 基本要求</td><td>根据固体废物的产生源进行分类采样</td><td></td><td></td><td></td></tr>
<tr><td>生产原辅料、工艺路线、产品均相同的两个或两个以上生产线，可以采集单条生产线产生的固体废物代表该类固体废物</td><td></td><td></td><td></td></tr>
<tr><td rowspan="4">2.3.1.2 丧失原有使用价值的物质</td><td rowspan="2">（1）危险特性全部来源于该物质本身，且在使用过程中危险特性不变或降低</td><td>每类物质作为一类固体废物，分别采样</td><td></td><td></td><td></td></tr>
<tr><td>采集该物质未使用前的样品</td><td></td><td></td><td></td></tr>
<tr><td rowspan="2">（2）危险特性全部或部分来源与使用过程</td><td>每类物质作为一类固体废物，分别采样</td><td></td><td></td><td></td></tr>
<tr><td>在该物质不能继续按照原有设计用途使用时采样</td><td></td><td></td><td></td></tr>
<tr><td colspan="2" rowspan="3">2.3.1.3 生产过程（含固体废物利用、处置过程）中产生的副产物</td><td>根据产生工艺节点确定固体废物类别，每类固体废物分别采样</td><td></td><td></td><td></td></tr>
<tr><td>在该固体废物从正常生产工艺或利用工艺中分离出来的工艺环节采样</td><td></td><td></td><td></td></tr>
<tr><td>在生产设施、设备、原辅材料和生产负荷稳定的生产期采样</td><td></td><td></td><td></td></tr>
</table>

评估项目	项目分类				技术要求	是否符合（或不涉及，或未提及）	存在问题	是否影响结论
2.3 样品采集	2.3.1 采样对象确定	2.3.1.4 环境治理和污染控制过程中产生的物质			根据环境治理和污染控制工艺流程，对不同工艺环节产生的固体废物进行采样			
					在污染控制设施、污染物来源、设施运行负荷和效果稳定的生产期采样			
		2.3.1.5 堆存状态的固体废物	（1）产生过程尚未终止		采集原产生工艺样品			
					符合相应类型产生源采样对象确定技术要求			
			（2）产生过程已经终止		采集堆存的固体废物			
		2.3.1.6 生产和服务设施更换或拆除的固定式容器、反应容器和管道，粉状、半固态、液体产品使用后产生的包装物或容器，以及产品维修或产品类废物拆解过程产生的粉状、半固态、液体物料的盛装容器			采集容器中内容物样品			
					每类内容物作为一类固体废物，分别采样			
		2.3.1.7 水体环境、污染地块治理与修复过程产生的，需要按固体废物进行处理处置的水体沉积物及污染土壤等环境介质			水体沉积物及污染土壤等环境介质未发生二次扰动			
					根据水体、污染地块污染物的扩散特征和环境调查结果，对不同污染程度的环境介质进行分类采样			
		2.3.1.8 需要开展危险废物鉴别的建筑废物			在建筑物拆除、清理之前或过程中开展鉴别			
					根据建筑物的组成和污染特性进行分类，分别采样			
	2.3.2 份样数确定	2.3.2.1 堆存状态的固体废物			以堆存的固体废物总量为依据，采集份样数符合 HJ 298 表 1 中的要求			
		2.3.2.2 生产工艺过程中连续产生的固体废物	（1）固体废物连续产生时段大于或等于 1 个月	①生产原辅料、工艺路线、产品均相同的两个或两个以上生产线产生的固体废物	以固体废物产生量最大的单条生产线，自试生产以来实际最大生产负荷月份的固体废物产生量为依据，采集份样数符合 HJ 298 表 1 中的要求			

评估项目	项目分类				技术要求	是否符合（或不涉及，或未提及）	存在问题	是否影响结论
2.3 样品采集	2.3.2 份样数确定	2.3.2.2 生产工艺过程中连续产生的固体废物	（1）固体废物连续产生时段大于或等于1个月	②非生产原辅料、工艺路线、产品均相同的两个或两个以上生产线产生的固体废物	以确定的工艺环节，自试生产以来实际最大生产负荷月份的固体废物产生量为依据，采集份样数符合 HJ 298 表 1 中的要求			
			（2）固体废物连续产生时段小于1个月	①生产原辅料、工艺路线、产品均相同的两个或两个以上生产线产生的固体废物	以固体废物产生量最大的单条生产线，自试生产以来实际最大生产负荷的一个产生时段内的固体废物产生量为依据，采集份样数符合 HJ 298 表 1 中的要求			
				②非生产原辅料、工艺路线、产品均相同的两个或两个以上生产线产生的固体废物	以自试生产以来实际最大生产负荷的一个产生时段内的固体废物产生量为依据，采集份样数符合 HJ 298 表 1 中的要求			
		2.3.2.3 生产工艺过程中间歇产生的固体废物	（1）固体废物产生的时间间隔小于或等于1个月	①生产原辅料、工艺路线、产品均相同的两个或两个以上生产线产生的固体废物	以固体废物产生量最大的单条生产线，自试生产以来实际最大生产负荷月份的固体废物最大产生量为依据，采集份样数符合 HJ 298 表 1 中的要求			
				②非生产原辅料、工艺路线、产品均相同的两个或两个以上生产线产生的固体废物	以确定的工艺环节自试生产以来实际最大生产负荷月份的固体废物最大产生量为依据，采集份样数符合 HJ 298 表 1 中的要求			

评估项目	项目分类				技术要求	是否符合（或不涉及，或未提及）	存在问题	是否影响结论
2.3 样品采集	2.3.2 份样数确定	2.3.2.3 生产工艺过程中间歇产生的固体废物	（2）固体废物产生的时间间隔大于1个月	①生产原辅料、工艺路线、产品均相同的两个或两个以上生产线产生的固体废物	以固体废物产生量最大的单条生产线，自试生产以来固体废物最大单次产生总量为依据，采集份样数符合 HJ 298 表 1 中的要求			
				②非生产原辅料、工艺路线、产品均相同的两个或两个以上生产线产生的固体废物	以确定的工艺环节自试生产以来，固体废物最大单次产生总量为依据，采集份样数符合 HJ 298 表 1 中的要求			
		2.3.2.4 不根据固体废物的产生量确定采样份样数	（1）固体废物为丧失原有使用价值的物质，且危险特性全部来源于该物质本身，在使用过程中危险特性不变或降低		份样数不少于 2 个			
			（2）固体废物为生产和服务设施更换或拆除的固定式容器、反应容器和管道，粉状、半固态、液体产品使用后产生的包装物或容器，以及产品维修或产品类废物拆解过程产生的粉状、半固态、液体物料的盛装容器		每类内容物份样数不少于 2 个			
			（3）固体废物为废水处理污泥，且废水处理设施的废水的来源、类别、排放量、污染物含量稳定		份样数不少于 5 个			

评估项目	项目分类			技术要求	是否符合（或不涉及，或未提及）	存在问题	是否影响结论
2.3 样品采集	2.3.2 份样数确定	2.3.2.4 不根据固体废物的产生量确定采样份样数	（4）固体废物来源于连续生产工艺，且设施长期运行稳定、原辅材料类别和来源固定	份样数不少于5个			
			（5）贮存于敞口贮存池和不可移动大型容器内液态废物	份样数不少于5个			
			（6）贮存于封闭式贮存池、不可移动大型容器和槽罐车内液态废物，且不具备在卸除废物过程中采样	份样数不少于2个			
			（7）贮存于可移动的小型容器（容积≤1 000 L）中的固体废物，且容器数量少于根据HJ 298表1中所确定的最小份样数	每个容器采集1个固体废物样品			
			（8）水体环境、污染地块治理与修复过程产生的，需要按照固体废物进行处理处置的水体沉积物及污染土壤等环境介质，且鉴别过程已经根据污染特征进行分类	每类固体废物的份样数不少于5个			
	2.3.3 份样量确定	2.3.3.1 固态废物		依据固态废物的原始颗粒最大粒径，不小于HJ 298表2中规定的质量			
				满足分析操作的需要			
		2.3.3.2 半固态和液态废物		满足分析操作的需要			

评估项目	项目分类			技术要求	是否符合（或不涉及，或未提及）	存在问题	是否影响结论
2.3 样品采集	2.3.4 采样时间和频次	2.3.4.1 连续产生的固体废物		样品分次在 1 个月（或一个产生时段）内等时间间隔采集			
				每次采样在设备稳定运行的 8 小时（或一个生产班次）内完成			
		2.3.4.2 间歇产生的固体废物	（1）固体废物产生的时间间隔大于 1 个月	选择一个产生时段采集所需的份样数			
			（2）1 个月内固体废物的产生次数大于等于所需的份样数	遵循等时间间隔原则在固体废物产生时段采样			
			（3）1 个月内固体废物的产生次数小于所需的份样数	将所需的份样数均匀分配到各产生时段采样			
	2.3.5 采样方法	2.3.5.1 基本要求		采样工具、采样程序、采样记录和盛样容器按照 HJ/T 20 的要求进行			
				采样安全措施按照 GB/T 3723 中的要求进行			
				在采样过程中采取相应措施防止危害成分的损失、交叉污染和二次污染			
		2.3.5.2 生产工艺过程产生的固体废物	（1）固体废物由卸料口排出	采样过程预先清洁卸料口，并适当排出固体废物后再采集样品			
				采用合适的容器接住卸料口，根据需要采集的总份样数或该次需要采集的份样数，等时间间隔接取所需份样量的固体废物。每接取一次固体废物，作为 1 个份样			
			（2）固体废物经板框压滤机压滤脱水	压滤机各板框顺序编号，用 HJ/T 20 中的随机数表法抽取与需要采集的份样数相同数目的板框作为采样单元采取样品。采样时，在压滤脱水后取下板框，刮下固体废物。每个板框内采取的固体废物，作为 1 个份样			

评估项目	项目分类				技术要求	是否符合（或不涉及，或未提及）	存在问题	是否影响结论
2.3 样品采集	2.3.5 采样方法	2.3.5.3 堆存状态固体废物	（1）散状堆积固态、半固态废物	①堆积高度小于等于0.5 m 的散状堆积固态、半固态废物	将固体废物堆平铺为厚度为 10～15 cm 的矩形，划分为 5*N* 个（*N* 为总份样数）面积相等的网格，顺序编号；用 HJ/T 20 中的随机数表法抽取 *N* 个网格作为采样单元，在网格中心位置处用采样铲或锹垂直采取全层厚度的固体废物。每个网格采取的固体废物，作为 1 个份样			
				②堆积高度大于 0.5 m 的散状堆积固态、半固态废物	分层采取样品；采样层数不小于 2 层，按照固态、半固态废物堆积高度等间隔布置；每层采取的份样数应相等。分层采样可以用采样钻或者机械钻探的方式进行			
			（2）敞口贮存池或不可移动大型容器中的固体废物	①液态废物，且无明显分层	将容器划分为 5*N* 个面积相等的网格，顺序编号。采用随机数表法抽取 *N* 个网格作为采样单元采取样品。将玻璃采样管或者重瓶采样器从网格的中心位置处垂直缓慢插入液面至容器底采样。每采取一次，作为 1 个份样			
				②液态废物，且有明显分层	将容器划分为 5*N* 个面积相等的网格，顺序编号。采用随机数表法抽取 *N* 个网格作为采样单元采取样品。采用玻璃采样管或者重瓶采样器进行分层采样。每采取一次，作为 1 个份样			
				③固态、半固态固体废物，且厚度小于 2 m	将容器划分为 5*N* 个面积相等的网格，顺序编号。采用随机数表法抽取 *N* 个网格作为采样单元采取样品。采样时，在网格的中心位置处用土壤采样器或长铲式采样器垂直插入固体废物底部，旋转 90°后抽出。每采取一次固体废物，作为 1 个份样			

评估项目	项目分类				技术要求	是否符合（或不涉及，或未提及）	存在问题	是否影响结论
2.3 样品采集	2.3.5 采样方法	2.3.5.3 堆存状态固体废物	（2）敞口贮存池或不可移动大型容器中的固体废物	④固态、半固态固体废物，且厚度大于等于2 m	将容器划分为5N个面积相等的网格，顺序编号。采用随机数表法抽取（N+1）/3 个网格作为采样单元，分上部（深度为0.3 m处）、中部（1/2深度处）、下部（5/6深度处）三层分别采样。每采取一次，作为1个份样			
			（3）小型可移动袋、桶或其他容器中的固体废物	①固态、半固态固体废物，且容器最大边长或高度小于等于0.5 m	将各容器顺序编号，采用随机数表法抽取N个容器作为采样单元采取样品。根据固体废物性状，分别使用长铲式采样器、套筒式采样器或者探针进行采样。每个采样单元采取1个份样			
				②固态、半固态固体废物，且容器最大边长或高度大于0.5 m	将各容器顺序编号，采用随机数表法抽取N个容器作为采样单元采取样品。分层采取样品，采样层数应不小于2层，各层样品混合作为1个份样			
				③液态废物	将各容器顺序编号，采用随机数表法抽取N个容器作为采样单元采取样品。将容器内液态废物混匀（含易挥发组分的液态废物除外）后，将玻璃采样管或者重瓶采样器从容器口中心位置处垂直缓缓插入液面至容器底采样。每个采样单元采取1个份样			
			（4）封闭式贮存池、不可移动大型容器或槽罐车中的固体废物	①卸除固体废物过程中采样	优先选择该采样方式。采样过程预先清洁卸料口，并适当排出固体废物后再采集样品			
					采用合适的容器接住卸料口，根据需要采集的总份样数或该次需要采集的份样数，等时间间隔接取所需份样量的固体废物。每接取一次固体废物，作为1个份样			

评估项目	项目分类					技术要求	是否符合（或不涉及，或未提及）	存在问题	是否影响结论
2.3 样品采集	2.3.5 采样方法	2.3.5.3 堆存状态固体废物	（4）封闭式贮存池、不可移动大型容器或槽罐车中的固体废物	②非卸除固体废物过程中采样	（a）适用性说明	对采用该方式的原因、依据详细说明，理由要合理、依据要充分			
					（b）卸料口采样	卸料口是否存在等相关信息			
						采样过程预先清洁卸料口，并适当排出固体废物后再采集样品			
						采用合适的容器接住卸料口，根据需要采集的总份样数或该次需要采集的份样数，等时间间隔接取所需份样量的固体废物。每接取一次固体废物，作为1个份样			
						采集不少于1个份样			
					（c）液态废物，且无明显分层	将容器划分为5*N*个面积相等的网格，顺序编号。采用随机数表法抽取*N*个网格作为采样单元采取样品。将玻璃采样管或者重瓶采样器从网格的中心位置处垂直缓慢插入液面至容器底采样。每采取一次，作为1个份样			
					（d）液态废物，且有明显分层	将容器划分为5*N*个面积相等的网格，顺序编号。采用随机数表法抽取*N*个网格作为采样单元采取样品。采用玻璃采样管或者重瓶采样器进行分层采样。每采取一次，作为1个份样			
					（e）固态、半固态固体废物，且厚度小于2 m	将容器划分为5*N*个面积相等的网格，顺序编号。采用随机数表法抽取*N*个网格作为采样单元采取样品。采样时，在网格的中心位置处用土壤采样器或长铲式采样器垂直插入固体废物底部，旋转90°后抽出。每采取一次固体废物，作为1个份样			
					（f）固态、半固态固体废物，且厚度大于等于2 m	将容器划分为5*N*个面积相等的网格，顺序编号。采用随机数表法抽取（*N*+1）/3个网格作为采样单元，分上部（深度为0.3 m处）、中部（1/2深度处）、下部（5/6深度处）3层分别采样。每采取一次，作为1个份样			

评估项目	项目分类			技术要求	是否符合（或不涉及，或未提及）	存在问题	是否影响结论
2.3 样品采集	2.3.6 采集质量保证和质量控制	2.3.6.1 样品采集记录		记录必要的信息，包括（但不限于）：样品编号、采样时间、采样地点、企业生产工况			
2.4 制样、样品的保存和预处理	2.4.1 制样和样品的保存			按照 HJ/T 20 中的要求进行制样和样品的保存			
	2.4.2 样品的预处理			按照 GB 5085.1～GB 5085.6 中分析方法的要求进行样品的预处理			
2.5 样品检测	2.5.1 腐蚀性及其检测项目确定	2.5.1.1 通过综合分析排除此危险特性		以工艺分析为主要手段，经综合分析固体废物产生过程生产工艺、原辅材料特性、产生环节和主要危害成分等信息，确定此危险特性不存在，且分析过程准确全面，理由合理，依据充分			
		2.5.1.2 固体废物利用过程或处置后产生的固体废物		危险特性鉴别首先根据被利用或处置的固体废物的危险特性进行判定			
		2.5.1.3 通过检测判断危险特性	（1）检测项目确定	以工艺分析为主要手段，经综合分析固体废物产生过程生产工艺、原辅材料特性、产生环节和主要危害成分等信息，确定此危险特性的鉴别检测项目，且检测项目确定准确全面，理由合理，依据充分，没有漏选			
			（2）危险特性检测	使用 GB 5085.1 中规定的相应方法和指标限值			
			（3）检测质量保证和质量控制	检测符合相应检测方法的质量保证与质量控制要求			
				样品的采集、包装、运输和保存符合相应检测项目的有关要求			
		2.5.1.4 未排除此危险特性，也未通过检测判断此危险特性		已有其他检测结果可判定该固体废物具有危险特性，不再检测此危险特性（需要判断危险废物类别的除外）			

评估项目	项目分类			技术要求	是否符合（或不涉及，或未提及）	存在问题	是否影响结论
2.5 样品检测	2.5.2 易燃性及其检测项目确定	2.5.2.1 通过综合分析排除此危险特性		以工艺分析为主要手段，经综合分析固体废物产生过程生产工艺、原辅材料特性、产生环节和主要危害成分等信息，确定此危险特性不存在，且分析过程准确全面，理由合理，依据充分			
		2.5.2.2 固体废物利用过程或处置后产生的固体废物		危险特性鉴别首先根据被利用或处置的固体废物的危险特性进行判定			
		2.5.2.3 通过检测判断危险特性	（1）检测项目确定	以工艺分析为主要手段，经综合分析固体废物产生过程生产工艺、原辅材料特性、产生环节和主要危害成分等信息，确定此危险特性的鉴别检测项目，且检测项目确定准确全面，理由合理，依据充分，没有漏选			
			（2）危险特性检测	使用 GB 5085.4 中规定的相应方法和指标限值			
			（3）检测质量保证和质量控制	检测符合相应检测方法的质量保证与质量控制要求			
				样品的采集、包装、运输和保存符合相应检测项目的有关要求			
		2.5.2.4 未排除此危险特性，也未通过检测判断此危险特性		已有其他检测结果可判定该固体废物具有危险特性，不再检测此危险特性（需要判断危险废物类别的除外）			
	2.5.3 反应性及其检测项目确定	2.5.3.1 通过综合分析排除此危险特性		以工艺分析为主要手段，经综合分析固体废物产生过程生产工艺、原辅材料特性、产生环节和主要危害成分等信息，确定此危险特性不存在，且分析过程准确全面，理由合理，依据充分			
		2.5.3.2 固体废物利用过程或处置后产生的固体废物		危险特性鉴别首先根据被利用或处置的固体废物的危险特性进行判定			

评估项目	项目分类			技术要求	是否符合（或不涉及，或未提及）	存在问题	是否影响结论
2.5 样品检测	2.5.3 反应性及其检测项目确定	2.5.3.3 通过检测判断危险特性	（1）检测项目确定	以工艺分析为主要手段，经综合分析固体废物产生过程生产工艺、原辅材料特性、产生环节和主要危害成分等信息，确定此危险特性的鉴别检测项目，且检测项目确定准确全面，理由合理，依据充分，没有漏选			
			（2）危险特性检测	使用 GB 5085.5 中规定的相应方法和指标限值			
			（3）检测质量保证和质量控制	检测符合相应检测方法的质量保证与质量控制要求			
				样品的采集、包装、运输和保存符合相应检测项目的有关要求			
		2.5.3.4 未排除此危险特性，也未通过检测判断此危险特性		已有其他检测结果可判定该固体废物具有危险特性，不再检测此危险特性（需要判断危险废物类别的除外）			
	2.5.4 浸出毒性及其检测项目确定	2.5.4.1 通过综合分析排除此危险特性		以工艺分析为主要手段，经综合分析固体废物产生过程生产工艺、原辅材料特性、产生环节和主要危害成分等信息，确定此危险特性不存在，且分析过程准确全面，理由合理，依据充分			
		2.5.4.2 固体废物利用过程或处置后产生的固体废物		危险特性鉴别首先根据被利用或处置的固体废物的危险特性进行判定			
		2.5.4.3 通过检测判断危险特性	（1）检测项目确定	以工艺分析为主要手段，经综合分析固体废物产生过程生产工艺、原辅材料特性、产生环节和主要危害成分等信息，确定此危险特性的鉴别检测项目，且检测项目确定准确全面，理由合理，依据充分，没有漏选			
			（2）危险特性检测	使用 GB 5085.3 中规定的相应方法和指标限值			
			（3）检测质量保证和质量控制	检测符合相应检测方法的质量保证与质量控制要求			
				样品的采集、包装、运输和保存符合相应检测项目的有关要求			

评估项目	项目分类			技术要求	是否符合（或不涉及，或未提及）	存在问题	是否影响结论
2.5 样品检测	2.5.4 浸出毒性及其检测项目确定	2.5.4.4 未排除此危险特性，也未通过检测判断此危险特性		已有其他检测结果可判定该固体废物具有危险特性，不再检测此危险特性（需要判断危险废物类别的除外）			
	2.5.5 毒性物质含量及其检测项目确定	2.5.5.1 通过综合分析排除此危险特性		以工艺分析为主要手段，经综合分析固体废物产生过程生产工艺、原辅材料特性、产生环节和主要危害成分等信息，确定此危险特性不存在，且分析过程准确全面，理由合理，依据充分			
		2.5.5.2 固体废物利用过程或处置后产生的固体废物		危险特性鉴别首先根据被利用或处置的固体废物的危险特性进行判定			
		2.5.5.3 通过检测判断危险特性	（1）检测项目确定	以工艺分析为主要手段，经综合分析固体废物产生过程生产工艺、原辅材料特性、产生环节和主要危害成分等信息，确定此危险特性的鉴别检测项目，且检测项目确定准确全面，理由合理，依据充分，没有漏选			
			（2）危险特性检测	使用 GB 5085.6 中规定的相应方法和指标限值			
				当同一种毒性成分在一种以上毒性物质中存在时，以分子量最高的物质进行计算和结果判断			
			（3）检测质量保证和质量控制	检测符合相应检测方法的质量保证与质量控制要求			
				样品的采集、包装、运输和保存符合相应检测项目的有关要求			
		2.5.5.4 未排除此危险特性，也未通过检测判断此危险特性		已有其他检测结果可判定该固体废物具有危险特性，不再检测此危险特性（需要判断危险废物类别的除外）			
	2.5.6 急性毒性及其检测项目确定	2.5.6.1 通过综合分析排除此危险特性		以工艺分析为主要手段，经综合分析固体废物产生过程生产工艺、原辅材料特性、产生环节和主要危害成分等信息，确定此危险特性不存在，且分析过程准确全面，理由合理，依据充分			

评估项目	项目分类			技术要求	是否符合（或不涉及，或未提及）	存在问题	是否影响结论
2.5 样品检测	2.5.6 急性毒性及其检测项目确定	2.5.6.2 固体废物利用过程或处置后产生的固体废物		危险特性鉴别首先根据被利用或处置的固体废物的危险特性进行判定			
		2.5.6.3 通过检测判断危险特性	（1）检测项目确定	以工艺分析为主要手段，经综合分析固体废物产生过程生产工艺、原辅材料特性、产生环节和主要危害成分等信息，确定此危险特性的鉴别检测项目，且检测项目确定准确全面，理由合理，依据充分，没有漏选			
			（2）危险特性检测	使用 GB 5085.2 中规定的相应方法和指标限值			
			（3）检测质量保证和质量控制	检测符合相应检测方法的质量保证与质量控制要求			
				样品的采集、包装、运输和保存符合相应检测项目的有关要求			
		2.5.6.4 未排除此危险特性，也未通过检测判断此危险特性		已有其他检测结果可判定该固体废物具有危险特性，不再检测此危险特性（需要判断危险废物类别的除外）			
2.6 鉴别结果判断	2.6.1 按照 HJ 298 表 1 中规定的最小份样数采样			检测结果超过 GB 5085.1～GB 5085.6 中相应标准限值的份样数大于等于 HJ 298 表 3 中的超标份样数限值，即判定该固体废物具有该种危险特性			
	2.6.2 份样数与 HJ 298 表 3 不符且大于表 1 中规定的最小份样数			检测结果按照表 3 中与实际份样数最接近的较小份样数进行结果的判断			
	2.6.3 采样份样数小于表 1 中规定的最小份样数，且符合减少份样数条件			检测结果超过 GB 5085.1～GB 5085.6 中相应标准限值的份样数大于等于 1，即判定该固体废物具有该种危险特性			
	2.6.4 危险废物类别判断			经鉴别具有危险特性的，根据其主要有害成分和危险特性确定所属危险废物类别，并按代码“900-000-××”进行归类			

注：本表格依据国家危险废物鉴别有关规定、标准和技术规范制定，并按照国家要求实时调整。

附表 3

江苏省危险废物鉴别报告复核明细表（环境事件类）

一、报告编制要求

评估项目	具体要求	是否符合	存在问题	是否影响结论
1.1 总体要求	1.1.1 在“全国危险废物鉴别信息公开服务平台”公开的信息齐全，内容完整，包括鉴别报告正文、附件和现场踏勘记录等其他相关材料			
	1.1.2 鉴别报告及其材料未发现虚假内容			
	1.1.3 报告编制符合规范要求			
	1.1.4 报告对是否具有危险特性提出明确结论			
1.2 组成要件	1.2.1 鉴别报告正文包括鉴别基本情况、工作过程、综合分析、结论与建议等内容，鉴别单位和相关人员在鉴别报告相应位置加盖公章并签字			
	1.2.2 鉴别报告附件包括鉴别方案、采样记录、检测报告、技术论证意见、检验检测机构资质等材料			
	1.2.3 鉴别方案包括前言、鉴别对象概况、固体废物属性判断、危险特性识别和筛选、采样工作方案、检测工作方案、检测结果的判断标准和判断方法等内容，并组织专家进行技术论证			
1.3 质量控制	1.3.1 鉴别过程中的样品采集、包装、运输、保存符合相应检测项目质量管理要求			
	1.3.2 鉴别过程中的检验检测符合资质认定相关要求			
	1.3.3 鉴别报告满足《危险废物鉴别单位管理要求》所述危险废物鉴别质量管理要求			
	1.3.4 委托的第三方检验检测单位数量不超过两家			

二、报告技术要求

评估项目	项目分类			技术要求	是否符合（或不涉及，或未提及）	存在问题	是否影响结论
2.1 涉事固体废物鉴别要求	2.1.1 固体废物溯源分析			根据所能收集到的环境事件资料和现场状况，对固体废物的来源进行分析			
	2.1.2 固体废物分类	2.1.2.1 固体废物非法转移、倾倒、贮存、利用、处置等环境事件涉及的固体废物		根据固体废物来源、现场固体废物的外观形态、有效标识以及现场检测结果，识别固体废物组成和种类，分类开展鉴别			
		2.1.2.2 突发环境事件及其处理过程中产生的固体废物		首先选择在清理之前根据事故过程污染物的扩散特征，不具备前述条件下选择在清理过程中根据固体废物的污染物沾染情况，对固体废物的污染程度进行判断，并根据判断结果对固体废物进行分类鉴别			
	2.1.3 产生来源明确的固体废物	2.1.3.1 危险废物属性初筛		根据固体废物产生来源，依据《国家危险废物名录》以及 GB 5085.7 中的危险废物混合后、利用处置后判定规则正确判断属性			
		2.1.3.2 产生固体废物的生产过程未终止		优先选择在产生该固体废物的生产工艺节点采样			
				符合相应类型产生源采样对象确定技术要求			
		2.1.3.3 产生固体废物的生产过程已终止		优先选择采集企业贮存的同类固体废物			
		2.1.3.4 因环境事件处理或应急处置要求	（1）适用性说明	对采用该方式的原因、背景、依据详细说明，理由要合理、依据要充分			
			（2）现场固体废物危险特性未发生变化，或变化不足以对检测结果的判断造成影响	采集环境事件现场固体废物或依据《突发环境事件应急管理办法》已应急清理暂存的固体废物			

评估项目	项目分类					技术要求	是否符合（或不涉及，或未提及）	存在问题	是否影响结论
2.1 涉事固体废物鉴别要求	2.1.3 产生来源明确的固体废物	2.1.3.4 因环境事件处理或应急处置要求	（3）现场固体废物不排除危险特性发生变化，且对检测结果的判断可能造成影响	①现场可采集到能够代表固体废物原始危险特性的样品		采集环境事件现场或依据《突发环境事件应急管理办法》已应急清理暂存的能够代表原始危险特性的固体废物			
				②现场无法采集到能够代表固体废物原始危险特性的样品	（a）产生固体废物的生产过程未终止	在产生该固体废物的生产工艺节点采样			
					（b）产生固体废物的生产过程已终止	采集企业贮存的同类固体废物			
						采集可类比工艺项目的固体废物			
	2.1.4 产生来源不明确的固体废物	2.1.4.1 固体废物产生工艺分析				采集能够代表固体废物组成特性的样品，通过分析固体废物的主要物质组成和污染特性确定固体废物的产生工艺			
		2.1.4.2 能确定固体废物的产生工艺	（1）危险废物属性初筛			根据固体废物的产生工艺，依据《国家危险废物名录》以及 GB 5085.7 中的危险废物混合后、利用处置后判定规则正确判断属性			
			（2）现场固体废物危险特性未发生变化，或变化不足以对检测结果的判断造成影响			采集环境事件现场固体废物或依据《突发环境事件应急管理办法》已应急清理暂存的固体废物			

评估项目	项目分类					技术要求	是否符合（或不涉及，或未提及）	存在问题	是否影响结论
2.1 涉事固体废物鉴别要求	2.1.4 产生来源不明确的固体废物	2.1.4.2 能确定固体废物的产生工艺	（3）现场固体废物不排除危险特性发生变化，且对检测结果的判断可能造成影响	①现场可采集到能够代表固体废物原始危险特性的样品		采集环境事件现场或依据《突发环境事件应急管理办法》已应急清理暂存的能够代表原始危险特性的固体废物			
				②现场无法采集到能够代表固体废物原始危险特性的样品	（a）能够找到与涉事固体废物产生工艺相同的企业，且产生固体废物的生产过程未终止	在产生固体废物的生产工艺节点采样			
					（b）能够找到与涉事固体废物产生工艺相同的企业，但产生固体废物的生产过程已终止	采集企业贮存的同类固体废物			
					（c）无法找到与涉事固体废物产生工艺相同的企业	采集可类比工艺项目的固体废物			
		2.1.4.3 因环境事件处理或应急处置需要	（1）适用性说明			对采用该方式的原因、背景、依据详细说明，理由要合理、依据要充分			

评估项目	项目分类					技术要求	是否符合（或不涉及，或未提及）	存在问题	是否影响结论
2.1 涉事固体废物鉴别要求	2.1.4 产生来源不明确的固体废物	2.1.4.3 因环境事件处理或应急处置需要	（2）没有证据表明该固体废物属于《国家危险废物名录》中的危险废物，或其危险特性已发生变化且可能影响检测结果判断			根据掌握的信息采集环境事件现场固体废物或依据《突发环境事件应急管理办法》已应急清理暂存的固体废物，直接检测可能具有的危险特性			
2.1 涉事固体废物鉴别要求	2.1.4 产生来源不明确的固体废物	2.1.4.3 因环境事件处理或应急处置需要	（3）有证据表明该固体废物可能属于《国家危险废物名录》中的危险废物，或固体废物危险特性已发生变化且可能影响检测结果判断	①固体废物产生工艺分析		采集能够代表固体废物组成特性的样品，通过分析固体废物的主要物质组成和污染特性确定固体废物的产生工艺			
2.1 涉事固体废物鉴别要求	2.1.4 产生来源不明确的固体废物	2.1.4.3 因环境事件处理或应急处置需要	（3）有证据表明该固体废物可能属于《国家危险废物名录》中的危险废物，或固体废物危险特性已发生变化且可能影响检测结果判断	②危险废物属性初筛		根据固体废物的产生工艺，依据《国家危险废物名录》以及 GB 5085.7 中的危险废物混合后、利用处置后判定规则正确判断属性			
2.1 涉事固体废物鉴别要求	2.1.4 产生来源不明确的固体废物	2.1.4.3 因环境事件处理或应急处置需要	（3）有证据表明该固体废物可能属于《国家危险废物名录》中的危险废物，或固体废物危险特性已发生变化且可能影响检测结果判断	③现场可采集到能够代表固体废物原始危险特性的样品		采集环境事件现场或依据《突发环境事件应急管理办法》已应急清理暂存的能够代表原始危险特性的固体废物			
2.1 涉事固体废物鉴别要求	2.1.4 产生来源不明确的固体废物	2.1.4.3 因环境事件处理或应急处置需要	（3）有证据表明该固体废物可能属于《国家危险废物名录》中的危险废物，或固体废物危险特性已发生变化且可能影响检测结果判断	④现场无法采集到能够代表固体废物原始危险特性的样品	（a）能够找到与涉事固体废物产生工艺相同的企业，且产生固体废物的生产过程未终止	在产生固体废物的生产工艺节点采样			

评估项目	项目分类					技术要求	是否符合（或不涉及，或未提及）	存在问题	是否影响结论
2.1 涉事固体废物鉴别要求	2.1.4 产生来源不明确的固体废物	2.1.4.3 因环境事件处理或应急处置需要	（3）有证据表明该固体废物可能属于《国家危险废物名录》中的危险废物，或固体废物危险特性已发生变化且可能影响检测结果判断	④现场无法采集到能够代表固体废物原始危险特性的样品	（b）能够找到与涉事固体废物产生工艺相同的企业，但产生固体废物的生产过程已终止	采集企业贮存的同类固体废物			
					（c）无法找到与涉事固体废物产生工艺相同的企业	采集可类比工艺项目的固体废物			
2.2 样品采集	2.2.1 采样对象确定	2.2.1.1 基本要求				根据固体废物的产生源进行分类采样			
						生产原辅料、工艺路线、产品均相同的两个或两个以上生产线，可以采集单条生产线产生的固体废物代表该类固体废物			
		2.2.1.2 丧失原有使用价值的物质	（1）危险特性全部来源于该物质本身，且在使用过程中危险特性不变或降低			每类物质作为一类固体废物，分别采样			
						采集该物质未使用前的样品			
			（2）危险特性全部或部分来源于使用过程			每类物质作为一类固体废物，分别采样			
						在该物质不能继续按照原有设计用途使用时采样			

评估项目	项目分类			技术要求	是否符合（或不涉及，或未提及）	存在问题	是否影响结论
2.2 样品采集	2.2.1 采样对象确定	2.2.1.3 生产过程（含固体废物利用、处置过程）中产生的副产物		根据产生工艺节点确定固体废物类别，每类固体废物分别采样			
				在该固体废物从正常生产工艺或利用工艺中分离出来的工艺环节采样			
				在生产设施、设备、原辅材料和生产负荷稳定的生产期采样			
		2.2.1.4 环境治理和污染控制过程中产生的物质		根据环境治理和污染控制工艺流程，对不同工艺环节产生的固体废物进行采样			
				在污染控制设施污染物来源、设施运行负荷和效果稳定的生产期采样			
		2.2.1.5 堆存状态的固体废物	（1）产生过程尚未终止	采集原产生工艺样品			
				符合相应类型产生源采样对象确定技术要求			
			（2）产生过程已经终止	采集堆存的固体废物			
		2.2.1.6 生产和服务设施更换或拆除的固定式容器、反应容器和管道，粉状、半固态、液体产品使用后产生的包装物或容器，以及产品维修或产品类废物拆解过程产生的粉状、半固态、液体物料的盛装容器		采集容器中内容物样品			
				每类内容物作为一类固体废物，分别采样			
		2.2.1.7 水体环境、污染地块治理与修复过程产生的，需要按固体废物进行处理处置的水体沉积物及污染土壤等环境介质		水体沉积物及污染土壤等环境介质未发生二次扰动			
				根据水体、污染地块污染物的扩散特征和环境调查结果，对不同污染程度的环境介质进行分类采样			
		2.2.1.8 需要开展危险废物鉴别的建筑废物		在建筑物拆除、清理之前或过程中开展鉴别			
				根据建筑物的组成和污染特性进行分类，分别采样			

评估项目	项目分类				技术要求	是否符合（或不涉及，或未提及）	存在问题	是否影响结论
2.2 样品采集	2.2.2 份样数确定	2.2.2.1 堆存状态的固体废物			以堆存的固体废物总量为依据，采集份样数需符合 HJ 298 表 1 中的要求			
		2.2.2.2 生产工艺过程中连续产生的固体废物	（1）固体废物连续产生时段大于等于 1 个月	①生产原辅料、工艺路线、产品均相同的两个或两个以上生产线产生的固体废物	以固体废物产生量最大的单条生产线，自试生产以来实际最大生产负荷月份的固体废物产生量为依据，采集份样数需符合 HJ 298 表 1 中的要求			
				②非生产原辅料、工艺路线、产品均相同的两个或两个以上生产线产生的固体废物	以确定的工艺环节，自试生产以来实际最大生产负荷月份的固体废物产生量为依据，采集份样数需符合 HJ 298 表 1 中的要求			
			（2）固体废物连续产生时段小于 1 个月	①生产原辅料、工艺路线、产品均相同的两个或两个以上生产线产生的固体废物	以固体废物产生量最大的单条生产线，自试生产以来实际最大生产负荷的一个产生时段内的固体废物产生量为依据，采集份样数需符合 HJ 298 表 1 中的要求			
				②非生产原辅料、工艺路线、产品均相同的两个或两个以上生产线产生的固体废物	以自试生产以来实际最大生产负荷的一个产生时段内的固体废物产生量为依据，采集份样数需符合 HJ 298 表 1 中的要求			
		2.2.2.3 生产工艺过程中间歇产生的固体废物	（1）固体废物产生的时间间隔小于等于 1 个月	①生产原辅料、工艺路线、产品均相同的两个或两个以上生产线产生的固体废物	以固体废物产生量最大的单条生产线，自试生产以来实际最大生产负荷月份的固体废物最大产生量为依据，采集份样数需符合 HJ 298 表 1 中的要求			
				②非生产原辅料、工艺路线、产品均相同的两个或两个以上生产线产生的固体废物	以确定的工艺环节自试生产以来实际最大生产负荷月份的固体废物最大产生量为依据，采集份样数需符合 HJ 298 表 1 中的要求			

评估项目	项目分类				技术要求	是否符合（或不涉及，或未提及）	存在问题	是否影响结论
2.2 样品采集	2.2.2 份样数确定	2.2.2.3 生产工艺过程中间歇产生的固体废物	（2）固体废物产生的时间间隔大于1个月	①生产原辅料、工艺路线、产品均相同的两个或两个以上生产线产生的固体废物	以固体废物产生量最大的单条生产线，自试生产以来固体废物最大单次产生总量为依据，采集份样数需符合 HJ 298 表 1 中的要求			
				②非生产原辅料、工艺路线、产品均相同的两个或两个以上生产线产生的固体废物	以确定的工艺环节自试生产以来，固体废物最大单次产生总量为依据，采集份样数需符合 HJ 298 表 1 中的要求			
		2.2.2.4 不根据固体废物的产生量确定采样份样数	（1）固体废物为丧失原有使用价值的物质，且危险特性全部来源于该物质本身，在使用过程中危险特性不变或降低		份样数不少于 2 个			
			（2）固体废物为生产和服务设施更换或拆除的固定式容器、反应容器和管道，粉状、半固态、液体产品使用后产生的包装物或容器，以及产品维修或产品类废物拆解过程产生的粉状、半固态、液体物料的盛装容器		每类内容物份样数不少于 2 个			
			（3）固体废物为废水处理污泥，且废水处理设施的废水的来源、类别、排放量、污染物含量稳定		份样数不少于 5 个			
			（4）固体废物来源于连续生产工艺，且设施长期运行稳定、原辅材料类别和来源固定		份样数不少于 5 个			
			（5）贮存于敞口贮存池和不可移动大型容器内液态废物		份样数不少于 5 个			
			（6）贮存于封闭式贮存池、不可移动大型容器和槽罐车内液态废物，且不具备在卸除废物过程中采样		份样数不少于 2 个			

评估项目	项目分类			技术要求	是否符合（或不涉及，或未提及）	存在问题	是否影响结论
2.2 样品采集	2.2.2 份样数确定	2.2.2.4 不根据固体废物的产生量确定采样份样数	（7）贮存于可移动的小型容器（容积≤1 000 L）中的固体废物，且容器数量不少于根据HJ 298表1中所确定的最小份样数	每个容器采集1个固体废物样品			
			（8）固体废物非法转移、倾倒、贮存、利用、处置等环境事件涉及的固体废物，因环境事件处理或应急处置要求	每类固体废物的份样数不少于5个			
			（9）水体环境、污染地块治理与修复过程产生的，需要按照固体废物进行处理处置的水体沉积物及污染土壤等环境介质，且鉴别过程已经根据污染特征进行分类	每类固体废物的份样数不少于5个			
			（10）突发环境事件及其处理过程中产生的固体废物，且鉴别过程已经根据污染特征进行分类	每类固体废物的份样数不少于5个			
	2.2.3 份样量确定	2.2.3.1 固态废物		依据固态废物的原始颗粒最大粒径，不小于HJ 298表2中规定的质量			
				满足分析操作的需要			
		2.2.3.2 半固态和液态废物		满足分析操作的需要			
	2.2.4 采样时间和频次	2.2.4.1 连续产生的固体废物		样品分次在1个月（或一个产生时段）内等时间间隔采集			
				每次采样在设备稳定运行的8小时（或一个生产班次）内完成			
		2.2.4.2 间歇产生的固体废物	（1）固体废物产生的时间间隔大于1个月	选择一个产生时段采集所需的份样数			
			（2）1个月内固体废物的产生次数大于等于所需的份样数	遵循等时间间隔原则在固体废物产生时段采样			
			（3）1个月内固体废物的产生次数小于所需的份样数	将所需的份样数均匀分配到各产生时段采样			

评估项目	项目分类				技术要求	是否符合（或不涉及，或未提及）	存在问题	是否影响结论
2.2 样品采集	2.2.5 采样方法	2.2.5.1 基本要求			采样工具、采样程序、采样记录和盛样容器按照 HJ/T 20 中的要求进行			
					采样安全措施按照 GB/T 3723 中的要求进行			
					在采样过程中采取相应措施防止危害成分的损失、交叉污染和二次污染			
		2.2.5.2 生产工艺过程产生的固体废物		（1）固体废物由卸料口排出	采样过程预先清洁卸料口，并适当排出固体废物后再采集样品			
					采用合适的容器接住卸料口，根据需要采集的总份样数或该次需要采集的份样数，等时间间隔接取所需份样量的固体废物。每接取一次固体废物，作为 1 个份样			
				（2）固体废物经板框压滤机压滤脱水	压滤机各板框顺序编号，用 HJ/T 20 中的随机数表法抽取与需要采集的份样数相同数目的板框作为采样单元采取样品。采样时，在压滤脱水后取下板框，刮下固体废物。每个板框内采取的固体废物，作为 1 个份样			
		2.2.5.3 堆存状态固体废物	（1）散状堆积固态、半固态废物	①堆积高度小于等于 0.5 m 的散状堆积固态、半固态废物	将固体废物堆平铺为厚度为 10～15 cm 的矩形，划分为 5N 个（N 为总份样数）面积相等的网格，顺序编号；用 HJ/T 20 中的随机数表法抽取 N 个网格作为采样单元，在网格中心位置处用采样铲或锹垂直采取全层厚度的固体废物。每个网格采取的固体废物，作为 1 个份样			
				②堆积高度大于 0.5 m 的散状堆积固态、半固态废物	分层采取样品；采样层数不小于 2 层，按照固态、半固态废物堆积高度等间隔布置；每层采取的份样数应相等。分层采样可以用采样钻或者机械钻探的方式进行			

评估项目	项目分类				技术要求	是否符合（或不涉及，或未提及）	存在问题	是否影响结论
2.2 样品采集	2.2.5 采样方法	2.2.5.3 堆存状态固体废物	（2）敞口贮存池或不可移动大型容器中的固体废物	①液态废物，且无明显分层	将容器划分为 5N 个面积相等的网格，顺序编号。采用随机数表法抽取 N 个网格作为采样单元采取样品。将玻璃采样管或者重瓶采样器从网格的中心位置处垂直缓慢插入液面至容器底采样。每采取一次，作为 1 个份样			
				②液态废物，且有明显分层	将容器划分为 5N 个面积相等的网格，顺序编号。采用随机数表法抽取 N 个网格作为采样单元采取样品。采用玻璃采样管或者重瓶采样器进行分层采样。每采取一次，作为 1 个份样			
				③固态、半固态固体废物，且厚度小于 2 m	将容器划分为 5N 个面积相等的网格，顺序编号。采用随机数表法抽取 N 个网格作为采样单元采取样品。采样时，在网格的中心位置处用土壤采样器或长铲式采样器垂直插入固体废物底部，旋转 90°后抽出。每采取一次固体废物，作为 1 个份样			
				④固态、半固态固体废物，且厚度大于等于 2 m	将容器划分为 5N 个面积相等的网格，顺序编号。采用随机数表法抽取（N+1）/3 个网格作为采样单元，分上部（深度为 0.3 m 处）、中部（1/2 深度处）、下部（5/6 深度处）3 层分别采样。每采取一次，作为 1 个份样			
			（3）小型可移动袋、桶或其他容器中的固体废物	①固态、半固态固体废物，且容器最大边长或高度小于等于 0.5 m	将各容器顺序编号，采用随机数表法抽取 N 个容器作为采样单元采取样品。根据固体废物性状，分别使用长铲式采样器、套筒式采样器或者探针进行采样。每个采样单元采取 1 个份样			

评估项目	项目分类					技术要求	是否符合（或不涉及，或未提及）	存在问题	是否影响结论
2.2 样品采集	2.2.5 采样方法	2.2.5.3 堆存状态固体废物	（3）小型可移动袋、桶或其他容器中的固体废物	②固态、半固态固体废物，且容器最大边长或高度大于 0.5 m		将各容器顺序编号，采用随机数表法抽取 N 个容器作为采样单元采取样品。分层采取样品，采样层数应不小于 2 层，各层样品混合作为 1 个份样			
				③液态废物		将各容器顺序编号，采用随机数表法抽取 N 个容器作为采样单元采取样品。将容器内液态废物混匀（含易挥发组分的液态废物除外）后，将玻璃采样管或者重瓶采样器从容器口中心位置处垂直缓缓插入液面至容器底采样。每个采样单元采取 1 个份样			
			（4）封闭式贮存池、不可移动大型容器或槽罐车中的固体废物	①卸除固体废物过程中采样		优先选择该采样方式。采样过程预先清洁卸料口，并适当排出固体废物后再采集样品			
						采用合适的容器接住卸料口，根据需要采集的总份样数或该次需要采集的份样数，等时间间隔接取所需份样量的固体废物。每接取一次固体废物，作为 1 个份样			
				②非卸除固体废物过程中采样	（a）适用性说明	对采用该方式的原因、依据详细说明，理由要合理、依据要充分			
					（b）卸料口采样	卸料口是否存在等相关信息			
						采样过程预先清洁卸料口，并适当排出固体废物后再采集样品			
						采用合适的容器接住卸料口，根据需要采集的总份样数或该次需要采集的份样数，等时间间隔接取所需份样量的固体废物。每接取一次固体废物，作为 1 个份样			
						采集不少于 1 个份样			

评估项目	项目分类					技术要求	是否符合（或不涉及，或未提及）	存在问题	是否影响结论
2.2 样品采集	2.2.5 采样方法	2.2.5.3 堆存状态固体废物	（4）封闭式贮存池、不可移动大型容器或槽罐车中的固体废物	①非卸除固体废物过程中采样	（c）液态废物，且无明显分层	将容器划分为 5N 个面积相等的网格，顺序编号。采用随机数表法抽取 N 个网格作为采样单元采取样品。将玻璃采样管或者重瓶采样器从网格的中心位置处垂直缓慢插入液面至容器底采样。每采取一次，作为 1 个份样			
					（d）液态废物，且有明显分层	将容器划分为 5N 个面积相等的网格，顺序编号。采用随机数表法抽取 N 个网格作为采样单元采取样品。采用玻璃采样管或者重瓶采样器进行分层采样。每采取一次，作为 1 个份样			
					（e）固态、半固态固体废物，且厚度小于 2 m	将容器划分为 5N 个面积相等的网格，顺序编号。采用随机数表法抽取 N 个网格作为采样单元采取样品。采样时，在网格的中心位置处用土壤采样器或长铲式采样器垂直插入固体废物底部，旋转 90°后抽出。每采取一次固体废物，作为 1 个份样			
					（f）固态、半固态固体废物，且厚度大于等于 2 m	将容器划分为 5N 个面积相等的网格，顺序编号。采用随机数表法抽取（N+1）/3 个网格作为采样单元，分上部（深度为 0.3 m 处）、中部（1/2 深度处）、下部（5/6 深度处）3 层分别采样。每采取一次，作为 1 个份样			
	2.2.6 采集质量保证和质量控制	2.2.6.1 样品采集记录				记录必要的信息，包括（但不限于）样品编号、采样时间、采样地点、企业生产工况			

评估项目	项目分类			技术要求	是否符合（或不涉及，或未提及）	存在问题	是否影响结论
2.3 制样、样品的保存和预处理	2.3.1 制样和样品的保存			按照 HJ/T 20 中的要求进行制样和样品的保存			
	2.3.2 样品的预处理			按照 GB 5085.1～GB 5085.6 中分析方法的要求进行样品的预处理			
2.4 样品检测	2.4.1 腐蚀性及其检测项目确定	2.4.1.1 通过综合分析排除此危险特性		以工艺分析为主要手段，经综合分析固体废物产生过程生产工艺、原辅材料特性、产生环节和主要危害成分等信息，确定此危险特性不存在，且分析过程准确全面，理由合理，依据充分			
		2.4.1.2 固体废物利用过程或处置后产生的固体废物		危险特性鉴别首先根据被利用或处置的固体废物的危险特性进行判定			
		2.4.1.3 通过检测判断危险特性	（1）检测项目确定	以工艺分析为主要手段，经综合分析固体废物产生过程生产工艺、原辅材料特性、产生环节和主要危害成分等信息，确定此危险特性的鉴别检测项目，且检测项目确定准确全面，理由合理，依据充分，没有漏选			
			（2）危险特性检测	使用 GB 5085.1 中规定的相应方法和指标限值			
			（3）检测质量保证和质量控制	检测符合相应检测方法的质量保证与质量控制要求			
				样品的采集、包装、运输和保存符合相应检测项目的有关要求			
		2.4.1.4 未排除此危险特性，也未通过检测判断此危险特性		已有其他检测结果可判定该固体废物具有危险特性，不再检测此危险特性（需要判断危险废物类别的除外）			

评估项目	项目分类			技术要求	是否符合（或不涉及，或未提及）	存在问题	是否影响结论
2.4 样品检测	2.4.2 易燃性及其检测项目确定	2.4.2.1 通过综合分析排除此危险特性		以工艺分析为主要手段，经综合分析固体废物产生过程生产工艺、原辅材料特性、产生环节和主要危害成分等信息，确定此危险特性不存在，且分析过程准确全面，理由合理，依据充分			
		2.4.2.2 固体废物利用过程或处置后产生的固体废物		危险特性鉴别首先根据被利用或处置的固体废物的危险特性进行判定			
		2.4.2.3 通过检测判断危险特性	（1）检测项目确定	以工艺分析为主要手段，经综合分析固体废物产生过程生产工艺、原辅材料特性、产生环节和主要危害成分等信息，确定此危险特性的鉴别检测项目，且检测项目确定准确全面，理由合理，依据充分，没有漏选			
			（2）危险特性检测	使用 GB 5085.4 中规定的相应方法和指标限值			
			（3）检测质量保证和质量控制	检测符合相应检测方法的质量保证与质量控制要求			
				样品的采集、包装、运输和保存符合相应检测项目的有关要求			
		2.4.2.4 未排除此危险特性，也未通过检测判断此危险特性		已有其他检测结果可判定该固体废物具有危险特性，不再检测此危险特性（需要判断危险废物类别的除外）			
	2.4.3 反应性及其检测项目确定	2.4.3.1 通过综合分析排除此危险特性		以工艺分析为主要手段，经综合分析固体废物产生过程生产工艺、原辅材料特性、产生环节和主要危害成分等信息，确定此危险特性不存在，且分析过程准确全面，理由合理，依据充分			

评估项目	项目分类			技术要求	是否符合（或不涉及，或未提及）	存在问题	是否影响结论
2.4 样品检测	2.4.3 反应性及其检测项目确定	2.4.3.2 固体废物利用过程或处置后产生的固体废物		危险特性鉴别首先根据被利用或处置的固体废物的危险特性进行判定			
		2.4.3.3 通过检测判断危险特性	（1）检测项目确定	以工艺分析为主要手段，经综合分析固体废物产生过程生产工艺、原辅材料特性、产生环节和主要危害成分等信息，确定此危险特性的鉴别检测项目，且检测项目确定准确全面，理由合理，依据充分，没有漏选			
			（2）危险特性检测	使用 GB 5085.5 中规定的相应方法和指标限值			
			（3）检测质量保证和质量控制	检测符合相应检测方法的质量保证与质量控制要求			
				样品的采集、包装、运输和保存符合相应检测项目的有关要求			
		2.4.3.4 未排除此危险特性，也未通过检测判断此危险特性		已有其他检测结果可判定该固体废物具有危险特性，不再检测此危险特性（需要判断危险废物类别的除外）			
	2.4.4 浸出毒性及其检测项目确定	2.4.4.1 通过综合分析排除此危险特性		以工艺分析为主要手段，经综合分析固体废物产生过程生产工艺、原辅材料特性、产生环节和主要危害成分等信息，确定此危险特性不存在，且分析过程准确全面，理由合理，依据充分			
		2.4.4.2 固体废物利用过程或处置后产生的固体废物		危险特性鉴别首先根据被利用或处置的固体废物的危险特性进行判定			

评估项目	项目分类			技术要求	是否符合（或不涉及，或未提及）	存在问题	是否影响结论
2.4 样品检测	2.4.4 浸出毒性及其检测项目确定	2.4.4.3 通过检测判断危险特性	（1）检测项目确定	以工艺分析为主要手段，经综合分析固体废物产生过程生产工艺、原辅材料特性、产生环节和主要危害成分等信息，确定此危险特性的鉴别检测项目，且检测项目确定准确全面，理由合理，依据充分，没有漏选			
			（2）危险特性检测	使用 GB 5085.3 中规定的相应方法和指标限值			
			（3）检测质量保证和质量控制	检测符合相应检测方法的质量保证与质量控制要求			
				样品的采集、包装、运输和保存符合相应检测项目的有关要求			
		2.4.4.4 未排除此危险特性，也未通过检测判断此危险特性		已有其他检测结果可判定该固体废物具有危险特性，不再检测此危险特性（需要判断危险废物类别的除外）			
	2.4.5 毒性物质含量及其检测项目确定	2.4.5.1 通过综合分析排除此危险特性		以工艺分析为主要手段，经综合分析固体废物产生过程生产工艺、原辅材料特性、产生环节和主要危害成分等信息，确定此危险特性不存在，且分析过程准确全面，理由合理，依据充分			
		2.4.5.2 固体废物利用过程或处置后产生的固体废物		危险特性鉴别首先根据被利用或处置的固体废物的危险特性进行判定			
		2.4.5.3 通过检测判断危险特性	（1）检测项目确定	以工艺分析为主要手段，经综合分析固体废物产生过程生产工艺、原辅材料特性、产生环节和主要危害成分等信息，确定此危险特性的鉴别检测项目，且检测项目确定准确全面，理由合理，依据充分，没有漏选			

评估项目	项目分类			技术要求	是否符合（或不涉及，或未提及）	存在问题	是否影响结论
2.4 样品检测	2.4.5 毒性物质含量及其检测项目确定	2.4.5.3 通过检测判断危险特性	（2）危险特性检测	使用 GB 5085.6 中规定的相应方法和指标限值			
				当同一种毒性成分在一种以上毒性物质中存在时，以分子量最高的物质进行计算和结果判断			
			（3）检测质量保证和质量控制	检测符合相应检测方法的质量保证与质量控制要求			
				样品的采集、包装、运输和保存符合相应检测项目的有关要求			
		2.4.5.4 未排除此危险特性，也未通过检测判断此危险特性		已有其他检测结果可判定该固体废物具有危险特性，不再检测此危险特性（需要判断危险废物类别的除外）			
	2.4.6 急性毒性及其检测项目确定	2.4.6.1 通过综合分析排除此危险特性		以工艺分析为主要手段，经综合分析固体废物产生过程生产工艺、原辅材料特性、产生环节和主要危害成分等信息，确定此危险特性不存在，且分析过程准确全面，理由合理，依据充分			
		2.4.6.2 固体废物利用过程或处置后产生的固体废物		危险特性鉴别首先根据被利用或处置的固体废物的危险特性进行判定			
		2.4.6.3 通过检测判断危险特性	（1）检测项目确定	以工艺分析为主要手段，经综合分析固体废物产生过程生产工艺、原辅材料特性、产生环节和主要危害成分等信息，确定此危险特性的鉴别检测项目，且检测项目确定准确全面，理由合理，依据充分，没有漏选			
			（2）危险特性检测	使用 GB 5085.2 中规定的相应方法和指标限值			
			（3）检测质量保证和质量控制	检测符合相应检测方法的质量保证与质量控制要求			
				样品的采集、包装、运输和保存符合相应检测项目的有关要求			

评估项目	项目分类		技术要求	是否符合（或不涉及，或未提及）	存在问题	是否影响结论
2.4 样品检测	2.4.6 急性毒性及其检测项目确定	2.4.6.4 未排除此危险特性，也未通过检测判断此危险特性	已有其他检测结果可判定该固体废物具有危险特性，不再检测此危险特性（需要判断危险废物类别的除外）			
2.5 鉴别结果判断	2.5.1 按照 HJ 298 表 1 中规定的最小份样数采样		检测结果超过 GB 5085.1～GB 5085.6 中相应标准限值的份样数大于等于 HJ 298 表 3 中的超标份样数限值，即判定该固体废物具有该种危险特性			
	2.5.2 份样数与 HJ 298 表 3 不符且大于表 1 中规定的最小份样数		检测结果按照表 3 中与实际份样数最接近的较小份样数进行结果的判断			
	2.5.3 采样份样数小于表 1 中规定的最小份样数，且符合减少份样数条件		检测结果超过 GB 5085.1～GB 5085.6 中相应标准限值的份样数大于等于 1，即判定该固体废物具有该种危险特性			
	2.5.4 危险废物类别判断		经鉴别具有危险特性的，根据其主要有害成分和危险特性确定所属危险废物类别，并按代码“900-000-××”进行归类			

注：本表格依据国家危险废物鉴别有关规定、标准和技术规范制定，并按照国家要求实时调整。

江西省危险废物鉴别专家委员会工作章程（试行）

第一条 为规范江西省危险废物鉴别专家委员会（以下简称省专委会）工作，根据《关于加强危险废物鉴别工作的通知》（环办固体函〔2021〕419 号）、《生态环境部办公厅关于成立第一届国家危险废物鉴别专家委员会的通知》（环办固体函〔2021〕506 号）等规定，制定本章程。

第二条 省专委会在江西省生态环境厅指导下开展工作。

第三条 省专委会由 13 名危险废物鉴别、固体废物环境管理、环境监测等领域研究或技术工作经验丰富、能力突出，并具有高级职称或同等能力的专家组成，其中主任委员 1 名、副主任委员 2 名，下设秘书处。

第四条 省专委会成员（以下简称专家委员）由专家委员所在单位推荐，或由省生态环境厅直接提名，并征得专家委员及所在单位同意；省生态环境厅组织遴选后，对符合要求的，予以聘任。

第五条 专家委员实施动态管理：

（一）专家委员实行聘任制，每届任期 3 年，可连选连任。任期届满，按照本章程有关要求，重新遴选、聘任。

（二）对违反国家相关法律法规或不遵守本章程的专家委员，省生态环境厅予以解聘。

（三）专家委员因故不能继续参加省专委会工作时，应以书面方式提出辞呈，或由其所在单位出具情况说明，经省生态环境厅批准后，退出省专委会。

（四）省生态环境厅根据工作需要，可聘任临时专家委员。

第六条 省专委会主要承担以下工作：

（一）为省生态环境厅危险废物鉴别环境管理工作提供技术支撑，开展本省危险废物鉴别技术培训、重大危险废物突发环境事件的固体废物快速应急鉴别等技术指导工作。

（二）依据《江西省危险废物鉴别异议评估规程》，评估针对本省危险废物鉴别的异议及相关鉴别报告，出具异议评估意见。

（三）受省生态环境厅委托，不定期对危险废物鉴别单位及鉴别报告开展抽查复核，对危险废物鉴别单位进行综合评价。

（四）承担省生态环境厅委托的其他危险废物鉴别相关工作。

省专委会每年向省生态环境厅提交江西省危险废物鉴别专家委员会年度工作报告。

第七条 专家委员在开展省专委会承担的相关工作中应遵守以下规定：

（一）遵守国家相关法律、法规、规章。

（二）本着独立、客观、公正的态度开展工作，并接受社会监督。

（三）遵守工作纪律，不得收受利害关系单位、人的财物或者获取其他利益。

（四）遵守有关保密规定，不得泄露工作中获取的任何国家秘密、技术秘密、商业秘密以及工作情况，妥善保管相关资料。

第八条 专委会秘书处设在江西省生态环境监测中心，由江西省生态环境监测中心固体废物和评估服务处开展秘书处日常工作，在省专委会领导下，承担以下工作：

（一）省专委会与省生态环境厅、国家鉴别专委会的日常联系、信息通报和相关活动安排。

（二）针对收到的异议评估申请开展形式审查。

（三）协助省专委会组织开展危险废物鉴别异议评估工作、危险废物鉴别单位及鉴别报告复核、危险废物鉴别单位综合评价等工作。

（四）省生态环境厅委托或交办的其他危险废物鉴别相关工作。

第九条 省生态环境厅组建本省危险废物鉴别专家库（以下简称鉴别专家库），专家从省固体废物环境管理专家库中遴选。

第十条 鉴别专家库专家实施动态管理：

（一）省专委会将从省固体废物环境管理专家库遴选人员进入鉴别专家库。专家委员会每 3 年至少组织一次入库申请和遴选工作。

（二）对违反国家相关法律法规或不遵守本章程的专家，省专委会予以清理退出鉴别专家库。

（三）专家因故不能继续参加鉴别专家库工作时，应以书面方式提出辞呈，经省专委会同意后，退出鉴别专家库。

第十一条 鉴别专家库专家的主要职责包括参加省专委会组织的鉴别报告异议评估、鉴别单位评价和鉴别报告复核，为省专委会提供咨询等。

第十二条 鉴别专家库专家在开展省专委会委托相关工作中应遵守以下规定：

（一）依法、规范、科学、公正开展工作，独立、客观提出意见，并对所提出的意见负责。

（二）遵守工作纪律，不得收受利害关系单位、人的财物或者获取其他利益。

（三）不得对异议评估相关的单位、个人，复核与评价的鉴别单位、个人透露评估信息或作出与评估工作有关的承诺。

（四）遵守有关保密规定，不得泄露工作中获取的任何国家秘密、技术秘密、商业秘密以及评审工作情况，妥善保管相关资料。

（五）与异议评估的单位，个人，复核与评价的鉴别单位、个人有直接工作关系或利益关系时，应当主动提出回避。

（六）接受省专委会的监督。

第十三条 本章程自印发之日起实施，由江西省生态环境厅负责解释。

江西省危险废物鉴别异议评估工作规程（试行）

一、工作范围

本规程适用于江西省危险废物鉴别专家委员会（以下简称省专委会）在职责范围内，对本省存在异议的危险废物鉴别报告的评估工作。

二、评估程序

异议评估程序包括形式审查、技术评估和报告复核，详见附图 5。

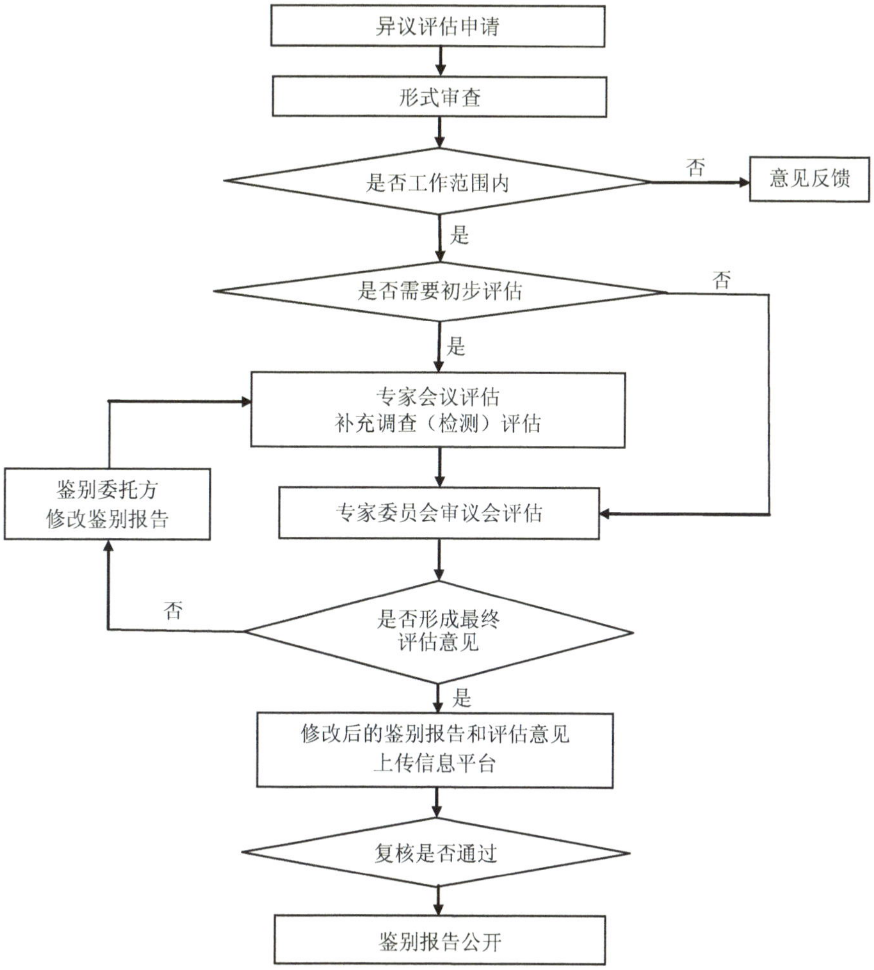

附图 5　江西省危险废物鉴别异议评估程序

三、形式审查

省专委会收到异议评估申请后，首先由省专委会秘书处（以下简称秘书处）开展形式审查，判断是否属于省专委会异议评估工作范围。属于异议评估工作范围的，开展技术评估；不属于异议评估工作范围的，将审查意见反馈异议提出方。形式审查期间，被异议方可向秘书处提交佐证材料对异议问题进行陈述。以下情形不属于省专委会异议评估工作范围：

（一）针对省专委会异议评估意见的异议。

（二）支撑材料不完整的异议。

（三）其他不属于省专委会异议评估工作范围的异议。

形式审查在异议评估申请提出后的 10 个工作日内完成（鉴别报告公开后 10 个工作日内收到的异议评估申请均从第 10 个工作日起计）。

四、技术评估

（一）技术评估分为初步评估和专家委员会审议会（以下简称审议会）评估两个阶段。根据异议内容，鉴别对象错误、鉴别采样不规范等不需要初步评估的，可直接开展审议会评估。需要初步评估的，由省专委会确定初步评估方式。

（二）初步评估包括专家会议评估和补充调查（检测）评估。

需要开展专家会议评估的，由专家委员会根据异议和鉴别报告内容，结合专业需求，选取不少于 5 名专家（至少有 1 名专家委员，其余从专家库中选择）组成专家组，开展专家会议评估，形成专家会议评估意见。

需要开展补充调查（检测）评估的，由专家委员会告知鉴别委托方开展补充调查（检测）；如确有必要，专家委员会可以组织开展补充调查（检测）。根据补充调查（检测）结果，形成补充调查（检测）评估意见。

（三）初步评估意见［包括专家会议评估意见和补充调查（检测）评估意见］需经审议会评估。审议会由不少于 3 名专家委员组成。审议会对鉴别报告结论是否正确可以直接作出判断的，出具该异议及相关鉴别报告的评估意见。对鉴别报告结论是否正确无法直接判断的，省专委会向鉴别委托方反馈。修改完善后的鉴别报告应再次提交省专委会进行评估。

五、报告复核公开

异议评估意见反馈给鉴别委托方和异议提出方后，鉴别委托方将根据该评估意见修改完善的鉴别报告和评估意见等相关资料上传至全国危险废物鉴别信息公开服务平台，经秘书处复核无误后向全社会公开。

山东省危险废物鉴别专家委员会章程

第一条 为规范山东省危险废物鉴别专家委员会（以下简称专家委员会）工作，根据《关于加强危险废物鉴别工作的通知》（环办固体函〔2021〕419号），结合山东省实际，制定本章程。

第二条 专家委员会在山东省生态环境厅指导下开展工作。

第三条 专家委员会由危险废物鉴别、固体废物环境管理、环境监测、环境损害评估等领域研究或技术工作经验丰富、能力突出，并具有正高级职称的专家组成。专家委员会设主任委员1名、副主任委员2名，委员12名，下设秘书处。

第四条 专家委员会成员（以下简称专家委员）由省生态环境厅直接提名并征得专家委员所在单位同意后，或由专家委员所在单位推荐并经省生态环境厅遴选后，予以聘任。

第五条 专家委员实施动态管理：

（一）专家委员实行聘任制，每届任期3年，可连选连任，任期届满，按照本章程有关要求，重新遴选、聘任；

（二）对违反国家法律法规或不遵守本章程的专家委员，予以解聘；

（三）专家委员连续3次无故未能按要求参加专家委员会活动的，予以解聘；

（四）专家委员因故不能继续参加专家委员会工作时，应以书面方式提出辞呈，或由其所在单位出具情况说明，经省生态环境厅批准后，退出专家委员会。

第六条 专家委员会主要承担以下工作：

（一）为山东省危险废物鉴别环境管理提供咨询与技术支撑，开展本省危险废物鉴别技术培训、重大危险废物突发环境事件的快速应急鉴别等技术指导工作；

（二）根据《山东省危险废物鉴别异议评估规程》，对本省存在异议的危险废物鉴别报告进行评估，并出具评估意见；

（三）协助省生态环境厅，对在山东省开展危险废物鉴别的单位及鉴别报告开展抽查复核，对危险废物鉴别单位及鉴别活动进行综合评价；

（四）承担省生态环境厅委托的其他危险废物鉴别相关工作。

专家委员会每年向省生态环境厅提交山东省危险废物鉴别专家委员会年度工作报告。

第七条 专家委员工作中应做到：

（一）遵守国家相关法律、法规、规章；

（二）本着独立、客观、公正的态度开展工作，并接受社会监督；

（三）遵守工作纪律，不得收受利害关系单位、人的财物或者获取其他利益；

（四）遵守有关保密规定，不得泄露工作中获取的任何技术秘密、商业秘密以及工作情况，妥善保管相关资料。

第八条 专家委员会秘书处设在山东省固体废物和危险化学品污染防治中心，承担以下工作：

（一）负责专家委员会和省生态环境厅、国家危险废物鉴别专家委员会的日常联系、信息通报和相关活动安排；

（二）针对本省危险废物鉴别报告的异议开展形式审查；

（三）组织开展危险废物鉴别异议评估、危险废物鉴别单位及鉴别报告复核、危险废物鉴别单位及鉴别活动综合评价等工作；

（四）完成省生态环境厅委托的其他危险废物鉴别相关工作。

第九条 省生态环境厅组建山东省危险废物鉴别专家库。专家库由环境、化工、冶金、材料及固体废物环境管理等领域专家组成，专家应当符合以下基本条件：

（一）遵纪守法、坚持原则、作风正派，具有良好的学术道德；

（二）熟悉危险废物鉴别相关法律法规、标准和技术规范；

（三）从事相关领域研究或技术工作满 5 年并具有高级职称或同等专业水平，或从事固体废物一线环境管理工作 15 年以上；

（四）身体健康，原则上年龄不超过 65 周岁；

（五）在时间和精力上能够保证正常参加专家委员会组织的工作，并能按要求完成任务。

第十条 专家库专家的主要工作包括参加专家委员会组织的鉴别报告异议评估、鉴别单位及鉴别活动评价、鉴别报告复核，为专家委员会提供咨询等工作。

第十一条 专家库专家在工作中应做到：

（一）依法、规范、科学、公正地开展工作，独立、客观地提出意见，并对所提出的意见负责；

（二）遵守工作纪律，不得收受利害关系单位、人的财物或者获取其他利益；

（三）不得对异议评估相关的单位、个人，评价与复核的鉴别单位、个人透露评估信息或作出与评估工作有关的承诺；

（四）遵守有关保密规定，不得泄露工作中获取的任何技术秘密、商业秘密以及评审工作情况，妥善保管相关资料；

（五）与异议评估相关单位、个人，评价与复核的鉴别单位有直接工作关系或利益关系时，应当主动提出回避；

（六）接受专家委员会的培训、考核及监督。

第十二条 专家库专家实施动态管理：

（一）专家可通过专家委员会委员推荐或自主申请，并经专家委员会遴选后加入专家库，每3年集中组织一次专家入库申请与遴选工作；

（二）对违反国家法律法规或不遵守本章程的专家，清退出专家库；

（三）专家因故不能继续参加专家委员会工作时，应以书面方式提出辞呈，经专家委员会同意后，退出专家库。

第十三条 本章程由省生态环境厅负责解释。

第十四条 本章程自印发之日起实施。

山东省危险废物鉴别异议评估规程

一、工作范围

本规程适用于山东省危险废物鉴别专家委员会（以下简称专家委员会）在职责范围内，对本省危险废物鉴别报告的异议及相关鉴别报告进行评估的工作。

二、工作程序

危险废物鉴别异议评估程序包括形式审查、技术评估、报告复核，详见附图6。

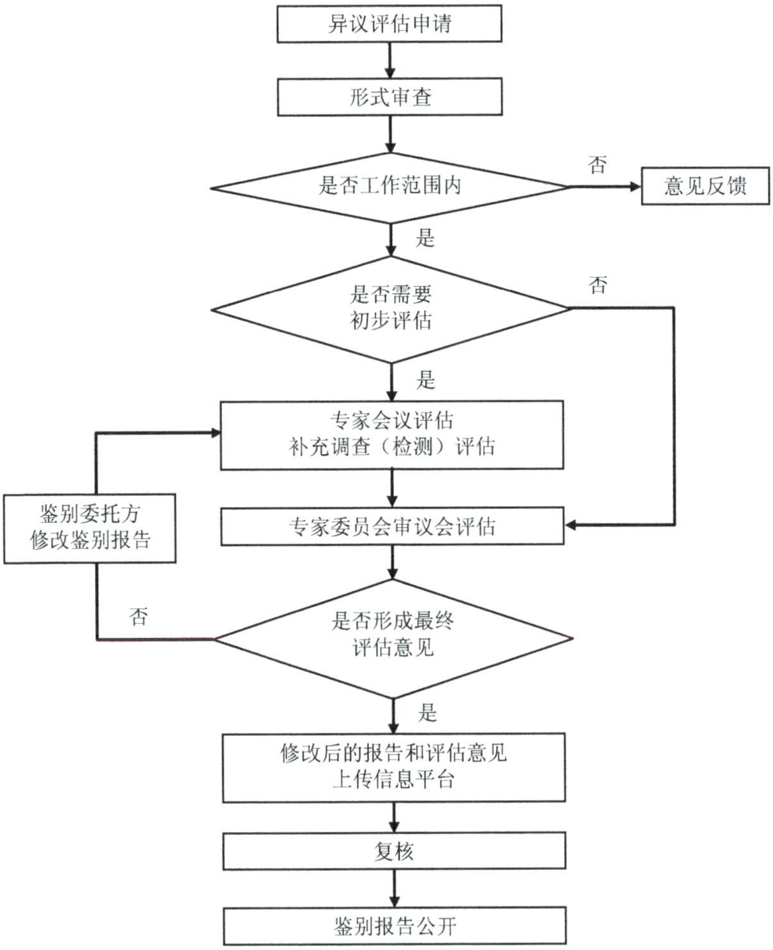

附图6　危险废物鉴别异议评估程序

三、形式审查

专家委员会收到异议评估申请后，首先由专家委员会秘书处开展异议评估申请的形式审查，10 个工作日内对该异议评估申请是否在受理范围内作出判断。属于异议评估工作范围的，进入技术评估阶段；不属于异议评估工作范围的，将审查意见反馈给异议提出方。以下几种情形不在异议评估受理范围内：

（一）不属于针对本省危险废物鉴别报告的异议申请；

（二）理由不充分、支撑材料不完整的异议；

（三）与鉴别报告结论的准确性无关的异议；

（四）经国家危险废物鉴别专家委员会出具评估意见的异议；

（五）其他不属于本省专家委员会评估工作范围的异议。

四、技术评估

（一）技术评估分为初步评估和专家委员会审议会（以下简称审议会）评估两个阶段。根据异议内容，鉴别对象错误、鉴别采样不规范等不需要初步评估的，可直接开展审议会评估。需要初步评估的，由专家委员会确定初步评估方式。

（二）初步评估包括专家会议评估和补充调查（检测）评估。

1. 需要开展专家会议评估的，由专家委员会根据异议和鉴别报告内容，结合专业需求，选取不少于 5 名专家（至少有 1 名专家委员，其余从专家库中选择）组成专家组，开展专家会议评估，形成专家会议评估意见。

2. 需要开展补充调查（检测）评估的，由专家委员会告知鉴别委托方开展补充调查（检测）；如确有必要，专家委员会可以组织开展补充调查（检测）。根据补充调查（检测）结果，形成补充调查（检测）评估意见。

3. 初步评估意见［包括专家会议评估意见和补充调查（检测）评估意见］需经审议会评估。

（三）审议会由不少于 3 名专家委员组成，其中至少包括 1 名主任委员或副主任委员。审议会对鉴别报告结论是否正确可以直接作出判断的，出具该异议及相关鉴别报告的最终评估意见。对于鉴别报告结论是否正确无法直接判断的，专家委员会向鉴别委托方反馈。修改完善后的鉴别报告应再次提交专家委员会进行评估。

五、报告复核

最终评估意见反馈给鉴别委托方和异议提出方后，鉴别委托方将修改完善后的鉴别报告和评估意见等相关资料上传至全国危险废物鉴别信息公开服务平台，经专家委员会秘书处复核无误后向社会公开。

宁夏回族自治区危险废物鉴别专家委员会章程（试行）

第一条 为规范宁夏回族自治区危险废物鉴别专家委员会（以下简称专家委员会）工作，根据《关于加强危险废物鉴别工作的通知》（环办固体函〔2021〕419号），制定本章程。

第二条 专家委员会在宁夏回族自治区生态环境厅指导下开展工作。

第三条 专家委员会由危险废物鉴别、固体废物环境管理、环境监测等领域研究或技术工作经验丰富、能力突出，并具有副高级以上职称的专家组成。专家委员会设主任委员1名、副主任委员若干名。

第四条 专家委员会成员（以下简称专家委员）由专家委员所在单位推荐或由宁夏回族自治区生态环境厅直接提名，并征得专家委员及所在单位同意；宁夏回族自治区生态环境厅组织遴选后，对符合要求的，予以聘任。

第五条 专家委员实施动态管理：

（一）专家委员实行聘任制，每届任期3年，可连选连任。任期届满，按照本章程有关要求，重新遴选、聘任。

（二）对违反国家相关法律法规或不遵守本章程的专家委员，宁夏回族自治区生态环境厅予以解聘。

（三）专家委员因故不能继续参加专家委员会工作时，应以书面方式提出辞呈，或由其所在单位出具情况说明，经宁夏回族自治区生态环境厅批准后，退出专家委员会。

第六条 专家委员会主要承担以下工作：

（一）为宁夏回族自治区生态环境厅危险废物鉴别环境管理工作提供技术支撑。

（二）依据《宁夏回族自治区危险废物鉴别异议评估规程（试行）》，评估针对在全国危险废物鉴别信息公开服务平台进行公开的本自治区危险废物鉴别报告的异议，出具评估意见。

（三）受宁夏回族自治区生态环境厅委托，不定期对宁夏回族自治区内鉴别委托方的危险废物鉴别报告开展抽查复核。

（四）承担宁夏回族自治区生态环境厅委托的其他危险废物鉴别相关工作。专家委员会每年向宁夏回族自治区生态环境厅提交宁夏回族自治区危险废物鉴别专家委员会年度工作报告。

第七条 专家委员在开展专家委员会承担的相关工作中应遵守以下规定：

（一）遵守相关法律、法规、规章。

（二）本着独立、客观、公正的态度开展工作，并接受社会监督。

（三）遵守工作纪律，不得收受利害关系单位、利益相关人的财物或者获取其他利益。

（四）遵守有关保密规定，不得泄露工作中获取的任何国家秘密、技术秘密、商业秘密以及工作情况，妥善保管相关资料。

第八条 专家委员会秘书处设在宁夏回族自治区生态环境污染防治中心，由宁夏回族自治区生态环境污染防治中心危险废物管理科开展秘书处日常工作，在专家委员会领导下，承担以下工作：

（一）专家委员会和宁夏回族自治区生态环境厅日常联系、信息通报和相关活动安排。

（二）针对收到的异议评估申请开展形式审查。

（三）协助专家委员会组织针对宁夏回族自治区内鉴别委托方的危险废物鉴别报告的异议评估、危险废物鉴别报告复核等工作。

（四）协助专家委员会完成宁夏回族自治区生态环境厅委托的其他危险废物鉴别相关工作。

第九条 专家委员会组织开展评估工作，所需专家从宁夏回族自治区生态环境领域专家库中抽取，专家的主要职责包括参加专家委员会组织的异议及相关鉴别报告评估、鉴别单位评价和鉴别报告复核、为专家委员会提供咨询等。

第十条 专家库专家在开展专家委员会委托相关工作中应遵守以下规定：

（一）依法、规范、科学、公正开展工作，独立、客观提出意见，并对提出的意见负责。

（二）遵守工作纪律，不得收受利害关系单位、利益相关人的财物或者获取其他利益。

（三）不得对异议评估相关的单位、个人，复核与评价的鉴别单位、个人透露评估信息或作出与评估工作有关的承诺。

（四）遵守有关保密规定，不得泄露工作中获取的任何国家秘密、技术秘密、商业秘密以及评审工作情况，妥善保管相关资料。

（五）与异议评估的单位、个人，复核与评价的鉴别单位、个人有直接工作关系或利益关系时，应当主动提出回避。

（六）接受专家委员会的监督。

第十一条 专家劳务报酬按照《宁夏回族自治区生态环境厅专家库管理办法》（宁环办发〔2021〕91 号）相关要求执行。

第十二条 本章程自印发之日起实施，由宁夏回族自治区生态环境厅负责解释。

宁夏回族自治区危险废物鉴别异议评估规程（试行）

一、适用范围

本规程适用于宁夏回族自治区危险废物鉴别专家委员会（以下简称专家委员会）在职责范围内，对针对在全国危险废物鉴别信息公开服务平台进行公开的宁夏回族自治区内鉴别委托方的危险废物鉴别报告（以下简称区内危险废物鉴别报告）的异议进行评估的工作。

二、评估程序

危险废物鉴别异议评估程序包括形式审查、技术评估和报告复核。

三、形式审查

专家委员会收到针对区内危险废物鉴别报告的异议评估申请后，首先由专家委员会秘书处开展形式审查，判断是否属于专家委员会异议评估工作范围。属于异议评估工作范围的，开展技术评估；不属于异议评估工作范围的，将审查意见反馈异议提出方。以下情形不属于专家委员会异议评估工作范围：

（一）针对非区内危险废物鉴别报告的异议评估申请。

（二）相关异议的理由以及证明材料不完整的异议评估申请。

（三）其他不属于专家委员会异议评估工作范围的异议。

形式审查应在异议评估申请提出后的 10 个工作日内完成（鉴别报告公开后 10 个工作日内收到的异议评估申请均从第 10 个工作日起计）。

四、技术评估

（一）技术评估分为初步评估和专家委员会审议会（以下简称审议会）评估两个阶段。根据异议内容，鉴别对象错误、鉴别采样不规范等不需要初步评估的，可直接开展审议会评估。需要初步评估的，由专家委员会确定初步评估方式。

（二）初步评估包括专家会议评估和补充调查（检测）评估。需要开展专家会议评估的，由专家委员会根据异议和鉴别报告内容，结合专业需求，选取不少于 5 名专家（至少有 1 名专家委员，其余从宁夏回族自治区生态环境领域专家库中选择）组成专家组，开展专家会议评估，形成专家会议评估意见。需要开展补充调查（检测）评估的，由专家委员会告知鉴别委托方开展补充调查（检测）；如确有必要，专家委员会可以组织开展补充调查（检测）。根据补充调查（检测）结果，形成补充调查（检测）评估意见。

（三）初步评估意见包括专家会议评估意见和补充调查（检测）评估意见需经审议会评估。审议会由不少于 3 名专家委员组成，其中至少包括 1 名主任委员或副主任委员。审议会对鉴别报告结论是否正确可以直接作出判断的，出具该异议及相关鉴别报告的评估意见。对于鉴别报告结论是否正确无法直接判断的，专家委员会向鉴别委托方反馈鉴别委托方依据专家委员会反馈意见对鉴别报告修改完善，修改完善后的鉴别报告应再次提交专家委员会进行评估。

五、报告复核

评估意见反馈给鉴别委托方和异议提出方后，鉴别委托方将鉴别报告和评估意见等相关资料上传至全国危险废物鉴别信息公开服务平台，经秘书处复核无误后向社会公开。

上海市危险废物鉴别专家委员会章程（征求意见稿）

第一条 为规范本市危险废物鉴别专家委员会工作，根据《关于加强危险废物鉴别工作的通知》（环办固体函〔2021〕419 号）和《关于成立第一届国家危险废物鉴别专家委员会的通知》（环办固体函〔2021〕506 号）等相关规定，制定本章程。

第二条 上海市危险废物鉴别专家委员会（以下简称市专委会）在上海市生态环境局指导下开展工作。

第三条 市专委会由危险废物鉴别、固体废物环境管理、环境监测等领域研究或技术工作经验丰富、能力突出，并具有高级职称或同等能力的专家组成。

第四条 专家委员会成员（以下简称专家委员）由专家委员所在单位推荐或由市生态环境局直接提名，并征得专家委员及所在单位同意；市生态环境局组织遴选后，对符合要求的，予以聘任。

第五条 专家委员实施动态管理：

（一）专家委员实行聘任制，每届任期 3 年，可连选连任。任期届满，按照本章程有关要求，重新遴选、聘任。

（二）对违反国家相关法律法规或不遵守本章程的专家委员，市生态环境局予以解聘。

（三）专家委员因故不能继续参加市专委会工作时，应以书面方式提出辞呈，或由其所在单位出具情况说明，经市生态环境局批准后，退出市专委会。

（四）市生态环境局根据工作需要，可聘任临时专家委员。

第六条 市专委会主要承担以下工作：

（一）为市生态环境局危险废物鉴别环境管理工作提供技术支撑，开展本市危险废物鉴别技术培训等指导工作。

（二）依据《上海市危险废物鉴别异议评估规程》，评估对本市危险废物鉴别报告的异议及相关鉴别报告，出具异议评估意见。

（三）承担市生态环境局委托的其他危险废物鉴别相关工作。

市专委会每年向市生态环境局提交上海市危险废物鉴别专家委员会年度工作报告。

第七条 专家委员在开展市专委会承担的相关工作中应遵守以下规定：

（一）遵守国家相关法律、法规、规章。

（二）本着独立、客观、公正的态度开展工作，并接受社会监督。

（三）遵守工作纪律，不得收受利害关系单位、人的财物或者获取其他利益。

（四）遵守有关保密规定，不得泄露工作中获取的任何国家秘密、技术秘密、商业秘密以及工作情况，妥善保管相关资料。

第八条 市专委会秘书处设在上海市固体废物与化学品管理技术中心，由其开展秘书处日常工作，在市专委会领导下，承担以下工作：

（一）市生态环境局、国家鉴别专委会及市专委会日常联系、信息通报和相关活动安排。

（二）针对收到的异议评估申请开展形式审查。

（三）协助市专委会组织开展危险废物鉴别异议评估工作、危险废物鉴别单位及鉴别报告复核、危险废物鉴别单位综合评价等工作。

（四）市生态环境局委托或交办的其他危险废物鉴别相关工作。

第九条 市生态环境局组建本市危险废物鉴别专家库。专家库由环境、石化、化工、冶金、材料等领域专家组成，专家应当符合以下基本条件：

（一）遵纪守法、坚持原则、作风正派，具有良好的学术道德。

（二）具有良好的相关专业知识、技术能力和实践经验。

（三）从事相关领域研究或技术工作满 5 年并具有高级职称或同等专业水平。

（四）身体健康，原则上年龄不超过 65 周岁。

（五）在时间和精力上能够保证正常参加市专委会组织的工作，并能按要求完成任务。

第十条 专家库专家实施动态管理：

（一）专家可通过专家委员推荐或自主申请，征得专家所在单位同意，并经市专委会遴选后加入专家库。市专委会动态开展专家入库申请与遴选工作，每 3 年集中组织一次专家入库申请与遴选工作。

（二）对违反国家相关法律法规或不遵守本章程的专家，市专委会予以清退出专家库。

（三）专家因故不能继续参加专家库工作时，应以书面方式提出辞呈，经市专委会同意后，退出专家库。

第十一条 专家库专家的主要职责包括参加市专委会组织的鉴别报告异议评估、鉴别单位评价和鉴别报告复核、为市专委会提供咨询等。

第十二条 专家库专家在开展市专委会委托相关工作中应遵守以下规定：

（一）依法、规范、科学、公正开展工作，独立、客观提出意见，并对所提出的意见负责。

（二）遵守工作纪律，不得收受利害关系单位、人的财物或者获取其他利益。

（三）不得对异议评估相关的单位、个人，复核与评价的鉴别单位、个人透露评估信息或作出与评估工作有关的承诺。

（四）遵守有关保密规定，不得泄露工作中获取的任何国家秘密、技术秘密、商业秘密以及评审工作情况，妥善保管相关资料。

（五）与异议评估的单位、个人，复核与评价的鉴别单位有直接工作关系或利益关系时，应当主动提出回避。

（六）接受市专委会的监督。

第十三条 本章程自印发之日起实施，由市生态环境局负责解释。

上海市危险废物鉴别异议评估规程（征求意见稿）

一、适用范围

本规程适用于上海市危险废物鉴别专家委员会（以下简称市专委会）在职责范围内，对本市危险废物鉴别报告的异议及相关鉴别报告进行评估的工作。

二、评估程序

异议评估程序包括形式审查、技术评估和报告复核公开，详见附图 7。

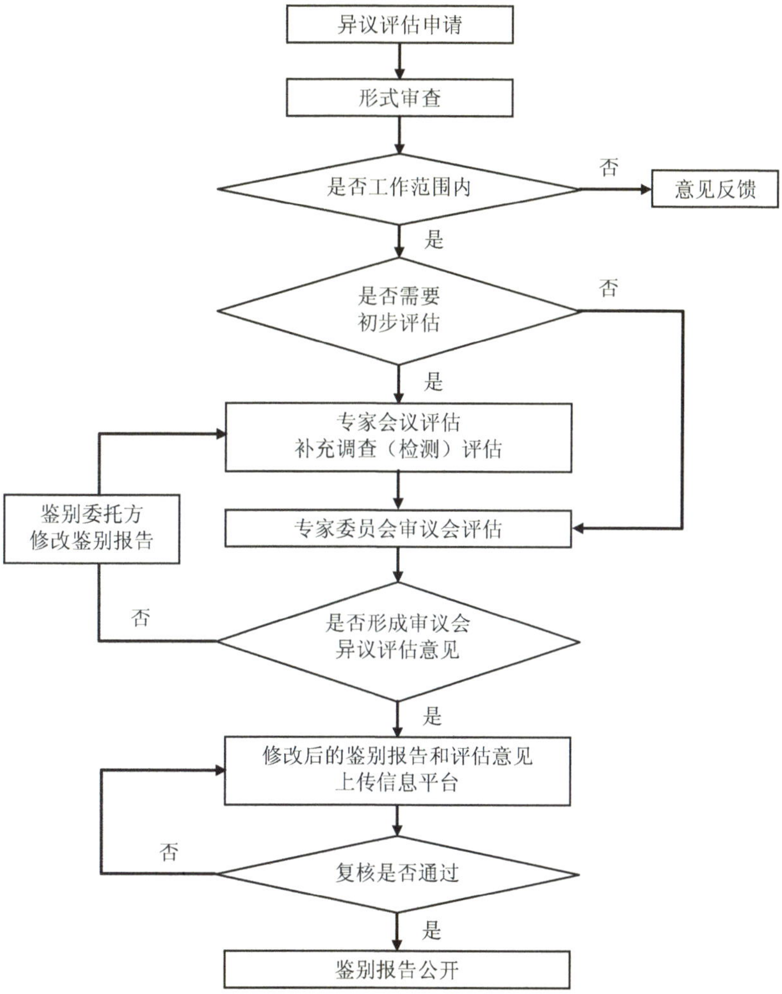

附图 7　上海市危险废物鉴别异议评估程序

三、形式审查

市专委会收到异议评估申请后，首先由市专委会秘书处（以下简称秘书处）开展形式审查，判断是否属于市专委会异议评估工作范围。属于异议评估工作范围的，开展技术评估；不属于异议评估工作范围的，将审查意见反馈异议提出方。异议形式审查期间，被异议方可向市专委会提交有关异议的说明材料，作为秘书处开展异议形式审查的支撑材料。以下情形不属于市专委会异议评估工作范围：

（一）针对市专委会异议评估意见的异议。

（二）支撑材料不完整的异议。

（三）其他不属于市专委会异议评估工作范围的异议。

形式审查在异议评估申请提出后的 10 个工作日内完成（鉴别报告公开后 10 个工作日内收到的异议评估申请均从第 10 个工作日起计）。

四、技术评估

（一）技术评估分为初步评估和专家委员会审议会（以下简称审议会）评估两个阶段。根据异议内容，鉴别对象错误、鉴别采样不规范等不需要初步评估的，可直接开展审议会评估。需要初步评估的，由专家委员会确定初步评估方式。

（二）初步评估包括专家会议评估和补充调查（检测）评估。

需要开展专家会议评估的，由专家委员会根据异议和鉴别报告内容，结合专业需求，选取不少于 5 名专家（至少有 1 名专家委员，其余从专家库中选择）组成专家组，开展专家会议评估，形成专家会议评估意见。

需要开展补充调查（检测）评估的，由专家委员会告知鉴别委托方开展补充调查（检测）；如确有必要，专家委员会可以组织开展补充调查（检测）。根据补充调查（检测）结果，形成补充调查（检测）评估意见。

（三）初步评估意见［包括专家会议评估意见和补充调查（检测）评估意见］需经审议会评估。审议会由不少于 3 名专家委员组成。审议会对鉴别报告结论是否正确可以直接作出判断的，出具该异议及相关鉴别报告的评估意见。对鉴别报告结论是否正确无法直接判断的，专家委员会向鉴别委托方反馈。修改完善后的鉴别报告应再次提交专家委员会进行评估。

五、报告复核公开

异议评估意见反馈给鉴别委托方和异议提出方后，鉴别委托方将根据该评估意见修改完善的鉴别报告和评估意见等相关资料上传至全国危险废物鉴别信息公开服务平台，经秘书处复核无误后向全社会公开。

重庆市危险废物鉴别专家委员会章程（试行）

第一条 重庆市危险废物鉴别专家委员会（以下简称市专委会）在重庆市生态环境局指导下开展工作。

市专委会由危险废物鉴别、固体废物环境管理、医疗废物管理、环境监测、环境损害评估、生物毒性等领域研究或技术工作经验丰富、能力突出，并具有高级职称的专家组成。市专委会设主任委员 1 名、副主任委员 2 名。

市专委会成员（以下简称专家委员）由专家委员所在单位推荐并经重庆市生态环境局遴选后，对符合要求的，予以聘任。

第二条 专家委员实施动态管理：

（一）专家委员实行聘任制，每届任期 3 年，可连选连任。任期届满，按照本章程有关要求，重新遴选、聘任。

（二）对违反国家法律法规或不遵守本章程的专家委员，重庆市生态环境局直接予以解聘。

（三）专家委员不能继续参加市专委会工作时，应以书面方式提出辞呈，或由其所在单位出具情况说明，经重庆市生态环境局批准后，退出市专委会。

（四）重庆市生态环境局根据工作需要，可聘任临时专家委员。

第三条 市专委会主要承担以下工作：

（一）为重庆市生态环境局危险废物鉴别环境管理工作提供技术支撑。

（二）对危险废物鉴别信息平台上提出的针对重庆市危险废物鉴别报告异议申请及相关报告进行评估，并出具评估意见。

（三）受重庆市生态环境局委托，不定期对危险废物鉴别单位及鉴别报告开展抽查复核，对危险废物鉴别单位进行综合评价。

（四）对重庆市危险废物鉴别专家库专家进行培训。

（五）承担重庆市生态环境局委托的其他危险废物鉴别相关工作。

市专委会每年向重庆市生态环境局提交年度工作报告。

第四条 专家委员在开展市专委会承担的相关工作中应遵守以下规定：

（一）遵守国家和本市相关法律、法规、规章和规范性文件。

（二）本着独立、客观、公正的态度开展工作，并受社会监督。

（三）遵守工作纪律，不得收受利害关系单位、人的财物或者获取其他利益。

（四）与异议评估的单位、个人，复核与评价的鉴别单位、个人有直接工作关系或利益关系时，应当主动提出回避。

（五）遵守有关保密规定，不得泄露工作中获取的任何技术秘密、商业秘密以及工作情况，妥善保管相关资料。

第五条 市专委会秘书处设在重庆市固体废物管理中心，负责市专委会日常工作：

（一）市专委会和重庆市生态环境局、国家危险废物鉴别专家委员会的日常联系、信息通报和相关活动安排。

（二）针对收到的异议评估申请开展形式审查。

（三）协助市专委会组织开展危险废物鉴别异议评估、危险废物鉴别单位及鉴别报告复核、危险废物鉴别单位综合评价等工作。

（四）协助市专委会完成重庆市生态环境局委托的其他危险废物鉴别相关工作。

第六条 重庆市生态环境局组建危险废物鉴别专家库。专家库专家的主要职责包括参加市专委会组织的异议评估、鉴别单位评价和鉴别报告抽查复核、为市专委会提供咨询等。专家库由环境、化工、医药、石化、冶金、材料、监测、生物、卫生、土壤评估等领域专家组成，专家应当符合以下基本条件：

（一）遵纪守法、坚持原则、作风正派，具有良好的学术道德。

（二）具有良好的相关专业知识、技术能力和实践经验。

（三）从事相关领域研究或技术工作满 5 年并具有高级职称或同等专业水平。

（四）身体健康，原则上年龄不超过 65 周岁。

（五）每年至少参加一次市专委会组织的培训。

（六）在时间和精力上能够保证正常参加市专委会组织的工作，并能按要求完成任务。

第七条 专家库专家实施动态管理：

（一）专家可通过单位推荐或自主申请（其中，自主申请的应征得所在单位同意），并经市专委会遴选后加入专家库。市专委会每 3 年集中组织一次入库申请与遴选工作。

（二）对违反国家相关法律法规或不遵守本章程的专家，市专委会从专家库中予以清退。

（三）专家因故不能继续参加专家库工作时，应以书面方式提出辞呈，经市专委会同意后，退出专家库。

第八条 专家库专家在开展市专委会委托相关工作中应遵守以下规定：

（一）依法、规范、科学、公正开展工作，独立、客观提出意见，并对提出的意见负责。

（二）遵守工作纪律，不得收受利害关系单位、人的财物或者获取其他利益。

（三）不得对异议评估相关的单位、个人，复核与评价的鉴别单位、个人透露评估信息或作出与评估工作有关的承诺。

（四）遵守有关保密规定，不得泄露工作中获取的任何技术秘密、商业秘密以及评审工作情况，妥善保管相关资料。

（五）与异议评估的单位、个人，复核与评价的鉴别单位、个人有直接工作关系或利益关系时，应当主动提出回避。

（六）接受市专委会的监督。

第九条 本章程自印发之日起实施，由重庆市生态环境局负责解释。

重庆市危险废物鉴别异议评估规程（试行）

一、适用范围

本规程适用于重庆市危险废物鉴别专家委员会（以下简称市专委会）在职责范围内，对针对本市危险废物鉴别报告提出的异议及相关鉴别报告进行市级评估的工作。

二、评估程序

危险废物鉴别异议评估程序包括形式审查、技术评估和报告复核（详见附图 8)。

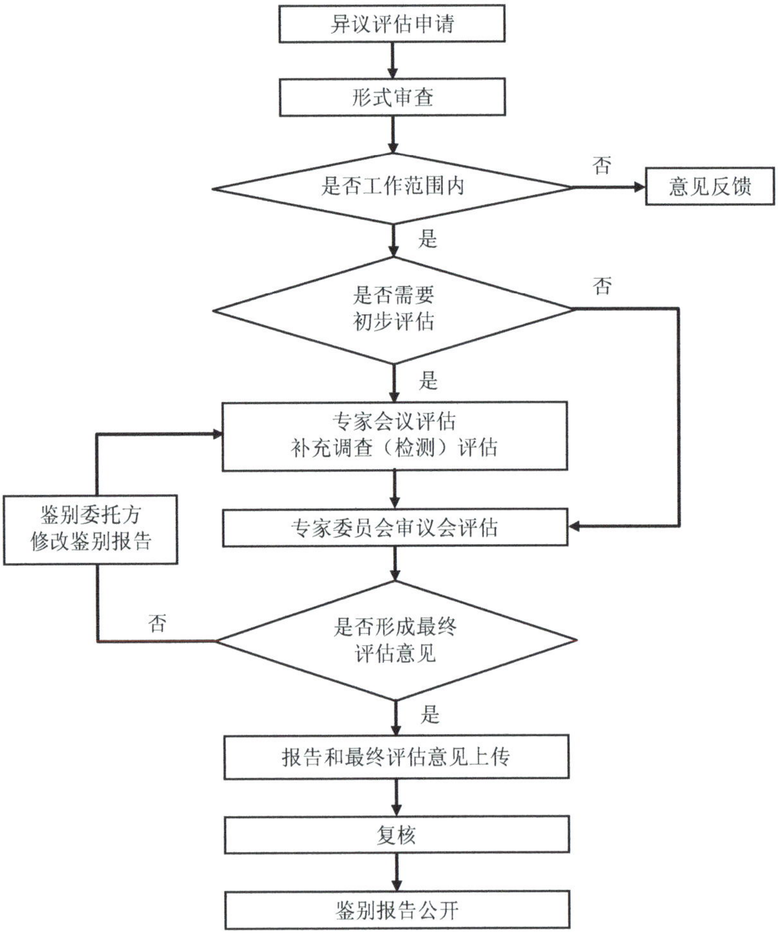

附图 8　危险废物鉴别异议评估程序

三、形式审查

市专委会收到针对本市鉴别报告的异议评估申请后，首先由市专委会秘书处开展形式审查，判断是否属于市专委会异议评估工作范围。属于市级异议评估工作范围的，开展技术评估；不属于市级异议评估工作范围的，将审查意见反馈异议提出方。形式审查期间，被异议方可根据异议情况向市专委会提供异议相关说明材料，作为形式审查的支撑材料。以下情形不属于专家委员会异议评估工作范围：

（一）支撑材料不完整的异议评估申请。

（二）其他不属于市专委会评估工作范围的异议。

形式审查应在异议评估申请提出后的 8 个工作日内完成（鉴别报告公开后 10 个工作日内收到的评估申请均从第 10 个工作日起计）。

四、技术评估

（一）技术评估分为初步评估和专家委员会审议会（以下简称审议会）评估两个阶段。根据异议内容，鉴别对象错误、鉴别采样不规范等不需要初步评估的，可直接开展审议会评估。需要初步评估的，由市专委会确定初步评估方式。

（二）初步评估包括专家会议评估和补充调查（检测）评估。

需要开展专家会议评估的，由市专委会根据异议和鉴别报告内容，结合专业需求，原则上选取 5 名专家（至少有 1 名专家委员，其余从专家库中选择）组成专家组；经市专委会议定的重大或特殊项目，可选取 7 名专家（至少有 1 名专家委员，其余从专家库中选择）开展专家会议评估，形成专家会议评估意见。

需要开展补充调查（检测）评估的，由市专委会告知鉴别委托方开展补充调查（检测）；确有必要的，可由市专委会组织开展补充调查（检测）。根据补充调查（检测）结果，形成补充调查（检测）评估意见。

（三）初步评估意见［包括专家会议评估意见和补充调查（检测）评估意见］需经审议会评估。审议会原则上由 3 名专家委员组成，重大或特殊项目可由 5 名专家委员组成，其中至少包括 1 名主任委员或副主任委员。审议会对鉴别报告结论是否正确可以直接作出判断的，出具该异议及相关鉴别报告的市级评估意见。

对于鉴别报告结论是否正确无法直接判断的，市专委会向鉴别委托方反馈。修改完善后的鉴别报告应再次提交市专委会进行评估。

五、报告复核

市级评估意见反馈给鉴别委托方和异议提出方后，鉴别委托方将修改完善后的鉴别报告和市级评估意见等相关资料上传至全国危险废物鉴别信息公开服务平台，经秘书处复核无误后向社会公开。

对市专委会出具的评估意见有异议的，可向国家危险废物专家委员会提出异议评估申请。

六、本规程自印发之日起实施，由市生态环境局负责解释

国家危险废物名录（2025 年版）

第一条 根据《中华人民共和国固体废物污染环境防治法》的有关规定，制定本名录。

第二条 具有下列情形之一的固体废物（包括液态废物），列入本名录：

（一）具有毒性、腐蚀性、易燃性、反应性或者感染性一种或者几种危险特性的；

（二）不排除具有危险特性，可能对生态环境或者人体健康造成有害影响，需要按照危险废物进行管理的。

第三条 列入本名录附录《危险废物豁免管理清单》中的危险废物，在所列的豁免环节，且满足相应的豁免条件时，可以按照豁免内容的规定实行豁免管理。

第四条 危险废物与其他物质混合后的固体废物，以及危险废物利用处置后的固体废物的属性判定，按照国家规定的危险废物鉴别标准执行。

第五条 本名录中有关术语的含义如下：

（一）废物类别，是在《控制危险废物越境转移及其处置巴塞尔公约》划定的类别基础上，结合我国实际情况对危险废物进行的分类。

（二）行业来源，是指危险废物的产生行业。

（三）废物代码，是指危险废物的唯一代码，为 8 位数字。其中，第 1～3 位为危险废物产生行业代码［依据《国民经济行业分类》（GB/T 4754—2017）确定］，第 4～6 位为危险废物顺序代码，第 7～8 位为危险废物类别代码。

（四）危险特性，是指对生态环境和人体健康具有有害影响的毒性（Toxicity，T）、腐蚀性（Corrosivity，C）、易燃性（Ignitability，I）、反应性（Reactivity，R）和感染性（Infectivity，In）。

第六条 对不明确是否具有危险特性的固体废物，应当按照国家规定的危险废物鉴别标准和鉴别方法予以认定。

经鉴别具有危险特性的，属于危险废物，应当根据其主要有害成分和危险特性对照本名录中已有废物代码进行归类；无法按已有废物代码归类的，应当确定其所属废物类别，按代码“900-000-××”（××为危险废物类别代码）进行归类管理。

经鉴别不具有危险特性的，不属于危险废物。

第七条 本名录根据实际情况实行动态调整。

第八条 本名录自 2025 年 1 月 1 日起施行。《国家危险废物名录（2021 年版）》（生态环境部、国家发展和改革委员会、公安部、交通运输部、国家卫生健康委员会令第 15 号）同时废止。

附表

国家危险废物名录

废物类别	行业来源	废物代码	危险废物	危险特性
HW01 医疗废物	卫生	841-001-01	感染性废物	In
		841-002-01	损伤性废物	In
		841-003-01	病理性废物	In
		841-004-01	化学性废物	T/C/I/R
		841-005-01	药物性废物	T
HW02 医药废物	化学药品 原料药制造	271-001-02	化学合成原料药生产过程中产生的蒸馏及反应残余物	T
		271-002-02	化学合成原料药生产过程中产生的废母液及反应基废物	T
		271-003-02	化学合成原料药生产过程中产生的废脱色过滤介质	T
		271-004-02	化学合成原料药生产过程中产生的废吸附剂	T
		271-005-02	化学合成原料药及中间体生产过程中的废弃的产品及中间体	T
	化学药品 制剂制造	272-001-02	化学药品制剂生产过程中原料药提纯精制、再加工产生的蒸馏及反应残余物	T
		272-003-02	化学药品制剂生产过程中产生的废脱色过滤介质及吸附剂	T
		272-005-02	化学药品制剂生产过程中产生的废弃的产品及原料药	T
	兽用药品 制造	275-001-02	使用砷或者有机砷化合物生产兽药过程中产生的废水处理污泥	T
		275-002-02	使用砷或者有机砷化合物生产兽药过程中产生的蒸馏残余物	T
		275-003-02	使用砷或者有机砷化合物生产兽药过程中产生的废脱色过滤介质及吸附剂	T
		275-004-02	其他兽药生产过程中产生的蒸馏及反应残余物	T
		275-005-02	其他兽药生产过程中产生的废脱色过滤介质及吸附剂	T
		275-006-02	兽药生产过程中产生的废母液、反应基和培养基废物	T
		275-008-02	兽药生产过程中产生的废弃的产品及原料药	T
	生物药品 制品制造	276-001-02	利用生物技术生产生物化学药品、基因工程药物过程中产生的蒸馏及反应残余物	T

废物类别	行业来源	废物代码	危险废物	危险特性
HW02 医药废物	生物药品制品制造	276-002-02	利用生物技术生产生物化学药品、基因工程药物（不包括利用生物技术合成他汀类降脂药物、降糖类药物）过程中产生的废母液、反应基和培养基废物	T
		276-003-02	利用生物技术生产生物化学药品、基因工程药物（不包括利用生物技术合成他汀类降脂药物、降糖类药物）过程中产生的废脱色过滤介质	T
		276-004-02	利用生物技术生产生物化学药品、基因工程药物过程中产生的废吸附剂	T
		276-005-02	利用生物技术生产生物化学药品、基因工程药物及中间体过程中产生的废弃的产品、原料药和中间体	T
HW03 废药物、药品	非特定行业	900-002-03	销售及使用过程中产生的失效、变质、不合格、淘汰、伪劣的化学药品和生物制品，以及《医疗用毒性药品管理办法》中所列的毒性中药	T
HW04 农药废物	农药制造	263-001-04	氯丹生产过程中六氯环戊二烯过滤产生的残余物，及氯化反应器真空汽提产生的废物	T
		263-002-04	乙拌磷生产过程中甲苯回收工艺产生的蒸馏残渣	T
		263-003-04	甲拌磷生产过程中二乙基二硫代磷酸过滤产生的残余物	T
		263-004-04	2,4,5-三氯苯氧乙酸生产过程中四氯苯蒸馏产生的重馏分及蒸馏残余物	T
		263-005-04	2,4-二氯苯氧乙酸生产过程中苯酚氯化工段产生的含 2,6-二氯苯酚精馏残渣	T
		263-006-04	乙烯基双二硫代氨基甲酸及其盐类生产过程中产生的过滤、蒸发和离心分离残余物及废水处理污泥，产品研磨和包装工序集（除）尘装置收集的粉尘和地面清扫废物	T
		263-007-04	溴甲烷生产过程中产生的废吸附剂、反应器产生的蒸馏残液和废水分离器产生的废物	T
		263-008-04	其他农药生产过程中产生的蒸馏及反应残余物（不包括赤霉酸发酵滤渣）	T
		263-009-04	农药生产过程中产生的废母液、反应罐及容器清洗废液	T
		263-010-04	农药生产过程中产生的废滤料及吸附剂	T
		263-011-04	农药生产过程中产生的废水处理污泥（不包括赤霉酸生产废水生化处理污泥）和蒸发处理残渣（液）	T
		263-012-04	农药生产、配制过程中产生的过期原料和废弃产品	T

废物类别	行业来源	废物代码	危险废物	危险特性
HW04 农药废物	非特定行业	900-003-04	销售及使用过程中产生的失效、变质、不合格、淘汰、伪劣的农药产品，以及废弃的与农药直接接触或者含有农药残余物的包装物	T
HW05 木材防腐剂废物	木材加工	201-001-05	使用五氯酚进行木材防腐过程中产生的废水处理污泥，以及木材防腐处理过程中产生的沾染该防腐剂的废弃木材残片	T
		201-002-05	使用杂酚油进行木材防腐过程中产生的废水处理污泥，以及木材防腐处理过程中产生的沾染该防腐剂的废弃木材残片	T
		201-003-05	使用含砷、铬等无机防腐剂进行木材防腐过程中产生的废水处理污泥，以及木材防腐处理过程中产生的沾染该防腐剂的废弃木材残片	T
	专用化学产品制造	266-001-05	木材防腐化学品生产过程中产生的反应残余物、废过滤介质及吸附剂	T
		266-002-05	木材防腐化学品生产过程中产生的废水处理污泥	T
		266-003-05	木材防腐化学品生产、配制过程中产生的过期原料和废弃产品	T
	非特定行业	900-004-05	销售及使用过程中产生的失效、变质、不合格、淘汰、伪劣的木材防腐化学药品	T
HW06 废有机溶剂与含有机溶剂废物	非特定行业	900-401-06	工业生产中作为清洗剂、萃取剂、溶剂或者反应介质使用后废弃的四氯化碳、二氯甲烷、1,1-二氯乙烷、1,2-二氯乙烷、1,1,1-三氯乙烷、1,1,2-三氯乙烷、三氯乙烯、四氯乙烯，以及在使用前混合的含有一种或者多种上述卤化溶剂的混合/调和溶剂	T，I
		900-402-06	工业生产中作为清洗剂、萃取剂、溶剂或者反应介质使用后废弃的有机溶剂，包括苯、苯乙烯、丁醇、丙酮、正己烷、甲苯、邻二甲苯、间二甲苯、对二甲苯、1,2,4-三甲苯、乙苯、乙醇、异丙醇、乙醚、丙醚、乙酸甲酯、乙酸乙酯、乙酸丁酯、丙酸丁酯、苯酚，以及在使用前混合的含有一种或者多种上述溶剂的混合/调和溶剂	T，I，R
		900-404-06	工业生产中作为清洗剂、萃取剂、溶剂或者反应介质使用后废弃的其他列入《危险化学品目录》的有机溶剂，以及在使用前混合的含有一种或者多种上述溶剂的混合/调和溶剂	T，I，R

废物类别	行业来源	废物代码	危险废物	危险特性
HW06 废有机溶剂与含有机溶剂废物	非特定行业	900-405-06	900-401-06、900-402-06、900-404-06 中所列废有机溶剂再生处理过程中产生的废活性炭及其他过滤吸附介质	T，I，R
		900-407-06	900-401-06、900-402-06、900-404-06 中所列废有机溶剂分馏再生过程中产生的高沸物和釜底残渣	T，I，R
		900-409-06	900-401-06、900-402-06、900-404-06 中所列废有机溶剂再生处理过程中产生的废水处理浮渣和污泥（不包括废水生化处理污泥）	T
HW07 热处理含氰废物	金属表面处理及热处理加工	336-001-07	使用氰化物进行金属热处理产生的淬火池残渣	T，R
		336-002-07	使用氰化物进行金属热处理产生的淬火废水处理污泥	T，R
		336-003-07	含氰热处理炉维修过程中产生的废内衬	T，R
		336-004-07	热处理渗碳炉产生的热处理渗碳氰渣	T，R
		336-005-07	金属热处理工艺盐浴槽（釜）清洗产生的含氰残渣和含氰废液	T，R
		336-049-07	氰化物热处理和退火作业过程中产生的残渣	T，R
HW08 废矿物油与含矿物油废物	石油开采	071-001-08	石油开采和联合站贮存产生的油泥和油脚	T，I
		071-002-08	以矿物油为连续相配制钻井泥浆用于石油开采所产生的钻井岩屑和废弃钻井泥浆	T
	天然气开采	072-001-08	以矿物油为连续相配制钻井泥浆用于天然气开采所产生的钻井岩屑和废弃钻井泥浆	T
	精炼石油产品制造	251-001-08	清洗矿物油储存、输送设施过程中产生的油/水和烃/水混合物	T
		251-002-08	石油初炼过程中储存设施、油-水-固态物质分离器、积水槽、沟渠及其他输送管道、污水池、雨水收集管道产生的含油污泥	T，I
		251-003-08	石油炼制过程中含油废水隔油、气浮、沉淀等处理过程中产生的浮油、浮渣和污泥（不包括废水生化处理污泥）	T
		251-004-08	石油炼制过程中溶气浮选工艺产生的浮渣	T，I
		251-005-08	石油炼制过程中产生的溢出废油或者乳剂	T，I
		251-006-08	石油炼制换热器管束清洗过程中产生的含油污泥	T
		251-010-08	石油炼制过程中澄清油浆槽底沉积物	T，I
		251-011-08	石油炼制过程中进油管路过滤或者分离装置产生的残渣	T，I
		251-012-08	石油炼制过程中产生的废过滤介质	T

废物类别	行业来源	废物代码	危险废物	危险特性
HW08 废矿物油与含矿物油废物	电子元件及专用材料制造	398-001-08	锂电池隔膜生产过程中产生的废白油	T
	橡胶制品业	291-001-08	橡胶生产过程中产生的废溶剂油	T，I
	非特定行业	900-199-08	内燃机、汽车、轮船等集中拆解过程产生的废矿物油及油泥	T，I
		900-200-08	珩磨、研磨、打磨过程产生的废矿物油及油泥	T，I
		900-201-08	清洗金属零部件过程中产生的废弃的煤油、柴油、汽油及其他由石油和煤炼制生产的溶剂油	T，I
		900-203-08	使用淬火油进行表面硬化处理产生的废矿物油	T
		900-204-08	使用轧制油、冷却剂及酸进行金属轧制产生的废矿物油	T
		900-205-08	镀锡及焊锡回收工艺产生的废矿物油	T
		900-209-08	金属、塑料的定型和物理机械表面处理过程中产生的废石蜡和润滑油	T，I
		900-210-08	含油废水处理中隔油、气浮、沉淀等处理过程中产生的浮油、浮渣和污泥（不包括废水生化处理污泥）	T，I
		900-213-08	废矿物油再生净化过程中产生的沉淀残渣、过滤残渣、废过滤吸附介质	T，I
		900-214-08	车辆、轮船及其他机械维修过程中产生的废发动机油、制动器油、自动变速器油、齿轮油等废润滑油	T，I
		900-215-08	废矿物油裂解再生过程中产生的裂解残渣	T，I
		900-216-08	使用防锈油进行铸件表面防锈处理过程中产生的废防锈油	T，I
		900-217-08	使用工业齿轮油进行机械设备润滑过程中产生的废润滑油	T，I
		900-218-08	液压设备维护、更换和拆解过程中产生的废液压油	T，I
		900-219-08	冷冻压缩设备维护、更换和拆解过程中产生的废冷冻机油	T，I
		900-220-08	变压器维护、更换和拆解过程中产生的废变压器油	T，I
		900-221-08	废燃料油及燃料油储存过程中产生的油泥	T，I
		900-249-08	其他生产、销售、使用过程中产生的废矿物油及沾染矿物油的废弃包装物	T，I

废物类别	行业来源	废物代码	危险废物	危险特性
HW09 油/水、烃/水混合物或者乳化液	非特定行业	900-005-09	水压机维护、更换和拆解过程中产生的油/水、烃/水混合物或者乳化液	T
		900-006-09	使用切削油或者切削液进行机械加工过程中产生的油/水、烃/水混合物或者乳化液	T
		900-007-09	其他工艺过程中产生的废弃的油/水、烃/水混合物或者乳化液	T
HW10 多氯（溴）联苯类废物	非特定行业	900-008-10	含有多氯联苯（PCBs）、多氯三联苯（PCTs）和多溴联苯（PBBs）的废弃的电容器、变压器	T
		900-009-10	含有 PCBs、PCTs 和 PBBs 的电力设备的清洗液	T
		900-010-10	含有 PCBs、PCTs 和 PBBs 的电力设备中废弃的介质油、绝缘油、冷却油及导热油	T
		900-011-10	含有或者沾染 PCBs、PCTs 和 PBBs 的废弃的包装物及容器	T
HW11 精（蒸）馏残渣	精炼石油产品制造	251-013-11	石油精炼过程中产生的酸焦油和其他焦油	T
	煤炭加工	252-001-11	炼焦过程中蒸氨塔残渣和洗油再生残渣	T
		252-002-11	煤气净化过程氨水分离设施底部的废焦油和焦油渣	T
		252-003-11	炼焦副产品回收过程中萘精制产生的残渣	T
		252-004-11	炼焦过程中焦油储存设施中的焦油渣	T
		252-005-11	煤焦油加工过程中焦油储存设施中的焦油渣	T
		252-007-11	炼焦及煤焦油加工过程中的废水池残渣	T
		252-009-11	轻油回收过程中的废水池残渣	T
		252-010-11	炼焦、煤焦油加工和苯精制过程中产生的废水处理污泥（不包括废水生化处理污泥）	T
		252-011-11	焦炭生产过程中硫铵工段煤气除酸净化产生的酸焦油	T
		252-012-11	焦化粗苯酸洗法精制过程产生的酸焦油及其他精制过程产生的蒸馏残渣	T
		252-013-11	焦炭生产过程中产生的脱硫废液	T
		252-016-11	煤沥青改质过程中产生的闪蒸油	T
		252-017-11	固定床气化技术生产化工合成原料气、燃料油合成原料气过程中粗煤气冷凝产生的废焦油和焦油渣	T
	燃气生产和供应业	451-001-11	煤气生产行业煤气净化过程中产生的煤焦油渣	T
		451-002-11	固定床气化技术制煤气过程中产生的废水处理污泥（不包括废水生化处理污泥）	T
		451-003-11	煤气生产过程中煤气冷凝产生的废煤焦油	T

废物类别	行业来源	废物代码	危险废物	危险特性
HW11 精（蒸）馏残渣	基础化学原料制造	261-007-11	乙烯法制乙醛生产过程中产生的蒸馏残渣	T
		261-008-11	乙烯法制乙醛生产过程中产生的蒸馏次要馏分	T
		261-009-11	苄基氯生产过程中苄基氯蒸馏产生的蒸馏残渣	T
		261-010-11	四氯化碳生产过程中产生的蒸馏残渣和重馏分	T
		261-011-11	表氯醇生产过程中精制塔产生的蒸馏残渣	T
		261-012-11	异丙苯生产过程中精馏塔产生的重馏分	T
		261-013-11	萘法生产邻苯二甲酸酐过程中产生的蒸馏残渣和轻馏分	T
		261-014-11	邻二甲苯法生产邻苯二甲酸酐过程中产生的蒸馏残渣和轻馏分	T
		261-015-11	苯硝化法生产硝基苯过程中产生的蒸馏残渣	T
		261-016-11	甲苯二异氰酸酯生产过程中产生的蒸馏残渣和离心分离残渣	T
		261-017-11	1,1,1-三氯乙烷生产过程中产生的蒸馏残渣	T
		261-018-11	三氯乙烯和四氯乙烯联合生产过程中产生的蒸馏残渣	T
		261-019-11	苯胺生产过程中产生的蒸馏残渣	T
		261-020-11	苯胺生产过程中苯胺萃取工序产生的蒸馏残渣	T
		261-021-11	二硝基甲苯加氢法生产甲苯二胺过程中干燥塔产生的反应残余物	T
		261-022-11	二硝基甲苯加氢法生产甲苯二胺过程中产品精制产生的轻馏分	T
		261-023-11	二硝基甲苯加氢法生产甲苯二胺过程中产品精制产生的废液	T
		261-024-11	二硝基甲苯加氢法生产甲苯二胺过程中产品精制产生的重馏分	T
		261-025-11	甲苯二胺光气化法生产甲苯二异氰酸酯过程中溶剂回收塔产生的有机冷凝物	T
		261-026-11	氯苯、二氯苯生产过程中的蒸馏及分馏残渣	T
		261-027-11	使用羧酸肼生产 1,1-二甲基肼过程中产品分离产生的残渣	T
		261-028-11	乙烯溴化法生产二溴乙烯过程中产品精制产生的蒸馏残渣	T
		261-029-11	α-氯甲苯、苯甲酰氯和含此类官能团的化学品生产过程中产生的蒸馏残渣	T
		261-030-11	四氯化碳生产过程中的重馏分	T
		261-031-11	二氯乙烯单体生产过程中蒸馏产生的重馏分	T
		261-032-11	氯乙烯单体生产过程中蒸馏产生的重馏分	T
		261-033-11	1,1,1-三氯乙烷生产过程中蒸汽汽提塔产生的残余物	T

废物类别	行业来源	废物代码	危险废物	危险特性
HW11 精（蒸） 馏残渣	基础化学 原料制造	261-034-11	1,1,1-三氯乙烷生产过程中蒸馏产生的重馏分	T
		261-035-11	三氯乙烯和四氯乙烯联合生产过程中产生的重馏分	T
		261-101-11	苯泵式硝化生产硝基苯过程中产生的重馏分	T，R
		261-102-11	铁粉还原硝基苯生产苯胺过程中产生的重馏分	T
		261-103-11	以苯胺、乙酸酐或者乙酰苯胺为原料生产对硝基苯胺过程中产生的重馏分	T
		261-104-11	对硝基氯苯氨解生产对硝基苯胺过程中产生的重馏分	T，R
		261-105-11	氨化法、还原法生产邻苯二胺过程中产生的重馏分	T
		261-106-11	苯和乙烯直接催化、乙苯和丙烯共氧化、乙苯催化脱氢生产苯乙烯过程中产生的重馏分	T
		261-107-11	二硝基甲苯还原催化生产甲苯二胺过程中产生的重馏分	T
		261-108-11	对苯二酚氧化生产二甲氧基苯胺过程中产生的重馏分	T
		261-109-11	萘磺化生产萘酚过程中产生的重馏分	T
		261-110-11	苯酚、三甲苯水解生产4,4′-二羟基二苯砜过程中产生的重馏分	T
		261-111-11	甲苯硝基化合物羰基化法、甲苯碳酸二甲酯法生产甲苯二异氰酸酯过程中产生的重馏分	T
		261-113-11	乙烯直接氯化生产二氯乙烷过程中产生的重馏分	T
		261-114-11	甲烷氯化生产甲烷氯化物过程中产生的重馏分	T
		261-115-11	甲醇氯化生产甲烷氯化物过程中产生的釜底残液	T
		261-116-11	乙烯氯醇法、氧化法生产环氧乙烷过程中产生的重馏分	T
		261-117-11	乙炔气相合成、氧氯化生产氯乙烯过程中产生的重馏分	T
		261-118-11	乙烯直接氯化生产三氯乙烯、四氯乙烯过程中产生的重馏分	T
		261-119-11	乙烯氧氯化法生产三氯乙烯、四氯乙烯过程中产生的重馏分	T

废物类别	行业来源	废物代码	危险废物	危险特性
HW11 精（蒸）馏残渣	基础化学原料制造	261-120-11	甲苯光气法生产苯甲酰氯产品精制过程中产生的重馏分	T
		261-121-11	甲苯苯甲酸法生产苯甲酰氯产品精制过程中产生的重馏分	T
		261-122-11	甲苯连续光氯化法、无光热氯化法生产氯化苄过程中产生的重馏分	T
		261-123-11	偏二氯乙烯氢氯化法生产 1,1,1-三氯乙烷过程中产生的重馏分	T
		261-124-11	醋酸丙烯酯法生产环氧氯丙烷过程中产生的重馏分	T
		261-125-11	异戊烷（异戊烯）脱氢法生产异戊二烯过程中产生的重馏分	T
		261-126-11	化学合成法生产异戊二烯过程中产生的重馏分	T
		261-127-11	碳五馏分分离生产异戊二烯过程中产生的重馏分	T
		261-128-11	合成气加压催化生产甲醇过程中产生的重馏分	T
		261-129-11	水合法、发酵法生产乙醇过程中产生的重馏分	T
		261-130-11	环氧乙烷直接水合生产乙二醇过程中产生的重馏分	T
		261-131-11	乙醛缩合加氢生产丁二醇过程中产生的重馏分	T
		261-132-11	乙醛氧化生产醋酸蒸馏过程中产生的重馏分	T
		261-133-11	丁烷液相氧化生产醋酸过程中产生的重馏分	T
		261-134-11	电石乙炔法生产醋酸乙烯酯过程中产生的重馏分	T
		261-135-11	氢氰酸法生产原甲酸三甲酯过程中产生的重馏分	T
		261-136-11	β-苯胺乙醇法生产靛蓝过程中产生的重馏分	T
	石墨及其他非金属矿物制品制造	309-001-11	电解铝及其他有色金属电解精炼过程中预焙阳极、碳块及其他碳素制品制造过程烟气处理所产生的含焦油废物	T
	环境治理业	772-001-11	废矿物油再生过程中产生的酸焦油	T
	非特定行业	900-013-11	其他化工生产过程（不包括以生物质为主要原料的加工过程）中精馏、蒸馏和热解工艺产生的高沸点釜底残余物	T

废物类别	行业来源	废物代码	危险废物	危险特性
HW12 染料、涂料废物	涂料、油墨、颜料及类似产品制造	264-002-12	铬黄和铬橙颜料生产过程中产生的废水处理污泥	T
		264-003-12	钼酸橙颜料生产过程中产生的废水处理污泥	T
		264-004-12	锌黄颜料生产过程中产生的废水处理污泥	T
		264-005-12	铬绿颜料生产过程中产生的废水处理污泥	T
		264-006-12	氧化铬绿颜料生产过程中产生的废水处理污泥	T
		264-007-12	氧化铬绿颜料生产过程中烘干产生的残渣	T
		264-008-12	铁蓝颜料生产过程中产生的废水处理污泥	T
		264-009-12	使用含铬、铅的稳定剂配制油墨过程中，设备清洗产生的洗涤废液和废水处理污泥	T
		264-010-12	油墨生产、配制过程中产生的废蚀刻液	T
		264-011-12	染料、颜料及中间体生产过程中产生的废母液、残渣、废吸附剂和中间体	T
		264-012-12	其他油墨、染料、颜料、油漆（不包括水性漆）生产过程中产生的废水处理污泥和蒸发处理残渣（液）	T
		264-013-12	油漆、油墨生产、配制和使用过程中产生的含颜料、油墨的废有机溶剂	T
	非特定行业	900-250-12	使用有机溶剂、光漆进行光漆涂布、喷漆工艺过程中产生的废物	T，I
		900-251-12	使用油漆（不包括水性漆）、有机溶剂进行阻挡层涂敷过程中产生的废物	T，I
		900-252-12	使用油漆（不包括水性漆）、有机溶剂进行喷漆、上漆过程中过喷漆雾湿法捕集产生的漆渣，以及喷涂工位和管道清理过程产生的落地漆渣	T，I
		900-253-12	使用油墨和有机溶剂进行印刷、涂布过程中产生的废物	T，I
		900-254-12	使用遮盖油、有机溶剂进行遮盖油的涂敷过程中产生的废物	T，I
		900-255-12	使用各种颜料进行着色过程中产生的废颜料	T
		900-256-12	使用酸、碱或者有机溶剂清洗容器设备过程中剥离下的废油漆、废染料、废涂料	T，I，C
		900-299-12	生产、销售及使用过程中产生的失效、变质、不合格、淘汰、伪劣的油墨、染料、颜料、油漆（不包括水性漆）	T

废物类别	行业来源	废物代码	危险废物	危险特性
HW13 有机树脂类废物	合成材料制造	265-101-13	树脂、合成乳胶、增塑剂、胶水/胶合剂合成过程产生的不合格产品（不包括热塑型树脂生产过程中聚合产物经脱除单体、低聚物、溶剂及其他助剂后产生的废料，以及热固型树脂固化后的固化体）	T
		265-102-13	树脂、合成乳胶、增塑剂、胶水/胶合剂生产过程中合成、酯化、缩合等工序产生的废母液	T
		265-103-13	树脂（不包括水性聚氨酯乳液、水性丙烯酸乳液、水性聚氨酯丙烯酸复合乳液）、合成乳胶、增塑剂、胶水/胶合剂生产过程中精馏、分离、精制等工序产生的釜底残液、废过滤介质和残渣	T
		265-104-13	树脂（不包括水性聚氨酯乳液、水性丙烯酸乳液、水性聚氨酯丙烯酸复合乳液）、合成乳胶、增塑剂、胶水/胶合剂合成过程中产生的废水处理污泥（不包括废水生化处理污泥）	T
	非特定行业	900-014-13	废弃的黏合剂和密封剂（不包括水基型和热熔型黏合剂和密封剂）	T
		900-015-13	湿法冶金、表面处理和制药行业重金属、抗生素提取、分离过程产生的废弃离子交换树脂，以及工业废水处理过程产生的废弃离子交换树脂	T
		900-016-13	使用酸、碱或者有机溶剂清洗容器设备剥离下的树脂状、黏稠杂物	T
		900-451-13	废覆铜板、印刷线路板、电路板破碎分选回收金属后产生的废树脂粉	T
HW14 新化学物质废物	非特定行业	900-017-14	研究、开发和教学活动中产生的对人类或者环境影响不明的化学物质废物	T/C/I/R
HW15 爆炸性废物	炸药、火工及焰火产品制造	267-001-15	炸药生产和加工过程中产生的废水处理污泥	R，T
		267-002-15	含爆炸品废水处理过程中产生的废活性炭	R，T
		267-003-15	生产、配制和装填铅基起爆药剂过程中产生的废水处理污泥	R，T
		267-004-15	三硝基甲苯生产过程中产生的粉红水、红水，以及废水处理污泥	T，R
HW16 感光材料废物	专用化学产品制造	266-009-16	显（定）影剂、正负胶片、像纸、感光材料生产过程中产生的不合格产品和过期产品	T
		266-010-16	显（定）影剂、正负胶片、像纸、感光材料生产过程中产生的残渣和废水处理污泥	T

废物类别	行业来源	废物代码	危险废物	危险特性
HW16 感光材料废物	印刷	231-001-16	使用显影剂进行胶卷显影，使用定影剂进行胶卷定影，以及使用铁氰化钾、硫代硫酸盐进行影像减薄（漂白）产生的废显（定）影剂、胶片和废像纸	T
		231-002-16	使用显影剂进行印刷显影、抗蚀图形显影，以及凸版印刷产生的废显（定）影剂、胶片和废像纸	T
	电子元件及电子专用材料制造	398-001-16	使用显影剂、氢氧化物、偏亚硫酸氢盐、醋酸进行胶卷显影产生的废显（定）影剂、胶片和废像纸	T
	影视节目制作	873-001-16	电影厂产生的废显（定）影剂、胶片及废像纸	T
	摄影扩印服务	806-001-16	摄影扩印服务行业产生的废显（定）影剂、胶片和废像纸	T
	非特定行业	900-019-16	其他行业产生的废显（定）影剂、胶片和废像纸	T
HW17 表面处理废物	金属表面处理及热处理加工	336-050-17	使用氯化亚锡进行敏化处理产生的废渣和废水处理污泥	T
		336-051-17	使用氯化锌、氯化铵进行敏化处理产生的废渣和废水处理污泥	T
		336-052-17	使用锌和电镀化学品进行镀锌产生的废槽液、槽渣和废水处理污泥	T
		336-053-17	使用镉和电镀化学品进行镀镉产生的废槽液、槽渣和废水处理污泥	T
		336-054-17	使用镍和电镀化学品进行镀镍产生的废槽液、槽渣和废水处理污泥	T
		336-055-17	使用镀镍液进行镀镍产生的废槽液、槽渣和废水处理污泥	T
		336-056-17	使用硝酸银、碱、甲醛进行敷金属法镀银产生的废槽液、槽渣和废水处理污泥	T
		336-057-17	使用金和电镀化学品进行镀金产生的废槽液、槽渣和废水处理污泥	T
		336-058-17	使用镀铜液进行化学镀铜产生的废槽液、槽渣和废水处理污泥	T
		336-059-17	使用钯和锡盐进行活化处理产生的废渣和废水处理污泥	T

废物类别	行业来源	废物代码	危险废物	危险特性
HW17 表面处理 废物	金属表面处理及热处理加工	336-060-17	使用铬和电镀化学品进行镀黑铬产生的废槽液、槽渣和废水处理污泥	T
		336-061-17	使用高锰酸钾进行钻孔除胶处理产生的废渣和废水处理污泥	T
		336-062-17	使用铜和电镀化学品进行镀铜产生的废槽液、槽渣和废水处理污泥	T
		336-063-17	其他电镀工艺产生的废槽液、槽渣和废水处理污泥	T
		336-064-17	金属或者塑料表面酸（碱）洗、除油、除锈（不包括喷砂除锈）、洗涤、磷化、出光、化抛工艺产生的废腐蚀液、废洗涤液、废槽液、槽渣和废水处理污泥［不包括铝、镁材（板）表面酸（碱）洗、粗化、硫酸阳极处理、磷酸化学抛光废水处理污泥，铝电解电容器用铝电极箔化学腐蚀、非硼酸系化成液化成废水处理污泥，铝材挤压加工模具碱洗（煲模）废水处理污泥，碳钢酸洗除锈废水处理污泥］	T/C
		336-066-17	镀层剥除过程中产生的废槽液、槽渣和废水处理污泥	T
		336-067-17	使用含重铬酸盐的胶体、有机溶剂、黏合剂进行漩流式抗蚀涂布产生的废渣和废水处理污泥	T
		336-068-17	使用铬化合物进行抗蚀层化学硬化产生的废渣和废水处理污泥	T
		336-069-17	使用铬酸镀铬产生的废槽液、槽渣和废水处理污泥	T
		336-100-17	使用铬酸进行阳极氧化产生的废槽液、槽渣和废水处理污泥	T
		336-101-17	使用铬酸进行塑料表面粗化产生的废槽液、槽渣和废水处理污泥	T
HW18 焚烧处置残渣	环境治理业	772-002-18	生活垃圾焚烧飞灰	T
		772-003-18	具有毒性、感染性中一种或者两种危险特性的危险废物焚烧、热解等处置过程产生的飞灰、废水处理污泥和底渣（不包括生活垃圾焚烧炉协同处置感染性医疗废物产生的底渣）	T/In
		772-004-18	危险废物等离子体、高温熔融等处置过程产生的非玻璃态物质和飞灰	T
		772-005-18	固体废物焚烧处置过程中废气处理产生的废活性炭	T

废物类别	行业来源	废物代码	危险废物	危险特性
HW19 含金属羰基化合物废物	非特定行业	900-020-19	金属羰基化合物生产、使用过程中产生的含有羰基化合物成分的废物	T
HW20 含铍废物	基础化学原料制造	261-040-20	铍及其化合物生产过程中产生的熔渣、集（除）尘装置收集的粉尘和废水处理污泥	T
HW21 含铬废物	毛皮鞣制及制品加工	193-001-21	使用铬鞣剂进行铬鞣、复鞣工艺产生的废水处理污泥和残渣	T
		193-002-21	皮革、毛皮鞣制及切削过程产生的含铬废碎料	T
	基础化学原料制造	261-041-21	铬铁矿生产铬盐过程中产生的铬渣	T
		261-042-21	铬铁矿生产铬盐过程中产生的铝泥	T
		261-043-21	铬铁矿生产铬盐过程中产生的芒硝	T
		261-044-21	铬铁矿生产铬盐过程中产生的废水处理污泥	T
		261-137-21	铬铁矿生产铬盐过程中产生的其他废物	T
		261-138-21	以重铬酸钠和浓硫酸为原料生产铬酸酐过程中产生的含铬废液	T
	铁合金冶炼	314-001-21	铬铁硅合金生产过程中集（除）尘装置收集的粉尘	T
		314-002-21	铁铬合金生产过程中集（除）尘装置收集的粉尘	T
		314-003-21	铁铬合金生产过程中金属铬铝热法冶炼产生的冶炼渣	T
	电子元件及电子专用材料制造	398-002-21	使用铬酸进行钻孔除胶处理产生的废渣和废水处理污泥	T
HW22 含铜废物	玻璃制造	304-001-22	使用硫酸铜进行敷金属法镀铜产生的废槽液、槽渣和废水处理污泥	T
	电子元件及电子专用材料制造	398-004-22	线路板生产过程中产生的废蚀铜液	T
		398-005-22	使用酸进行铜氧化处理产生的废液和废水处理污泥	T
		398-051-22	铜板蚀刻过程中产生的废蚀刻液和废水处理污泥	T
HW23 含锌废物	金属表面处理及热处理加工	336-103-23	热镀锌过程中产生的废助镀熔（溶）剂和集（除）尘装置收集的粉尘	T
	电池制造	384-001-23	碱性锌锰电池、锌氧化银电池、锌空气电池生产过程中产生的废锌浆	T
	炼钢	312-001-23	废钢电炉炼钢过程中集（除）尘装置收集的粉尘和废水处理污泥	T
	非特定行业	900-021-23	使用氢氧化钠、锌粉进行贵金属沉淀过程中产生的废液和废水处理污泥	T

废物类别	行业来源	废物代码	危险废物	危险特性
HW24 含砷废物	基础化学原料制造	261-139-24	硫铁矿制酸过程中烟气净化产生的酸泥	T
HW25 含硒废物	基础化学原料制造	261-045-25	硒及其化合物生产过程中产生的熔渣、集（除）尘装置收集的粉尘和废水处理污泥	T
HW26 含镉废物	电池制造	384-002-26	镍镉电池生产过程中产生的废渣和废水处理污泥	T
HW27 含锑废物	基础化学原料制造	261-046-27	锑金属及粗氧化锑生产过程中产生的熔渣和集（除）尘装置收集的粉尘	T
		261-048-27	氧化锑生产过程中产生的熔渣	T
HW28 含碲废物	基础化学原料制造	261-050-28	碲及其化合物生产过程中产生的熔渣、集（除）尘装置收集的粉尘和废水处理污泥	T
HW29 含汞废物	天然气开采	072-002-29	天然气除汞净化过程中产生的含汞废物	T
	常用有色金属矿采选	091-003-29	汞矿采选过程中产生的尾砂和集（除）尘装置收集的粉尘	T
	贵金属冶炼	322-002-29	混汞法提金工艺产生的含汞粉尘、残渣	T
	印刷	231-007-29	使用显影剂、汞化合物进行影像加厚（物理沉淀），以及使用显影剂、氨氯化汞进行影像加厚（氧化）产生的废液和残渣	T
	基础化学原料制造	261-051-29	水银电解槽法生产氯气过程中盐水精制产生的盐水提纯污泥	T
		261-052-29	水银电解槽法生产氯气过程中产生的废水处理污泥	T
		261-053-29	水银电解槽法生产氯气过程中产生的废活性炭	T
		261-054-29	卤素和卤素化学品生产过程中产生的含汞硫酸钡污泥	T
	合成材料制造	265-001-29	氯乙烯生产过程中含汞废水处理产生的废活性炭	T，C
		265-002-29	氯乙烯生产过程中吸附汞产生的废活性炭	T，C
		265-003-29	电石乙炔法生产氯乙烯单体过程中产生的废酸	T，C
	合成材料制造	265-004-29	电石乙炔法生产氯乙烯单体过程中产生的废水处理污泥	T
	常用有色金属冶炼	321-030-29	汞再生过程中集（除）尘装置收集的粉尘，汞再生工艺产生的废水处理污泥	T
		321-033-29	铅锌冶炼烟气净化产生的酸泥	T
		321-103-29	铜、锌、铅冶炼过程中烟气氯化汞法脱汞工艺产生的废甘汞	T
	电池制造	384-003-29	含汞电池生产过程中产生的含汞废浆层纸、含汞废锌膏、含汞废活性炭和废水处理污泥	T
	照明器具制造	387-001-29	电光源用固汞及含汞电光源生产过程中产生的废活性炭和废水处理污泥	T

废物类别	行业来源	废物代码	危险废物	危险特性
HW29 含汞废物	通用仪器仪表制造	401-001-29	含汞温度计生产过程中产生的废渣	T
	非特定行业	900-022-29	废弃的含汞催化剂	T
		900-023-29	生产、销售及使用过程中产生的废含汞荧光灯管及其他废含汞电光源，及废弃含汞电光源处理处置过程中产生的废荧光粉、废活性炭和废水处理污泥	T
		900-024-29	生产、销售及使用过程中产生的废含汞温度计、废含汞血压计、废含汞真空表、废含汞压力计、废氧化汞电池和废汞开关，以及《关于汞的水俣公约》管控的其他废含汞非电子测量仪器	T
		900-054-29	已禁止使用的，所有者申报废弃的，以及有关部门依法收缴或者接收且需要销毁的《关于汞的水俣公约》管控的汞和汞化合物	T
		900-452-29	含汞废水处理过程中产生的废树脂、废活性炭和污泥	T
HW30 含铊废物	基础化学原料制造	261-055-30	铊及其化合物生产过程中产生的熔渣、集（除）尘装置收集的粉尘和废水处理污泥	T
HW31 含铅废物	玻璃制造	304-002-31	使用铅盐和铅氧化物进行显像管玻璃熔炼过程中产生的废渣	T
	电子元件及电子专用材料制造	398-052-31	线路板制造过程中电镀铅锡合金产生的废液	T
	电池制造	384-004-31	铅蓄电池生产过程中产生的废渣、集（除）尘装置收集的粉尘和废水处理污泥	T
	工艺美术及礼仪用品制造	243-001-31	使用铅箔进行烤钵试金法工艺产生的废烤钵	T
	非特定行业	900-052-31	废铅蓄电池及废铅蓄电池拆解过程中产生的废铅板、废铅膏和酸液	T，C
		900-025-31	使用硬脂酸铅进行抗黏涂层过程中产生的废物	T
HW32 无机氟化物废物	非特定行业	900-026-32	使用氢氟酸进行蚀刻产生的废蚀刻液	T，C
HW33 无机氰化物废物	贵金属矿采选	092-003-33	采用氰化物进行黄金选矿过程中产生的含氰废水处理污泥和金精矿氰化尾渣	T
	金属表面处理及热处理加工	336-104-33	使用氰化物进行浸洗过程中产生的废液	T，R
	非特定行业	900-027-33	使用氰化物进行表面硬化、碱性除油、电解除油产生的废物	T，R
		900-028-33	使用氰化物剥落金属镀层产生的废物	T，R
		900-029-33	使用氰化物和双氧水进行化学抛光产生的废物	T，R

废物类别	行业来源	废物代码	危险废物	危险特性
HW34 废酸	精炼石油产品制造	251-014-34	石油炼制过程产生的废酸及酸泥	C，T
	涂料、油墨、颜料及类似产品制造	264-013-34	硫酸法生产钛白粉（二氧化钛）过程中产生的废酸	C，T
	基础化学原料制造	261-057-34	硫酸和亚硫酸、盐酸、氢氟酸、磷酸和亚磷酸、硝酸和亚硝酸等的生产、配制过程中产生的废酸及酸渣	C，T
		261-058-34	卤素和卤素化学品生产过程中产生的废酸	C，T
	钢压延加工	313-001-34	钢的精加工过程中产生的废酸性洗液	C，T
	金属表面处理及热处理加工	336-105-34	青铜生产过程中浸酸工序产生的废酸液	C，T
	电子元件及电子专用材料制造	398-005-34	使用酸进行电解除油、酸蚀、活化前表面敏化、催化、浸亮产生的废酸液	C，T
		398-006-34	使用硝酸进行钻孔蚀胶处理产生的废酸液	C，T
		398-007-34	液晶显示板或者集成电路板的生产过程中使用酸浸蚀剂进行氧化物浸蚀产生的废酸液	C，T
	非特定行业	900-300-34	使用酸进行清洗产生的废酸液	C，T
		900-301-34	使用硫酸进行酸性碳化产生的废酸液	C，T
		900-302-34	使用硫酸进行酸蚀产生的废酸液	C，T
		900-303-34	使用磷酸进行磷化产生的废酸液	C，T
		900-304-34	使用酸进行电解除油、金属表面敏化产生的废酸液	C，T
		900-305-34	使用硝酸剥落不合格镀层及挂架金属镀层产生的废酸液	C，T
		900-306-34	使用硝酸进行钝化产生的废酸液	C，T
		900-307-34	使用酸进行电解抛光处理产生的废酸液	C，T
		900-308-34	使用酸进行催化（化学镀）产生的废酸液	C，T
		900-349-34	生产、销售及使用过程中产生的失效、变质、不合格、淘汰、伪劣的强酸性擦洗粉、清洁剂、污迹去除剂以及其他强酸性废酸液和酸渣	C，T
HW35 废碱	精炼石油产品制造	251-015-35	石油炼制过程产生的废碱液和碱渣	C，T
	基础化学原料制造	261-059-35	氢氧化钙、氨水、氢氧化钠、氢氧化钾等的生产、配制中产生的废碱液、固态碱和碱渣	C
	毛皮鞣制及制品加工	193-003-35	使用氢氧化钙、硫化钠进行浸灰产生的废碱液	C，R

废物类别	行业来源	废物代码	危险废物	危险特性
HW35 废碱	纸浆制造	221-002-35	碱法制浆过程中蒸煮制浆产生的废碱液	C，T
	非特定行业	900-350-35	使用氢氧化钠进行煮炼过程中产生的废碱液	C
		900-351-35	使用氢氧化钠进行丝光处理过程中产生的废碱液	C
		900-352-35	使用碱进行清洗产生的废碱液	C，T
		900-353-35	使用碱进行清洗除蜡、碱性除油、电解除油产生的废碱液	C，T
		900-354-35	使用碱进行电镀阻挡层或者抗蚀层的脱除产生的废碱液	C，T
		900-355-35	使用碱进行氧化膜浸蚀产生的废碱液	C，T
		900-356-35	使用碱溶液进行碱性清洗、图形显影产生的废碱液	C，T
		900-399-35	生产、销售及使用过程中产生的失效、变质、不合格、淘汰、伪劣的强碱性擦洗粉、清洁剂、污迹去除剂，以及其他强碱性废碱液、固态碱和碱渣	C，T
HW36 石棉废物	石棉及其他非金属矿采选	109-001-36	石棉矿选矿过程中产生的废渣	T
	基础化学原料制造	261-060-36	卤素和卤素化学品生产过程中电解装置拆换产生的含石棉废物	T
	石膏、水泥制品及类似制品制造	302-001-36	石棉建材生产过程中产生的石棉尘、废石棉	T
	耐火材料制品制造	308-001-36	石棉制品生产过程中产生的石棉尘、废石棉	T
	汽车零部件及配件制造	367-001-36	车辆制动器衬片生产过程中产生的石棉废物	T
	船舶及相关装置制造	373-002-36	拆船过程中产生的石棉废物	T
	非特定行业	900-030-36	其他生产过程中产生的石棉废物	T
		900-031-36	废石棉建材、废石棉绝缘材料	T
		900-032-36	含有隔膜、热绝缘体等石棉材料的设施保养拆换及车辆制动器衬片的更换产生的石棉废物	T
HW37 有机磷化合物废物	基础化学原料制造	261-061-37	除农药以外其他有机磷化合物生产、配制过程中产生的反应残余物	T
		261-062-37	除农药以外其他有机磷化合物生产、配制过程中产生的废过滤吸附介质	T
		261-063-37	除农药以外其他有机磷化合物生产过程中产生的废水处理污泥	T
	非特定行业	900-033-37	生产、销售及使用过程中产生的废弃磷酸酯抗燃油	T

废物类别	行业来源	废物代码	危险废物	危险特性
HW38 有机氰化物废物	基础化学原料制造	261-064-38	丙烯腈生产过程中废水汽提器塔底的残余物	T，R
		261-065-38	丙烯腈生产过程中乙腈蒸馏塔底的残余物	T，R
		261-066-38	丙烯腈生产过程中乙腈精制塔底的残余物	T
		261-067-38	有机氰化物生产过程中产生的废母液和反应残余物	T
		261-068-38	有机氰化物生产过程中催化、精馏和过滤工序产生的废催化剂、釜底残余物和过滤介质	T
		261-069-38	有机氰化物生产过程中产生的废水处理污泥	T
		261-140-38	废腈纶高温高压水解生产聚丙烯腈-铵盐过程中产生的过滤残渣	T
HW39 含酚废物	基础化学原料制造	261-070-39	酚及酚类化合物生产过程中产生的废母液和反应残余物	T
		261-071-39	酚及酚类化合物生产过程中产生的废过滤吸附介质、废催化剂、精馏残余物	T
HW40 含醚废物	基础化学原料制造	261-072-40	醚及醚类化合物生产过程（不包括成醚反应之前的合成过程）中产生的醚类残液、反应残余物、废水处理污泥（不包括废水生化处理污泥）	T
HW45 含有机卤化物废物	基础化学原料制造	261-078-45	乙烯溴化法生产二溴乙烯过程中废气净化产生的废液	T
		261-079-45	乙烯溴化法生产二溴乙烯过程中产品精制产生的废吸附剂	T
		261-080-45	芳烃及其衍生物氯代反应过程中氯气和盐酸回收工艺产生的废液和废吸附剂	T
		261-081-45	芳烃及其衍生物氯代反应过程中产生的废水处理污泥	T
		261-082-45	氯乙烷生产过程中的塔底残余物	T
		261-084-45	其他有机卤化物的生产过程（不包括卤化前的生产工段）中产生的残液、废过滤吸附介质、反应残余物、废水处理污泥（不包括环氧氯丙烷皂化液处理产生的石灰渣）、废催化剂（不包括本名录HW04、HW06、HW11、HW12、HW13、HW39类别的危险废物）	T
		261-085-45	其他有机卤化物的生产过程中产生的不合格、淘汰、废弃的产品（不包括本名录HW06、HW39类别的危险废物）	T
		261-086-45	石墨作阳极隔膜法生产氯气和烧碱过程中产生的废水处理污泥	T

废物类别	行业来源	废物代码	危险废物	危险特性
HW46 含镍废物	基础化学原料制造	261-087-46	镍化合物生产过程中产生的反应残余物及不合格、淘汰、废弃的产品	T
	电池制造	384-005-46	镍氢电池生产过程中产生的废渣和废水处理污泥	T
	非特定行业	900-037-46	废弃的镍催化剂	T，I
HW47 含钡废物	基础化学原料制造	261-088-47	钡化合物（不包括硫酸钡）生产过程中产生的熔渣、集（除）尘装置收集的粉尘、反应残余物、废水处理污泥	T
	金属表面处理及热处理加工	336-106-47	热处理工艺中产生的含钡盐浴渣	T
HW48 有色金属采选和冶炼废物	常用有色金属矿采选	091-001-48	硫化铜矿、氧化铜矿等铜矿物采选过程中集（除）尘装置收集的粉尘	T
		091-002-48	硫砷化合物（雌黄、雄黄及硫砷铁矿）或者其他含砷化合物的金属矿石采选过程中集（除）尘装置收集的粉尘	T
	常用有色金属冶炼	321-002-48	铜火法冶炼过程中烟气处理集（除）尘装置收集的粉尘	T
		321-031-48	铜火法冶炼烟气净化产生的酸泥（铅滤饼）	T
		321-032-48	铜火法冶炼烟气净化产生的污酸处理过程产生的砷渣	T
		321-003-48	粗锌精炼加工过程中湿法除尘产生的废水处理污泥	T
		321-004-48	铅锌冶炼过程中，锌焙烧矿、锌氧化矿常规浸出法产生的浸出渣	T
		321-005-48	铅锌冶炼过程中，锌焙烧矿热酸浸出黄钾铁矾法产生的铁矾渣	T
		321-006-48	硫化锌矿常压氧浸或者加压氧浸产生的硫渣（浸出渣）	T
		321-007-48	铅锌冶炼过程中，锌焙烧矿热酸浸出针铁矿法产生的针铁矿渣	T
		321-008-48	铅锌冶炼过程中，锌浸出液净化产生的净化渣，包括锌粉-黄药法、砷盐法、反向锑盐法、铅锑合金锌粉法等工艺除铜、锑、镉、钴、镍等杂质过程中产生的废渣	T
		321-009-48	铅锌冶炼过程中，阴极锌熔铸产生的熔铸浮渣	T
		321-010-48	铅锌冶炼过程中，氧化锌浸出处理产生的氧化锌浸出渣	T
		321-011-48	铅锌冶炼过程中，鼓风炉炼锌锌蒸气冷凝分离系统产生的鼓风炉浮渣	T
		321-012-48	铅锌冶炼过程中，锌精馏炉产生的锌渣	T

废物类别	行业来源	废物代码	危险废物	危险特性
HW48 有色金属采选和冶炼废物	常用有色金属冶炼	321-013-48	铅锌冶炼过程中，提取金、银、铋、镉、钴、铟、锗、铊、碲等金属过程中产生的废渣	T
		321-014-48	铅锌冶炼过程中，集（除）尘装置收集的粉尘	T
		321-016-48	粗铅精炼过程中产生的浮渣和底渣	T
		321-017-48	铅锌冶炼过程中，炼铅鼓风炉产生的黄渣	T
		321-018-48	铅锌冶炼过程中，粗铅火法精炼产生的精炼渣	T
		321-019-48	铅锌冶炼过程中，铅电解产生的阳极泥及阳极泥处理后产生的含铅废渣和废水处理污泥	T
		321-020-48	铅锌冶炼过程中，阴极铅精炼产生的氧化铅渣及碱渣	T
		321-021-48	铅锌冶炼过程中，锌焙烧矿热酸浸出黄钾铁矾法、热酸浸出针铁矿法产生的铅银渣	T
		321-022-48	铅锌冶炼烟气净化产生的污酸除砷处理过程产生的砷渣	T
		321-023-48	电解铝生产过程电解槽阴极内衬维修、更换产生的废渣（大修渣）	T
		321-024-48	电解铝铝液转移、精炼、合金化、铸造过程熔体表面产生的铝灰渣，以及回收铝过程产生的盐渣和二次铝灰	R，T
		321-025-48	电解铝生产过程产生的炭渣	T
		321-026-48	再生铝和铝材加工过程中，废铝及铝锭重熔、精炼、合金化、铸造熔体表面产生的铝灰渣，及其回收铝过程产生的盐渣和二次铝灰	R
		321-034-48	铝灰热回收铝过程烟气处理集（除）尘装置收集的粉尘，铝冶炼和再生过程烟气（包括再生铝熔炼烟气、铝液熔体净化、除杂、合金化、铸造烟气）处理集（除）尘装置收集的粉尘	T，R
		321-027-48	铜再生过程中集（除）尘装置收集的粉尘和湿法除尘产生的废水处理污泥	T
		321-028-48	锌再生过程中集（除）尘装置收集的粉尘和湿法除尘产生的废水处理污泥	T
		321-029-48	铅再生过程中集（除）尘装置收集的粉尘和湿法除尘产生的废水处理污泥	T
		321-035-48	锡火法冶炼过程中烟气处理集（除）尘装置收集的粉尘	T

废物类别	行业来源	废物代码	危险废物	危险特性
HW48 有色金属采选和冶炼废物	常用有色金属冶炼	321-036-48	锡火法冶炼烟气净化产生的酸泥	T
		321-037-48	锡火法冶炼烟气净化产生的污酸处理过程产生的砷渣	T
		321-038-48	锡再生过程中集（除）尘装置收集的粉尘和湿法除尘产生的废水处理污泥	T
	稀有稀土金属冶炼	323-001-48	以钨精矿为原料生产仲钨酸铵过程中碱分解产生的碱煮渣（钨渣）、除钼过程中产生的除钼渣和废水处理污泥	T
HW49 其他废物	石墨及其他非金属矿物制品制造	309-001-49	多晶硅生产过程中废弃的三氯化硅及四氯化硅	R，C
	环境治理	772-006-49	采用物理、化学、物理化学或者生物方法处理或者处置毒性或者感染性危险废物过程中产生的废水处理污泥和废水处理残渣（液）	T/In
	非特定行业	900-039-49	烟气、VOCs 治理过程（不包括餐饮行业油烟治理过程）产生的废活性炭，化学原料和化学制品脱色（不包括有机合成食品添加剂脱色）、除杂、净化过程产生的废活性炭（不包括 900-405-06、772-005-18、261-053-29、265-002-29、384-003-29、387-001-29 类危险废物）	T
		900-041-49	含有或者沾染毒性、感染性危险废物的废弃的包装物、容器、过滤吸附介质	T/In
		900-042-49	环境事件及其处理过程中产生的沾染危险化学品、危险废物的废物	T/C/I/R/In
		900-044-49	废弃的镉镍电池、荧光粉和阴极射线管	T
		900-045-49	废电路板（包括已拆除或者未拆除元器件的废弃电路板）及废电路板拆解过程产生的废弃的 CPU、显卡、声卡、内存、含电解液的电容器、含金等贵金属的连接件	T
		900-046-49	离子交换装置（不包括饮用水、工业纯水和锅炉软化水制备装置以及废水处理成套工艺中的离子交换装置）再生过程中产生的废水处理污泥	T
		900-047-49	生产、研究、开发、教学、环境检测（监测）活动中，化学和生物实验室（不包含感染性医学实验室及医疗机构化验室）产生的含氰、氟、重金属无机废液及无机废液处理产生的残渣、残液，含矿物油、有机溶剂、甲醛有机废液，废酸、废碱，具有危险特性的残留样品，以及沾染上述物质的一次性实验用品（不包括按实验室管理要求进行清洗后的废弃的烧杯、量器、漏斗等实验室用品）、包装物（不包括按实验室管理要求进行清洗后的试剂包装物、容器）、过滤吸附介质等	T/C/I/R

废物类别	行业来源	废物代码	危险废物	危险特性
HW49 其他废物	非特定行业	900-053-49	已禁止使用的，所有者申报废弃的，以及有关部门依法收缴或者接收且需要销毁的《关于持久性有机污染物的斯德哥尔摩公约》管控的化学物质（不包括本名录 HW04、HW05、HW10 类别的危险废物）	T
		900-999-49	被所有者申报废弃的，或者未申报废弃但被非法排放、倾倒、利用、处置的，以及有关部门依法收缴或者接收且需要销毁的列入《危险化学品目录》的危险化学品（不含该目录中仅具有“加压气体”物理危险性的危险化学品）	T/C/I/R
HW50 废催化剂	精炼石油产品制造	251-016-50	石油产品加氢精制过程中产生的废催化剂	T
		251-017-50	石油炼制中采用钝镍剂进行催化裂化产生的废催化剂	T
		251-018-50	石油产品加氢裂化过程中产生的废催化剂	T
		251-019-50	石油产品催化重整过程中产生的废催化剂	T
	基础化学原料制造	261-151-50	树脂、乳胶、增塑剂、胶水/胶合剂生产过程中合成、酯化、缩合等工序产生的废催化剂	T
		261-152-50	有机溶剂生产过程中产生的废催化剂	T
		261-153-50	丙烯腈合成过程中产生的废催化剂	T
		261-154-50	聚乙烯合成过程中产生的废催化剂	T
		261-155-50	聚丙烯合成过程中产生的废催化剂	T
		261-156-50	烷烃脱氢过程中产生的废催化剂	T
		261-157-50	乙苯脱氢生产苯乙烯过程中产生的废催化剂	T
		261-158-50	采用烷基化反应（歧化）生产苯、二甲苯过程中产生的废催化剂	T
		261-159-50	二甲苯临氢异构化反应过程中产生的废催化剂	T
		261-160-50	乙烯氧化生产环氧乙烷过程中产生的废催化剂	T
		261-161-50	硝基苯催化加氢法制备苯胺过程中产生的废催化剂	T
		261-162-50	以乙烯和丙烯为原料，采用茂金属催化体系生产乙丙橡胶过程中产生的废催化剂	T
		261-163-50	乙炔法生产醋酸乙烯酯过程中产生的废催化剂	T
		261-164-50	甲醇和氨气催化合成、蒸馏制备甲胺过程中产生的废催化剂	T
		261-165-50	催化重整生产高辛烷值汽油和轻芳烃过程中产生的废催化剂	T

废物类别	行业来源	废物代码	危险废物	危险特性
HW50 废催化剂	基础化学原料制造	261-166-50	采用碳酸二甲酯法生产甲苯二异氰酸酯过程中产生的废催化剂	T
		261-167-50	合成气合成、甲烷氧化和液化石油气氧化生产甲醇过程中产生的废催化剂	T
		261-168-50	甲苯氯化水解生产邻甲酚过程中产生的废催化剂	T
		261-169-50	异丙苯催化脱氢生产 α-甲基苯乙烯过程中产生的废催化剂	T
		261-170-50	异丁烯和甲醇催化生产甲基叔丁基醚过程中产生的废催化剂	T
		261-171-50	以甲醇为原料采用铁钼法生产甲醛过程中产生的废铁钼催化剂	T
		261-172-50	邻二甲苯氧化法生产邻苯二甲酸酐过程中产生的废催化剂	T
		261-173-50	二氧化硫氧化生产硫酸过程中产生的废催化剂	T
		261-174-50	四氯乙烷催化脱氯化氢生产三氯乙烯过程中产生的废催化剂	T
		261-175-50	苯氧化法生产顺丁烯二酸酐过程中产生的废催化剂	T
		261-176-50	甲苯空气氧化生产苯甲酸过程中产生的废催化剂	T
		261-177-50	羟丙腈氨化、加氢生产 3-氨基-1-丙醇过程中产生的废催化剂	T
		261-178-50	β-羟基丙腈催化加氢生产 3-氨基-1-丙醇过程中产生的废催化剂	T
		261-179-50	甲乙酮与氨催化加氢生产 2-氨基丁烷过程中产生的废催化剂	T
		261-180-50	苯酚和甲醇合成 2,6-二甲基苯酚过程中产生的废催化剂	T
		261-181-50	糠醛脱羰制备呋喃过程中产生的废催化剂	T
		261-182-50	过氧化法生产环氧丙烷过程中产生的废催化剂	T
		261-183-50	除农药以外其他有机磷化合物生产过程中产生的废催化剂	T
	农药制造	263-013-50	化学合成农药生产过程中产生的废催化剂	T
	化学药品原料药制造	271-006-50	化学合成原料药生产过程中产生的废催化剂	T
	兽用药品制造	275-009-50	兽药生产过程中产生的废催化剂	T

废物类别	行业来源	废物代码	危险废物	危险特性
HW50 废催化剂	生物药品制品制造	276-006-50	生物药品生产过程中产生的废催化剂	T
	环境治理业	772-007-50	烟气脱硝过程中产生的废钒钛系催化剂	T
	非特定行业	900-048-50	废液体催化剂	T
		900-049-50	机动车和非道路移动机械尾气净化废催化剂	T

注：1. 本附表“危险废物”列中表述的“废××”或者“废弃的××”，其中“××”是指依据我国固体废物鉴别相关标准确定的固体废物。

2. 本附表所列危险特性为危险废物的主要危险特性，不排除该危险废物可能具有其他危险特性；“，”分隔的多个危险特性代码，表示该种危险废物具有列在第一位代码所代表的危险特性，且可能具有所列其他代码代表的危险特性；“/”分隔的多个危险特性代码，表示该种危险废物具有所列代码所代表的一种或者多种危险特性。

3. 医疗废物分类按照《医疗废物分类目录》执行。

4. 如无特殊说明，本附表危险废物表述中的矿物油，以及其他未指明原料来源的油，指石油炼制产生的矿物油、煤直接液化油，不包括动植物油脂、酯基生物柴油、烃基生物柴油以及采用烯烃聚合、合成气制烃工艺生产的合成油。

5. 如无特殊说明，HW02 类和 HW03 类危险废物表述中的化学药品、生物制品、药物、原料药不包括调节水、电解质、酸碱平衡药以及氨基酸、维生素、矿物质类药。

6. 如无特殊说明，HW12 类危险废物表述中的颜料不包括钛白颜料。

7. 如无特殊说明，HW40 类危险废物表述中的醚和醚类化合物不包括醚类物质聚合形成的聚合物。

8. 如无特殊说明，HW45 类危险废物表述中的有机卤化物不包括含卤素有机高分子化合物。

附录

危险废物豁免管理清单

本清单各栏目说明：

1.“序号”指列入本目录危险废物的顺序编号；

2.“废物类别/代码”指列入本目录危险废物的类别或者代码；

3.“危险废物”指列入本目录危险废物的名称；

4.“豁免环节”指可不按危险废物管理的环节；

5.“豁免条件”指可不按危险废物管理应具备的条件，但仍应符合固体废物管理等生态环境相关法律法规和标准要求；

6.“豁免内容”指可不按危险废物管理的内容；

7.《医疗废物分类目录》对医疗废物有其他豁免管理内容的，按照该目录有关规定执行；

8. 本清单引用文件中，凡是未注明日期的引用文件，其最新版本适用于本清单。

序号	废物类别/代码	危险废物	豁免环节	豁免条件	豁免内容
1	生活垃圾中的危险废物	家庭日常生活或者为日常生活提供服务的活动中产生的废药品、废杀虫剂和消毒剂及其包装物、废油漆和溶剂及其包装物、废矿物油及其包装物、废胶片及废像纸、废荧光灯管、废含汞温度计、废含汞血压计、废铅蓄电池、废镍镉电池和氧化汞电池以及电子类危险废物等	全部环节	未集中收集的家庭日常生活中产生的生活垃圾中的危险废物	全过程不按危险废物管理
			收集	按照各市、县生活垃圾分类要求，纳入生活垃圾分类收集体系进行分类收集，且运输工具和暂存场所满足分类收集体系要求	从分类投放点收集转移到所设定的集中贮存点的收集过程不按危险废物管理
2	HW01	床位总数在19张以下(含19张)的医疗机构产生的医疗废物(重大传染病疫情期间产生的医疗废物除外)	收集	按照《医疗卫生机构医疗废物管理办法》等规定进行消毒和收集	收集过程不按危险废物管理
			运输	转运车辆符合《医疗废物转运车技术要求（试行）》(GB 19217)的要求	不按危险废物进行运输

序号	废物类别/代码	危险废物	豁免环节	豁免条件	豁免内容
2	HW01	不具备集中处置医疗废物条件的农村的医疗机构产生的医疗废物	全部环节	按照地方卫生健康部门、生态环境部门确定的方案进行医疗废物的处理处置	全过程不按危险废物管理
		重大传染病疫情期间产生的医疗废物	运输	按事发地的县级以上人民政府确定的处置方案进行运输	不按危险废物进行运输
			处置	按事发地的县级以上人民政府确定的处置方案进行处置	处置过程不按危险废物管理
3	841-001-01	感染性废物	运输	按照《医疗废物处理处置污染控制标准》（GB 39707）及《医疗废物高温蒸汽消毒集中处理工程技术规范》（HJ 276）或者《医疗废物化学消毒集中处理工程技术规范》（HJ 228）或者《医疗废物微波消毒集中处理工程技术规范》（HJ 229）进行处理后按生活垃圾运输	不按危险废物进行运输
			处置	按照《医疗废物处理处置污染控制标准》（GB 39707）及《医疗废物高温蒸汽消毒集中处理工程技术规范》（HJ 276）或者《医疗废物化学消毒集中处理工程技术规范》（HJ 228）或者《医疗废物微波消毒集中处理工程技术规范》（HJ 229）进行处理后进入生活垃圾填埋场填埋或者进入生活垃圾焚烧厂焚烧	处置过程不按危险废物管理
4	841-002-01	损伤性废物	运输	按照《医疗废物处理处置污染控制标准》（GB 39707）及《医疗废物高温蒸汽消毒集中处理工程技术规范》（HJ 276）或者《医疗废物化学消毒集中处理工程技术规范》（HJ 228）或者《医疗废物微波消毒集中处理工程技术规范》（HJ 229）进行处理后按生活垃圾运输	不按危险废物进行运输

序号	废物类别/代码	危险废物	豁免环节	豁免条件	豁免内容
4	841-002-01	损伤性废物	处置	按照《医疗废物处理处置污染控制标准》（GB 39707）及《医疗废物高温蒸汽消毒集中处理工程技术规范》（HJ 276）或者《医疗废物化学消毒集中处理工程技术规范》（HJ 228）或者《医疗废物微波消毒集中处理工程技术规范》（HJ 229）进行处理后进入生活垃圾填埋场填埋或者进入生活垃圾焚烧厂焚烧	处置过程不按危险废物管理
5	841-003-01	病理性废物（人体器官除外）	运输	按照《医疗废物处理处置污染控制标准》（GB 39707）及《医疗废物高温蒸汽消毒集中处理工程技术规范》（HJ 276）或者《医疗废物化学消毒集中处理工程技术规范》（HJ 228）或者《医疗废物微波消毒集中处理工程技术规范》（HJ 229）进行处理后按生活垃圾运输	不按危险废物进行运输
			处置	按照《医疗废物处理处置污染控制标准》（GB 39707）及《医疗废物高温蒸汽消毒集中处理工程技术规范》（HJ 276）或者《医疗废物化学消毒集中处理工程技术规范》（HJ 228）或者《医疗废物微波消毒集中处理工程技术规范》（HJ 229）进行处理后进入生活垃圾焚烧厂焚烧	处置过程不按危险废物管理
6	900-003-04	农药使用后被废弃的与农药直接接触或者含有农药残余物的包装物	收集	依据《农药包装废弃物回收处理管理办法》收集农药包装废弃物并转移到所设定的集中贮存点	收集过程不按危险废物管理
			运输	符合《农药包装废弃物回收处理管理办法》中的运输要求	不按危险废物进行运输
			利用	进入依据《农药包装废弃物回收处理管理办法》确定的资源化利用单位进行资源化利用	利用过程不按危险废物管理
			处置	符合《生活垃圾填埋场污染控制标准》（GB 16889）或者《生活垃圾焚烧污染控制标准》（GB 18485）的要求，进入生活垃圾填埋场填埋或者进入生活垃圾焚烧厂焚烧	处置过程不按危险废物管理

序号	废物类别/代码	危险废物	豁免环节	豁免条件	豁免内容
7	900-210-08	船舶含油污水及残油经船上或者港口配套设施预处理后产生的需通过船舶转移的废矿物油与含矿物油废物	运输	按照水运污染危害性货物实施管理	不按危险废物进行运输
8	900-249-08	废铁质油桶（不包括900-041-49类）	利用	封口处于打开状态、静置无滴漏且经打包压块后，符合生态环境相关标准要求，作为生产原料用于金属冶炼	利用过程不按危险废物管理
9	900-200-08、900-006-09	金属制品机械加工行业珩磨、研磨、打磨过程，以及使用切削油或者切削液进行机械加工过程中产生的属于危险废物的含油金属屑	利用	经压榨、压滤、过滤或者离心等除油达到静置无滴漏后打包或者压块，符合生态环境相关标准要求，作为生产原料用于金属冶炼	利用过程不按危险废物管理
10	252-002-11、252-017-11、451-003-11	煤炭焦化、气化及生产燃气过程中产生的废高温煤焦油	利用	符合生态环境相关标准要求，作为黏合剂生产煤质活性炭、活性焦、碳块衬层、自焙阴极、预焙阳极、石墨碳块、石墨电极、电极糊、冷捣糊	利用过程不按危险废物管理
		煤炭焦化、气化及生产燃气过程中产生的废中低温煤焦油	利用	符合生态环境相关标准要求，作为煤焦油加氢装置原料生产煤基氢化油，且生产的煤基氢化油符合《煤基氢化油》（HG/T 5146）的技术要求	利用过程不按危险废物管理
		煤炭焦化、气化及生产燃气过程中产生的废煤焦油	利用	符合生态环境相关标准要求，作为生产原料生产炭黑	利用过程不按危险废物管理
11	900-451-13	采用破碎分选方式回收废覆铜板、线路板、电路板中金属后的废树脂粉	运输	运输工具满足防雨、防渗漏、防遗撒要求	不按危险废物进行运输
			处置	符合《生活垃圾填埋场污染控制标准》（GB 16889）的要求进入生活垃圾填埋场填埋，或者符合《一般工业固体废物贮存、处置场污染控制标准》（GB 18599）要求进入一般工业固体废物处置场处置	填埋处置过程不按危险废物管理

序号	废物类别/代码	危险废物	豁免环节	豁免条件	豁免内容
12	772-002-18	生活垃圾焚烧飞灰	运输	经处理后符合《生活垃圾填埋场污染控制标准》（GB 16889）的要求，且运输工具满足防雨、防渗漏、防遗撒要求	不按危险废物进行运输
			处置	符合《生活垃圾填埋场污染控制标准》（GB 16889）要求的进入生活垃圾填埋场填埋	填埋处置过程不按危险废物管理
			处置	符合《水泥窑协同处置固体废物污染控制标准》（GB 30485）和《水泥窑协同处置固体废物环境保护技术规范》（HJ 662）要求的进入水泥窑协同处置	水泥窑协同处置过程不按危险废物管理
13	772-003-18	医疗废物焚烧飞灰	处置	符合《生活垃圾填埋场污染控制标准》（GB 16889）要求的进入生活垃圾填埋场填埋	填埋处置过程不按危险废物管理
		医疗废物焚烧处置产生的底渣	全部环节	符合《生活垃圾填埋场污染控制标准》（GB 16889）要求的进入生活垃圾填埋场填埋	全过程不按危险废物管理
14	772-003-18	危险废物焚烧处置过程产生的废金属	利用	符合生态环境相关标准要求，作为生产原料用于金属冶炼	利用过程不按危险废物管理
15	772-003-18	生物制药产生的培养基废物经生活垃圾焚烧厂焚烧处置产生的焚烧炉底渣、经水煤浆气化炉协同处置产生的气化炉渣、经燃煤电厂燃煤锅炉和生物质发电厂焚烧炉协同处置以及培养基废物专用焚烧炉焚烧处置产生的炉渣和飞灰	全部环节	生物制药产生的培养基废物焚烧处置或者协同处置过程不应混入其他危险废物	全过程不按危险废物管理
16	193-002-21	含铬皮革废碎料（不包括鞣制工段修边、削匀过程产生的革屑和边角料）	处置	符合《生活垃圾填埋场污染控制标准》（GB 16889）要求的进入生活垃圾填埋场填埋，或者符合《一般工业固体废物贮存、处置场污染控制标准》（GB 18599）要求的进入一般工业固体废物处置场处置	填埋处置过程不按危险废物管理

序号	废物类别/代码	危险废物	豁免环节	豁免条件	豁免内容
16	193-002-21	含铬皮革废碎料	运输	符合《含铬皮革废料污染控制技术规范》（HJ 1274）运输工具要求	不按危险废物进行运输
			利用	符合生态环境相关标准要求，作为生产原料用于生产皮件、再生革或者静电植绒	利用过程不按危险废物管理
17	261-041-21	铬渣	利用	符合《铬渣污染治理环境保护技术规范（暂行）》（HJ/T 301）要求的用于烧结炼铁	利用过程不按危险废物管理
18	900-052-31	未破损的废铅蓄电池	运输	运输工具满足防雨、防渗漏、防遗撒要求	不按危险废物进行运输
19	092-003-33	采用氰化物进行黄金选矿过程中产生的金精矿氰化尾渣	处置	符合《黄金行业氰渣污染控制技术规范》（HJ 943）要求的进入尾矿库处置或者进入水泥窑协同处置	处置过程不按危险废物管理
20	HW34	仅具有腐蚀性危险特性的废酸	利用	符合生态环境相关标准要求，作为生产原料综合利用	利用过程不按危险废物管理
			利用	作为工业污水处理厂污水处理中和剂利用，且满足以下条件：废酸中第一类污染物含量低于该污水处理厂排放标准，其他《危险废物鉴别标准　浸出毒性》（GB 5085.3）所列特征污染物含量低于 GB 5085.3 限值的 1/10	利用过程不按危险废物管理
21	HW35	仅具有腐蚀性危险特性的废碱	利用	符合生态环境相关标准要求，作为生产原料综合利用	利用过程不按危险废物管理
			利用	作为工业污水处理厂污水处理中和剂利用，且满足以下条件：液态碱或者固态碱按 HJ/T 299 方法制取的浸出液中第一类污染物含量低于该污水处理厂排放标准，其他《危险废物鉴别标准　浸出毒性》（GB 5085.3）所列特征污染物含量低于 GB 5085.3 限值的 1/10	利用过程不按危险废物管理
22	323-001-48	仲钨酸铵生产过程中碱分解产生的碱煮渣（钨渣）和废水处理污泥	处置	符合《水泥窑协同处置固体废物污染控制标准》（GB 30485）和《水泥窑协同处置固体废物环境保护技术规范》（HJ 662）要求的进入水泥窑协同处置	处置过程不按危险废物管理

序号	废物类别/代码	危险废物	豁免环节	豁免条件	豁免内容
23	900-041-49	废弃的含油抹布、劳保用品	全部环节	未分类收集	全过程不按危险废物管理
24	突发环境事件产生的危险废物	突发环境事件及其处理过程中产生的HW900-042-49类危险废物和其他需要按危险废物进行处理处置的固体废物，以及事件现场遗留的其他危险废物和废弃危险化学品	运输	按事发地的县级以上人民政府确定的处置方案进行运输	不按危险废物进行运输
			利用、处置	按事发地的县级以上人民政府确定的处置方案进行利用或者处置	利用或者处置过程不按危险废物管理
25	历史遗留危险废物	历史填埋场地清理，以及水体环境治理过程产生的需要按危险废物进行处理处置的固体废物	运输	按事发地的设区市级以上生态环境部门同意的处置方案进行运输	不按危险废物进行运输
			利用、处置	按事发地的设区市级以上生态环境部门同意的处置方案进行利用或者处置	利用或者处置过程不按危险废物管理
		实施土壤污染风险管控、修复活动中，属于危险废物的污染土壤	运输	修复施工单位制订转运计划，依法提前报所在地和接收地的设区市级以上生态环境部门	不按危险废物进行运输
			处置	符合《水泥窑协同处置固体废物污染控制标准》（GB 30485）和《水泥窑处置固体废物环境保护技术规范》（HJ 662）要求的进入水泥窑协同处置	处置过程不按危险废物管理
26	900-044-49	阴极射线管含铅玻璃	运输	运输工具满足防雨、防渗漏、防遗撒要求	不按危险废物进行运输
27	900-045-49	废弃电路板	运输	运输工具满足防雨、防渗漏、防遗撒要求	不按危险废物进行运输
28	772-007-50	烟气脱硝过程中产生的废钒钛系催化剂	运输	运输工具满足防雨、防渗漏、防遗撒要求	不按危险废物进行运输
29	251-017-50	催化裂化废催化剂	运输	采用密闭罐车运输	不按危险废物进行运输
30	900-049-50	机动车和非道路移动机械尾气净化废催化剂	运输	运输工具满足防雨、防渗漏、防遗撒要求	不按危险废物进行运输
31	—	未列入《危险废物豁免管理清单》中的危险废物或者利用过程不满足《危险废物豁免管理清单》所列豁免条件的危险废物	利用	在环境风险可控的前提下，根据省级生态环境部门确定的方案，实行危险废物“点对点”定向利用，即一家单位产生的一种危险废物，可作为另外一家单位环境治理或者工业原料生产的替代原料进行使用	利用过程不按危险废物管理